AF855179

Eigen- und Prozeßkontrolle in Kläranlagen

Herausgegeben von Peter M. Kunz

VCH

© VCH Verlagsgesellschaft mbH, D-69451 Weinheim (Bundesrepublik Deutschland), 1995

Vertrieb:

VCH, Postfach 10 1161, D-69451 Weinheim (Bundesrepublik Deutschland)

Schweiz: VCH, Postfach, CH-4020 Basel (Schweiz)

United Kingdom und Irland: VCH (UK) Ltd., 8 Wellington Court, Cambridge CB1 1HZ (England)

USA und Canada: VCH, 220 East 23rd Street, New York, NY 10010–4606 (USA)

Japan: VCH, Eikow Building, 10-9 Hongo 1-chome, Bunkyo-ku, Tokyo 113 (Japan)

ISBN 3-527-28712-4

Eigen- und Prozeßkontrolle in Kläranlagen

Herausgegeben von
Peter M. Kunz

VCH

Weinheim · New York
Basel · Cambridge · Tokyo

ZFE HBZ
32

Professor Dr. Peter M. Kunz
Institut für Biologische Verfahrenstechnik
Fachhochschule Mannheim
Hochschule für Technik und Gestaltung
Windeckstraße 110
D-68163 Mannheim

Das vorliegende Werk wurde sorgfältig erarbeitet. Dennoch übernehmen Herausgeber, Autoren und Verlag für die Richtigkeit von Angaben, Hinweisen und Ratschlägen sowie für eventuelle Druckfehler keine Haftung.

Lektorat: Dr. Steffen Pauly, Cornelia Clauß
Herstellerische Betreuung: Claudia Grössl

AUSGESONDERT
Fachhochschule Gelsenkirchen
- Hochschulbibliothek -
VE 95/584

Die Deutsche Bibliothek – CIP-Einheitsaufnahme
Eigen- und Prozesskontrolle in Kläranlagen / hrsg. von Peter M. Kunz. –
Weinheim ; New York ; Basel ; Cambridge ; Tokyo : VCH, 1995
ISBN 3-527-28712-4
NE: Kunz, Peter

© VCH Verlagsgesellschaft mbH, D-69451 Weinheim (Federal Republic of Germany), 1995

Gedruckt auf säurefreiem und chlorfrei gebleichtem Papier

Alle Rechte, insbesondere die der Übersetzung in andere Sprachen, vorbehalten. Kein Teil dieses Buches darf ohne schriftliche Genehmigung des Verlages in irgendeiner Form – durch Photokopie, Mikroverfilmung oder irgendein anderes Verfahren – reproduziert oder in eine von Maschinen, insbesondere von Datenverarbeitungsmaschinen, verwendbare Sprache übertragen oder übersetzt werden. Die Wiedergabe von Warenbezeichnungen, Handelsnamen oder sonstigen Kennzeichen in diesem Buch berechtigt nicht zu der Annahme, daß diese von jedermann frei benutzt werden dürfen. Vielmehr kann es sich auch dann um eingetragene Warenzeichen oder sonstige gesetzlich geschützte Kennzeichen handeln, wenn sie nicht eigens als solche markiert sind.
All rights reserved (including those of translation into other languages). No part of this book may be reproduced in any form – by photoprinting, microfilm, or any other means – nor transmitted or translated into a machine language without written permission from the publishers. Registered names, trademarks, etc. used in this book, even when not specifically marked as such, are not to be considered unprotected by law.
Satz: Filmsatz Unger & Sommer GmbH, D-69469 Weinheim
Druck: strauss offsetdruck GmbH, D-69509 Mörlenbach
Bindung: Wilhelm Osswald + Co., D-67433 Neustadt
Printed in the Federal Republic of Germany

Vorwort

Mit zunehmendem Umweltbewußtsein hat sich in den letzten Jahren eine umfangreiche Umweltgesetzgebung entwickelt, die zum einen zu weitergehenden Reinigungserfolgen, zum anderen aber auch zu einer verschärften Kontrolle der Grenzwerteinhaltung geführt hat. Das hier interessierende Wasserrecht ist zwar Landesrecht, doch bekommen in immer stärkerem Maße die Verordnungen der Europäischen Union und die Umsetzung der EU-Richtlinien in nationales Recht hohes Gewicht, zumindest was die Vorgabe von Grenzwerten anbelangt.

Dabei werden nicht nur die Grenzwerte für einzelne Substanzen und Substanzklassen, wie z. B. für den CSB, verschärft, sondern es kommen immer noch neue Parameter, wie der AOX oder die Dioxine im Klärschlamm, hinzu.

Viele Vorschriften wurden erst durch die enormen Entwicklungen in der Analysen- und Meßgerätetechnik möglich, die Spurenanalytik dringt in fast unvorstellbare Dimensionen vor. So gehen uns heute kleine Größen, wie das ppm (= 1 mg/kg oder ein Preuße pro München) oder ppb (= 10 μg/kg oder 5 Menschen auf die gesamte Erdbevölkerung) leicht von den Lippen.

Das ist aus naturwissenschaftlicher und technischer Sicht nicht unproblematisch. Zum einen findet man überall immer mehr Stoffe, zum anderen wird die Forderung nach ihrer Minderung laut. Um die Minderungserfolge aber beurteilen und dokumentieren zu können, müssen sie gemessen werden. Hierzu gibt es mindestens zwei Philosophien: Die einen sagen, daß man immer so genau wie möglich messen soll (dann hat man immer den Nachweis, wie man im Verhältnis zu den Grenzwerten liegt), die anderen möchten lediglich wissen, ob ihre Anlage funktioniert (und möchten überhaupt keine grenzwertrelevanten Werte erfassen, da jede auch nur in den Betriebstagebüchern dokumentierte Überschreitung eines Grenzwertes eine Anzeige zur Folge haben kann, die den Verantwortlichen zum Straftäter macht).

Die von der aktuellen Gesetzgebung und durch die Umstellung von Wasserrechtsbescheiden betroffenen Kläranlagenbetreiber in Kommunen und Unternehmen sind mittlerweile also aus zweierlei Gesichtspunkten heraus gezwungen, ihre Labor- und Prozeßanalytik zu verbessern:

- zum einen müssen mögliche Grenzwertüberschreitungen rasch erkannt und noch rechtzeitig verhindert werden können (hierzu gehört natürlich auch, daß das Abwasserreinigungsverfahren dies zuläßt);
- zum anderen müssen die Eigenkontrollen akkurat nach Verordnungslage durchgeführt und dokumentiert werden.

Angesichts dieser immer drängender werdenden Problematik bedarf es sachlicher Informationen, die dem späteren Nutzer, aber auch dem für Investitionsentscheidungen Verantwortlichen ein gutes Gefühl dafür geben, daß er aus der breiten Palette an Meßverfahren und -geräten das für ihn Richtige ausgewählt hat.

Inhalt dieses Werkes ist es deshalb, über den aktuellen Stand der Analysen- und on line-Meßtechnik zu informieren, aber auch anhand von Erfahrungsberichten das Verständnis für die Meßprinzipien zu vertiefen, deren Möglichkeiten und Grenzen aufzuzeigen und Beispiele für den Einsatz zu liefern. Eine abschließende Firmenübersicht soll den raschen Kontakt zu einzelnen Anbietern herstellen.

Zielgruppen sind die für die Abwasserbehandlung und -ableitung in Kanalisation oder Gewässer Verantwortlichen in Kommunen und Betrieben sowie das Personal in den Kläranlagen, insbesondere im Labor. Angesprochen sind aber auch Mitarbeiter in Aufsichtsbehörden und Ingenieurbüros, Beratungseinrichtungen und Consultants sowie Anbieter von Meßgeräten.

Das Buch ist eine Essenz aus bisher drei Symposien und mehreren Veranstaltungen zum Thema „Erfahrungen mit Meßgeräten in Abwasserreinigungsanlagen", die auch in Zukunft regelmäßig Ende November in Ostfildern-Nellingen an der Technischen Akademie Esslingen fortgesetzt werden und eine Fortschreibung des Erfahrungswissens im Bereich der Eigen- und Prozeßkontrolle bringen sollen.

Karlsruhe, im September 1995 — Peter M. Kunz

Inhaltsverzeichnis

Liste der Autoren

Dipl.-Ing. Norbert Bäuml
BTG Anlagentechnik GmbH
Technisches Büro Süd
Siemensstraße 14
D-86368 Gersthofen
(Abschnitt 3.7)

Dipl.-Ing. Lydia Bley
Mütek Analytic GmbH
Postfach 11 10
D-82206 Herrsching
(Abschnitt 2.11)

Roland Braitmayer
IBM Deutschland GmbH
Postfach 266
D-71065 Sindelfingen
(Abschnitt 3.12)

Dipl.-Ing. Detlef Bruszies
RWTH Aachen
Institut für Siedlungswasserwirtschaft
Templergraben 55
D-52056 Aachen
(Abschnitt 3.2, 3.10, 3.11)

Barbara Cybulski
Amt für Stadtentsorgung
Stadtentwässerung-Klärwerk
Hohwiesenweg 45
D-75175 Pforzheim
(Abschnitt 2.6, 2.7, 2.12)

Dipl.-Ing. Wolfgang Erlmann
IBM Deutschland GmbH
Postfach 266
D-71065 Sindelfingen
(Abschnitt 3.12)

Dr. Markus Frost
Stoffbergrain 7
CH-6003 Luzern
(Abschnitt 3.6)

Wirtsch.-Ing. Walter H. Gebhardt
Parcusstraße 10
D-55116 Mainz
(Abschnitt 1.1, 2.1, 2.13)

Dipl.-Ing. Winfried Geisel
Katharinental 27
D-51467 Bergisch Gladbach
(Abschnitt 2.4, 3.3, 3.12)

Prof. Dr. Helmut Kapp
Waliser Straße 4
D-71640 Ludwigsburg
(Abschnitt 2.12)

Prof. Dr.-Ing. Manfred Köhne
Institut für Mechanik
und Regelungstechnik
Universität Gesamthochschule Siegen
Paul-Bonatz-Straße 9–11
D-57068 Siegen
(Abschnitt 1.2, 3.1)

Dipl.-Ing. Wolfgang Körber
Amt für Stadtentsorgung
Stadtentwässerung-Klärwerk
Hohwiesenweg 45
D-75175 Pforzheim
(Abschnitt 2.6, 2.7)

Prof. Dr. Peter M. Kunz
Gellertstraße 4
D-76185 Karlsruhe
(Kapitel 1, 2, 3, 4, 5,
Abschnitt 1.3, 2.5)

Dipl.-Ing. Stefan Mandel
Rathausstraße 89
D-68519 Viernheim
(Abschnitt 2.3, 2.8)

Dipl.-Ing. Ali Montazem
Versuchskläranlage
LWA/Kläranlage Neuss-Süd
Weckhovener Straße
D-41466 Neuss
(Abschnitt 3.2, 3.10, 3.11)

Dr. Gerhard Nowack
Dr. Bruno Lange GmbH
Postfach 190229
D-40521 Düsseldorf
(Abschnitt 3.9)

Dr.-Ing. Ulrich Pilz
LAR GmbH
Tempelhofer Ufer 23-24
D-10963 Berlin
(Abschnitt 3.8)

Dr. Rosemarie Pulz
Dr. Pulz & Partner
Am Waldrand 29
D-23627 Groß Grönau
(Abschnitt 2.10)

Dipl.-Ing. Klaus Dieter Schmidt
Dr. Bruno Lange GmbH
Postfach 190229
D-40521 Düsseldorf
(Abschnitt 2.9)

Dipl.-Ing. Herbert Schroth
Hornissenweg 100
D-70439 Stuttgart
(Abschnitt 3.4)

Dr. Horst Schumann
Wilkestraße 7
D-13507 Berlin
(Abschnitt 2.2)

Otto Ueberbach
Dr. Bruno Lange GmbH
Postfach 190229
D-40521 Düsseldorf
(Abschnitt 3.9)

Jürgen Weber
Abwasserzweckverband
Postfach 105520
D-69045 Heidelberg
(Abschnitt 3.5)

Stefan Welcz
Abwasserzweckverband
Postfach 105520
D-69045 Heidelberg
(Abschnitt 3.5)

1 Wesentliche Gesichtspunkte für die Eigen- und Prozeßkontrolle in Abwasserreinigungsanlagen

In den folgenden Ausführungen ist der Versuch unternommen, ergänzend zu den bekannten Lehrbüchern (wie den „Bonfig" [1.0-1] oder die „Water Analysis" [1.0-2]) oder auch zu den häufig eingesetzten Nachschlagewerken [1.0-3 bis 1.0-5], die praktischen Aspekte des Erfassens von Prozeßparametern zu beleuchten. Dem Umgang mit den in den Labors und in den Kläranlagen eingesetzten Analysen- und Prozeßmeßgeräten wird dabei das größere Gewicht eingeräumt. Dabei steht mehr der gesamte Bereich von der Probenahme bis zur Ergebnisdarstellung im Vordergrund. Natürlich werden auch die Meßprinzipien beschrieben, weil sie unmittelbar mit der Meßaufgabe zusammenhängen und mit dem Meßfenster zu tun haben, das durch das jeweilige Meßgerät geöffnet wird.

Das erste Kapitel hat die Aufgabe, die Grundlagen und Anforderungen an die Abwasseranalytik im Labor und an die Prozeßanalytik in den Abwasserreinigungs- und Schlammbehandlungsanlagen zu formulieren. Ein weiterer Abschnitt beschäftigt sich etwas ausführlicher mit dem Thema „Messen und Analysieren" aus allgemeiner Sicht. Insbesondere die Betrachtung:

Was soll eigentlich erfaßt werden?

Wie geht man an diese Erfassungsaufgabe heran?

Wie stellt man die Ergebnisse dar?

soll nachfolgend angerissen werden.

Literatur

[1.0-1] Bonfig, K. W., *Sensoren und Sensorsysteme,* Ehningen: expert verlag, 1991.

[1.0-2] Fresenius, W., Quentin, K.E., Schneider, W., *Water Analysis,* Berlin-Heidelberg-New York: Springer-Verlag, 1988.

[1.0-3] Oehme, F., Jola, M., *Betriebsmeßtechnik*, Heidelberg: Hüthig-Verlag, 1982.

[1.0-4] Stevens, F., Fischer, G., *Abwasseranalysen für Betriebe der Metallindustrie*, Saulgau: Eugen G. Leuze-Verlag, 1978.

[1.0-5] Knoch, W., *Wasserversorgung, Abwasserreinigung und Abfallentsorgung. Chemische und analytische Grundlagen*, Weinheim: VCH, 1991.

1.1 Abwasseranalytik im Betriebslabor

Grundlagen und Anforderungen

Walter Hermann Gebhardt

Deutsche Bahn AG
Heizkraftwerk Frankfurt/Main

1.1.1 Veranlassung und Voraussetzung

„Abwasser ist so zu beseitigen, daß das Wohl der Allgemeinheit nicht beeinträchtigt wird",

§ 18a (1) Satz 1 WHG [1.1-1]

Gesetze, Erlasse, Verwaltungsvorschriften und technische Regeln begründen die Anforderungen, die an die Abwasseranalytik gestellt werden. Neben der erforderlichen laborativen Ausstattung bilden Zuverlässigkeit und fachliches Können des Personals die Voraussetzungen für einen ordnungsgemäßen Laborbetrieb. Im Hinblick auf die hohe Verantwortung, die auf den Mitarbeiterinnen und Mitarbeitern ruht, sollte das Fachpersonal mindestens die Ausbildungsstufe bzw. Qualifikation eines Ver- und Entsorgers haben. Bei sehr großen Kläranlagen, in denen ständig umfangreiche, chemisch-analytische Arbeiten im Rahmen der Eigenkontrolle durchgeführt werden müssen, empfiehlt es sich, Personal mit der Qualifikation mindestens eines Chemielaboranten einzusetzen [1.1-2]. Daher fordert die Abwassertechnische Vereinigung (ATV) neben einer nachhaltigen Grundeinweisung, die auch sicherheitstechnische Gesichtspunkte beinhalten muß, eine Folgebetreuung, bei der besonderer Wert auf die Erfassung, Würdigung und Interpretation der erhaltenen Meßwerte zu legen ist. Geeignetes Personal für den Betrieb von Kläranlagen zu beschäftigen, ist eine gesetzliche Forderung [1.1-3].

1.1.2 Gesetzliche Anforderungen

Nach § 7a (1) WHG [1.1-1] darf eine Erlaubnis für das Einleiten von Abwasser nur erteilt werden, wenn die Schadstofffracht des Abwassers so gering gehalten wird, wie dies bei Einhaltung der jeweils in Betracht kommenden Mindestanforderungen, die dem

Stand der Technik entsprechen müssen, möglich ist. Entsprechen vorhandene Einleitungen von Abwasser nicht den Anforderungen, so haben die Länder sicherzustellen, daß die erforderlichen Maßnahmen eingeleitet werden, § 7a (2) Satz 1 WHG [1.1-1].

Die oberste Wasserbehörde kann durch Rechtsverordnungen allgemein festlegen, daß die Betreiber von Kläranlagen Analysen des Abwassers, der anfallenden Schlämme oder des von ihnen beeinflußten Gewässers auf ihre Kosten in einer jeweils festgelegten Häufigkeit zu machen haben. Auch die Führung eines Abwasserkatasters zur Dokumentation der Art, Menge und Herkunft des Abwassers kann von der Behörde verordnet werden, § 53 (3) Nr. 1, 5, 6 [1.1-3]. Schließlich ist auch angegeben, an welche Stellen die Untersuchungsergebnisse, Aufzeichnungen und Prüfungsergebnisse zu übermitteln sind.

Für Kläranlagen, die nach Landesgesetz einer Genehmigung bedürfen, und für genehmigungsfreie Abwasseranlagen, mit denen erlaubnispflichtige Einleitungen gefährlicher Stoffe im Sinne von § 7a Absatz 1 WHG erfolgen, gilt die Verordnung über die Eigenkontrolle von Abwasseranlagen [1.1-4]. Die *Eigenkontrolle* ist nach den allgemein anerkannten Regeln der Technik von geeignetem Personal durchzuführen. Probenahmeart und -häufigkeit werden im Anhang zur RahmenVwV [1.1-5] aufgeführt, wobei die qualifizierte Stichprobe oder 2-Stunden-Mischprobe gefordert wird. Danach ist sicherzustellen, daß die Proben nach dem Stand der Probenahmetechnik so entnommen und aufbewahrt werden, daß Beeinflussungen auf das unvermeidliche Mindestmaß beschränkt werden. Dabei ist das Analysen-, Meß- oder Alternativverfahren anzuwenden, das auf Grund der Abwasserzusammensetzung und unter Beachtung der Regelungen der analytischen Qualitätssicherung für den Untersuchungsfall am besten geeignet ist.

Die Untersuchung mit vereinfachten Verfahren ist ausreichend, wenn durch diese ermittelt wurde, daß in der Abwasserprobe der Überwachungswert für den jeweiligen Parameter mit ausreichendem Abstand unterschritten wurde (s. Abschn. 2.9).

Bei Abwassereinleitungen in ein Gewässer aus kommunalen Kläranlagen, die für eine Fracht ab 600 kg BSB_5/d bemessen sind (>10000 Einwohnergleichwerte), sowie aus industriellen Kläranlagen sind von dem eingeleiteten Abwasser täglich 24-Stunden-Mischproben zu entnehmen. Diese sind als Rückstellproben so lange aufzubewahren, bis das Analysenergebnis der Originalprobe vorliegt, mindestens jedoch zehn Tage (§ 3 (1), (4) und (5) [1.1-4]).

Für biologische Kläranlagen sind, sofern durch Bescheid nichts anderes bestimmt wurde, die in der Tab. 1.1-1 festgelegten Messungen und Untersuchungen durchzuführen oder durchführen zu lassen. Nach § 4 [1.1-4] hat der Betreiber die Einleitungen Dritter in seine Anlage regelmäßig zu untersuchen, soweit es sich um nicht häusliches Abwasser handelt. Nähere Angaben sind im Arbeitsblatt 115 der ATV [1.1-6] niedergelegt.

Das *Betriebstagebuch* (Abb. 1.1-1) und die Auswertung der Meßergebnisse stellen den Kernbereich der laborativen und meßtechnischen Überwachung der Kläranlage dar. Die gewonnenen Daten dienen nicht nur der laufenden Betriebsführung, sondern sollen auch plötzliche Störungen wie auch langfristige Entwicklungen erfassen. Da die Registrierung der Eigenkontrolle über eine elektronische Datenverarbeitung zulässig ist (§ 7 (3) [1.1-4]), wurden in den letzten Jahren entsprechende Prozeßleit- und Protokolliersysteme für Kläranlagen entwickelt. Grundlage für die Systement-

Tab. 1.1-1: Die mindestens vorzunehmenden Messungen bei biologischen Abwasserbehandlungsanlagen

	Ausbaugröße der Abwasseranlage*)						
	Größenklasse 1		Größenklasse 2		Größenklasse 3	Größenklasse 4	Größenklasse 5
	1.1 Teich-anlagen	1.2 andere Anlagen	2.1 Teich-anlagen	2.2 andere Anlagen			
Zulauf der Anlage							
– Abwassermenge						K	K
– pH-Wert		W		Wt	Wt	T	K
– Temperatur				Wt	Wt	T	T
– BSB_5	M	6 × A	M	M	M	W	W
– CSB	M		M				
– AOX						M	M
Ablauf Vorklärung							
– Absetzbare Stoffe		W		W	W	W	W
– pH-Wert				W	W	W	W
– BSB_5		6 × A		M	2 × M	W	W
– CSB		6 × A		M	2 × M	W	W
– Pges.						W	W
– Nges.[1])					M	W	W
Biologische Stufe							
Belebungsbecken:							
– O_2-Gehalt	W	Wt	W	Wt	K	K	K
– Schlammvolumen		W		Wt	T	T	T
– Trockensubstanz	[2])	M	[2])	W	2 × W	2 × W	T
– Glühverlust		M		W	W	W	2 × W
– Temperatur		W		W	Wt	Wt	Wt
– pH-Wert					Wt	Wt	Wt
– Mikroskopisches Schlammbild				W	W	2 × W	Wt
Denitrifikations-becken:							
– pH-Wert						Wt	T
– NO_3-N					2 × W	Wt	T
Tropf-/Tauchkörper:							
– Temperatur im Ablauf		W		W	Wt	Wt	T
– pH-Wert im Ablauf					Wt	Wt	T
– Mikroskopisches Schlammbild				W	W	Wt	Wt
Nachklärbecken							
– Sichttiefe	[2])	W	[2])	Wt	T	T	T
Ablauf Anlage							
– Abwassermenge	Wt	Wt[3])	K	K[3])	K[3])	K	K
– Absetzbare Stoffe	W	Wt	W	Wt	T	T	T
– pH-Wert	W	W	W	W	T	T	T
– BSB_5	M	M	W	W	W	T	T
– CSB	M	M	W	W	W	T	T
– NH_4-N	M	M	W	W	W	T	T
– NO_3-N		M	M	W	W	T	T
– NO_2-N			M	M	W	T	T
– Pges.		M	M	M	W	T	T
– AOX					2 × A	2 × A	M
– Rückstellprobe[4])							

Tab. 1.1-1: (Fortsetzung)

	Ausbaugröße der Abwasseranlage*)						
	Größenklasse 1		Größenklasse 2		Größenklasse 3	Größenklasse 4	Größenklasse 5
	1.1 Teich-anlagen	1.2 andere Anlagen	2.1 Teich-anlagen	2.2 andere Anlagen			
Schlammbehandlung							
– Schlammenge	[5]		[5]	M	W	T	T
– Trockensubstanz					M	M	M
– Glühverlust und Glührückstand					M	M	M
– Temperatur[6]				K	K	K	K
– pH-Wert[6]				Wt	T	T	T
– CO_2-Gehalt[7]				M	W	T	T
– CSB und NH_4-N[8]					M	M	W
– Pges.[8]						M	W
Schlammentwässerung/ -trocknung							
– Absetzbare Stoffe im Filtrat					M	W	T
– Schlammenge (entwässert)					M	W	T
– Trockensubstanzgehalt					M	W	T
– CSB und NH_4-N im Filtrat						M	W
– Pges. im Filtrat						M	W

Erklärung:*)

Größenklasse 1.1:		< 60 kg BSB_5/d;		< 1.000 EW
Größenklasse 1.2:		< 60 kg BSB_5/d;		< 1.000 EW
Größenklasse 2.1:		≥ 60 kg BSB_5/d;		≥ 1.000 EW
Größenklasse 2.2:	60 bis	< 300 kg BSB_5/d;	1.000 bis	< 5.000 EW
Größenklasse 3 :	300 bis	< 1.200 kg BSB_5/d;	5.000 bis	< 20.000 EW
Größenklasse 4 :	1.200 bis	< 6.000 kg BSB_5/d;	20.000 bis	< 100.000 EW
Größenklasse 5 :		≥ 6.000 kg BSB_5/d;		≥ 100.000 EW

T = täglich; Wt = werktäglich; W = wöchentlich; M = monatlich; A = jährlich; K = kontinuierlich; EW = Einwohnerwert

[1]) Bestimmung als $N_{ges.}$ oder als Summe (NH_4-N + NO_2-N + NO_3-N)
[2]) ¼-jährliche Messung des Schlammspiegels je nach Art der Anlage im Belüftungsteich oder im Nachklärteich
[3]) Bei bestehenden Anlagen ausnahmsweise im Zulauf, sofern im Ablauf noch keine Meßeinrichtung vorhanden ist und in der Anlage kein Abschlag erfolgt
[4]) gemäß EKVO §.3 Abs. 5
[5]) Bei Teichräumung Feststellung der Schlammenge und der Trockensubstanz
[6]) bei mesophilen oder thermophilen Anlagen
[7]) im Faulgas
[8]) im Trübwasserrücklauf

Kläranlage **Betriebsbericht** Seite 1 Monat: 01/93

				Zulauf											Ablauf		Belebung			
						Abwasserdurchfluß					Absetzbare Stoffe									
Datum	Wochentag	Wetter	Lufttemperatur	Zulauftemperatur	pH-Wert	Zeiger-ablesung	Zähler-ablesung	Tages-differenz	Trockenwet-terzulauf	Regenwet-terzulauf	Zulauf VK	Ablauf VK	Schlammvolumen BB (30 min)	Ablauf NK	Sichttiefe	pH-Wert	Trockensubstanz	Schlammindex	O2-Gehalt	BSB5 Zulauf
			°C	°C		l/s	m³	m³	m³	m³	ml/l	ml/l	ml/l	ml/l	cm		g/l	ml/g	mg/l	mg/l
1	Fr	1	0.0	7.0	7.0		320489	5555	5555		6.0	0.3	360		50		4.3	83	6.4	110
2	Sa	1	3.0	8.0	7.0		326342	5853	5853		7.0	0.4	260		50		2.9	90	5.8	100
3	So	3	5.0	8.0	8.1		333983	7641		7641	8.1	1.0	280		50		3.7	76	5.2	90
4	Mo	3	5.0	9.0	7.6		339843	5860		5860	6.0	0.3	310		50		3.8	82	4.6	110
5	Di	1	3.0	9.0	7.3		344914	5071	5071		5.0	0.5	380		50		5.2	73	3.5	120
6	Mi	1	3.0	8.0	7.9		350748	5834	5834		4.0	0.2	240		50		3.6	71	3.7	
7	Do	3	4.0	9.0	7.1		357799	7051		7051	2.0	0.2	310		50		3.8	87	3.8	190
8	Fr	3	5.0	9.0	7.0		363711	5912		5912	4.0	0.4	300		50		3.8	79	4.8	170
9	Sa	3	5.0	9.0	7.9		369342	5631		5631	7.0	0.1	340		50		4.6	74	4.0	207
10	So	1	4.0	10.0	7.5		375022	5680	5680		3.0	0.4	260		50		3.7	70	3.6	220
11	Mo	1	3.0	9.0	7.9		382461	7439	7439		4.0	0.1	260		50		3.8	68	3.8	190
12	Di	1	0.0	9.0	8.6		390713	8252	8252		3.5	0.3	360		50		4.2	76	4.6	195
13	Mi	2	-1.0	8.0	7.8		397981	7268	7268		6.0	0.2	330		50		4.4	75	5.6	187
14	Do	2	-4.0	8.0	7.3		403381	5400	5400		1.4	0.1	320		50		4.9	65	6.0	
15	Fr	2	-4.0	9.0	7.8		408112	4731	4731		6.0	0.5	300		50		4.5	67	5.8	
16	Sa	2	-5.0	9.0	8.1		412392	4280	4280		4.5	0.5	320		50		4.9	65	5.7	160
17	So	2	-4.0	9.0	7.7		416250	3858	3858		0.5	1.5	320		50		4.0	70	5.5	110
18	Mo	2	-3.0	9.0	8.4		419964	3714	3714		17.0	0.5	350		50		4.8	73	4.7	150
19	Di	2	-1.0	9.0	7.2		423481	3517	3517		11.0	1.1	380		50		5.2	73	5.2	120
20	Mi	1	0.0	9.0	7.6		427573	4092	4092		8.0	0.7	360		50		5.0	72	5.7	
21	Do	3	2.0	9.0	7.5		431806	4233		4233	20.0	0.5	310		50		3.5	89	6.3	250
22	Fr	1	0.0	9.0	8.2		435750	3944	3944		7.5	0.2	340		50		4.3	79	4.9	137
23	Sa	1	0.0	9.0	7.8		439419	3669	3669		10.3	0.5	360		50		4.3	84	4.2	150
24	So	1	0.0	9.0	8.1		443015	3596	3596		6.0	1.3	360		50		4.5	80	4.8	163
25	Mo	3	3.0	9.0	7.9		446688	3673		3673	7.0	0.7	350		50		4.3	81	3.0	175
26	Di	3	1.0	9.0	8.1		450235	3547		3547	5.0	0.7	360		50		5.2	69	2.1	
27	Mi	1	0.0	9.0	7.6		453594	3359	3359		3.0	0.6	360		50		4.7	77	1.2	152
28	Do	3	1.0	9.0	7.9		456653	3059		3059	5.0	0.2	350		50		4.7	75	1.0	129
29	Fr	3	1.0	9.0	8.4		459997	3344		3344	8.0		400		50		4.9	82	1.8	206
30	Sa	1	1.0	9.0	7.3		463087	3090	3090		13.0	0.5	400		50		5.0	100	2.1	175
31	So	1	-3.0	9.0	7.2		466676	3589	3589		10.0	1.5	420		50		5.0	84	5.0	160
Mittelwert			0.8	8.8	7.7			4895	4847	4995	6.7	0.5	334		50		4.4	77	4.3	159
Anz./Grzw.Üb.			31	31	31	0	31	31	21	10	31	30	31		31		31	31	31	26
Minimum			-5.0	7.0	7.0			3059	3090	3059	0.5	0.1	240		50		2.9	65	1.0	90
Maximum			5.0	10.0	8.6			8252	8252	7641	20.0	1.5	420		50		5.2	100	6.4	250
Summe								151737	101787	49950										

WETTERAUSWERTUNG Trockenwetter : 21 Tage (1=trocken; 2=Frost)
Regenwetter : 10 Tage (3=Regen; 4=Gewitter; 5=Schneeschmelze; 6=Schneefall; 7=Regennachlauf)

Abb. 1.1-1: Betriebstagebuch auf dem PC (Hydro-Ing., Düsseldorf) wickler wurde der Hinweis H 260 [1.1-7]. Das Betriebstagebuch ist für die Dauer von drei Jahren nach der letzten Eintragung aufzubewahren, soweit die Wasserbehörde keine anderen Fristen angeordnet hat, § 7 (4) [1.1-4]. Die zusammengefaßten und ausgewerteten Ergebnisse sind für jedes Jahr spätestens bis zum 31. März des folgenden Jahres der Wasserbehörde vorzulegen. Wird das Betriebstagebuch nicht ordnungsgemäß geführt, stellt dies eine Ordnungswidrigkeit nach § 12 [1.1-4] dar.

Die analytische Überwachung der Abwasserablaufwerte erhält durch das *Gesetz über Abgaben für das Einleiten von Abwasser* in Gewässer (Abwasserabgabengesetz) [1.1-8] einen besonderen Stellenwert. Nach § 1 AbwAG ist für das Einleiten von Abwasser in ein Gewässer eine Abgabe zu entrichten. Die Abgabe richtet sich nach der Schädlichkeit des Abwassers. Diese wird unter Zugrundelegung der oxidierbaren Stoffe (CSB), der eutrophierenden Stoffe (Phosphor, Stickstoff), der organischen Halogenverbindungen (AOX), der Metalle Quecksilber, Cadmium, Chrom, Nickel, Blei, Kupfer und ihrer Verbindungen sowie der Giftigkeit des Abwassers gegenüber Fischen nach Maßgabe des Gesetzes in Schadeinheiten bestimmt (§ 3).

Die Schadstoffgehalte sowie die Giftigkeit gegenüber Fischen werden aus der nicht abgesetzten, homogenisierten Probe nach den Anforderungen der Anlage B zu § 3 bestimmt. Diese Vorgaben bedingen, unabhängig von anderen Vorschriften, bereits einen erheblichen Teil der laborativen Ausstattung in Kläranlagen.

Anforderungen an die Abwasseranalytik enthält die *Rahmen-Abwasser-Verwaltungsvorschrift* [1.1-5]. Insgesamt sind es 338 Analysenverfahren (Stand März 1994), die in Allgemeine Verfahren, Anionen, Kationen, Einzelstoffe, Summen- und Gruppenparameter sowie Biologische Testverfahren gegliedert sind. Die Nachweise können neben den aufgeführten auch mit anderen Analysenverfahren geführt werden, wenn die Gleichwertigkeit mit den DIN-Verfahren gegeben ist. Als Beispiele sind Verfahren zur Bestimmung von CSB, N und P mittels Küvettentests sowie BSB-Bestimmungen mit Feldmethoden zu nennen (s. Abschn. 2.8 und 2.9).

Bei der Überwachung mit on line-Monitoren kann an Stelle einer täglichen CSB-Überwachung auch eine kontinuierliche Messung des TOC erfolgen [1.1-9], wenn das CSB/TOC-Verhältnis zumindest wöchentlich ermittelt wird und ausreichend gleichmäßig bleibt. Der CSB-Wert ist durch eine Laboranalyse, der TOC-Wert durch das kontinuierlich arbeitende Meßgerät zu bestimmen. Die Wasserbehörde kann verlangen, daß die BSB_5- und CSB-Messungen am Zu- und Ablauf jeweils anhand korrespondierender Proben ermittelt werden, um daraus die Abbauleistung festzustellen. Dieser Wert ist mit der für die Auslegung der Anlage angesetzten Abbauleistung zu vergleichen. Zur Beweissicherung der Analysen sind zusätzlich Rückstellproben des zu untersuchenden Abwassers zu entnehmen.

Weitere gesetzliche Anforderungen an die Analytik entstehen bei der landwirtschaftlichen Klärschlamm-Verwertung gemäß Klärschlamm-Verordnung [1.1-10]. Die nach § 3 (Voraussetzungen für das Aufbringen) vorgeschriebenen Untersuchungen sind dort im Anhang 1 genau beschrieben. Sie sind gemäß DIN 38414 Teil 1, 2 und 7 durchzuführen. Der Anhang 1 enthält 24 hinweisende Literaturstellen sowie die DIN-Tabelle der einzelnen Untersuchungsmethoden für Klärschlamm. Für die Verwertung des Klärschlammes werden Analysenwerte für Zink, PCB und PCDD/PCDF gefordert.

1.1.3 Erfordernisse der Probenvorbereitung

Die Entnahme einer repräsentativen Probe ist Voraussetzung für eine ordnungsgemäße Analyse und besitzt grundsätzlich den gleichen Stellenwert wie die nachfolgende Analytik (s. Abschn. 2.2). Grundsätzlich beeinflußt die Probenahmedauer das Überwachungsergebnis, was ausführlich von Hartmann [1.1-11] beschrieben wird.

Für den Transport der Proben sind nur Glasflaschen mit Schliffstopfen oder Kunststoffbehälter (PVC/PE) zu verwenden [1.1-9]. Glasflaschen sind besonders dann empfohlen, wenn Ölbestandteile, Lösemittel, Pestizide, Quecksilber und geruchsaktive Substanzen zu untersuchen sind. Wird die analytische Bestimmung nicht unmittelbar nach der Entnahme durchgeführt, muß die Probe konserviert werden. Die möglichen Konservierungsarten sind in den Vorschriften für die jeweiligen Analysenverfahren angegeben.

Vor der unmittelbaren Bestimmung chemisch-physikalischer Parameter sind in der Regel Geruch, Färbung und Trübung (s. Abschn. 2.4) qualitativ zu ermitteln. Je nach Behandlungsstufe sind Direktmessungen erforderlich, z. B. Temperatur, Sauerstoffgehalt, pH-Wert, Leitfähigkeit, Redox-Potential, absetzbare Stoffe oder Schlammvolumen (s. Abschn. 2.3 und 3.7). Wird von den DIN-Vorschriften abgewichen, muß geprüft werden, ob das gewählte Verfahren den Anforderungen: Bestimmungsgrenze, Empfindlichkeit, Querempfindlichkeit (QE), Matrixbeeinflussung, Wiederholbarkeit, Vergleichbarkeit und Richtigkeit gerecht wird. Beispielsweise kann der Anwender mit Küvettentests (s. Abschn. 2.8 und 2.9) ein Referenzverfahren wählen und über ein Prüfsystem [1.1-12] die „Richtigkeit" des Analysenergebnisses überprüfen. Da der Anwender für seine speziellen Bedingungen jedoch beweisen muß, daß sein ausgewähltes Küvetten-Test-System mit dem entsprechenden *Referenzverfahren* vergleichbar ist, muß eine Vergleichsuntersuchung nach DIN 38402 mit den Teilen 51 und 71 durchgeführt werden. Diese beiden Vorschriften regeln sowohl die Kalibrierung verschiedener Analysenverfahren als auch die Kriterien der Vergleichbarkeit bzw. Gleichwertigkeit. Daneben wird empfohlen, an *Ringversuchen* zur Qualitätssicherung teilzunehmen. Der Teilnehmer erlangt hier die notwendige Sicherheit, die erforderlich ist, um den Überwachungsbehörden gegenüber rechtsmittelfähige Ergebnisse vorlegen zu können. Durchführung und Auswertung von Ringversuchen erfolgen nach der DIN 38402 den Teilen 41 und 42. Danach können Aussagen über die Zuverlässigkeit von Analysenverfahren gewonnen werden, weil viele Umstände, von der Probenahme abgesehen, wie z. B. die ausführende Person, die verwendeten Photometer und Reagenzien sowie die Umgebungsbedingungen allgemein, zu Unterschieden führen.

Je nach Probenbeschaffenheit, Herkunft und Zusammensetzung werden *Aufschlußverfahren* erforderlich. Entweder müssen ungelöste Anteile gelöst oder den Analysengang störende Verbindungen zerstört werden. Für den Spurenbereich können zusätzlich Anreicherungsverfahren erforderlich werden.

Nach Kürner [1.1-13] haben sich vor allen Dingen vier Systeme bewährt:

- UNISEAL Decompostion Vessel (BERNAS) vorwiegend für anorganische Proben;
- die Druckaufschlußbombe (KOTZ, Tölg) vorwiegend für kleinere Einwaagen;

- die Säureaufschlußbombe (PARR, Frankfurt/M.) und der Autoklav 3 (LANGMYHR) [1.1-13].

Grundsätzlich dürfen Aufschlußverfahren nur in reinen und inerten Werkstoffen durchgeführt werden, um mögliche systematische Fehler auszuschließen. Weiterhin ist die richtige Reinigung der Gefäße zu beachten; ein Sachverhalt, der in seiner Bedeutung oft unterschätzt wird. Die wichtigsten, nur in reiner Form anzuwendenden Aufschlußsäuren sind HF, HCl, HNO_3, $HClO_4$, H_2SO_4 sowie H_2O_2. Entscheidend für einen Aufschluß sind: Richtigkeit und Sicherheit, aber auch die Wirtschaftlichkeit spielt eine Rolle.

Die Richtigkeit verlangt eine vollständige Kohlenstoff-Oxidation und ein Minimum an Probenverlusten. Die geschlossenen Systeme aus Quarzglasgefäßen (außer bei HF) sollen bis 300 °C gasdicht und bis ungefähr 80 bar druckfest sein.

Die Sicherheit erfordert geringe Explosionsrisiken durch eine entsprechende Parameterwahl, durch wenig gefährliche Reagentien und durch den passiven Schutz des Bedienungspersonals, da eine Explosion des Druckgefäßes nie ganz auszuschließen ist. Schließlich sind auch Vorkehrungen gegen menschliche Fehlbedienungen zu treffen.

Die Wirtschaftlichkeit wird durch den Personal-, Energie- und Zeitbedarf für die einzelnen Proben oder Serien, den Chemikalienverbrauch (einschließlich des Preises für die Entsorgung) und die Kosten für Anschaffung und Unterhaltung des Gerätes begründet. Nicht zu vergessen sind natürlich auch die – nicht leicht zu erfassenden – Kosten, die falsche Analysen hervorrufen [1.1-13].

Der konventionell aufgeheizte Hochdruck-Verascher HPA (PAAR PHYSICA, Stuttgart) ermöglicht bei HNO_3-Aufschlüssen und Temperaturen bis 320 °C sowie Drücken bis 130 bar (allerdings bei meist etwa drei Stunden Aufschlußzyklus für 5 bis 7 Proben) praktisch restkohlenstofffreie Aufschlüsse (Abb. 1.1-2). Er kann immer noch als die beste, sicherste und vielseitigste Aufschlußapparatur bezeichnet werden – auch wenn für viele Anwendungen künftig die Mikrowellendruckaufschlußsysteme PMD und „Super-Digest" (beide von PAAR PHYSIKA, Stuttgart) in Betracht kommen.

Das Mikrowellendruckaufschlußsystem PMD in gasdichten und druckfesten Quarzglasgefäßen erreicht Temperaturen von ungefähr 300 °C bei HNO_3 und hat einen geregelten Druck von 80 bar. Der Aufschlußzyklus für zwei Proben beträgt einschließlich Kühlen 15–25 Minuten. Die Einwaagen für organische Proben liegen bei 200–400 mg organischer Trockensubstanz je nach Kohlenstoffgehalt und Reaktionsverhalten (Abb. 1.1-3).

Das „Super-Digest-System" mit fokussierter Mikrowelleneinstrahlung ermöglicht bei H_2SO_4 Temperaturen von 350 °C. Bei der höheren Einwaage bei HNO_3-Aufschlüssen, bis 0,8–1,5 g organische Trockensubstanz, ist jedoch der Abbaugrad deutlich geringer, da der Höchstdruck aus Sicherheitsgründen auf 40 bar begrenzt ist.

Ein Aufschlußzyklus dauert dabei für ein bis vier Proben einschließlich Abkühlung 25–30 Minuten [1.1-14]. Der für die Erwärmung der Probenlösung erforderliche Behälter muß mikrowellendurchlässig, chemisch inert und selbstverständlich druckfest sein. Die überwiegend verwendeten PTFE-Gefäße werden aus isostatisch verpreßtem PTFE-Pulver hergestellt, welches kein Recyclisat enthalten darf [1.1-15].

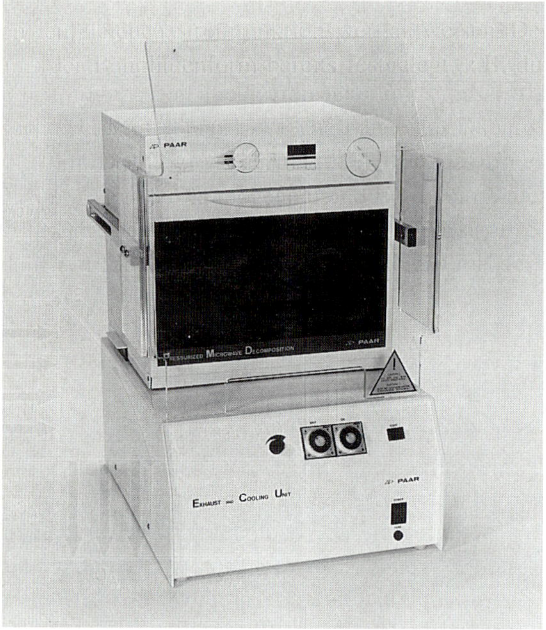

Abb. 1.1-2: Mikrowellendruckaufschlußsystem PMD (PAAR PHYSIKA, Stuttgart)

Es sollte berücksichtigt werden, daß im Falle erforderlicher höherer Temperaturen mit PTFE ausgekleidete Gefäße bereits kritisch bzw. nicht mehr geeignet sind. Alle Fluorpolymere können unter Druck und Einwirkung oxidierender Säuren nicht wesentlich über 150–180 °C dauerbelastet werden [1.1-16].

Für die Bestimmung des N_{ges}-Gehaltes im Abwasser stellt der alkalische Aufschluß mit Peroxidisulfat eine Alternative zum Kjeldahl-Verfahren (s. Abschn. 2.8) dar. Weder sind dabei konzentrierte Säuren zu dosieren, noch entstehen giftige Abgase oder werden aggressive Dämpfe freigesetzt. Durch das geschlossene System ist auch kein Analytverlust zu befürchten. Nach dem Aufschluß erfolgt eine photometrische Nitrat-N-Bestimmung nach DIN 38405 D9. Soll N_{ges} im Klärschlamm bestimmt werden, wird die getrocknete und gesiebte Probe zunächst mit H_2SO_4 und H_2O_2 naßoxidiert. Nach dem Abkühlen wird die Lösung mit Wasser verdünnt und mit NaOH auf einen pH-Wert von 5–8 eingestellt. Diese Lösung wird mit Oxisolv® (Merck, Darmstadt) aufgeschlossen. Da es sich bei diesem Aufschlußmittel um eine abgestimmte Mischung aus Peroxidisulfat und Alkali handelt, können damit Stickstoff und Phosphor in einem Arbeitsgang aufgeschlossen werden. Das Oxisolv®-Verfahren eignet sich besonders für den Aufschluß im Mikrowellenofen. Damit gewinnt man auch einen zeitlichen Vorteil beim Aufschließen von Schwermetallverbindungen wie Cu, Ni, Pb, Cd, Zn, Cr, insbesondere in Gegenwart von Komplexbildnern wie Cyanid, NTA, EDTA, Mercapttriazin und Huminsäuren [1.1-17].

Für den Aufschluß von Wasserproben zur „Bestimmung von sieben Metallen mittels Voltammetrie nach DIN 38406 Teil 16“ wird das UV-Aufschlußgerät UV-1000

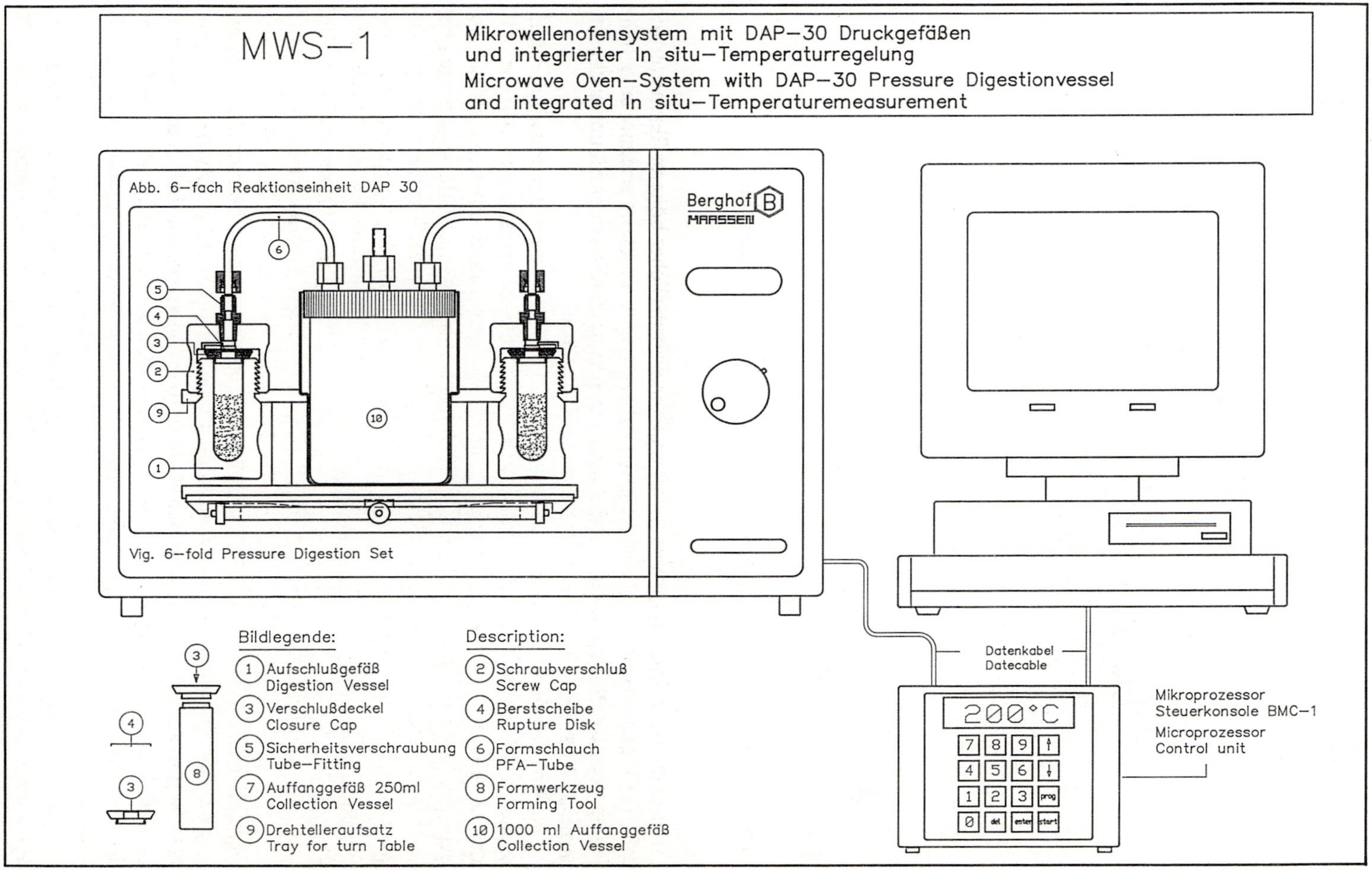

Abb. 1.1-3: Mikrowellen-Aufschluß MWS-1 (Berghof Maassen, Eningen)

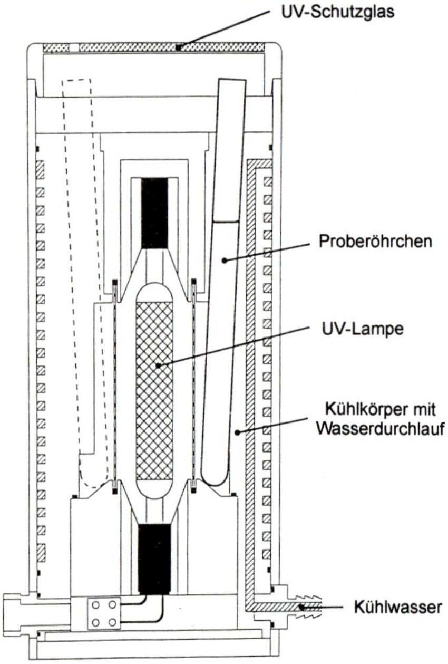

Abb. 1.1-4: UV-Aufschlußgerät UV-1000 (Hans Kürner, Rosenheim)

(Hans Kürner, Rosenheim) (Abb. 1.1-4) verwendet. Dabei sind zwölf Probenröhrchen mit einem nutzbaren Probenvolumen von 20 bis 25 mL um einen senkrecht stehenden Quecksilberhochdruckstrahler mit einer Leistung von 1000 W kegelförmig (nach oben geöffnet) angeordnet.

Die wesentlichsten Vorteile dieses Gerätes sind:

- volle Ausnutzung der Strahlungsenergie durch zentrische Anordnung der Proben,
- schnelle Durchmischung der Probenlösungen durch konvektionsfördernde Anordnung der Probenröhrchen in Schrägstellung,
- Intensivkühlung der Proben durch optimales Anliegen der Probenröhrchen in den schräg angeordneten Rohrhalterungen,
- minimaler Kühlwasserverbrauch durch günstigste Ausnutzung der Wärmekapazität des Wassers bei absolut gleichmäßiger Temperierung des Kühlkörpers durch außen angeordnete Kühlschlange.

Beim UV-Aufschluß mit Wasserstoff-Peroxid (H_2O_2) entstehen durch die UV-Strahlung sehr reaktive chemische Radikale; dabei wird auch Ozon erzeugt. In den Folgereaktionen werden die organischen Stoffe oxidiert, welche Schwermetalle binden oder bei Anwendung der Flammen-Atomabsorptionsspektroskopie die Atomisierungsbedingungen in der Flamme verändern. Die Vollständigkeit der Oxidation organischer Stoffe hängt vom angewendeten Aufschluß-Verfahren, die Notwendigkeit vom Analysenverfahren ab.

1.1.4 Spezielle Analysen-Verfahren

Es versteht sich von selbst, daß in einem Kläranlagenlabor nicht alle Substanzen einzeln analysiert werden können. Deshalb haben Summenparameter, wie z. B. für organische Halogenverbindungen der AOX, besondere Bedeutung [1.1-18].

Der AOX erfaßt halogenierte, organische Verbindungen wie polychlorierte Biphenyle (PCB), Dioxine und Furane, leichtflüchtige Chlorkohlenwasserstoffe (CKW) sowie bisher noch nicht ausreichend genau nachgewiesene chlorierte Huminstoffe und Lignine. Neben dem AOX nach DIN 38409 H14 wird auch der POX (strippbare) nach DIN 38409 H25, der EOX nach DIN 38409 H8 und der AOX in Sedimenten und Schlämmen nach DIN 38414 S18 bestimmt. Durch den Parameter EOX (extrahierbare) werden im wesentlichen die lipophilen Verbindungen erfaßt. Die Unterteilung in mehrere Methoden erfolgt über die unterschiedliche Probenaufbereitung.

Für das Ergebnis, insbesondere bei den leichtflüchtigen CKW, ist die Probenahme ganz entscheidend. Die Probenahmeflasche ist unterhalb der Wasseroberfläche ohne Luftblase vollständig zu füllen und möglichst unverzüglich aufzuarbeiten. Ein Aufbewahren der Probe (bis 24 Stunden) ist nur im Kühlschrank sinnvoll.

Das Meßverfahren beruht auf der Coulometrie, wobei die chemischen Substanzen durch Messung der für deren Umsetzung erforderlichen Elektrizitätsmenge (Faraday'sches Gesetz) bestimmt werden. Bei der coulometrischen Titration dient die Elektrizität als „Titriermittel", da das zu bestimmende Halogen mit Silber reagiert, das seinerseits durch eine Elektrodenreaktion erzeugt wird. Die zu untersuchende Probe wird im Infrarotofen im Sauerstoffstrom verbrannt. Dabei entstehen Kohlendioxid, Wasser und Halogenwasserstoff. In dem nachgeschalteten Drahtofen wird möglicherweise vorhandenes molekulares Halogen gemäß der exothermen Reaktion $X_2 + H_2O = 2\,HX + 1/2\,O_2$ in HX umgesetzt. Durch Zugabe von Argon als Trägergas kann das Gleichgewicht in der Reaktionsgleichung weiter nach rechts verschoben werden.

Die Verbrennungsgase strömen durch die mit Schwefelsäure gefüllte Vorlage und werden dort entwässert. Danach gelangen sie in die Meßzelle. Der Elektrolyt enthält eine genau eingestellte Menge Silberionen. Durch die Reaktion mit Halogenwasserstoff fällt quantitativ Silberhalogenid aus. Somit nimmt die Konzentration der Silberionen ab. Durch anodische Oxidation einer Silberelektrode wird die ursprüngliche Ag^+-Konzentration wieder hergestellt. Die hierzu benötigte Elektrizitätsmenge entspricht dem Halogengehalt der Probe.

Bei der Säulenmethode zur *AOX-Bestimmung*, die hier angelehnt an die Empfehlung für die SAE II Methode der Fa. Ströhlein [1.1-19] beschrieben wird, wird die angesäuerte Probenlösung über eine vertikale, serielle Anordnung von Probenvorlagegefäß und zwei mit je etwa 50 mg Aktivkohle gefüllten Säulen nach dem Prinzip der Druckfiltration mit Inertgas in das nachfolgende Auffanggefäß gedrückt. Anschließend werden die belegten Säulen mit Nitratwaschlösung gespült. Die beladene Aktivkohle wird in einem Quarzschiffchen bei ungefähr 1000 °C verbrannt. Der Vorteil dieser Methode liegt im niedrigen Blindwert, da weder ein Kontakt mit der Laborluft erfolgt noch ein Filter benötigt wird.

Da nach DIN 38409 H14 sowohl die Schüttel- als auch die Säulenmethode zugelassen ist, werden beide Methoden in der Literatur vergleichend betrachtet [1.1-20]. Auswertungen aus Ringversuchen mit der Säulenmethode bei feststoffhaltigen Proben ergaben mehr oder weniger Minderbefunde. Auch die zu bevorzugende Schüttelmethode zeigt Streubreiten, die höher sind als die in der Verfahrensnorm für feststofffreie Proben genannten. Den Einfluß des anorganischen Chlorids auf die AOX-Bestimmung würdigen u.a. Luitjens und Stock [1.1-21]. Im Gegensatz zu den Kritikern der Säulenmethode kommen die Autoren zu dem Ergebnis, daß durch die Säulenmethode bei stark salzhaltigen Abwässern plausiblere und reproduzierbarere Ergebnisse erzielt werden.

Das *EOX-Verfahren* beruht auf einer Flüssig-flüssig-Extraktion der wäßrigen Probe mit einem organischen, unpolaren Extraktionsmittel (Hexan, Heptan). Von diesem Extrakt werden dann 50 µL bis 1 mL durch Injektion mit einer Spritze (EOX-Injektor) in den heißen Teil des Ofens eingebracht und wie beim AOX-Verfahren bei ungefähr 1000 °C verbrannt.

Mit dem *POX-Verfahren* werden alle kurzkettigen halogenierten Moleküle, wie Di- und Trichlormethan, erfaßt. Um mögliche Verluste an flüchtigen Anteilen zu vermeiden, werden diese aus dem Probengefäß ausgeblasen und getrennt bestimmt. Dabei wird vor dem Analysengerät eine Gaswaschflasche geschaltet und Sauerstoff durchgeleitet. Die Waschflasche wird in einem Thermostaten auf 60 °C erwärmt und mit einem beheizten Aufsatz versehen. Die ausgestrippten Verbindungen werden im Sauerstoffstrom mineralisiert und der Cl-Gehalt nachgewiesen.

Kohlenwasserstoff-Analytik

Die Summe von *leichtflüchtigen* Kohlenwasserstoffen, wie Benzin-Kohlenwasserstoffe, und *schwerflüchtigen*, wie Mineralöle, wird nach der DIN 38409 H18 mit der quantitativen IR-Spektrometrie bestimmt. Mit 1,1,2-Trifluortrichlorethan werden die Kohlenwasserstoffe aus der Wasserphase entfernt und angereichert. Mögliche Emulsionen werden mit $MgSO_4$ und H_2SO_4 gespalten. In die organische Phase gelangen auch Anteile von Detergentien, verseifbaren Stoffen usw., die bei der IR-Analyse einen höheren Anteil an Kohlenwasserstoffen vortäuschen. Folglich müssen diese polaren Anteile chromatografisch über eine Säule abgetrennt werden (Al_2O_3). Die spektrometrische Analyse erfolgt im Bereich der C-H-Valenzschwingungen. Da im Abwasser keine einheitlichen Kohlenwasserstoff-Gemische vorliegen, werden als Eichproben entweder Squalan ($C_{30}H_{62}$), das nahezu ausschließlich $-CH_2$-Gruppen besitzt, oder ein repräsentativ zusammengesetzter Betriebsstandard verwendet. Für die Praxis hat sich in vielen Fällen die Auswertung über die $-CH_2$-Bande (3,42 µm) bewährt, deren Extinktion ermittelt wird; insbesondere gilt dies für aromatenarme, paraffinbasische Kohlenwasserstoffe. Aus der Eichkurve ergibt sich dann die Kohlenwasserstoff-Konzentration in mg/L. Es muß jedoch darauf hingewiesen werden, daß bei diesem vereinfachten Verfahren Aromatengehalte nicht richtig berücksichtigt werden, wenn sich Eichproben und Abwasser-Kohlenwasserstoffe in ihrer Zusammensetzung wesentlich unterscheiden [1.1-22].

Tensid-Analytik

Vorkommen und Verhalten der *Tenside* bei der Abwasser- und Schlammbehandlung werden im ATV-Arbeitsbericht „Gefährliche Stoffe in kommunalen Kläranlagen" eingehend erörtert [1.1-23]. Für den Nachweis dieser Stoffe liegen die Normen DIN 38409 H23-1 und 2 Bestimmung der methylenblau-aktiven und bismut-aktiven Substanzen und DIN 38409 H20 Bestimmung der disulfinblau-aktiven Substanzen vor. Durch die DIN EN 903 (Januar 1994) „Bestimmung von anionischen, oberflächenaktiven Stoffen durch Messung des Methylblau-Index MBAS" wird die DIN 38409 H23 teilweise ersetzt. Obwohl der Nachweis der Tenside mit der DIN-Methode einen höheren Aufwand gegenüber der Methode mit tensidspezifischen Elektroden erfordert, werden damit zuverlässigere Ergebnisse erzielt. Die tensidspezifischen Elektroden zeigen meistens den Nachteil, erst bei sehr hohen Tensidbelastungen im Abwasser anzusprechen. Gleichzeitig ist auch die Dauer ihrer Verwendbarkeit eingeschränkt.

Phenolindex

Der *Phenolindex* wird bestimmt, um Phenole bzw. kupplungsfähige Substanzen nachzuweisen. Die Grundlage ist die in Gegenwart eines Oxidationsmittels (Peroxidisulfat, $Fe(CN)_6^{3-}$) mit 4-Aminoantipyrin erfolgende Farbreaktion, die fotometrisch gemessen wird. Je nach Fragestellung werden dabei verschiedene Stoffgruppen als Phenole bzw. kupplungsfähige Stoffe erfaßt. Bei dem unmittelbaren Verfahren aus der Abwasserprobe reagieren neben Phenolen auch einige aromatische Amine.

Bei der destillativen Abtrennung werden nur die mit Wasserdampf flüchtigen Phenole erfaßt; aromatische Amine werden durch Destillation bei einem pH-Wert von 0,5 abgetrennt. Cyanid wird unter Umständen mit Kobalt komplexiert. Die fotometrische Messung erfolgt im ersten Falle aus dem Chloroform-Extrakt der Reaktionslösung, im zweiten Falle entweder aus dem Extrakt oder unmittelbar aus der Reaktionslösung. Genormt wurde die Phenolindexmethode nach der Destillation in der DIN 38409 H16-2.

Mikroskopische Untersuchung des Belebtschlammes

Die Untersuchung des Belebtschlammes unter dem Mikroskop ist für die Beurteilung der biologischen Aktivität wichtig. Neben den Aufzeichnungsblocks der ATV Landesgruppe Bayern können auch eigene Beurteilungsbögen angefertigt werden [1.1-24]. Die einzelnen Arbeitsschritte werden von Eikelboom & van Buijsen [1.1-25] eingehend beschrieben. Die mikroskopischen Bilder sind zu dokumentieren.

1.1.5 Schlußfolgerung

Die Laborausstattung in den Kläranlagen ist in den letzten Jahren immer umfangreicher geworden. Betrachtet man die Stoffströme einer Kläranlage in ihren wechselseitigen Beziehungen zueinander, so ist ein ordnungsgemäßer Betrieb im Sinne der gesetzlichen Anforderungen nur noch mit sehr gut ausgebildetem Personal möglich, dem zur Erfüllung seiner Aufgaben das notwendige „Rüstzeug" zur Verfügung stehen muß.

Kläranlagenbetreiber stehen also mit dem Ergebnis ihrer Arbeit, der Reinigung des Abwassers und Verwertung des Klärschlammes an herausragender Stelle in der öffentlichen Daseinsvorsorge.

Literatur

[1.1-1] Gesetz zur Ordnung des Wasserhaushalts (WHG), 23.9.1986, BGBl. I, 1529, ber. 8.10.1986, BGBl. I, 1654.
[1.1-2] GfA, ATV-Hinweis H 704, Hennef, September 1991.
[1.1-3] Hessisches Wassergesetz (HWG), 22.1.1990, GVBl. I, Nr. 10, 114.
[1.1-4] VO über die Eigenkontrolle von Abwasseranlagen (Abwassereigenkontrolle VO-EKVO), 22.2.1993, GVBl. Hessen I, Nr. 5, 25.3.1993.
[1.1-5] AllgemRahmenVwV über Mindestanforderungen an das Einleiten von Abwasser in Gewässer, 25.11.1992, Beilage zum Bundesanzeiger Nr. 233b, 11.12.1992.
[1.1-6] ATV-Arbeitsblatt A 115: Indirekteinleiter. Abwassertechnische Vereinigung, Hennef.
[1.1-7] GfA, ATV-Hinweis H 260, Hennef.
[1.1-8] Gesetz über Abgaben für das Einleiten von Abwasser in Gewässer (Abwasserabgabengesetz – AbwAG) vom 8.11.1990, BGBl. I, S. 2432-2438.
[1.1-9] VwV zur Eigenkontrolle von Abwasseranlagen, 5.6.1993, Staatsanzeiger für das Land Hessen Nr. 27, 5.7.1993.
[1.1-10] Klärschlammverordnung (AbfKlärV), 15.4.1992, BGBl. I, Nr. 21, 28.4.1992, 912.
[1.1-11] Hartmann, P. et al., *Korrespondenz Abwasser* **1989,** *36 (9),* 990-997.
[1.1-12] Bielefeld, M., *Anwendungsbericht Nr. 17,* Dr. Lange, Berlin.
[1.1-13] Kürner, H., *Labo* **1989,** *5,* Sonderdruck 1-5.
[1.1-14] Kürner, H., Vortrag GDCh-Fachtagung, Frankfurt/Main, November 1991.
[1.1-15] Bitsch, R., *Labor Praxis* **1994,** *18 (4),* 76-81.
[1.1-16] Kürner, H., Vortrag METROHM-Seminar Techn. Akademie Esslingen, Filderstadt, 20./21.3. 1990.
[1.1-17] Firmenschrift Merck, Darmstadt.
[1.1-18] Dierschke, M., Steinmetz, H., Jacobitz, K., *awt-abwassertechnik,* **1994,** *45 (1),* 40-44 (Teil 1) und *45 (2),* 64-66 (Teil 2).
[1.1-19] Firmenschrift Ströhlein, Kaarst.
[1.1-20] Schöneborn, C. et al., *Korrespondenz Abwasser* **1989,** *36 (9).*
[1.1-21] Luitjens, M., Stock, M., *Korrespondenz Abwasser* **1992,** *39 (9).*
[1.1-22] Winter, G., Vortrag Techn. Akademie Esslingen, Filderstadt, März 1992.
[1.1-23] ATV-Arbeitsgruppe 7.03, *Korrespondenz Abwasser* **1992,** *39 (8),* 1168-1176.
[1.1-24] Engelmann, D., *Korrespondenz Abwasser* Betriebs-Info **1992,** *22 (1),* St. Augustin.
[1.1-25] Eikelboom, D. H., van Buijsen, H. J., *Handbuch für die mikroskopische Schlammuntersuchung,* München: Hirthammer, 2. Aufl. 1987.

1.2 Prozeßanalytik im Klärbetrieb

Grundlagen und Anforderungen

Manfred Köhne

Institut für Mechanik und Regelungstechnik
und Zentrum für Sensorsysteme
Universität-Gesamthochschule Siegen

Das Spektrum der Abwasseranalytik reicht heute von der meist manuell betriebenen und daher oft zeitaufwendigen *Laboranalytik* über die einfache und kostengünstige *Betriebsanalytik* bis zur weitgehend automatisierten *Prozeßanalytik*. Analytisch nachweisbar sind sowohl Summen- und Gruppenparameter (z. B. BSB, Trübung, Kohlenwasserstoffe) als auch fast alle für die Abwasserreinigung relevanten Einzelkomponenten (z. B. Stickstoff- und Phosphorverbindungen). Bei der Labor- und Betriebsanalyse werden manuell oder automatisch zu diskreten Zeitpunkten genommene *Einzelproben* oder über definierte Zeiträume (z. B. 2 oder 24 Stunden) kontinuierlich genommene *Mischproben* off line analysiert. Den *Prozeßanalysatoren* wird *kontinuierlich* ein Probenstrom zugeführt, die eigentliche Analyse oder Messung erfolgt ebenfalls kontinuierlich oder zumindest quasikontinuierlich entsprechend der erforderlichen Zeit für die Probenanalyse und Meßwertausgabe. Diese Geräte sind also zumindest über den Abwasserprobenstrom on line mit dem Abwasserreinigungsprozeß verbunden (z. B. Kurzzeit-BSB-Meßgeräte, Analysatoren für Ammonium, Nitrat, Phosphat oder TOC).

Ideal sind kontinuierlich arbeitende Meßgeräte, mit denen direkt im Abwasserstrom oder im Becken gemessen werden kann, z. B. mit Sensoren, Sonden oder Elektroden, wie sie heute zur Messung der Trübung, des pH-Wertes oder der Konzentration des im Wasser gelösten Sauerstoffs üblich sind. Hier interessieren vor allem diese *on line-Meßgeräte* (von manchen Herstellern auch als in line-Meßgeräte bezeichnet) und die zuvor genannten *Prozeßanalysatoren*, weil sie sehr vielseitig eingesetzt werden können; z. B.

- zur *laufenden* Überwachung und Kontrolle der Kläranlagenfunktion und der Reinigungswirkung (Betriebskontrolle und Selbstüberwachung, Prozeßbeobachtung und -führung),
- zur *zeitweisen* oder *vorübergehenden* Ermittlung von Planungsdaten für neue Anlagen oder für die Erweiterung bestehender Kläranlagen (Entwurfs- und Planungsdatenermittlung),

- zur *automatischen* Beeinflussung der Abwasserreinigungsprozesse im Sinne einer Steuerung, Regelung und Optimierung (Prozeßautomatisierung),
- zur *generellen* Informationsgewinnung über das statische und dynamische Verhalten von Kläranlagen zu Forschungszwecken, zur mathematischen Modellbildung und rechnergestützten Simulation (Prozeßanalyse, System- und Parameteridentifikation und Prozeßsimulation).

Die höchsten Anforderungen hinsichtlich Leistungsfähigkeit, Genauigkeit und Betriebssicherheit werden an on line-Meßgeräte gestellt, wenn sie im geschlossenen Regelkreis zur kontinuierlichen Messung der Regelgrößen oder der Störgrößen eingesetzt werden. Denn jeder Meßfehler oder Geräteausfall führt unmittelbar zu Fehlfunktionen oder Ausfällen der Regelung bzw. Steuerung. Dies ist sofort anhand des Wirkschemas oder Signalflußbildes einer Regelung mit Störgrößenaufschaltung (Steuerung) ersichtlich (Abb. 1.2-1). Fehlfunktionen der beiden eingezeichneten Meßglieder (on line-Meßgeräte oder Prozeßanalysatoren) führen zu Fehlinformationen über die Regel- und Störgrößen und damit zu Fehlfunktionen des gesamten Regelkreises.

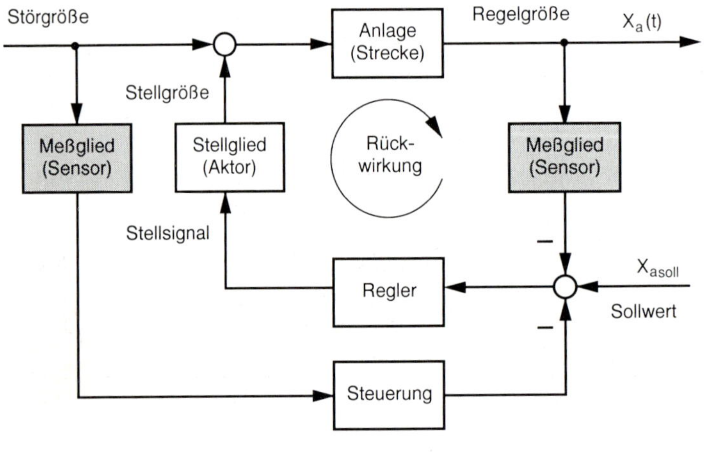

Abb. 1.2-1: Wirkschema oder Signalflußbild eines Regelkreises mit Störgrößenaufschaltung (Steuerung)

In den letzten Jahren ist sowohl die Bedeutung der Meß-, Steuerungs- und Regelungstechnik (MSR-Technik) für die Abwasserreinigung stark gestiegenen, als auch das Interesse der Siedlungswasserwirtschaftler und der Kläranlagenplaner an der MSR-Technik gewachsen. Deshalb stehen heute leistungsfähige und betriebssichere Meßgeräte für die wichtigsten Prozeßparameter und Abwasserinhaltsstoffe zur Verfügung. Die Meßgerätehersteller haben sich auf die speziellen Anforderungen der Abwassertechnik und die Bedürfnisse der Anlagenbetreiber eingestellt. So gehören Geräte zur Messung von Flüssigkeitsständen in Becken und Behältern, von Durchflüssen oder Volumen- und Massenströmen in offenen Kanälen oder geschlossenen Rohrleitungen, von Sauerstoffkonzentrationen in Belebungsbecken, sowie von Temperatur, pH-Wert oder Leitfähigkeit bereits zur Standardausrüstung von Kläranlagen ab einer gewissen Größenordnung. Hinzu kommen auf größeren Anlagen Prozeßanalysatoren für Kohlenstoff-, Stickstoff- und Phosphorverbindungen. Tabelle 1.2-1 gibt einen groben Überblick über die wichtigsten Meßgrößen auf kommunalen Kläranlagen und die Einsatzhäufigkeit entsprechender Meßgeräte. Die Angaben basieren auf eigenen Erfahrungen [1.2-1 bis 1.2-3] und auf veröffentlichten Ergebnissen anderer Autoren [1.2-4, 1.2-5]. Die Entscheidung, ob on line-Meßgeräte bereits zur Standardausrüstung auf Kläranlagen gehören oder nur selten eingesetzt werden, ist nicht völlig objektiv und auch nicht eindeutig zu beantworten. Tabelle 1.2-1 zeigt jedoch die derzeit zu beobachtende Tendenz. In diesem Zusammenhang wird auch auf die folgenden Kapitel dieses Bandes verwiesen, wo detailliert über gängige Meßgeräte und vor allem über Betriebserfahrungen mit Prozeßanalysatoren berichtet wird (s. Abschn. 3.11 und 3.12).

Tab. 1.2-1: Typische Meßgrößen auf kommunalen Kläranlagen und die Einsatzhäufigkeit entsprechender Meßgeräte und Analysatoren

Meßgröße	Einsatz	Meßgröße	Einsatz
Druck	XXX	Schlammspiegel	X
Flüssigkeitsstand, Niveau	XXX	Schlammvolumen, -index (SVI)	X
Durchfluß, Menge	XXX	BSB (BOD)	XX
Gelöstsauerstoffkonz. (DO)	XXX	CSB (COD)	X
Faulgas: Methan CH_4	XX	TOC, DOC	X
Kohlendioxid CO_2	XX	Ammonium NH_4-N	XX
Temperatur	XXX	Nitrat NO_3-N	XX
Leitfähigkeit	XXX	Kjeldahl-Stickstoff TKN	(X)
pH-Wert	XXX	Gesamtstickstoff N_{ges}	(X)
Redoxpotential	XX	Phosphat PO_4-P	XX
Trübung	XX	Gesamtphosphor P_{ges}	(X)
Belebtschlammkonz. (TS)	XX	Zehrung, Aktivität	(X)
Dickschlammkonzentration	X	Giftigkeit, Toxizität	(X)

Es bedeuten: Einsatz auf Kläranlagen: XXX sehr häufig (Standard), XX häufig, X selten, (X) sehr selten, aber z. T. wünschenswert

1.2.1 Grundlagen kontinuierlicher Meßverfahren

Für die meisten der für die Abwassertechnik interessanten Einzel-, Summen- und Wirkungsparameter gibt es physikalische, chemische oder biochemische Sensoren und Meßverfahren, die unmittelbar oder durch Umwandlung ein elektrisches Signal liefern, das analog oder digital weiterverarbeitet werden kann. Abbildung 1.2-2 zeigt den prinzipiellen Aufbau einer Meßkette vom Sensor bis zur Anzeige. Der Sensor besteht aus einem Meßwertaufnehmer oder Meßfühler und einem Wandler oder Transducer [1.2-6]. Der Meßfühler muß eine seiner physikalischen, chemischen oder biochemischen Eigenschaften (z. B. seine elektrische Leitfähigkeit) in signifikanter, re-

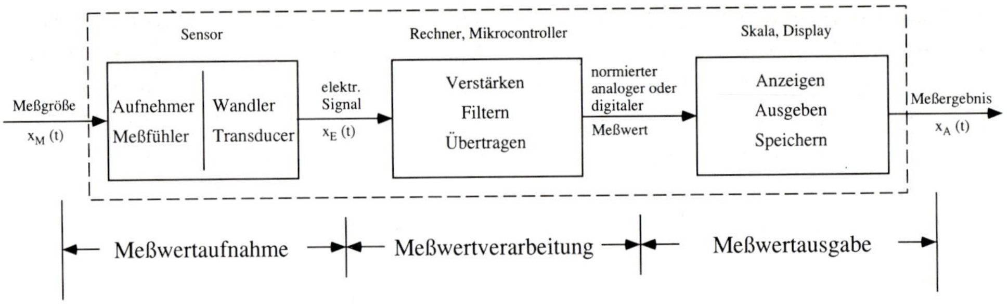

Abb. 1.2-2: Meßkette von der Meßwertaufnahme bis zur Meßwertausgabe

produzierbarer und eindeutiger Weise ändern, wenn die zu messende Größe sich ändert. Der Wandler oder Transducer ist erforderlich, wenn der Meßfühler nicht unmittelbar ein elektrisches Signal liefert. Durch die rasanten Fortschritte in der Mikroelektronik ist es heute möglich, preiswerte, kompakte und intelligente Sensoren zu bauen, die einen erheblichen Teil der Signalaufbereitung (z. B. Verstärkung, Filterung, Linearisierung, Normierung, Temperaturkompensation) durch integrierte Mikrorechner übernehmen. Das ausgegebene Signal kann direkt angezeigt oder zur Regelung weiterverwendet werden.

Das gesamte Übertragungsverhalten der Meßkette von der Meßwertaufnahme bis zur Meßwertausgabe läßt sich durch ein Übertragungssystem mit statischen und dynamischen Eigenschaften beschreiben [1.2-7]. Die meisten Hersteller geben die statischen Eigenschaften in Form von *Kennlinien* an, aus denen für jeden Meßwert x_M der angezeigte Wert x_A zu ermitteln ist. Im Idealfall ist die Kennlinie gerade (*linear*), dann besteht ein konstanter proportionaler Zusammenhang zwischen der Meßgröße und dem Anzeigewert (Abb. 1.2-3 a). Bei gekrümmten Kennlinien kann sich die Steigung u. U. in jedem Punkt ändern. Folglich bewirkt eine prozentuale Änderung der Meßgröße nicht die gleiche prozentuale Änderung der angezeigten Größe, die Kennlinie ist *nichtlinear* (Abb. 1.2-3 b). Intelligente Sensoren berücksichtigen Nichtlinearitäten und korrigieren selbsttätig die Ausgangssignale im interessierenden Meßbereich.

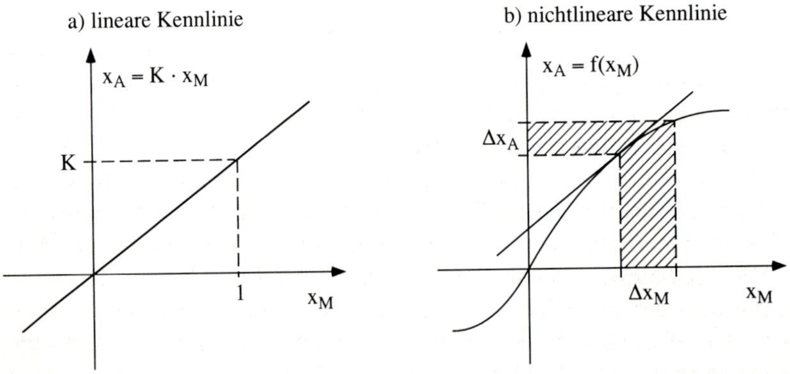

Abb. 1.2-3: Statisches Übertragungsverhalten einer Meßkette (lineare und nichtlineare Kennlinie)

Wie man unschwer anhand von Abb. 1.2-3 b erkennt, kann die häufig angewandte Linearisierung in einem Betriebspunkt zu Meßfehlern führen, wenn der Meßwert stark vom gewählten Linearisierungspunkt und die Kennlinie erheblich von einer Geraden abweicht. Diese an sich einfachen (aber oft vergessenen) Zusammenhänge haben Konsequenzen für die Kalibrierung sowie den Betrieb von Meßgeräten und für auftretende Meßfehler. Weil eine Gerade durch (mindestens) zwei Punkte oder durch einen Punkt (z. B. Nullpunkt) und die Steigung eindeutig festgelegt ist, folgt daraus:

- Manche Prozeßanalysatoren benötigen zur Kalibrierung zwei Reagenzien.
- Im Betrieb können Nullpunkts- und Steilheitsfehler auftreten (Abb. 1.2-4), die häufiges Kalibrieren erfordern.
- Vorteilhaft sind Meßgeräte oder Analysatoren, die nach einem *Kompensationsverfahren* arbeiten (Regelkreisprinzip) und sich immer nur in einem definierten Punkt der Kennlinie befinden (wie z. B. die Kurzzeit-BSB-Geräte und die Ammonium-Analysatoren der Firma STIP [1.2-8 bis 1.2-10], bei denen der definierte Betriebspunkt durch Verdünnen des Abwassers mit Leitungswasser erreicht wird).

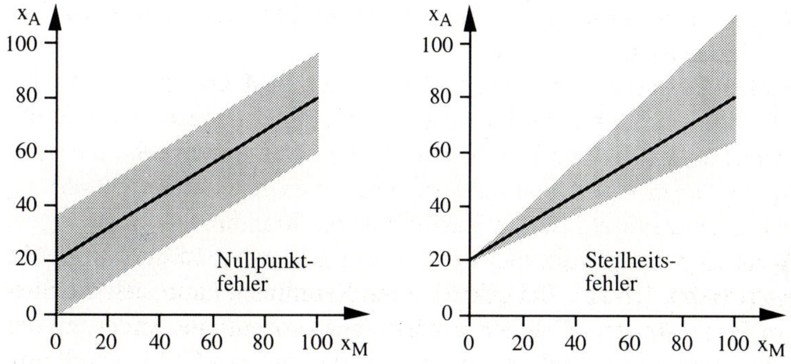

Abb. 1.2-4: Nullpunkts- und Steilheitsfehler

Zur Charakterisierung des *dynamischen* Verhaltens von Meßgeräten verwendet man sprung- oder impulsförmige Testsignale, manchmal auch periodische Signale (z. B. sinus- oder dreiecksförmige). Die Abweichungen vom idealen Verlauf geben dann Aufschluß über die Eigendynamik des jeweiligen Meßgerätes und über möglicherweise auftretende dynamische Meßfehler. Besitzt das Gerät eine gewisse Trägheit gegenüber Änderungen des Eingangssignales, so folgt es einem Sprung verzögert (Abb. 1.2-5 a). Die Zeitkonstante T ist ein Maß für diese Trägheit oder Verzögerung. Von Bedeutung ist außerdem die Zeit T_{90}, bei der 90% des stationären Endwertes erreicht sind. Bei langen Transportwegen des Probenstromes treten zusätzliche Totzeiten T_0 auf. Dies ist besonders beim Einsatz von on line-Prozeßanalysatoren zur Ammonium-, Nitrat- oder Phosphatmessung mit langen Transportwegen zur Probenaufbereitung (Ultrafiltration) und zum Gerät zu beachten. Manche Geräte neigen zu Schwingungen (Abb. 1.2-5 b). Die Einschwingzeit T_{Ein}, die Überschwingweite und eventuell auftretende bleibende Abweichungen sind charakteristische Merkmale

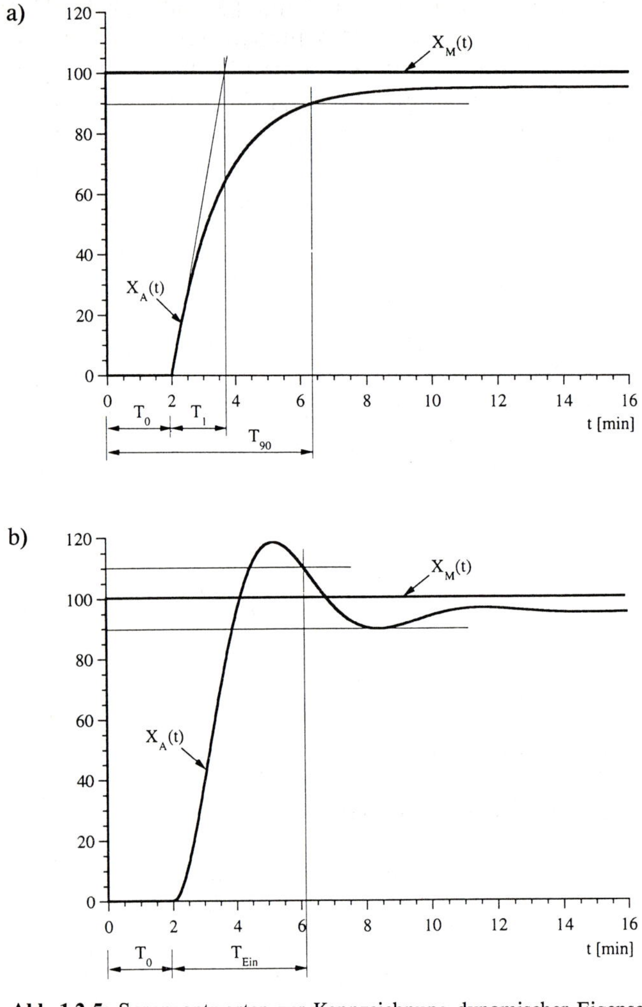

Abb. 1.2-5: Sprungantworten zur Kennzeichnung dynamischer Eigenschaften von Meßgeräten

eines solchen Meßgerätes. Die Einschwingzeit ist außer von den dynamischen Eigenschaften des Gerätes auch vom gewählten Toleranzband abhängig (z. B. ±10% in Abb. 1.2-5b).

Abbildung 1.2-6 zeigt die gemessenen Sprungantworten von Sauerstoffsensoren, erzeugt durch Wechsel von sauerstoffgesättigtem Wasser in eine Nullösung und zurück. Man erkennt deutlich die unterschiedliche Reaktion von Sensoren mit frischen und verbrauchten Elektrolyten.

Als Beispiel für ein Meßgerät mit Schwingneigung zeigt Abb. 1.2-7 die Sprungantworten des Ammoniummeßgerätes Genion NH der Firma STIP für Konzentrationssprünge von 33 auf 20 mg/L und von 20 auf 37 mg/L [1.2-10]. Insbesondere wenn Meßgeräte schnell auf Änderungen der Meßgröße reagieren sollen, lassen sich „Überschwinger“ nicht vermeiden. Durch gerätetechnische oder elektrische Dämp-

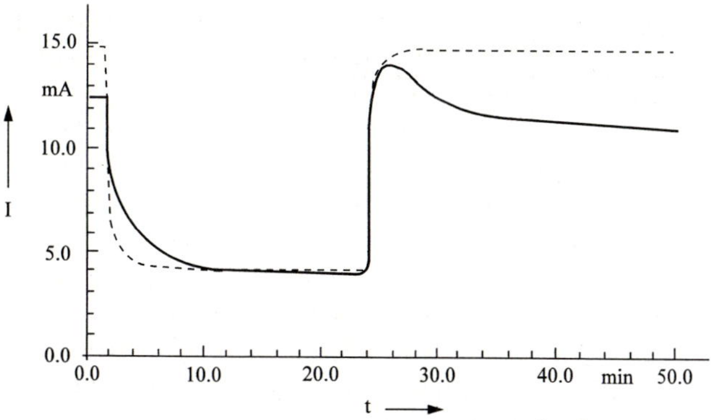

Abb. 1.2-6: Sprungantworten von Sauerstoffsensoren.
Elektrolyt frisch (.....), Elektrolyt verbraucht (____)

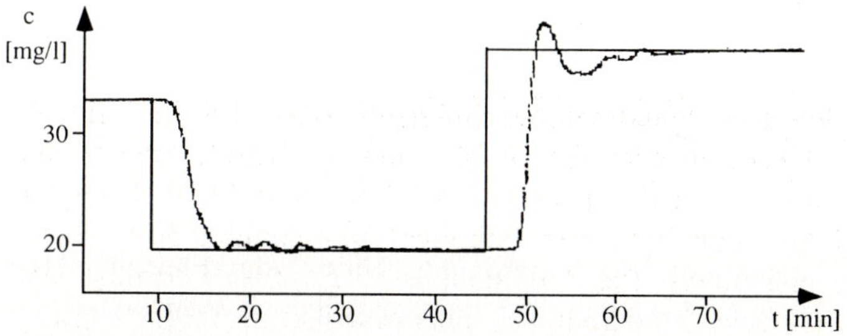

Abb. 1.2-7: Sprungantworten des Ammonium-Analysators Genion NH

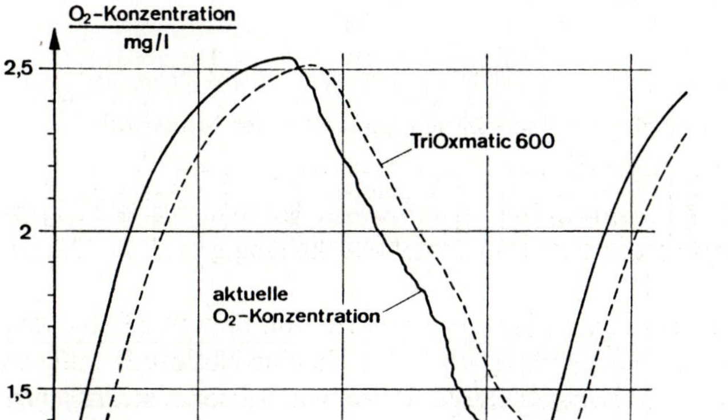

Abb. 1.2-8: Dynamische Abweichungen bei periodischen Meßsignalen (nach Rommel [1.2-12])

fung könnte man dies zwar verhindern, aber gleichzeitig würde die Trägheit der Geräte erhöht. Deshalb ist ein geeigneter Kompromiß zwischen Ansprechgeschwindigkeit und Überschwingen zu schließen.

Bedingt durch die Membrandicke eines Sauerstoffensensors (CLARK-Sonde) oder durch eine nachfolgende analoge (elektrische) oder digitale (rechnerische) Meßsignalaufbereitung und -filterung können ebenfalls dynamische Fehler auftreten. Abbildung 1.2-8 zeigt z. B. ein Nacheilen des gemessenen Signals um eine Minute (Phasenfehler) und erkennbare Abweichungen in den Minimal- und Maximalwerten (Amplitudenfehler) gegenüber der tatsächlichen Sauerstoffkonzentration. Wenn solche Sensoren in sehr schnellen Regelkreisen (s. Abb. 1.2-1) eingesetzt werden, muß die auftretende Phasenverschiebung beim Einstellen der Reglerparameter berücksichtigt werden.

1.2.2 Prozeßanalysatoren

Rechnerunterstützte on line-Prozeßanalysatoren sind heute sowohl für die Summenparameter BSB, CSB und TOC als auch für die Messung von Nitrat, Ammonium- und Phosphatkonzentrationen verfügbar [1.2-4, 1.2-5, 1.2-8, 1.2-9]. Es werden unterschiedliche, weitgehend kontinuierlich oder zumindest quasikontinuierlich arbeitende Analyseverfahren angewandt. Bei Ammonium, Nitrat oder Phosphat sind dies vorwiegend *photometrische* Verfahren bei unterschiedlichen Wellenlängen λ (Abb. 1.2-9). Zur Ammonium-Messung lassen sich auch *gasselektive* Sensoren einsetzen, weil Ammonium durch Zugabe von Natronlauge in gasförmiges Ammoniak umgewandelt wird, das sich leichter und selektiver messen läßt. Entsprechend reagie-

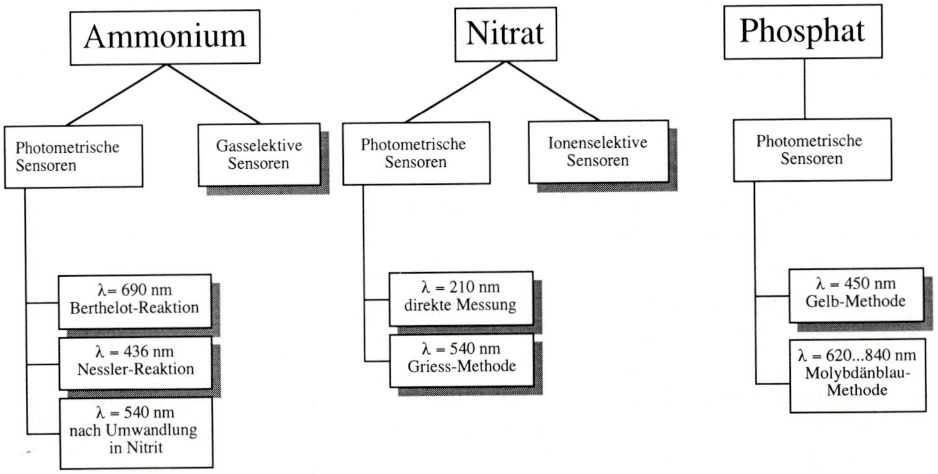

Abb. 1.2-9: In der Abwassertechnik vorwiegend angewandte Analyseverfahren (grau hinterlegt) zur Messung eutrophierender Abwasserinhaltsstoffe

FHB GE

ren *ionensensitive* Sensoren auf Nitrat- oder Nitrit-Ionen. Beide Analyseverfahren haben gegenüber photometrischen Verfahren den Vorteil, daß sie keinen vollkommenen partikelfreien Probenstrom benötigen. Man kann deshalb auf eine Ultrafiltration verzichten.

Dies führt uns zurück auf das eingangs bereits diskutierte Problem der richtigen und möglichst fehlerfreien Entnahme, Aufbereitung und Weiterleitung des Probenstroms, der für Konzentrationsmessungen mit Prozeßanalysatoren ganz entscheidend ist, weil er das nachfolgende Analysenverfahren beeinflußt. Der *Entnahmeort* für den Probenstrom ist nach ähnlichen Gesichtspunkten zu wählen wie der Meßort für Sensoren oder Elektroden bei kontinuierlich arbeitenden Standardmeßgeräten [1.2-7]. Man muß fragen:

- Ist die benötigte Information über den Abwasserreinigungsprozeß dort zu erhalten?
- Ist der gewählte Ort verfahrenstechnisch günstig?
- Sind Mischungsvorgänge oder biochemische Reaktionen dort vollständig abgelaufen?
- Schreibt der Gesetzgeber oder die Überwachungsbehörde bestimmte Meßorte vor?
- Sind sekundäre Gesichtspunkte wie leichte Zugänglichkeit für spätere Wartungsarbeiten zu berücksichtigen?

Zur *Probenaufbereitung* sind in der Abwassertechnik verschiedene Filterverfahren gebräuchlich:

- Siebe zur Grob- und Feinfiltration,
- Gewebe- und Papierfilter zur Mikrofiltration,
- Membranfilter zur Ultrafiltration.

Die gebräuchlichen Filtersysteme sind meist automatisiert. Sie werden oft doppelt ausgeführt, damit auch bei Wartungs- oder Reinigungsarbeiten immer ein Probenstrom zur Verfügung steht. Dadurch steigen aber zwangsläufig die Kosten. In der praktischen Anwendung wird immer wieder über Störungen berichtet. Außerdem können gelöste Wasserinhaltsstoffe am Filterkuchen absorbiert werden, das kann zu Verfälschungen der Messungen führen. Der Trend geht deshalb zu wartungsfreien Aufbereitungstechniken, wie dem Flow-Sampler der Firma LAR oder dem Einsatz gas- bzw. ionenselektiver Sensoren, die keine Filtration benötigen, wie beim bereits erwähnten Genion NH der Firma STIP [1.2-10, 11]. Abbildung 1.2-10 zeigt diesen auf der IFAT '93 erstmals vorgestellten Ammonium-Analysator, der sich durch folgende Besonderheiten auszeichnet:

- kontinuierlicher Probenstrom durch Leitungen mit großem Querschnitt,
- *Sieb* mit 0,1 mm Lochweite im Bypass zur groben Probenaufbereitung, automatische Spülung mit Druckwasser,
- *Mischzelle* zur Vermischung von Abwasser und Verdünnungswasser und zur Abscheidung von Ölen und Fetten,

- *Rotationsspalt* als einzige, durch Rotation ständig gereinigte Verbindung zwischen der relativ großen *Mischzelle* und der kleinen *Meßzelle*,
- Konzentration des verdünnten Abwassers in der Meßzelle wird durch Regelung auf einem konstanten Wert gehalten (definierter Arbeitspunkt des Sensors auf einer nichtlinearen Kennlinie), geringer Reagenzienverbrauch,
- einfache Kalibrierung des gesamten Systems (vom Sensor bis zu den Dosierpumpen) mit einer einzigen Kalibrierlösung.

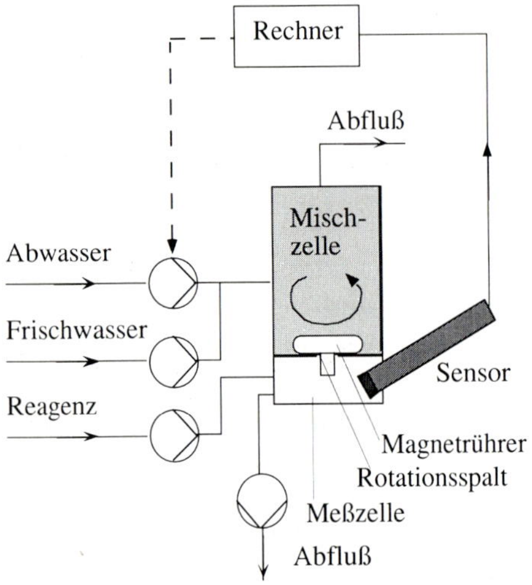

Abb. 1.2-10: Prinzip eines neuen Ammonium-Analysators, der keine Ultrafiltration benötigt

Auf der Achema '94 wurden von mehreren Firmen neue Geräte zur Ammonium- und Nitratmessung vorgestellt, die ebenfalls keine Ultrafiltration benötigen. Diese Geräte weisen die für Prozeßanalysatoren typischen Funktionseinheiten auf, die in Abb. 1.2-11 übersichtlich dargestellt sind und in der Tab. 1.2-2 kurz beschrieben werden. Tabelle 1.2-3 gibt eine Übersicht (Auswahl) der Prozeßanalysatoren für eutrophierende Abwasserinhaltsstoffe, nennt die angewandten Meßmethoden und die Hersteller der Geräte. Auf weitere Angaben (wie Preise, Meßbereiche usw.) wurde bewußt verzichtet, weil sie häufigen Änderungen unterliegen. Diese Informationen können vom jeweiligen Hersteller erfragt werden.

On line-Prozeßanalysatoren weisen wegen ihres komplexeren Aufbaus, der unterschiedlichen Analyseverfahren und vor allem wegen der meist (noch) notwendigen Probenaufbereitung grundsätzlich mehr Fehlermöglichkeiten auf als die im Abschn. 2 behandelten einfachen Standardmeßgeräte. Bei Mertsch [1.2-5] werden wichtige Ergebnisse von Vergleichsuntersuchungen mit on line-Analysatoren verschiedener Hersteller vorgestellt. Diese Vergleiche umfassen Betriebserfahrungen hinsichtlich Probenaufbereitung, Reaktionszeit, Meßgenauigkeit, Verfügbarkeit, Personaleinsatz, Wartungsaufwand und Verbrauchskosten.

Für den Einsatz von on line-Prozeßanalysatoren im geschlossenen Regelkreis ist vor allem die angegebene Ansprech- oder Reaktionszeit der verschiedenen Geräte

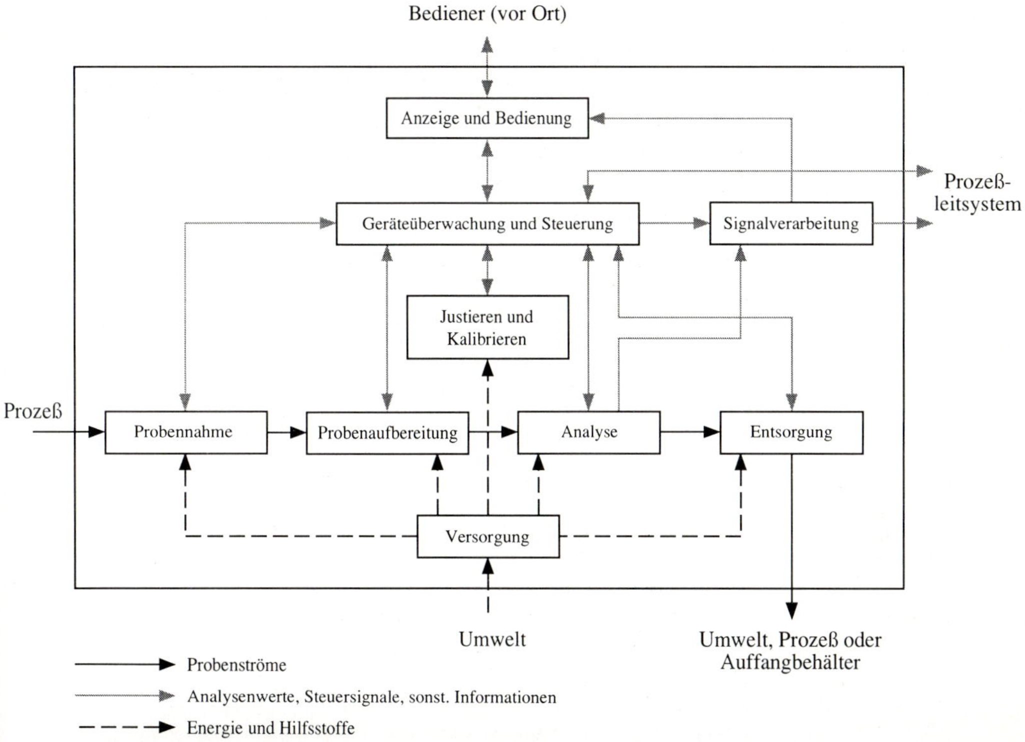

Abb. 1.2-11: Funktionseinheiten von Prozeßanalysatoren

von Interesse. Damit ist der in Abb. 1.2-5 als Totzeit T_0 bezeichnete Zeitversatz zwischen dem Testsprung und der Antwortreaktion gemeint. Diese Totzeiten sind gerätespezifisch sehr unterschiedlich und sowohl vom gewählten Analyseverfahren als auch von der Zuleitungslänge und der vorgeschalteten Ultrafiltration abhängig. Die kürzesten Reaktionszeiten, die wenige Minuten betragen, haben photometrische Verfahren, die längsten naßchemische Meßverfahren mit 20–40 Minuten. Dazwischen liegen photometrische Phosphatmeßgeräte und TOC-Geräte [1.2-5].

Nicht alle Hersteller von Prozeßanalysatoren machen konkrete Angaben zum dynamischen Verhalten ihrer Geräte. Reaktionszeiten (Totzeiten) in den Herstellerangaben beziehen sich meist allein auf das Gerät (ohne Zuleitung und Filtration). Sprungantworten mit Verzögerungszeiten T oder T_{90}-Angaben fehlen fast völlig. Deshalb sind die bei Mertsch [1.2-5] durchgeführten Untersuchungen für den Anwender besonders wertvoll. Vermutlich scheuen Hersteller diese Angaben, weil sie eine erhebliche Beeinflussung des Meßergebnisses durch die Eigendynamik der Geräte dokumentieren. Wenn dies tatsächlich der Grund ist, haben Gerätehersteller offenbar die Bedeutung von Dynamikangaben noch nicht erkannt, denn es ist keineswegs immer ein Nachteil, wenn ein Meßgerät zeitveränderlichen Meßgrößen nur mit dynamischen Fehlern folgen kann. Nachteilig ist nur, wenn der Anwender diese Fehler nicht kennt und folglich auch nicht bei der Interpretation der Meßergebnisse oder bei

Tab. 1.2-2: Kurzbeschreibung der wichtigsten Funktionseinheiten von Prozeßanalysatoren

Probenahme:	Die Probenahme umfaßt die Entnahme und den Transport des unaufbereiteten Meßgutes zum Meßgerät. Der Entnahmeort und die Art der Entnahme sind so zu wählen, daß das Meßgut seinen repräsentativen Charakter behält. Eine Verfälschung der Meßergebnisse durch die Entnahme und den Transport muß ausgeschlossen sein.
Probenaufbereitung:	Die Probenaufbereitung beinhaltet alle Maßnahmen, die zur Herstellung der an das Meßgut gestellten Voraussetzungen für eine Analyse nach einem vorgegebenen Verfahren notwendig sind.
Analyse:	Die Analyse umfaßt die Ermittlung der gewünschten Meßinformation nach einem vorgegebenen Meßprinzip.
Entsorgung:	Die Entsorgung beinhaltet den Transport zum Rückführort und den Angleich des Probenstroms an die Bedingungen dieses Ortes. Es muß sichergestellt werden, daß keine die Umwelt belastenden Analysenrückstände freigesetzt werden.
Signalverarbeitung:	Unter Signalverarbeitung versteht man alle Maßnahmen, die die Verarbeitung der Meßsignale zum Analysenwert und die Bereitstellung des Wertes in gewünschter Signalform gewährleisten.
Justieren und Kalibrieren:	Diese Funktionseinheit umfaßt alle Einrichtungen, die erlauben, die Meßabweichungen der im Analysator vorgenommenen Messungen festzustellen und auszugleichen.
Anzeige und Bedienung:	Unter dieser Funktionseinheit werden die Möglichkeiten des Bedienpersonals zusammengefaßt, in den Prozeßablauf des Analysators einzugreifen und Informationen über seinen Zustand zu erhalten.
Geräteüberwachung und Steuerung:	Diese Funktionseinheit übernimmt die Steuerung und Überwachung des Analysators, so daß ein ordnungsgemäßer Betrieb des Gerätes möglich ist.
Versorgung:	Die Versorgung beinhaltet die Bereitstellung von Energie und Hilfsstoffen in gewünschter Qualität, die der Analysator für den Betrieb benötigt.

der Auslegung eines Regelkreises berücksichtigen kann! Deshalb wird allen Meßgeräteherstellern dringend empfohlen, präzise Angaben über statische und dynamische Fehler zu machen, möglichst als Sprungantwort (wie in den Abb. 1.2-5 bis 1.2-7) oder unter Angabe der zeitveränderlichen Ein- und Ausgangssignale (wie in der Abb. 1.2-8).

1.2.3 Zusammenfassung und Ausblick

Dieses einführende Kapitel hat Übersichtscharakter. Es soll einen Überblick zum Stand der Prozeßanalytik im Klärbetrieb liefern sowie notwendige Grundlagen und gewonnene Erfahrungen zur on line-Meßtechnik auf Kläranlagen vermitteln. Es dient zur Vorbereitung der nachfolgenden spezielleren Kapitel, in denen verschiedene Themen erneut aufgegriffen und ausführlicher dargestellt werden.

Tab. 1.2-3: Prozeßanalysatoren für die Abwassertechnik (Hersteller und angewandte Verfahren)

Hersteller (Auswahl)	Analyseverfahren		
	Ammonium NH_4	Nitrat NO_3	Phosphat PO_4
ABB	Gasselektiv nach Umwandlung in NH_3	Ionenselektiv	Photometrisch, Molybdänblau-Methode
Bran & Lübbe	Gasselektiv nach Umwandlung in NH_3	Ionenselektiv oder photometrisch	Photometrisch, Molybdänblau-Methode
Dr. Lange	Photometrisch, Indophenolblau-Methode	Photometrisch, direkte Messung bei $\lambda = 210$ nm	Photometrisch, Vanadat-Molybdat-Methode
Gimat	Gasselektiv nach Umwandlung in NH_3	Ionenselektiv	Photometrisch, Vanadat-Molybdat-Methode
Hach			Photometrisch, Vanadat-Molybdat-Methode
Kowa		Photometrisch, direkte Messung bei $\lambda = 210$ nm	
Maihack	Gasselektiv nach Umwandlung in NH_3	Ionenselektiv	
ME	Photometrisch, Indophenolblau-Methode	Photometrisch, Griess-Reaktion nach Umwandlung in NO_2	Photometrisch, Molybdänblau-Methode
Metrohm	Photometrisch und ionenselektiv	Photometrisch und ionenselektiv	Photometrisch
MSR	Gasselektiv nach Umwandlung in NH_3		
Schlumberger	Photometrisch, Indophenolblau-Methode	Photometrisch, Griess-Reaktion nach Umwandlung in NO_2	Photometrisch, Molybdänblau-Methode
Siegrist		Photometrisch, direkte Messung bei $\lambda = 210$ nm	
Skalar	Photometrisch	Photometrisch	Photometrisch, Molybdänblau-Methode
STIP	Gasselektiv nach Umwandlung in NH_3	Ionenselektiv oder photometrisch	Photometrisch, Vanadat-Molybdat-Methode
WTW	Gasselektiv nach Umwandlung in NH_3	Photometrisch	Photometrisch, Vanadat-Molybdat-Methode

Für alle auf Kläranlagen üblichen Meß- und Überwachungsaufgaben werden heute geeignete und funktionstüchtige Meßgeräte verschiedener Hersteller angeboten (Tab. 1.2-1 und 1.2-3). Der Trend geht zu noch leistungsfähigeren, wartungsärmeren und kostengünstigeren Geräten. Außerdem sucht man nach preiswerten Meßverfahren für Gesamtstickstoff und Gesamtphosphor. International ist auch die Entwicklung und Erprobung von Respirometern zur Messung der Atmungsaktivität des Belebtschlammes bzw. der Sauerstoffzehrung zu beobachten. Eine kürzlich gebildete „Taskgroup" der IAWQ befaßt sich z. B. mit diesem Thema und wird demnächst einen Bericht vorlegen.

Hohe Erwartungen sind auch mit der Entwicklung und dem Einsatz von *Chemo- und Biosensoren* verbunden [1.2-13]. Bei *Chemosensoren* reicht die Palette von neuen Gassensoren über Neuentwicklungen bei Halbleitersensoren bis zu fluoreszenzoptischen Sensoren (Optoden) oder neuen elektrotechnischen Meßverfahren, von denen zukünftig auch Innovationen in der Abwassermeßtechnik zu erwarten sind. *Biosensoren* erlauben die Entwicklung völlig neuer analytischer Verfahren, die mit geringerem Meßaufwand konventionelle Analysemethoden ersetzen können. Probleme bereiten häufig noch die mangelnde Langzeitstabilität und die Sensitivität der Biosensoren. Erste Geräte, z. B. zur BSB-Messung, sind zwar schon auf dem Markt, sie sind jedoch in erster Linie für Meßkampagnen von befristeter Zeitdauer und offenbar noch nicht für on line-Messungen und Dauereinsätze geeignet. Verbesserungen in dieser Hinsicht sind aber zu erwarten. Ob sich jedoch die teilweise euphorischen Prognosen vom Anfang der 90er Jahre über den Einsatz von Biosensoren in der Umwelttechnik erfüllen werden, darf bezweifelt werden.

Ein weiterer Trend zeigt sich in der Anwendung von *Fuzzy-Control*-Methoden bei der Realisierung geräteinterner Regelkreise oder beim Einsatz *Neuronaler Netze* zur Meßsignalauswertung. Einfache Multisensorsysteme (mit preiswerten Sensoren für pH-Wert, Redox-Potential, Leitfähigkeit, Trübung, Temperatur) sollen Zusammenhänge zu anderen Parametern wie CSB, Ammonium oder Nitrat ausnutzen und erkennen. Auf diese Weise können Prozeßanalysatoren sicherer gemacht oder gar durch einfachere Sensorsysteme ersetzt werden. Diese Entwicklung steckt noch in den Anfängen, sie verspricht jedoch preiswerte und interessante Lösungen, deshalb sollte man sie verfolgen.

Danksagung

Die Abbildungen 1, 2, 3, 5 a, 6, 9, 10 und 11 wurden einem früheren Beitrag [1.2-3] des Verfassers und Abbildung 8 der Arbeit [1.2-12] entnommen. Der Nachdruck dieser Abbildungen erfolgt mit freundlicher Genehmigung der Gesellschaft zur Förderung der Abwassertechnik e.V. (GFA). Dafür möchten wir uns an dieser Stelle bedanken.

Literatur

[1.2-1] Köhne, M., Seibert, G.: Abschlußbericht zum Forschungsvorhaben 5/84-76 Ar, *IMR-Bericht 15-90*, Universität/Gesamthochschule Siegen, 1990.

[1.2-2] Köhne, M., *Gewässerschutz – Wasser – Abwasser* **1991**, 127, 191-213.

[1.2-3] Köhne, M., *Korrespondenz Abwasser* **1993**, 40, 1628-1638.

[1.2-4] Geisel, W., *Schriftenreihe Siedlungswasserwirtschaft Bochum* 1991, 22, 227-246.

[1.2-5] Mertsch, V., *Beitrag zum 2. Symposium „Erfahrungen mit Analysen- und Prozeßmeßgeräten in Abwasserreinigungsanlagen"*, Technische Akademie Esslingen, 1993.

[1.2-6] Angerer, G., Hiessl, H., *Umweltschutz durch Mikroelektronik*, Berlin: VDE-Verlag, 1991.

[1.2-7] Profos, P., Pfeiffer, T. (Hrsg.), *Handbuch der industriellen Meßtechnik,* 5. Aufl. München: Oldenbourg Verlag, 1992.

[1.2-8] Köhne, M., Siepmann, F.W., te Heesen, D., *Korrespondenz Abwasser* **1986**, 33, 786-793.

[1.2-9] Siepmann, F.W., *Beitrag zum 1. Symposium „Erfahrungen mit Analysen- und Prozeßmeßgeräten in Abwasserreinigungsanlagen"*, Technische Akademie Esslingen, 1992.

[1.2-10] Häck, M., *Beitrag zum 2. Symposium „Erfahrungen mit Analysen- und Prozeßmeßgeräten in Abwasserreinigungsanlagen"*, Technische Akademie Esslingen, 1993.

[1.2-11] Kunz, P., Köhne, M., te Heesen, D., *Tagungsband zum 2. Symposium,* Technische Akademie Esslingen, 1993.

[1.2-12] Rommel, K.L., *Korrespondenz Abwasser* **1989**, 36, 930-932.

[1.2-13] Informationen des Arbeitskreises „Biosensorik", Wissenschaftszentrum Nordrhein-Westfalen, Düsseldorf, 1993.

1.3 Messen, Analysieren und Auswerten

Ein Abriß über die wichtigsten Faktoren, Fehler und deren Vermeidung

Peter M. Kunz

Institut für Biologische Verfahrenstechnik
Fachhochschule für Technik, Mannheim

„Der Mangel an mathematischer Bildung gibt sich durch nichts so auffallend zu erkennen, wie durch die maßlose Schärfe im Zahlenrechnen."

(C.F. Gauß)

Jeder gute Analytiker, aber auch jeder qualifizierte Prozeßmeßtechniker, weiß von der Problematik des *richtigen* Messens: **Der wahre Wert ist nicht bestimmbar; es geht jedoch um die repräsentative Ermittlung eines hypothetisch wahren Wertes.**

Die Diskussionen um die richtige Meßtechnik in Kläranlagen läßt sich endlos führen, weil jeder Beteiligte aufgrund seines Aufgabenbereiches und Erfahrungsschatzes eigene Vorstellungen entwickelt hat. Die Diskussion kann man jedoch recht schnell beenden, wenn man die Ziele formuliert, die man mit dem „Messen" verbindet. So wird der eine einen gerichtsfesten Wert benötigen und der andere mehr über den Prozeß erfahren wollen. Beide Aufgaben kann man erfüllen, in der Regel jedoch auf unterschiedliche Art und Weise (vgl. dazu auch Abschn. 2.9).

Messen/Analysieren und Auswerten gehören dabei immer zusammen, wobei das „Wie des Auswertens" feststehen muß, bevor man mit dem Messen beginnt.

Messungen zur Erhöhung der Transparenz der Prozeßabläufe

Es ist jedermann einsichtig, daß man einen Prozeßablauf nur dann in den Griff bekommen kann, wenn die internen, nicht sichtbaren Vorgänge hinreichend transparent gemacht werden können. Dazu gibt es zwei grundsätzliche Vorgehensweisen:

1. Messung der interessierenden Parameter direkt.
2. Messung von „Beobachtern", die über bekannte Zusammenhänge Rückschlüsse auf die wesentlichen Größen zulassen.

Beispielsweise kann man zur Prozeßkontrolle on line den BSB und den NH_4-N im Ablauf einer Abwasserreinigungsanlage messen, wenn man das Prozeßergebnis quantitativ wissen möchte. Man kann aber auch die Trübung und nur den NH_4-N im Ablauf messen, weil ein niedriger NH_4-N im Ablauf im allgemeinen einen niedrigen BSB voraussetzt. Die Trübung gibt darüber hinaus einem Beobachter Auskunft über die Belebtschlamm-Struktur und das Vorhandensein von Protozoen, die die freischwimmenden Mikroorganismen aus dem gereinigten Abwasser herausfiltern (s. dazu auch Abschn. 3.1 und [1.3-1]). Im übrigen ist es in vielen Fällen der Prozeßkontrolle unerheblich, ob das Meßgerät den „wahren" Wert überhaupt anzeigt, weil für die Prozeßsteuerung die Tendenz, die rasche Verfügbarkeit und die Verläßlichkeit, daß ein für die Steuerung verläßliches Signal ansteht, wesentlicher ist!

Aus diesen Überlegungen soll deutlich werden, daß es sekundär ist, was gemessen wird. Primär wichtig ist, was man mit den Meßwerten anfängt. Leider werden viel zu häufig Meßwerte nur erfaßt und aufgrund der eingesetzten Datenflut nicht oder nur noch sporadisch ausgewertet (Datenfriedhöfe). Dann sollte man das Messen lieber unterlassen. Es kann nicht Sinn und Zweck von Eigenkontrollen sein, unüberschaubare Zahlenmengen abzulegen; viel wichtiger ist, daß der Messende seine Meßwerte so ablegt, daß er sie sofort analysieren kann (s. Abschn. 1.3.1).

1.3.1 Ziele und Grundzüge der Meßtechnik

Ziel einer Messung ist die **Gewinnung nützlicher Daten** zur stofflichen Charakterisierung – in unseren Fällen – von Fluiden, die unabhängig von subjektiven Einschätzungen sind. Diese Daten sollen quantitativ sein; sie können auch durchaus mit Grenzwerten verglichen werden. Nicht jeder Meßwert muß aber mit einem gerichtsfesten Meßverfahren ermittelt werden, weil hierfür der Meßaufwand meist unvergleichlich höher ist.

Zur Ermittlung von *Meßwerten* (Tab. 1.3-1) aus *Meßproben* (man unterstellt die Entnahme repräsentativer Teilmengen) werden *Meßgeräte* benötigt, die in der Lage sind, *Meßgrößen* in Form eines *Meßsignales* (Anzeige des Meßgerätes oder Bits im Speicher) anzugeben. *Meßgrößen* sind die durch *Meßobjekte* ausgelösten, quantitativ erfaßbaren Änderungen bestimmter Eigenschaften des zur Messung benutzten physikalischen, chemischen oder biologischen Systems. Das *Meßergebnis* ist das Resultat einer Auswertung; auf die Auswertung muß die *Diagnose* folgen.

Fast jeder weiß oder glaubt zu wissen, was eine Diagnose ist und wozu sie gut ist. Der Brockhaus definiert Diagnose (griech. Auseinanderkennen): Die methodische Erforschung der Merkmale eines Gegenstandes oder einer Person, um ihn respektive sie mit bereits bekannten Begriffen erfassen zu können.

Nicht nur in der Medizin dient die Diagnose dazu, eine Unstimmigkeit zu erkennen und aufgrund der Diagnose eine erfolgversprechende Änderung einzuschlagen. Voraussetzung jeder Diagnose ist die Kenntnis des Normverhaltens, das Erkennen bestimmter Normabweichungen und die systematische Synthese der erhaltenen Meßdaten.

Tab. 1.3-1: Definitionen im Zusammenhang mit der Meßwerterfassung

Meßwert	aus der Anzeige ermitteltes Produkt aus Zahlenwert und Einheit der Meßgröße
Meßgröße	wird durch Messung erfaßt
Anzeige	bei analogen Meßgeräten durch Skalenwert oder als Zahl bei digitalen Meßgeräten
Anzeigebereich	Bereich der Meßwerte, die am Anzeigeinstrument (Skalenbereich) abgelesen werden können
Meßbereich	Teil des Anzeigebereiches, für den der Fehler innerhalb der garantierten Fehlergrenzen bleibt
Unterdrückungsbereich	außerhalb des Meßbereichs
Meßergebnis	i. allg. aus mehreren Meßwerten mit Hilfe einer vorgegebenen Beziehung ermittelt (selten nur ein Meßwert)

Im Grunde ist es schade, daß der Trend immer mehr zu digitalen Meßwert-Erfassungsgeräten geht. Die analogen Instrumente haben dem Messenden viel eher vermittelt, wie „unsicher“ manche Ablesung ist und welcher Interpretation es bedarf, wenn man ein Meßergebnis anschließend zu Papier bringen möchte.

Als Resumee ist festzuhalten, daß

- Messungen nie um ihrer selbst willen vorgenommen werden (obwohl man manchmal den Eindruck in Kläranlagen bekommt), sondern fast immer im Hinblick auf einen bestehenden, mehr oder weniger genau formulierten Entscheidungsbedarf bzw. Informationsmangel.
- Messungen und Meßwerte ihre Aufgabe nur im Kontext mit der jeweiligen diagnostischen Fragestellung erfüllen.

Analysenfehler

Präzise Analysenergebnisse müssen nicht richtig sein (Abb. 1.3-1). Gemäß DIN 55350, Teil 13 ist die **Richtigkeit** zunächst die quantitative Bezeichnung für das Ausmaß der Übereinstimmung zwischen dem Erwartungswert und dem **wahren Wert**. Der Erwartungswert ist dabei das mittlere Ergebnis, welches aus der unablässig wiederholten Anwendung des unter gegebenen Bedingungen praktizierten Ermittlungsverfahrens gewonnen werden könnte.

Die **Präzision** wird als Ausmaß der Übereinstimmung zwischen Ergebnissen, wie sie bei wiederholter Anwendung eines festgelegten Ermittlungsverfahrens gewonnen werden, bezeichnet. Die **Genauigkeit** ist ein übergeordneter Begriff, der die Richtigkeit **und** die Präzision beinhaltet.

Fragen nach der Zuverlässigkeit quantitativer Analysenergebnisse sind so alt wie die Meßtechnik selbst. Die Ergebnisse müssen nicht nur präzise sein (*geringe Streu-*

Fehlerart	zufällige Fehler	systematische Fehler	"keine" Fehler
	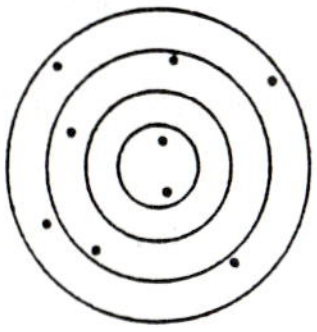	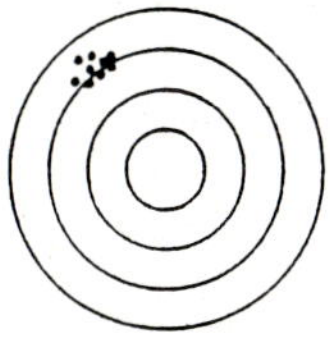	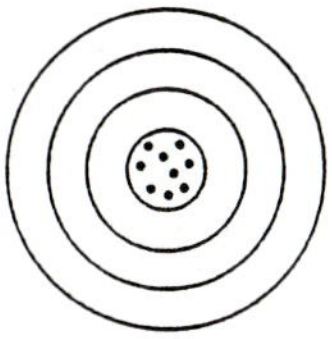
Präzision	schlecht	gut	gut
Richtigkeit	gut	schlecht	gut

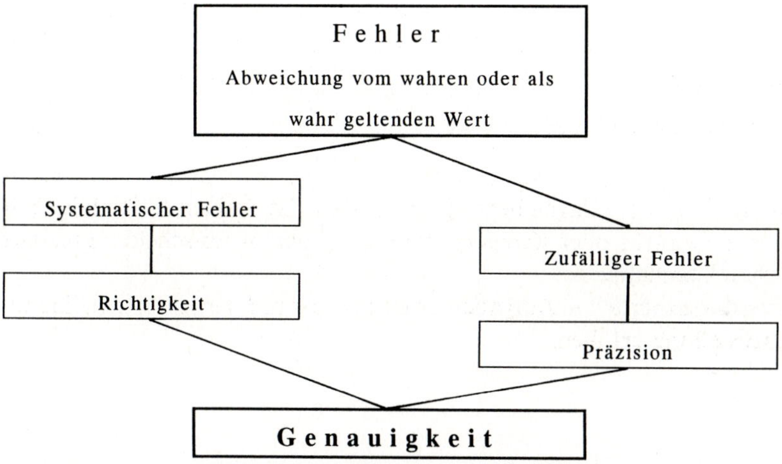

Abb. 1.3-1: Veranschaulichung der Fehlerzusammenhänge bei einer Messung

breite aufweisen), sie müssen auch richtig, d. h. ohne *systematischen Fehler* sein, was praktisch unmöglich ist. Abbildung 1.3-1 veranschaulicht die Zusammenhänge am Beispiel einer Schießscheibe wohl recht eindrucksvoll.

Normung

Aus Gründen der Vergleichbarkeit von an unterschiedlichen Stellen gewonnenen Meßergebnissen wurde schon frühzeitig an der Normung von Meßverfahren gearbeitet. Bei einer Normung handelt es sich zunächst um eine genaue Beschreibung des Analysenverfahrens. Diese ist in der Regel aber noch gar nicht ausreichend, weil die

Matrix, für die die Daten bestimmt werden soll, häufig sehr heterogen oder durch Störstoffe gekennzeichnet ist. Solange die Probenvorbereitung nicht genormt ist (im Augenblick ist sie es im allgemeinen nicht), sind Probleme in der Interpretation vorgezeichnet.

Die Normung der Analysenverfahren ist eine sehr große Hilfe, weil sie in der Regel gute Arbeitsanweisung anbietet, um die interessierenden Meßdaten zu erhalten (s. dazu ausführlich [1.3-2]). Trotzdem ist keine Norm unkritisch anzuwenden, weil die jeweilige Zielsetzung einer Meßaufgabe zu berücksichtigen ist und nicht immer das genormte Verfahren die richtige Antwort zu liefern imstande ist. Insbesondere für die Prozeßführung von Abwasserreinigungsanlagen sind intelligente – eventuell eigene – Lösungen sinnvoller.

1.3.2 Probenahme und deren Fehler

Die Entnahme einer repräsentativen Abwasserprobe ist Voraussetzung für die Analytik; sie besitzt in der Praxis hinsichtlich ihres potentiellen Fehlereinflusses die größte Bedeutung für die „Richtigkeit" eines Meßergebnisses (90% des Fehlers werden bei der Probenahme gemacht). Erstaunlicherweise gibt es hierfür noch so gut wie keine Konventionen.

Neben der unmittelbaren Probenahme (s. dazu vor allem Abschn. 2.2 und 3.2), zu der zählen:

- repräsentativer Probenahmeort,
- Zeitintervall beim Schöpfen von Mischproben usw.,

spielt dabei auch die Art

- des Probengefäßes,
- der Konservierung,
- der Lagerung (Lagerungsdauer) und
- des Transportes

eine nicht unerhebliche Rolle. Auch die unmittelbare Probenvorbereitung vor der Messung ist eine wichtige Einflußgröße für das Meßergebnis. Hesse und Malz [1.3-3] empfehlen deshalb eine parameterspezifische Probenahme.

1.3.3 Sensoren – Meßgeräte – Meßsignale

Meßfühler und in ihnen eingebaute Sensoren (s. Definition und Begriffserläuterung in Tab. 1.3-2) sind in einer Kläranlage oft unscheinbare und wenig beachtete Elemente. Ihr Innenleben entzieht sich meist dem Betrachter, zumal es vor allen Unbilden der Umgebung (Feuchtigkeit, Hitze, Erschütterungen) meist extrem geschützt sein muß.

Tab. 1.3-2: Definition und Begriffserläuterung von Sensoren

Definition	Sensoren stellen die Verbindung zwischen dem Stoff- bzw. Energiefluß her und bilden damit die Grundlage für jegliche Prozeßbeschreibung und die Einwirkung auf diesen Prozeß
Begriffliche Verwendung	Der Begriff Sensor hat unterschiedliche Bedeutungen, wie Primärelement eines Meßwertaufnehmers bis hin zum kompletten Meßsystem mit Aufnehmer, Umformer und angepaßtem Minicomputer für die komplexe Meßwertverarbeitung (Signalaufbereitung, Berechnung von Hilfsgrößen, logische Verknüpfungen, Selbstüberwachung, Fehlerkorrektur, Nachkalibrierung, statistische Auswertung, Dokumentation der Ergebnisse usw.)

Prinzip der Meßtechnik ist, daß ein zu messender Parameter in einen brauchbaren Meßstrom oder in ein brauchbares Meßsignal umgewandelt werden kann (s. Abschn. 1.2). Letzteres wird dann über einen Meßverstärker oder einen Wandler in ein elektrisches Signal umgewandelt. Meßfühler und -verstärker bilden die Meßkette, in die Zähl- und Registriergeräte eingeschlossen sind. Die Meßkette kann auch an einer Schnittstelle enden, die mit einer elektronischen Datenverarbeitung gekoppelt werden kann.

Als Meßfühler wird das Objekt bezeichnet, das Kontakt mit der zu messenden Größe hat und ein entsprechendes Signal abgibt. Neuerdings hat sich die Bezeichnung „Sensor" dafür eingebürgert (s. aber auch Tab. 1.3-2). Der Sensor kann eine Elektrode sein, wenn es darum geht, elektrische Potentiale oder elektrische Felder aufzubauen. Er kann aber auch – bislang meist als Meßwertaufnehmer bezeichnet – auf Druck reagierende Quarze oder elektrisch induktive oder kapazitive Meßelemente enthalten. Diese werden in Hüllen – meist strapazierfähig – eingebaut, die man als Armaturen bezeichnet. Das Meßgerät ist die komplette Einheit.

Sensoren liefern oft extrem kleine elektrische Signale, die im Millivolt- oder Mikroampère-Bereich liegen. Die Signale können auch einen sehr hohen inneren Widerstand aufweisen (pH-Elektrode). Um diese Signale verarbeiten zu können, sind gegebenenfalls Vor- und Endverstärker erforderlich. **Analogverstärker** liefern meßwertproportionale, normierte Ausgangsströme, die für analoge Anzeigegeräte, aber auch für Steuer- und Regelvorgänge verwendet werden können. Für Rechner sind digitale Signale Voraussetzung: Hierfür enthält das Meßgerät dann auch noch einen **Analog-Digital-Wandler.** Häufig werden heute bereits Mikroprozessoren direkt in die Meßgeräte integriert, um Verstärkungsfaktoren, Nullpunkt-Einstellung oder Linearisierungskurven an die örtlichen Gegebenheiten variabel anpassen zu können.

Der Nutzen der Digitaltechnik liegt auf der Hand:

- Gemischte Ausgabe von Signalen (analog und digital).
- Minimierung der Fehlereinflüsse auf das Signal durch die Verarbeitung.
- Vielseitige Darstellungsmöglichkeit der Meßgröße.
- Plausibilitätskontrolle.
- Parametrierung.
- Kommunikationstauglichkeit.

Zusammenfassend kann man folgendes Anforderungsprofil an die Meßwert-Erfassung formulieren (s. auch Anforderungskatalog an Meßwert-Erfassungssysteme für die Prozeßsteuerung in Abschn. 3.1):

- hohe Genauigkeit (geringe Drift),
- hohe Schnelligkeit der Ergebnisausweisung,
- hohe Störsicherheit und Zuverlässigkeit,
- Ausfallerkennung,
- geringe Querempfindlichkeit (Stoffe, Temperaturänderungen und Strahlungsenergie),
- Selbstüberwachung/Korrektur der Kennlinien,
- einfaches Kalibrierungsverfahren,
- hohe Reproduzierbarkeit (Fehlerkorrektur),
- lange Standzeit ohne Wartung/geringe Alterung,
- gutes Preis-Leistungsverhältnis.

Daneben spielen eine wichtige Rolle

- eine intelligente Verarbeitung des Signales,
- die Kopplungsfähigkeit mit anderen Geräten
- sowie Übertragungsmöglichkeiten.

1.3.4 Peripherie der Meßgerätetechnik

Der **Einbau von Sensoren** muß natürlich an repräsentativen Orten erfolgen (auch unter dem Gesichtspunkt der Verschmutzungsanfälligkeit, Gefährdung durch Explosionen und unter Beachtung von Störeinflüssen, wie z. B. Überspannungen). Man unterscheidet folgende Einbauarten in die Prozeßkonfigurationen (Abb. 1.3-2):

- In line: Kontinuierliche Messung direkt in einer Leitung oder einem Behälter (auch im Bypass).
- On line: Kontinuierliche Messung, aber separat.
- Off line: Diskontinuierliche Messung (z. B. über Analyseautomaten).

Als **Führungsgrößen** für automatische Regel- bzw. Steuereinrichtungen sind ausschließlich kontinuierlich bzw. quasi kontinuierlich erfaßbare Meßgrößen geeignet. Im Bereich der Abwassertechnik und speziell zur Regelung von Wasser- bzw. Schlammpumpen sowie Lufteintragsaggregaten bieten sich die Messung von Potentialen (Redox-), von Ionen (Ammonium-, Nitrat-, Phosphat-) oder Partialdrücken (O_2), von Durchfluß und Niveauhöhen, der Extinktion (Trübung) und von biochemischen Summenparametern (z. B. TOC, CSB, Kurzzeit-BSB) an.

Im folgenden sind auszugsweise Problembereiche einzelner Meßparameter aufgegriffen, um das Thema *Einbindung* zu umreißen.

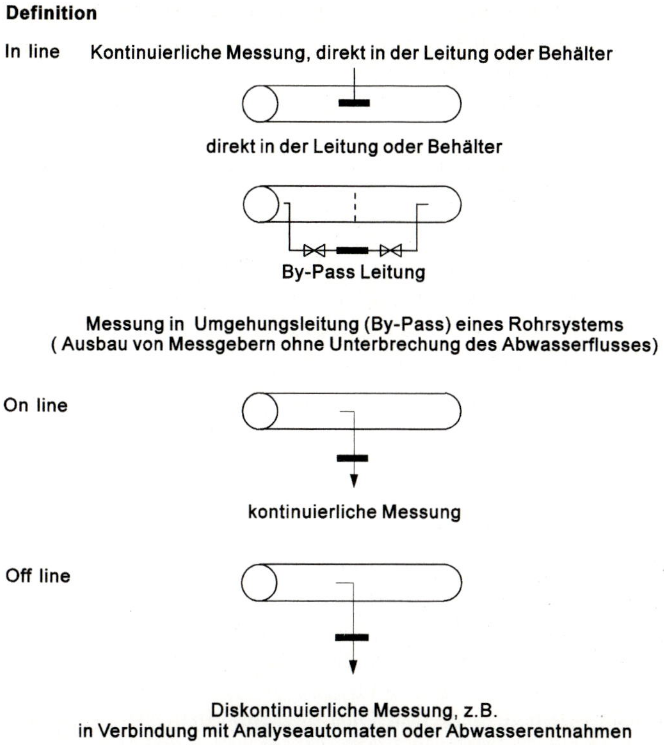

Abb. 1.3-2: Definition der Begriffe in line, on line und off line

Für die korrekte Führungsgrößenermittlung ist z. B. bei der Bestimmung der Sauerstoffkonzentration in einem Belebungsbecken (s. auch Abschn. 3.4) eine Mindestanströmgeschwindigkeit (je nach Sondenbauform zwischen 0,3 – 1,4 m/s) erforderlich; der Temperatureinfluß auf den Meßvorgang kann elektrisch kompensiert werden. Die eindeutige Ermittlung der tatsächlichen Sauerstoffkonzentration im Belebungsbecken einer Kläranlage wird jedoch durch verschiedene Einflüsse erschwert. Dabei sind die Verschmutzung der Meßsonde, die eine sorgfältige Wartung erforderlich macht, schwierige Nullpunkt- und Steilheiteinstellungen, mangelnde Anströmgeschwindigkeiten und die Wahl des Einsatzortes als Haupteinflußgrößen zu nennen.

Sauerstoffmeßsonden geben nur die Konzentrationsverhältnisse in unmittelbarer Nähe der Meßstelle wieder. Da die meisten Belüfter ein charakteristisches Sauerstoffkonzentrationsprofil im Belebungsbecken erzeugen (z. B. bei Oberflächenbelüftern höhere Konzentration in den oberen Schichten), ist im Hinblick auf die Regelstrategie die richtige Wahl des Meßortes von ausschlaggebender Bedeutung.

Die automatische Messung der Trübung ist für die Überwachung einer Kläranlage eine gute Trendkontrolle. Mit der Trübungsmessung können auch Schlammniveaumessungen durchgeführt werden, die als Führungsgröße für eine entsprechende Schlammengenregelung einsetzbar ist. Bislang bestehen jedoch noch praktische Probleme bei der Einbindung in Regelkreise, da die Schlammspiegel durch umlaufende Räumerbrücken verändert und damit Fehlsteuerungen ausgelöst werden. Störungen des Reinigungsverlaufs lassen sich in verhältnismäßig einfacher Weise über Trübungsmeßgeräte kontinuierlich identifizieren.

Allerdings darf man nicht vergessen, daß der für eine Automation erforderliche Meßgerätepark auch einen erheblichen **Wartungs- und Instandhaltungsaufwand** nach sich zieht. Die Einrichtung erfordert auf jeden Fall die Akzeptanz des Personals. Dabei müssen auch die Ängste abgebaut werden, da schließlich die Meßwerterfassung auch eine Kontrolle des Betriebspersonals ermöglicht.

Im Ende hat sich aber gezeigt, daß die Skepsis durch die Vorteile überwunden werden kann, da die Betreiber nun erfahren, was im Prozeß wirklich abläuft. Sie sehen schneller, wenn sich irgendwelche Probleme abzeichnen und auch bestimmte Arbeiten werden abgenommen. Schließlich ist auch die Tatsache, daß das Betriebspersonal dokumentieren kann, wenn durch die eigene Leistung Verbesserungen erzielt werden konnten, überzeugend.

1.3.5 Systematische und zufällige Fehler

In den Lehrbüchern wird definiert: **Systematische Abweichungen** sind Differenzen des gefundenen Wertes vom wahren Wert und durch geeignete Maßnahmen vermeidbar. **Zufällige Abweichungen** resultieren aus Streuungen der Anzeigen der Meßgeräte, der experimentellen Bedingungen usw. und sind unvermeidlich.

In der Abwasserpraxis liegen die Verhältnisse eher umgekehrt. Zufällige Abweichungen sind zwar unvermeidbar, aber durch Mehrfachbestimmungen in den Griff zu bekommen. Systematische Abweichungen dagegen sind leider allgegenwärtig und schwer zu vermeiden, weil sie nicht erkannt werden (s. Abweichungen in Ringversuchen: sie sind zwischen den Labors meist größer als im selben Labor [1.3-4]).

Um den Unterschied zu verdeutlichen: Analytische Werte können aus einer Probe durch unterschiedliche Laboratorien mit ausreichender Abweichung verifiziert werden und trotzdem wegen eines oder mehrerer gemeinsam begangener systematischer Fehler falsch sein. Eine gute Präzision (s. Abb. 1.3-1) sagt also nichts über die Richtigkeit aus.

Eine absolut sichere Methode gibt es nicht, da auch sämtliche Kalibrierdaten an Proben ermittelt werden, die in bezug auf die Nebenkomponenten mit der Analysenprobe nicht übereinstimmen, so daß man Daten vergleicht, die nicht derselben Grundgesamtheit angehören.

Im Folgenden sind die wichtigsten Meßfehler im Rahmen der Meßwert-Erfassung zusammengefaßt.

Meßfehler aus dem Meßwert-Erfassungssystem:

- Repräsentativität des Meßortes,
- Rückwirkungen des Meßvorganges auf die Meßgröße (Bürde),
- superponierende äußere Störungen (Beispiel Temperaturabhängigkeit),

- deformierende äußere Störungen (Beispiel Sonneneinstrahlung),
- innere Störungen (Beispiel Reibung),
- Einfluß aus den Einsatzbedingungen (Beispiel Anströmgeschwindigkeit),
- Nullpunktsempfindlichkeit,
- Ansprechwert,
- Hysterese,
- Auflösungsvermögen,
- Nullpunktsstabilität,
- Linearität.

Meßfehler bei der Auswertung von Meßwerten:

- Ablesefehler,
- ungeeignete Diskretisierung,
- falsche Auswertehypothesen,
- Fehlerfortpflanzung bei der Weiterverarbeitung.

Möglichkeiten bestehen aber durchaus auch in der internen und externen Qualitätssicherung (s. Abschn. 2.9). Täglich oder serienbezogen sind Maßnahmen zu treffen, die die Summe aller zufälligen Fehler minimiert (Präzisionskontrolle) und die Erkennung, Beseitigung oder Verhinderung von systematischen Fehlern ermöglicht (Richtigkeitskontrolle). Pudill [1.3-5] schlägt hierzu die Führung folgender Kontrollkarten vor:

- Mittelwert-Kontrollkarten zur Überprüfung der Präzision (s. Abb. 1.3-2 zum Verständnis, wie wenig ein Mittelwert einer Messung aussagen kann),
- Wiederfindungs-Kontrollkarten zur Überprüfung des Analysenverfahrens auf Matrixeinflüsse,
- Standardabweichungs-Kontrollkarten zur Überwachung der Streuung der Meßwerte und
- Differenzkarten zur Ermittlung der Abweichung der Meßwerte vom Sollwert.

Zur internen Qualitätskontrolle im Labor gehören auch die nach [1.3-5] zusammengestellten Bestimmungen und Überprüfungen.

- Linearitätsüberprüfung,
- Blindwertbestimmung,
- Bestimmung der Variationskoeffizienten,
- Durchführung problemorientierter Kalibrierungen,
- Überprüfung der Wiederfindung,
- Kontrolle mit zertifizierten Standards sowie
- Plausibilitätskontrolle.

Nicht in jedem Fall ist eine Analyse wertlos, wenn die Fehlerbandbreite groß ist. Sie kann durchaus ihren Sinn erfüllen, wenn die Interpretation auf das Wesentliche abgestellt ist und die Unsicherheiten gebührend berücksichtigt werden. Daher ist der Hinweis, daß es bei den Messungen und Analysen auch darum geht, zu Befunden zu kommen und Meßergebnisse nicht ohne Diagnose stehen zu lassen, sehr wichtig. Auch der Gaußsche Satz über die Genauigkeit im Zahlenrechnen, der als Einleitung zu Abschn. 1.3 steht, weist darauf hin. Nichtfachleute ziehen zwangsläufig falsche Schlüsse aus isoliert stehenden Meßdaten (siehe z. B. Abb. 1.3-3).

Zusammenfassend und ergänzend muß man über folgende Fehler im Rahmen der Meßtechnik grundsätzlich nachdenken:

1. Fehler bei der Probenahme (durchaus 90% [1.3-4]).
2. Fehler bei der eigentlichen Messung.
3. Fehler bei der Interpretation der Meßergebnisse.
4. Fehler, die durch mißverständliche Darstellungen entstehen.

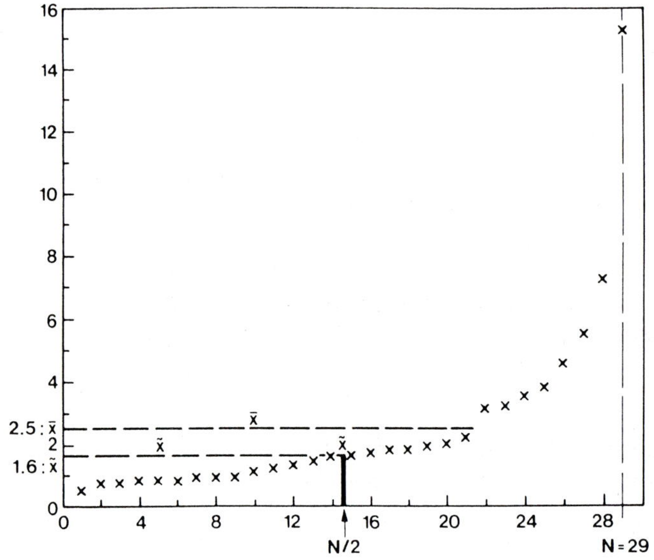

Abb. 1.3-3: Definition des Mittelwertes für einen Satz Daten in aufsteigender Reihenfolge (ist x oder $\bar{x}$ der richtige Mittelwert? [1.3-6])

1.3.6 Checkliste zur Vermeidung von Fehlern bei der Untersuchung von Abwasserproben

Die folgende Auflistung ist im Einzelfall zu ergänzen; sie soll den Einsteigern den Zugang erleichtern und Fragen an sich oder geschultes Laborpersonal nahelegen.

Probenahmeart

- zeitproportionale Probenahme
- mengenproportionale Probenahme

- durchflußproportionale Probenahme
- ereignisproportionale Probenahme
- qualifizierte Stichprobe

Behältermaterial

- Glas
- Kunststoff
- Borsilikatglas
- Sind die Gefäße sorgfältig gereinigt?
- richtiges Reinigungsmittel (z. B. phosphatfrei)

Probenlagerung

- optimale Lagertemperatur
- Konservierung geprüft
- maximale Lagerdauer unterschritten

Probenvorbereitung

- Homogenisierung notwendig/sinnvoll/ausgeschlossen
- Filtration notwendig/sinnvoll/ausgeschlossen
- Filterfeinheit/-material passend
- Aufschluß notwendig/sinnvoll/ausgeschlossen (thermisch/chemisch)
- ausreichende Probenmenge

Probendurchführung

- Verdünnungen richtig (Meßbereich/Störionen-Einflüsse)
- Reagenzien noch wirksam (z. B. bei Flockungsmitteln)
- Arbeitsvorschrift richtig angewendet
- Reaktionszeit und Temperatur beachtet
- Homogenität der Reaktion sichergestellt
- Störeffekte ausgeschlossen
- Messung im günstigen Meßbereich
- Mehrfachbestimmung notwendig

1.3.7 Hinweise zur Auswertung

Als Empfehlung sei ausgesprochen: Man sollte mit dem Messen erst dann anfangen, wenn feststeht, wie die Meßwerte ausgewertet und zusammengefaßt werden können.

Das Auswertungsprogramm setzt sich aus folgenden Elementen zusammen:

- Checkliste unter Berücksichtigung möglicher Störungen,
- Probenahmeprogramm,

- Meß- und Analyseprogramm,
- Auswertungsprogramm,
- Dokumentation des Ablaufes,
- Vorbereitungsprogramm für Störungen.

Mit Ausnahme des Auswertungsprogrammes und des Trouble Shootings können die Hinweise aus dem ATV-Arbeitsblatt H 760 für den Bereich der Abwasserbehandlungsanlagen sehr gut übernommen werden. Zum Auswertungsprogramm ist anzumerken, daß die Auswertung strikt nach der Zielvorgabe zu erfolgen hat. Bereits vor Beginn der Untersuchungen muß klargelegt sein, wie die Meß- und Analysenergebnisse ausgewertet und grafisch dargestellt werden sollen. In den meisten Fällen können bereits vor Beginn der Versuche plausibilisierte Kurvenverläufe oder -bänder in

pH-Wert

Wie unter ... beschrieben wurde, werden von einem Mitarbeiter der Fa. ... wöchentlich die Tenside und die NaOH in Form von Schuppen oder Perlen zugegeben. In welchem Maß sich der pH-Wert im Verlauf einer Woche und an einem Tag ändert, soll hier festgestellt werden. Hierzu wird eine pH-Elektrode an einen Schreiber angeschlossen und in das alkalische Entfettungsbad getaucht (siehe auch Abschnitt ... Temperatur).

Ergebnis dieser Untersuchung:
Diagramm Erwartungswerte

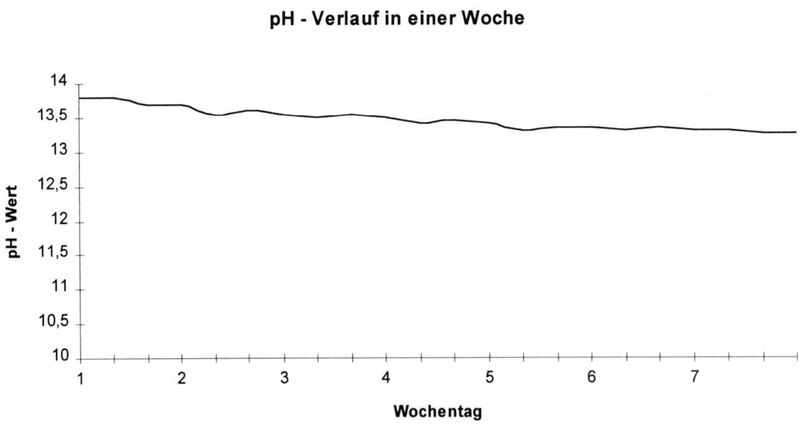

Abb. 1.3-4: Beispiel für eine erwartete Kurve im Rahmen eines Vergleichs der CSB und der H18-Analytik von Kohlenwasserstoffen in einem Spülbad

die Auswertungsdiagramme eingetragen werden. Dies birgt den Vorteil in sich, bereits jedes Meßergebnis sofort eintragen und hinsichtlich seiner „Stimmigkeit" beurteilen zu können. Im Institut des Verfassers dürfen erst Versuche gemacht werden, wenn die Auswertungsdiagramme für jede Messung stehen und bereits mögliche Kurvenverläufe darin eingetragen sind (z. B. Abb. 1.3-4). Mitarbeiter und Studenten am Institut haben sogar eine Checkliste für die Durchführung von Messungen zu erstellen, die so aufgebaut sein muß, daß ein extern Messender damit eigenständig die Meßaufgaben abarbeiten kann. Diese Vorgehensweise hat den Vorteil, daß alle notwendigen Hilfsmittel parat sind und jeder Schritt durchdacht wurde, bevor man loslegt. Wenn diese Vorarbeiten gut gemacht worden sind, ist ein nahezu 100%iger Meßerfolg gewährleistet.

Die von uns exemplarisch durchgezogenen Fallbeispiele haben gezeigt, daß die Betriebsergebnisse und -zustände nicht nur tabellarisch, sondern auch graphisch sichtbar werden müssen, um auch kleinere Störungen oder veränderte Betriebszustände (keine Tagesganglinien!) transparent werden zu lassen.

Literatur

[1.3-1] Kunz, P.M., *Behandlung von Abwasser*, 4. Aufl. Würzburg:Vogel-Buchverlag, 1995.
[1.3-2] Rinne, D., *LABO-Analytik* **1991**, *1*, 7-13.
[1.3-3] Hesse, H.-P.; Malz, F., *Abwassertechnik* **1991**, *2*, 21-17.
[1.3-4] Huber, S.: *Wie gut soll Analytik sein – wie gut kann Analytik sein? Buch der Umweltanalytik*, Band 2, Darmstadt: GIT-Verlag, 1991.
[1.3-5] Pudill, R., *Entsorga-Magazin* **1991**, 6, 41-44.
[1.3-6] Sansoni, B.: *Sicherheit in Chemie und Umwelt* **1991**, *1*, 195-198.
[1.3-7] Kunz, P.M.; Maier, B.: Untersuchungen zur biologischen Entfettung. F+E-Vorhaben 1994/95.

2 Eigenkontrolle – Aufgaben im Betriebslabor

Voraussetzung jeder Eigenkontrolle ist die Kenntnis der relevanten Analysen-Vorschriften, des richtigen Umgangs mit den Analysengeräten und eine identische Probenahme und -aufbereitung. Wenngleich es Eigenkontrolle heißt, zu der die Verordnungsgeber die Betreiber von Abwasserreinigungsanlagen zwingen, müssen die Ergebnisse aus der Eigenkontrolle auch den Überwachungsbehörden vorgelegt werden und können damit rechtliche Konsequenzen haben. Die Eigenkontrolle gilt unabhängig davon, ob es sich um einen Betrieb mit gefährlichen Wasserinhaltsstoffen nach der Herkunftsverordnung zum Wasserhaushaltsgesetz handelt, dessen Abwasser nach einer Vorbehandlung über die öffentliche Kanalisation der örtlichen kommunalen Kläranlage zufließt, oder um diese Kläranlage selbst.

Das Stichwort „Eigenkontrolle" besagt aber auch, daß der Betreiber einer Abwasserreinigungsanlage seine Anlage (ohne Weitergabe der Werte an die Aufsichtsbehörden) kontrollieren sollte. Naturgemäß werden kleinere Abwasserreinigungsanlagen (Teiche oder auch neuerdings die Container-Kläranlagen für wenige hundert Einwohner) weniger intensiv beprobt werden, als die Klärwerke großer Städte. Nichtsdestotrotz sollte aber nicht so sehr der Grenzwert im Vordergrund stehen, der meistens ein Konzentrationswert ist (obwohl die Fracht das wesentlich wichtigere Kriterium ist), sondern das Gewässer (Immissions-Orientierung), in das das (gereinigte) Abwasser abgelassen wird. Wenn ein Schönungsteich zum Schlammstapelbecken mit psychrophiler Schlammfaulung wird, weil die Phasentrennung in der vorausgegangenen biologischen Abwasserreinigung die schwimmenden Schlämme nicht zurückhalten konnte, ist das nicht weiter schlimm; es ist nur ein Zeichen dafür, daß voraussichtlich in den anderen Anlagen mit dem gleichen Reinigungsverfahren ohne Schönungsteich die Schlämme gleich im Gewässer gelandet sind. Wo ein Kläger (vorbeikommender Fußgänger) ist, ist auch ein Staatsanwalt und ein Richter, und hierfür können empfindliche Strafen ausgesprochen werden (§ 326 StGB: unerlaubte Abfallverbringung [2.0-1].

Zu einer Eigenkontrolle gehört also auch, die Augen offenzuhalten und den Abwasserreinigungs- und Schlammbehandlungsbetrieb nach eigenen Kriterien zu überprüfen. Zum Beispiel gehört auch das Ablesen und Auswerten der Stromzähler hinzu, weil sich eventuell Verlustleistungen anzeigen, die einen Maschinenausfall ankündigen, der zum Stillstand des Betriebes führt. Derartige Gesichtspunkte werden hier nur am Rande gestreift, die Nachbarschaftshilfe und Handbücher der Abwassertechnischen Vereinigung geben aber hierzu eine gute Hilfestellung. Allgemein gültige Regelungen für die Verhinderung und Aufklärung von Störungen gibt es allerdings nicht.

Aufgabe der Eigenkontrolle muß es aber sein, die Zugriffszeiten zu verkürzen und erkennbare Schwachstellen zu beseitigen. Hierzu benötigt das Personal natürlich jede erdenkliche Unterstützung; angefangen bei der Ausbildung, bei der Bereitstellung von Gerätschaften und Arbeitsmöglichkeiten bis hin zum „Ohr", das die Vorgesetzten den Mitarbeitern „schenken" müssen, wenn es darum geht, Beobachtungen zu interpretieren und Maßnahmen einzuleiten.

Die Meßtechnik in Kläranlagen bestand und besteht zum großen Teil auch heute noch aus Hand- und Labormeßgeräten, die in diesem Kapitel angesprochen werden, der on line-Eigenkontrolle ist das dritte Kapitel gewidmet.

Literatur

[2.0-1] Kunz, P. M., *Abfallrecht und Entsorgungspraxis. PC-Informationssystem,* St. Wolfgang: ub-media-Verlag, 1994.

2.1 Standardausrüstung eines Betriebslabors

Walter Hermann Gebhardt

Deutsche Bahn AG
Heizkraftwerk Frankfurt/Main

2.1.1 Räumliche Gestaltung, allgemeine Einrichtung

Für die allgemeine Gestaltung und Ausrüstung eines Laboratoriums werden nachfolgend einige Hinweise gegeben, die sich besonders an der Arbeitssicherheit orientieren.

Mobile Labormöbel ermöglichen eine Trennung von der Energieversorgung und den Arbeitstischen (Abb. 2.1-1). Eine zentrale Mediensäule, der Reingas, Sanitär- und Elektromedien entnommen werden, schafft nicht nur Platz für Großgeräte, sondern ermöglicht auch die Sicherung für den Notfall und übernimmt die Versorgung von Abzügen. Eine weitere Beweglichkeit wird durch Medienampeln erzielt, da die Me-

Abb. 2.1-1: Mobile Laborgestaltung, Fa. Erlab D.F.S (Frankreich)

dien von oben zugeführt werden, so daß die Grundfläche des Laborraums nahezu uneingeschränkt genutzt werden kann. Funktionswände ermöglichen außerdem eine variable Raumgestaltung. Alle Laborarmaturen müssen nach DIN 12920 gekennzeichnet sein. Für die Lösemittel-, Säure- und Laugenaufbewahrung dienen genormte Sicherheitsschränke. Ein Soforthilfeprogramm mit Erste-Hilfe-Koffer, Verbandschrank, Augenschutz und Augendusche sind ebenso vorgeschrieben wie Hand- und Hautschutz, Seifen- und Handtuchspender. Eine Wandtafel „Sicherheit im Labor" ist zu empfehlen. Gasmangelgeräte, die anzeigen, wann der festgelegte Mindestdruck in den Gasflaschen unterschritten wird, sind ebenso wichtig wie Gaswarngeräte, die durch ein Signal anzeigen, wann die Gaskonzentration im Schrank den eingestellten Grenzwert übersteigt.

Die Abzüge sollen der DIN 12924 entsprechen, für die Aufschlußarbeiten (siehe Abschn. 1.1.3) ist der zusätzliche Einsatz eines Abluftwäschers vorzusehen. Ein den abfallrechtlichen Bestimmungen entsprechendes Entsorgungssystem einschließlich der Aufnahme- und Reinigungsmittel ist zwingend vorgeschrieben.

2.1.2 Schutzmaßnahmen im Labor

Nach § 20 Gefahrstoffverordnung (GefStoffV) [2.1-1] ist der Unternehmer verpflichtet, für den Umgang mit Gefahrstoffen *Betriebsanweisungen* zu erstellen. Nach § 15 GefStoffV umfaßt der Begriff „Umgang" das Herstellen oder das Verwenden von Gefahrstoffen. Unter „Verwenden" versteht man nach § 3 Chemikaliengesetz (ChemG) [2.1-2] das Gebrauchen, Verbrauchen, Lagern, Aufbewahren, Be- und Verarbeiten, Abfüllen, Umfüllen, Mischen, Entfernen, Vernichten und innerbetriebliche Befördern von Gefahrstoffen. Unter Gefahrstoffen werden nach § 19 Abs. 2 ChemG gefährliche Stoffe und Produkte verstanden, die explosionsfähig sind, aus denen bei der Herstellung oder Verwendung gefährliche oder explosionsfähige Stoffe oder Produkte entstehen oder freigesetzt werden können, sowie Stoffe, die erfahrungsgemäß Krankheitserreger übertragen können, soweit sie nicht dem Gentechnikgesetz [2.1-3] unterliegen.

Die Bezeichnung „gefährlich" beinhaltet dabei nach § 3a ChemG folgende Eigenschaften: explosionsgefährlich, brandfördernd, hochentzündlich, leichtentzündlich, entzündlich, sehr giftig, giftig, mindergiftig, ätzend, reizend, sensibilisierend, krebserzeugend, fruchtschädigend, erbgutverändernd, auf sonstige Weise chronisch schädigend oder umweltgefährlich. Wegen der vielen Arbeitsplätze mit übergreifenden Tätigkeiten in einem Laboratorium sind die Gruppenbetriebsanweisungen mit besonderer Sorgfalt zu erstellen. In jedem Falle sind die Kenntnis der „Richtlinien für Laboratorien" und Betriebsanweisungen für spezielle Anlagen, Apparate und Verfahren vorauszusetzen, wie beispielsweise Mikrowellengeräte, Gasverteilungsanlagen, Hochvakuumverdampfungsanlagen. Die Empfehlungen der BG Chemie [2.1-4] sind zu beachten.

Nach § 19 (1) GefStoffV ist das Arbeitsverfahren so zu gestalten, daß gefährliche Gase, Dämpfe oder Schwebstoffe nicht frei werden, soweit dies nach dem Stand der Technik erreichbar ist. Weiterhin sollen im Rahmen der Möglichkeiten die Arbeitnehmer mit gefährlichen, festen oder flüssigen Stoffen nicht in Hautkontakt kommen. Diese Forderung setzt praktisch geschlossene Systeme voraus, die vollautomatisch gefahren werden können. Da dies in vielen Fällen nicht möglich ist, sind Absaugeeinrichtungen, Lüftungsmaßnahmen und persönliche Schutzausrüstungen erforderlich. Die Arbeitnehmer müssen die zur Verfügung gestellten persönlichen Schutzausrüstungen benutzen.

Folgende Sicherheitsregeln sind zu beachten:

- bei allen Arbeiten im Labor Schutzbrille und, wenn nötig, Schutzhandschuhe tragen;
- alle Arbeiten mit Gefahrstoffen sind unter einem Abzug durchzuführen;
- Spritzer auf der Haut sofort ausgiebig mit kaltem Wasser abspülen, bei lipophilen Stoffen mit Polyglycol;
- wegen der Resorptionsgefahr sollten niemals organische Lösungsmittel verwendet werden;
- verätzte Augen mit weichem Wasserstrahl oder mit Spezialaugendusche ausgiebig spülen;
- mit Chemikalien durchsetzte Kleidungsstücke sofort ablegen;
- in Laboratorien nicht rauchen, essen und trinken;
- bei Unfällen immer einen Arzt zu Rate ziehen;
- zum Schutz des gesamten Körpers sollte auch bei einfachen Laborarbeiten ein aus z. B. Leinen oder Baumwolle gefertigter, langer Laborkittel getragen werden;
- ebenso wichtig wie die Kleidung sind feste, geschlossene Schuhe;
- alle Arbeiten unter Vakuum sollten wegen der möglichen Implosionsgefahr der Apparatur im Abzug hinter einem Schutzschild ausgeführt werden;
- nicht bruchsichere Gefäße sind grundsätzlich in Tragekästen oder Transporteimern zu transportieren.

Sicherheitsempfehlungen für den Umgang mit einzelnen Chemikalien und Hinweise für Notfallmaßnahmen sind den Unterlagen der Chemikalienlieferanten zu entnehmen [2.1-5, 2.1-6]. Für ältere Laboratorien besteht nach der Neufassung der Laboratoriumsrichtlinien [2.1-7] eine Nachrüstpflicht bis zum 1. 10. 1996 für folgende Regelungen:

- Beschaffenheit von Umluftabsaugungen,
- Aufbewahrung von Kartuschen für Kartuschenbrenner,
- Standort und Beschaffenheit von Körperduschen,
- Augenduschen,
- Schalter, Steckdosen im Spritzbereich von Notduschen.

2.1.3 Entsorgung von Laborchemikalien

Für eine Entsorgung gemäß Abfallgesetz [2.1-8] sind Laborabfälle in geeigneten Gefäßen getrennt nach ihrer chemischen Beschaffenheit zu sammeln:

- Sammelgefäße für feste organische Chemikalien, Abfall-Schlüssel-Nr. 59302,
- für anorganische Chemikalien, Abfall-Schlüssel-Nr. 59301,
- für giftige, anorganische Stoffe und Schwermetall-Salze, Abfall-Schlüssel-Nr. 59301,
- für Quecksilber und anorganische Quecksilberverbindungen, Abfall-Schlüssel-Nr. 35326,
- für organische halogenfreie Lösungsmittel, Abfall-Schlüssel-Nr. 55370,
- Lösungen organischer halogenfreier Feinchemikalien, Abfall-Schlüssel-Nr. 55370,
- für halogenhaltige Lösungsmittel, Abfall-Schlüssel-Nr. 55220,
- für Säuren, Laugen und Salzlösungen (pH-Wert auf 6–8 einstellen), Abfall-Schlüssel-Nr. 52716,
- für Heizbadöle, Abfall-Schlüssel-Nr. 54102.

2.1.4 Laborausstattung

Die Ausstattung des Laboratoriums mit chemisch-physikalischen Untersuchungsgeräten ergibt sich aus der Aufgabenstellung, die wiederum von der Größe der Kläranlage abhängt (s. Abschn. 1.1). Die Grundausstattung sollte Probenahmegeräte in verschiedenen Ausführungen enthalten (Abb. 2.1-2):

- Kühl- und Trockenschränke,
- Ionenaustauschsysteme,
- Kocher, Laborgeschirr einschließlich Hilfsmittel, Standardausrüstung an Glaswaren zuzüglich Trockner und Abtropfgestell, Instrumente, Pumpen, Kolbenbüretten, Waagen, Pipettierstation,
- Imhoff-Sedimentiergefäße mit Graduierung nach DIN 12672,
- ein Mikroskop, Blockheizgeräte, Magnetrührer,
- Meßgeräte für den pH-Wert (Abb. 2.1-3),
- Meßgeräte für den Sauerstoffgehalt (Abb. 2.1-4),
- Meßgeräte für die Leitfähigkeit und Temperatur.

Die Vorbereitung, das Homogenisieren und Konservieren von Proben wird in Abschn. 2.2 erläutert.

Die Bestimmung der abfiltrierbaren bzw. absetzbaren Stoffe wird in Abschn. 2.3 erklärt, die Bestimmung des BSB in Abschn. 2.6 (Abb. 2.1-5) und die Bestimmung von Stickstoff und Phosphat in Abschn. 2.8 (Abb. 2.1-6). Für die Bestimmung des CSB-Wertes (s. a. Abschn. 2.7 und 2.8) werden benötigt:

Abb. 2.1-2: Probenahmegerät, Fa. Dr. Staiger, Mohilo

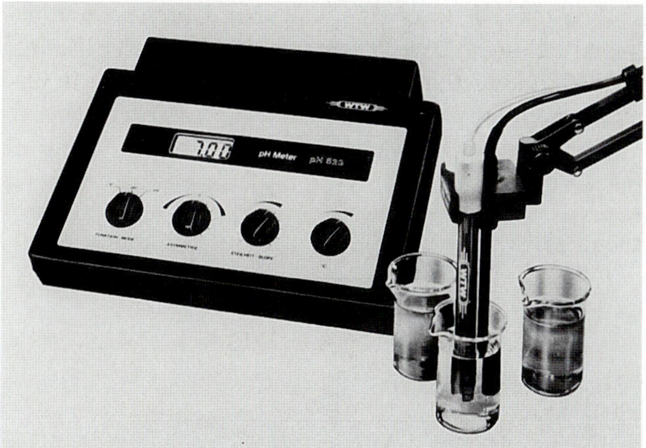

Abb. 2.1-3: pH-Wert Meßgerät, Fa. WTW

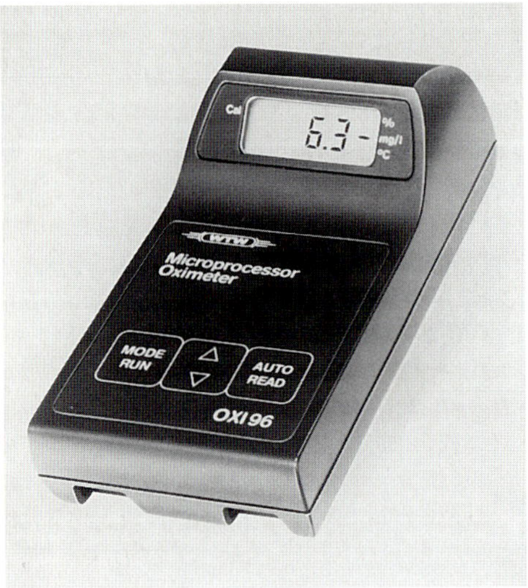

Abb. 2.1-4: O_2- und Temperatur-Meßgerät, Fa. WTW

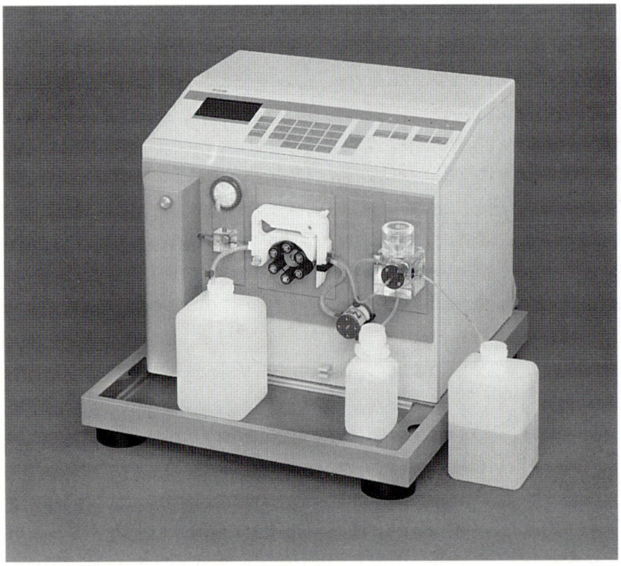

Abb. 2.1-5: BSB-Meßgerät, Fa. Prüfgeräte-Werk Medingen

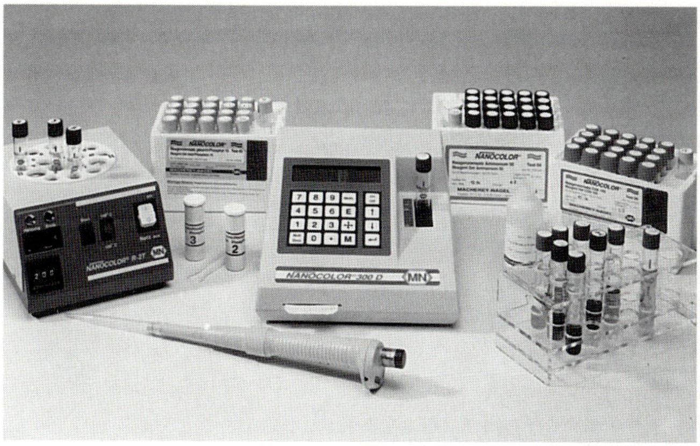

Abb. 2.1-6: Meßplatz zur Bestimmung von Stickstoff und Phosphat mit Thermoblock NANOCOLOR® R-2T, Fa. Macherey-Nagel

- Rückflußeinrichtung, bestehend aus Schliffgefäß, Nennvolumen maximal 250 mL, und Rückflußkühler mit Normschliff,
- Heizvorrichtung, geeignet, um das Reaktionsgemisch innerhalb von 10 Minuten ohne örtliche Überhitzung zum Sieden zu bringen,
- gereinigte Glasperlen, aufgerauht, Durchmesser 2-3 mm,
- Thermometer für den Temperaturbereich von 140-160 °C,
- Meßkolben, Nennvolumen 100 mL und 1000 mL,
- Vollpipetten, Nennvolumen 5 mL, 10 mL, 20 mL, 25 mL,
- Dispenser, Nennvolumen 50 mL,
- Bürette, Nennvolumen 25 mL,
- Pinzette,
- Glasflasche mit Gewinde GL 45 nach DIN 168 Teil 1, Nennvolumen 1000 mL.

Für enzymatische Untersuchungen werden benötigt:

- Reagenzgläser und Ständer bzw. Mikrotiterplatten mit 96 Kavitäten,
- Zentrifugenröhren,
- Automatikpipetten, Nennvolumen 10-100 μL, 230 μL, 100-1000 μL,
- Reagenzglasschüttler,
- Schüttelapparat,
- Wasserbad oder Brutschrank,
- Kühlzentrifuge,
- Photometer mit Durchflußküvette bzw. für Mikrotiterplatten, Meßbereich 490 nm, 400 nm, 405 nm,
- Fluoreszenzspektrometer mit Durchflußküvette bzw. für Mikrotiterplatten, Meßbereich 345-450 nm,
- Ultraschallsonde (s. Abschn. 2.13).

Die mit Wasser eluierbaren Anteile eines Schlammes sind gemäß DIN 38414 Teil 4 zu bestimmen. Zur Probenvorbereitung dient das Druckfiltrationsgerät SM 16274 der Fa. Sartorius, Göttingen, mit Membranfilter SM 11106 in 142 mm Durchmesser (Abb. 2.1-7). Durch die große Filterfläche von 130 cm^2 und eine Druckbelastbarkeit bis zu 7 bar werden auch bei schwerfiltrierbaren Proben günstige Filtrationszeiten erzielt.

Abb. 2.1-7: Druckfiltrationsgerät SM 16274, Fa. Sartorius

Für die anderen Analysen (s. Abschn. 1.1) werden benötigt:

- Glasvakuumfiltrationsgeräte in Verbindung mit Wasserstrahlpumpen,
- Weithalsflaschen aus Glas oder Kunststoff, Nennvolumen 2000 mL,
- Schüttel- und Umwälzgerät,
- Zentrifuge,
- Gerät zur Messung der elektrischen Leitfähigkeit,
- pH-Meßgerät.

Bei allen Arbeiten sollten folgende Merkblätter vorliegen:

- gefährliche chemische Stoffe ZH1-Nr. 81;
- Umgang mit gesundheitsgefährlichen Arbeitsstoffen (für die Beschäftigten) ZH1-Nr. 118;
- für Laboratorien ZH1-Nr. 119;
- Hautschutz ZH1-Nr. 132;
- Atemschutz ZH1-Nr. 134;

- erste Hilfe ZH1-Nr. 175;
- Salpetersäure, Stickstoffoxide ZH1-Nr. 214;
- Wasserstoffperoxid ZH1-Nr. 303j;
- Umgang mit Sauerstoff ZH1-Nr. 307;
- Lösemittel ZH1-Nr. 319.

Literatur

[2.1-1] Verordnung über gefährliche Stoffe (Gefahrstoffverordnung – GefStoffV), 26.10.1993, BGBl. I, 1782.

[2.1-2] Gesetz zum Schutz vor gefährlichen Stoffen (Chemikaliengesetz – ChemG), 14.3.1990, BGBl. I, 521, ber. 5.6.1991, BGBl. I, 1218.

[2.1-3] Meckel, F. H., *Das Umwelt-Organigramm*, Loseblatt-Werk, Sinn: RA Dr. Meckel 1994.

[2.1-4] Merkblatt AO10 7/92 ZH 1/124, Formularsätze *Betriebsanweisung*, Heidelberg: Jedermann-Verlag, 1992.

[2.1-5] Firmenschrift Sicherheit im Labor, Merck, Darmstadt.

[2.1-6] Firmenschrift „Entsorgungsratschläge" Carl Roth, Karlsruhe.

[2.1-7] Rinze, *GIT*, **1994,** *38 (6)*, VIII-XIV.

[2.1-8] Gesetz über die Vermeidung und Entsorgung von Abfällen (Abfallgesetz – AbfG), 27.8.1986, BGBl. I, 1410.

2.2 Gesichtspunkte der repräsentativen, insbesondere automatischen Abwasserprobenahme

Horst Schumann

Institut für Wasser-, Boden- und Lufthygiene, Berlin

Die Bewertung von Abwassereinleitungen setzt vor der Analytik eine repräsentative Abwasserprobenahme voraus. In bezug auf den Gesamtfehler der Meßergebnisse hat die Probenahme grundsätzlich den gleichen Stellenwert wie die Analytik. Fehler, die bereits bei der Entnahme, der Konservierung, der Lagerung und bei dem Transport von Umweltproben entstehen, sind irreversibel [2.2-1, 2.2-2].

Das Abwasserabgabengesetz (AbwAG) [2.2-3] und die Verwaltungsvorschriften zu § 7a des Wasserhaushaltsgesetzes (WHG) [2.2-4] sehen einen einheitlichen Vollzug für die ordnungs- und abgaberechtlichen Anforderungen vor. In der Allgemeinen Rahmen-Verwaltungsvorschrift an das Einleiten von Abwasser in Gewässer sind die Probenahmeart und die Probenhäufigkeit skizziert und die Analysenverfahren präzise vorgegeben. Der Inhalt dieser Vorschrift (4 von 5-Regelung, qualifizierte Stichprobe, genau definiertes Analysenverfahren) zielt auf eine Begrenzung der Spitzenfrachten *(Fracht in [g/s] = Konzentration in [g/m*^{3}*] × Volumenstrom in [m*^{3}*/s])* und auf eine Vergleichmäßigung des Anlagenablaufs ab. Eine Mischprobenahme (volumenanteilige Probe beispielsweise über 2 h bzw. 24 h) zur genauen Erfassung einer eingeleiteten Realfracht ist im Sinne dieser Anforderung nicht erforderlich.

Zukünftig werden die Direkteinleiter zur Überwachung ihres Abwassers stärker als bisher verpflichtet, aber auch die Indirekteinleiter mit gefährlichen und wassergefährdenden Stoffen über die Eigenkontrollverordnungen herangezogen. Unabhängig davon ist die kontinuierliche Erfassung von Proben für die eigene betriebliche Überwachung und auch für einige spezielle Fragestellungen der behördlichen Überwachung erforderlich. Diese Art der Abwasserprobenahme wird heute fast ausnahmslos mit automatisch arbeitenden Geräten durchgeführt:

- Das *primäre Ziel* der Probenahmetechnik ist die möglichst unveränderte Überführung eines repräsentativen aliquoten Teils eines Abwasser-Volumenstroms in ein oder mehrere Probengefäße.
- Das *sekundäre Ziel* ist die Konservierung der Abwasserprobe über einen längeren oder auch kürzeren Zeitraum bis zum Zeitpunkt der Analyse bzw. zum Zweck der Beweissicherung.

Im Anforderungskatalog (Tab. 2.2-1) sind für automatisch arbeitende Abwasserprobenahmeeinrichtungen Mindesteigenschaften und -anforderungen erfaßt.

Tab. 2.2-1: Anforderungskatalog an automatische Abwasserprobenahmegeräte

Technische Eigenschaften	Mindestforderung	Empfehlung
1. Gehäuse		
– korrosionsfeste Ausführung der Konstruktion und ihrer Bauteile	ja	
– Gehäuse (wetterfest)	ja	
– Schutzart	IP 54	IP 65
– Umgebungstemperatur	bis +60 °C	–20 °C bis +60 °C
2. Steuerung		
– vergossene elektronische Steuerung	ja	
– Sofortprobenahme, programmunabhängig	ja	
– Zeitgenauigkeit	$<10^{-4}$	
– Probenahmeintervall	<5 min	
– Steuereingang	ja	
– mengenproportionaler Eingang	ja	
– 0/4–20 mA	ja	
– potentialfreier Kontakt	ja	
– mengenproportionale Genauigkeit	5%	
– ereignisproportionaler Ein- und Ausgang		ja
– Selbstdiagnoseeinrichtungen		ja
– Überwachungseinrichtungen		
– Meldung bei Netzausfall	ja	
– Netzausfallzähler		ja
– Störungsmelder	ja	
– Programmierung und Einstellung		
– Variabilität der Zeitparameter	ja	
– Variabilität der Mengenparameter		ja
– 220 V-Netzanschluß		ja
– mit Akku-Pufferung		ja
– 12 V- bzw. 24 V-Akkubetrieb	ja	
– Kapazität mind. 800 Einzelproben	ja	
3. Probenförderung		
– Verwendung inerter Materialien der probeführenden Teile	ja	
– Ansauggeschwindigkeit	0,6 m/s	>1 m/s
– Ansaughöhe	2 m	5 m
– mind. Durchmesser der probeführenden Teile	15 mm	
f. stark feststoffhalt. Abwasser	25 mm	
– glatte, schikanefreie, möglichst vertikale probeführende Teile	ja	
4. Probendosierung		
– Gefäß, Pumpenschlauch inert gegen Probe	ja	
– geringe wirksame Dosierfläche	ja	
– gekühlte Dosierung	ja	
– Lichtabschluß	ja	
– selbstreinigende Dosierung		ja
– Dosiergenauigkeit	1 mL bei 20 mL	

Tab. 2.2-1: (Fortsetzung)

Technische Eigenschaften	Mindestforderung	Empfehlung
5. Probenverteilung		
– inert gegen Probe	ja	
6. Probenaufbewahrung		
– inert gegen Probe	ja	
7. Probenkonservierung		
– Kühlung	<4 °C	< –15 °C
Betriebsverhalten, Wartung	Mindestforderung	Empfehlung
– regelmäßige Wartung	ja	
– Inspektion (Prüfplakette)		ja
Handhabung	Mindestforderung	Empfehlung
– einfache Bedienung f. Programmierung u. Starten d. Probenahmeprogramms	ja	
– interaktive bedienergeführte Steuerung	ja	
– Bedienungsanleitung gem. DIN 8418[1]	ja	
– leichte Reinigung von Dosierglas, Füllstandsmelder, Verteilereinrichtung	ja	
– leichte Entnahme der Probenflaschen	ja	
– geringes Gewicht der tragbaren Geräte	ja	
– geringes Gewicht der gef. Probenbehälter	ja	
Angabe technischer Daten		
– GS-Prüfung gem. VDE-Richtlinien	ja	
– Betriebssicherheit		
– MTBF[2]: ~10000 h		ja
Ex-Schutz bei Einsatz in explosionsgefährdeten Bereichen	ja	

[1] DIN 8418, Vornorm Februar 1988, Benutzerinformation. Hinweise für die Erstellung
[2] Mean Time Between Failures (mittlerer Zeitabstand zwischen dem Auftreten zweier Fehler)

2.2.1 Definitionen

Bei der kontinuierlichen Probenahme wird ohne Unterbrechung ein Abwasserteilstrom entnommen.

Die *durchflußkontinuierliche Probenahme* wird definiert als die kontinuierliche Probenahme aus einem proportional zum Durchfluß geregelten Abwasserteilstrom (DIN 38402, Teil 11, Juni 1985). Sie stellt die ideale Probenahme dar, mit der die Fracht ermittelt werden kann.

Die *zeitkontinuierliche Probenahme*, bei der in bestimmten Zeitabschnitten stets gleich große Volumina entnommen werden, gibt nur bei gleichbleibenden oder nur geringen Schwankungen unterliegenden Volumenströmen ein richtiges Bild, wenn sich Spitzen und Täler gerade gegenseitig aufheben.

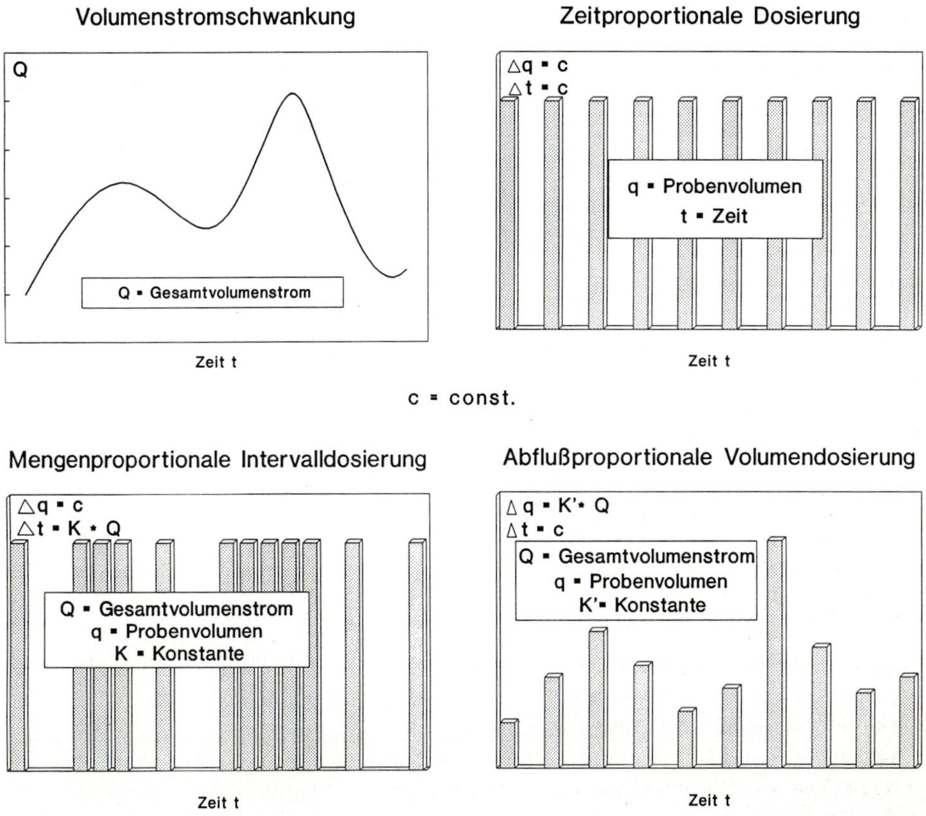

Abb. 2.2-1: Arten der Probenahme, (a) Volumenstromschwankung, (b) zeitproportionale Dosierung, (c) mengenproportionale Intervalldosierung, (d) abflußproportionale Volumendosierung

In der Praxis werden ausschließlich *diskontinuierliche Probenehmer* verwendet. Bei der Intervallprobenahme werden Einzelproben portionsweise entnommen. Abbildung 2.2-1 zeigt den veränderlichen Abwasservolumenstrom über der Zeit aufgetragen.

Neben dem zeitlich veränderlichen Abwasserstrom ist die zeitproportionale Probenahme dargestellt, bei der in gleichen Zeitabständen gleich große Volumina entnommen werden. Die Einzelproben werden über einen bestimmten Zeitraum zu einer Mischprobe zusammengefaßt.

Als *mengenproportionale Probenahme* wird im allgemeinen die Mischprobe bezeichnet, bei der in konstanten Zeitabständen variable, dem jeweiligen Durchfluß proportionale Volumina oder konstante Probenvolumina in wechselnden Zeitintervallen (die Frequenz entspricht dem Durchfluß) entnommen und zusammengefaßt werden. Die Abb. 2.2-1 c und 2.2-1 d zeigen diese beiden Arten der mengenproportionalen Probenahme: die mengenproportionale Probenahme bei *Intervalldosierung* und die mengenproportionale Probenahme bei *Volumendosierung*. Die DIN 38402 bezeichnet diese Art der Probenahme als durchflußproportional (Tab. 2.2-2). Bei we-

Tab. 2.2-2: Prinzipien und Einsatzmöglichkeiten von Abwasserprobenahmegeräten

Geräte-Nr.	Prinzip	Einsatz
1	Vakuumförderung	stationär
2	Vakuumförderung	stationär
3	Vakuumförderung	stationär
4	Vakuumförderung	stationär
5	Vakuumförderung (zusätzlich mit Volumendosierung)	stationär
6	Vakuumförderung (mit automatischer Probenverwerfung)	stationär
7	Vakuumförderung	mobil
8	Vakuumförderung	mobil
9	Vakuumförderung	mobil
10	Festmengenweiche	stationär
11	Schlauchpumpe	mobil
12	Schlauchpumpe	mobil
13	Schlauchpumpe	mobil
14	Schöpfprinzip	stationär
15	Aufzugsprinzip	mobil
16	Kolbenpipettenprinzip	stationär
17	Vakuumförderung mit Druckluft	mobil
18	Vakuumförderung mit Druckluft	mobil
19	druckluftgesteuert für CKW-Proben	mobil

niger stark schwankenden Durchflußmengen ist sie für eine repräsentative Frachtenerfassung geeignet, wenn Konzentrationsschwankungen durch entsprechend kurze Entnahmeintervalle berücksichtigt werden.

Für die aufgeführten Arten der Probenahme gilt, daß sie sich aus Stichproben zusammensetzen. Eine echte mengenproportionale Probenahme liegt nur dann vor, wenn aus einem homogenen Abwasser jeweils ein entsprechender Volumenanteil als Probe entnommen wird (vgl. Abschn. 2.2.5).

Eine weitere Art der diskontinuierlichen Probenahme stellt die *ereignisabhängige automatische Probenahme* dar. Sie wird angewandt, wenn vorhandene kontinuierliche Messungen Grenzwertüberschreitungen feststellen und diese Ereignisse durch Steuersignale eine Probenahme auslösen.

2.2.2 Erfahrungen beim Einsatz von automatischen Probenahmegeräten

Der Einsatz von automatisch arbeitenden Probenahmegeräten zur Überwachung von Abwassereinleitungen setzt deren zuverlässige Arbeitsweise voraus [2.2-5, 2.2-6].

Die skizzierten Anforderungen an Abwasserprobenahmeeinrichtungen gehen auf praktische Untersuchungen an rund zwanzig Geräten verschiedener Hersteller zurück. Diese Untersuchungen wurden gemeinsam vom Institut für Wasser-, Boden- und Lufthygiene, der Technischen Universität Berlin und dem Technischen Überwachungsverein (TÜV) Berlin-Brandenburg durchgeführt. Die Untersuchungen erfolgten auf dem Versuchsfeld für spezielle Fragen der Umwelthygiene des Instituts für Wasser-, Boden- und Lufthygiene mit dem Abwasser aus der Vorklärstufe der benachbarten Kläranlage Berlin-Marienfelde und in der Prüfstelle für Gerätesicherheit des TÜV Berlin-Brandenburg in Spandau.

Viele Probleme ergeben sich durch die Einsatzbedingungen dieser Geräte, z. B. in Klärwerken, die sich z. T. erheblich von denen unterscheiden, die bei der Geräte-Entwicklung berücksichtigt wurden. Die Probenahmeeinrichtungen sind häufig nicht nur extremen Witterungseinflüssen ausgesetzt, sondern eben dem Medium „Abwasser", dessen Inhaltsstoffe sehr leicht zu Korrosionserscheinungen führen können. Nicht ohne weiteres kann davon ausgegangen werden, daß in anderen Anwendungsbereichen bewährte Einrichtungen auch bei der komplexen Matrix des Abwassers zufriedenstellend arbeiten.

Als wichtige Beurteilungskriterien wurden die folgenden Geräteeigenschaften zugrunde gelegt:

- Genauigkeit und Repräsentativität der Probenahme,
- Handhabung und Bedienung,
- Betriebssicherheit und Wartungsfreundlichkeit,
- Konstruktion und Ausführung im Hinblick auf Klima- und Korrosionsbeständigkeit.

Eine wesentliche Voraussetzung für die Auswahl eines Gerätes ist die Existenz eines 20 mA-Stromeingangs, um überhaupt eine mengenproportionale Probenahme durchführen zu können.

Die Erfahrungen und festgestellten Betriebseigenschaften mit den verschiedenen Geräten lassen sich nicht ohne weiteres auf die gesamte Geräteserie eines Herstellers übertragen, da von jedem Gerätetyp nur ein Muster zur Verfügung stand.

Die mobilen Geräte waren keineswegs in allen Fällen handlich, relativ leicht und tragbar. Sie sollten jedoch in der Praxis durch eine Person aufgestellt und in Betrieb genommen werden können.

Die Bedienungsanleitungen ließen in fast allen Fällen zu wünschen übrig; insbesondere waren oft kaum Wartungs- und Einstellhinweise zu finden. Einige Geräte waren für den mengenproportionalen Betrieb im Werk nicht einmal abgeglichen worden.

2.2.3 Ergebnisse einer Vergleichsuntersuchung mit Abwasserprobenehmern

Detaillierte technische Daten zu den einzelnen Geräten sind bei Schulze, Schumann [2.2-7] aufgeführt. Die Tab. 2.2-2 zeigt die Prinzipien und Einsatzmöglichkeiten der geprüften Geräte im Überblick.

Überprüfung auf Zeitgenauigkeit

Die Zeitproportionalität wurde bei zwölf Geräten hinsichtlich Häufigkeit der Probenahme, Flaschenfüllzeit und gegebenenfalls verzögertem Beginn des Probenahmeprogramms überprüft. Sie wurden im zeitproportionalen Betrieb programmiert und auf ihren funktionsgerechten Ablauf hin getestet. Einige Geräte konnten nur mit einem Zeitintervall von mindestens vier Minuten betrieben werden.

Überprüfung auf mengenproportionale Genauigkeit

Nach Normierung der Meßwerte zeigten 6 von 17 untersuchten Geräten im Strombereich von 1–20 mA eine Ungenauigkeit der Volumen- bzw. Intervalldosierung von $>5\%$.

Für den Nutzer ist bei der Auswahl eines Geräts wichtig, sich für seinen aktuellen Volumenstrom-Meßbereich die Linearität garantieren zu lassen. Im Vergleich zu den früheren Messungen zur Genauigkeit der Mengenproportionalität [2.2-8], bei denen rund 60% der untersuchten Geräte nicht tolerierbare Abweichungen aufwiesen, waren es bei dieser Untersuchung noch rund 35%. Die eingesetzte Steuerelektronik ist also durchaus noch verbesserungswürdig.

Überprüfung auf Reproduzierbarkeit der Probenvolumina

Wenn sich das Einzelprobenvolumen z. B. durch Verkrustungen über den Probenahmezeitraum verringert, treten ebenfalls Fehler auf. Bei der Dosierung mit Schlauchpumpen treten mit fortschreitender Betriebsdauer an den Schläuchen Deformationen (Änderung der Querschnittsform vom Kreis zur Ellipse) auf, die eine Veränderung der Dosiermenge zur Folge haben. Deshalb müssen diese Systeme wöchentlich kalibriert werden.

Die Messungen zur Reproduzierkeit der Einzelprobevolumina wurden mit vorgeklärtem Abwasser durchgeführt. Die Reproduzierbarkeit und die Streuung des Einzelprobenvolumens für Geräte mit variabler Volumeneinstellung sind in Abb. 2.2-2 gezeigt.

Die Streuungen erreichten im unteren Dosierbereich Werte über 10%. Für die maximal einstellbaren Einzelprobenvolumina waren die Streuungen mit $<1\%$ bis 4% deutlich geringer. Der Anwender sollte bei der Geräteauswahl also darauf achten, möglichst große Dosiervolumina (einzige Ausnahme: Kolbenpipette) zu wählen bzw. die Arbeitspunkte in den oberen Volumenstrombereich zu legen.

Prüfung der Ansauggeschwindigkeit

Die untersuchten Abwasserprobenahmegeräte wurden rund 4 m oberhalb des Wasserspiegels des Abwasserbehälters aufgestellt. Es wurde die jeweilige Saughöhe der selbstansaugenden Geräte ermittelt und die Zeit vom Ansaugbeginn bis zum Erreichen der Dosiereinrichtung gemessen. Die Ansauggeschwindigkeiten lagen bei dieser Förderhöhe zwischen 7 und 45 cm/s. Damit zeigte sich für alle Geräte, daß sie ausnahmslos unter 50 cm/s, der vorgeschriebenen Mindestfließgeschwindigkeit in Abwasserkanälen lagen. Obwohl vom Hersteller angegeben, erreichte ein Gerät die maximale Förderhöhe nicht.

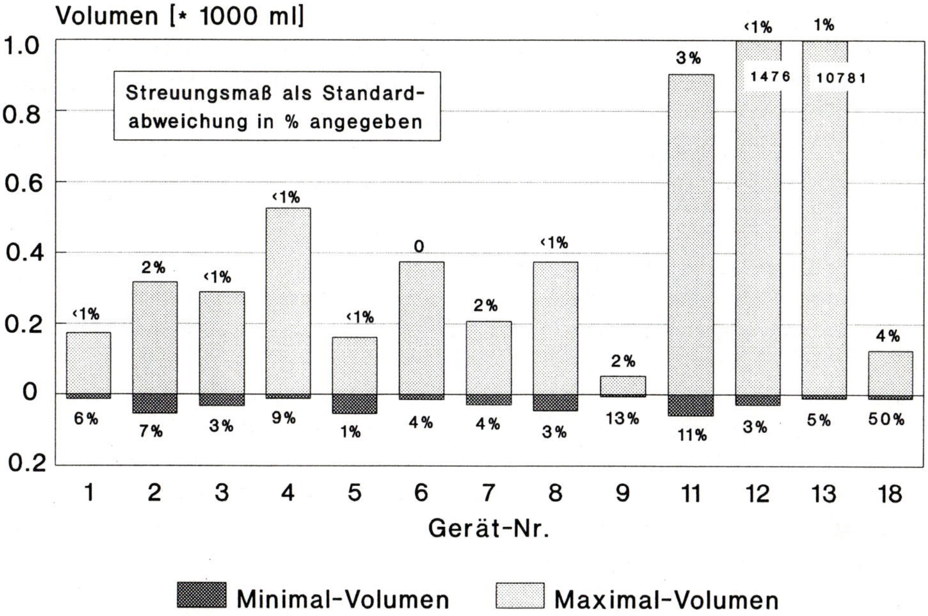

Abb. 2.2-2: Reproduzierbarkeit und Streuung des Einzelprobenvolumens

Die Förderung von Feststoffen ist bei diesen geringen Fördergeschwindigkeiten nur teilweise gegeben. Partikuläre Bestandteile werden somit nicht repräsentativ in der Probe abgebildet. Die Zusammensetzung der Probe entspricht damit quantitativ nicht der des zu beurteilenden Abwassers. Geringe Sauggeschwindigkeiten im Ansaugschlauch führen insbesondere bei kleinen Einzelprobenahmevolumina und längeren Zuführungsleitungen zu Abbau- und Adsorptionsvorgängen. Der Einfluß von Licht und Wärme auf die Zuführungsleitung wirkt sich zusätzlich verfälschend auf die repräsentative Probenahme aus.

Die Entnahmegeschwindigkeit sollte mindestens so groß wie die Fließgeschwindigkeit an der Probenahmestelle sein, damit in der Probe die Feststoffzusammensetzung des Abwassers repräsentiert wird [2.2-9]. Nach der Ö-NORM M 5881 [2.2-10] ist eine Fördergeschwindigkeit in den Entnahmeschläuchen von mindestens 0,6 m/s sicherzustellen. Für Geräte mit Vakuum- und Druckluftförderung muß nach der Ö-NORM die geodätische Förderhöhe von 6 m erreicht werden können.

Weitere Vergleichsuntersuchungen

Um den Einfluß der Probenahme auf die abgaberelevanten Parameter zu erfassen, wurde vorgeklärtes, gut durchmischtes Abwasser über kurze Zuleitungen sieben Probenahmegeräten für eine Zweistunden-Mischprobe zugeführt. Um die Ergebnisse der einzelnen Geräte vergleichen zu können, wurden sie – soweit es die Steuerungen zuließen – annähernd gleich programmiert. Theoretisch hätten in den zeitgleich entnommenen Mischproben die gleichen Konzentrationen wiedergefunden werden müssen.

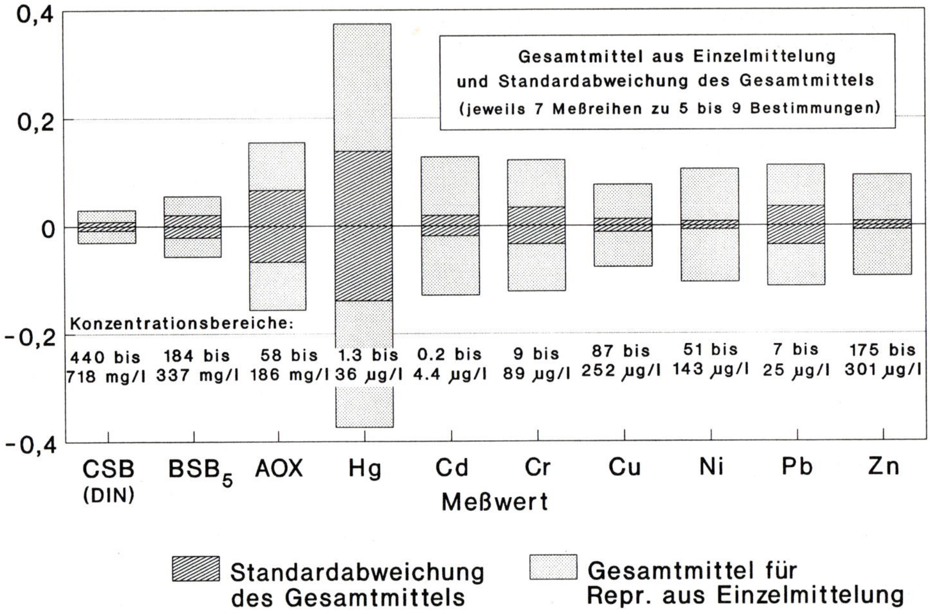

Abb. 2.2-3: Reproduzierbarkeit der Bestimmungen einschließlich Probenahme mit verschiedenen Probenahmegeräten

Unmittelbar nach der Probenahme wurden aus den Mischproben die Parameter CSB und BSB_5 bestimmt sowie die Aufschlüsse für Quecksilber, die anderen Schwermetalle und die Konservierung mit Salpetersäure für den Parameter AOX [2.2-11, 2.2-12] durchgeführt.

Aus den gesamten Messungen aller untersuchten Probenahmegeräte ergaben sich für die einzelnen Parameter die in Abb. 2.2-3 gezeigten Abweichungen.

Ein systematischer Fehler machte sich schon durch die unterschiedliche gerätebedingte Programmierung bemerkbar. Eindeutige Zuordnungen zu den Fehlerursachen werden durch die Überlagerung der einzelnen Fehler erschwert:

- Wenn sich ein biologischer Bewuchs bildet, können bei geringen Fördergeschwindigkeiten bereits biologische Abbauvorgänge einsetzen, die die Summenparameter CSB und BSB_5 verfälschen. Am Bewuchs können Schwermetalle und organische Halogenverbindungen adsorbiert werden [2.2-1].
- Transparente Schläuche verstärken durch Lichteinfluß diese Vorgänge, ebenso die Einwirkung von Wärme.
- Diffusionseffekte führen besonders bei Quecksilber und organischen Halogenverbindungen zu Verlusten.
- Die Erfassung von organischen Halogenverbindungen, insbesondere der z. T. sehr flüchtigen Einzelverbindungen, ist als problematisch anzusehen, da Verluste infolge Turbulenzen und durch Ausgasen sich mit allen Probenahmeprinzipien nicht ausschließen lassen [2.2-13 bis 2.2-15]. Eine Ausnahme bildet das CKW-Probenah-

megerät, welches die Abwasserprobe direkt und ohne Umfüllen unter Luftabschluß entnimmt.

- Bei thermostatisierten Einrichtungen ist mit Verlusten durch Kondensationseffekte von schwerflüchtigen chlorierten Kohlenwasserstoffen zu rechnen [2.2-16].
- Abweichungen ergaben sich auch durch die Volumenstrom-Messungen mit Echolot, Luftausperlgerät und magnetisch-induktiver Durchflußmessung; bei 20% Nenndurchfluß traten Abweichungen im Rahmen von +8% bis −13% je nach Durchfluß-Meßprinzip auf [2.2-17].

2.2.4 Sicherheitstechnische Untersuchungen

Die Ergebnisse der sicherheitstechnischen Untersuchungen zeigen, daß die vom Prüfprogramm vorgegebenen Bedingungen die rauhen Verhältnissen der realen Einsatzorte gut widerspiegeln; jedoch hat keines der geprüften Geräte alle Prüfungen ohne Beanstandungen überstanden [2.2-18].

Die Effekte zeigten sich an den verschiedenen Baugruppen oder es traten Korrosionserscheinungen auf (Tab. 2.2-3).

Tab. 2.2-3: Betroffene Baugruppen bei den Sicherheitsprüfungen

Gerät-Nr.	Steuerung	Klimaaggregat	Lüfter	Ventile	Oberflächen-korrosion
1		•	•		•
2	•	•	•	•	•
3					
4		•	•		•
7	•				•
8				•	•
9	•			•	
11	•				•
15	•				•
17	•				•
18					•

Die Sicherheitsprüfungen nach DIN VDE 0700 hat nur eines von zehn Geräten erfüllt, obwohl von der Vorschrift oft prüfentscheidende Abschnitte wie Überlastungsschutz, unsachgemäßer Betrieb, Dauerhaftigkeit sowie Prüfung aller Einzelteile nach den entsprechenden Normen nicht angewendet wurden.

Den Untersuchungen in den Prüfkammern ist gemeinsam, daß sie in einer feuchtwarmen, aggressiven Atmosphäre stattfinden. Am vorgesehenen Einsatzort sind die Geräte im Dauerbetrieb oftmals dieser Atmosphäre, die noch weitere belastende Anteile enthalten kann, ausgesetzt. Die elektrotechnischen, elektronischen und mechanischen Bauteile müssen für diese atmosphärischen Bedingungen mit dem entsprechenden Faktor für den sicheren Betrieb dimensioniert sein [2.2-2, 2.2-19 bis 2.2-22].

2.2.5 Aktuelle Weiterentwicklungen

Da gravierende Abweichungen bei der Volumen- bzw. Mengenstromerfassung auftraten und keine exakt durchflußproportional arbeitende Einrichtung auf dem Markt erhältlich war, wurde zwischenzeitlich ein neues Probenahmegerät entwickelt [2.2-23].

Die Doppelkammer-Hebeanlage dient nur indirekt der eigentlichen Probenahme; in ihr wird die Wassermenge, aus der eine einzelne Probenahme erfolgt, alternierend in zwei Kunststofftanks abgemessen (Abb. 2.2-4).

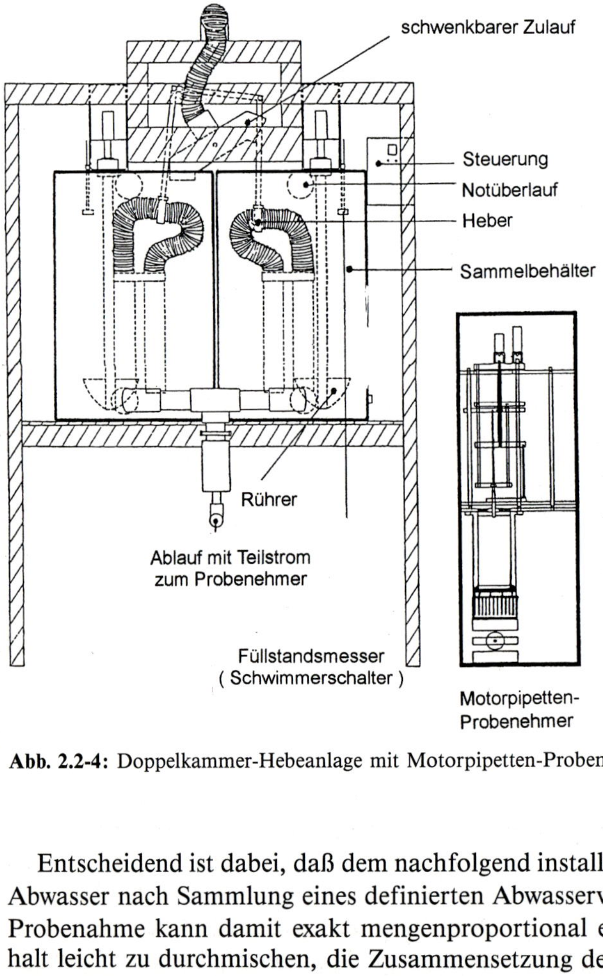

Abb. 2.2-4: Doppelkammer-Hebeanlage mit Motorpipetten-Probenahme-Einrichtung

Entscheidend ist dabei, daß dem nachfolgend installierten Probenahmesystem das Abwasser nach Sammlung eines definierten Abwasservolumens angeboten wird; die Probenahme kann damit exakt mengenproportional erfolgen. Um den Behälterinhalt leicht zu durchmischen, die Zusammensetzung des Abwassers zu homogenisieren und das Absetzen sedimentierfähiger Bestandteile zu erschweren, sind in beiden Kammern Rührwerke installiert. Die gewählte Drehzahl von 0,5 Umdrehungen pro Minute bildet einen Kompromiß zwischen dem Anspruch, einerseits eine homogenisierte Abwasserprobe zu erzeugen, andererseits das Abwasser aber nicht zu belüften.

Den an das Mengenmeßsystem angeschlossenen Probenehmer mit Motorpipette zeigt Abb. 2.2-5.

Er wird aktiviert, sobald die Doppelkammer-Heberanlage einen ihrer Behälter entleert. Das Probenahmesystem verfügt über ein Sammelgefäß, in dem sich die Einzelproben vereinigen; als Probenbehälter wird ein Dewar-Gefäß verwendet, dessen Innenraum durch Peltierelemente gekühlt wird [−16 bis −20 °C]. Das Verhältnis der Volumina von Behälter und daraus entnommener Mischprobe beträgt für den beschriebenen Prototyp 10^5.

Abb. 2.2-5: Motorpipetten-Probenahme-Einrichtung

Gemeinsam bilden die Doppelkammer-Hebeanlage und der Kolbenpipetten-Probennehmer ein System, das für den Langzeitbetrieb konzipiert ist. Das gesamte zu bewertende Abwasser wird in der Einrichtung aufgefangen und somit quantitativ und qualitativ erfaßt. Bei diesem neuen Verfahren wird eine „echte“ mengenproportionale Probe entnommen. Aus den entnommenen Mischproben lassen sich Schadstofffrachten exakter bestimmen als mit zufällig gezogenen Stichproben. Eine kontinuierliche Abwasserüberwachung, die eine hohe Sicherheit für die Einhaltung vorgeschriebener Grenzwerte bietet [2.2-5], wird mit diesem Abwasserprobenahmegerät möglich.

Das Prinzip der Doppelkammer-Hebeanlage läßt sich für die Abwassermengenerfassung auf jeden Abwasserstrom anwenden. Das Behältervolumen ist einesteils an die Größe des Volumenstroms des Zulaufs und anderenteils an die Entleerungszeit und die mögliche Probenahmefrequenz anzupassen. Denkbar sind sogar Volumina, die die Größe von Klärbecken erreichen. Ein derartiges System sollte sich besonders bei Volumenströmen bis zu 1000 m^3/d bewähren.

2.2.6 Schlußfolgerung aus den Erfahrungen

Die „richtige“ Probenahmestelle mit guter Durchmischung ist die wichtigste Voraussetzung für die repräsentative Abwasserprobenahme, gleichgültig ob die Proben von Hand gezogen oder automatisch entnommen werden.

An der Probenahmestelle muß eine gleichmäßige Verteilung der Inhaltsstoffe über den gesamten Fließquerschnitt herrschen. Es dürfen keine Totwasserzonen, keine Ablagerungen von Feststoffen auch bei geringer Wasserführung gegeben sein. Zur Erhöhung der Bewertungsgerechtigkeit wird empfohlen, daß der Betreiber den Abflußquerschnitt für die Probenahme im Abwasserstrom festlegt und die überwachende Behörde bestimmt, an welcher Stelle des Querschnitts die Proben entnommen werden.

Die Probenahmestelle sollte möglichst über eine Zufahrt erreichbar sein. Andernfalls muß die Probenahmeeinrichtung durch eine Person transportiert, aufgestellt und bedient werden können. Eine ausreichende Energieversorgung und ein Trinkwasseranschluß für Spül- und Reinigungszwecke müssen bei ständiger Probenahme vorhanden sein. Für mobile Probenahmegeräte mit Akkubetrieb ist eine ausreichend hohe Energiekapazität erforderlich. Die Abwasserprobenahmeeinrichtungen sind durch geeignete Schutzeinrichtungen gegen Unbefugte zu sichern, z. B. durch Schloß, elektrischen Code oder Verplombung. Die Probenahmeeinrichtungen sind mit einer Überlaufsicherung und einer Endabschaltung auszustatten. Eine regelmäßige Wartung ist vorzusehen.

Bei Frostgefahr müssen die Probenförderungs-, -dosiereinrichtung und -aufbewahrungsbehälter vor Eisbildung durch Isolierung bzw. Heizung geschützt werden. Das gilt auch für die Akkumulatoren entsprechend betriebener Geräte. Stationär einsetzbare Geräte, die für Dauerbetrieb konzipiert sind, sollten durch entsprechende Einrichtungen für Außentemperaturen bis −15 °C ausgelegt sein. Sie sollten über eine Thermostatisierung der Probendosierung und -Behälter verfügen. Gegen das Einfrieren der Zuleitungen ist die Verwendung wärmeisolierender bzw. beheizbarer Schläuche von Vorteil.

Bei der Probenahme aus Abwasserkanälen können aufgrund geringer Fließgeschwindigkeiten und starker Wasserspiegelschwankungen Vakuumprobenahmegeräte vermehrt Feststoffe aus Sohlnähe ansaugen, wodurch sich erhebliche Verfälschungen der Schmutzfracht, bezogen auf den gesamten Wasserstrom ergeben können. Da Feststoffe und daran adsorbierende Verbindungen zur organischen und anorganischen Schmutzfracht beitragen, kann somit eine maximal mögliche Konzentration nachgewiesen werden.

Die Probe soll die im Abwasser enthaltenen Feststoffe in Art und Menge repräsentieren. Die Ansauggeschwindigkeit sollte 0,6 m/s nicht unterschreiten. Bei Schlauchförderung ist eine Geschwindigkeit von 0,8–1,5 m/s anzustreben.

Günstig sind kleine, gut reproduzierbare Einzelprobenvolumina und eine hohe Probenahmefrequenz. Das kleinste einstellbare Volumen einer Einzelprobe ist so groß zu wählen, daß der Anteil, der durch die Verluste der Benetzung aller probenführenden Teile entsteht, vernachlässigbar gering ist. Ferner ist die Abweichung des Dosiervolumens zu berücksichtigen. Bei Schlauchförderung kann mit Abweichungen bis 2 mL bei der Dosierung einer Einzelprobe gerechnet werden. Ein Mindesteinzelprobevolumen von 20 mL ist bei Schöpfwerken und Vakuumeinrichtungen realistisch. Bei Einsatz des Kolbenpipettenprinzips sind bereits 1,0 mL ausreichend. Das Probenvolumen sollte mindestens für eine Doppelbestimmung ausreichen.

Probenförderung, -dosierung, -verteilung und -aufbewahrung sollten vor Lichteinfluß geschützt sein, da dieser die Algenbildung und den Bewuchs von Oberflächen mit phototrophen Organismen ermöglicht. Damit kommt es besonders in den Leitungen zu einer Verfälschung der gezogenen Abwasserproben durch biochemischen Abbau und Sorptionsvorgänge. Die Zuführungsleitungen sind möglichst senkrecht zu verlegen, so daß sich die Leitungen mit überschüssigem Probenvolumen selbst entleeren können. Vakuumprobenahmegeräte sollten vor und nach einer Probenahme den Ansaugschlauch freiblasen, damit es nicht zu Adsorptionsvorgängen, Algenbildung und Vermehrung von Mikroorganismen kommt, die mit Zunahme der Verweildauer zu einer Verfälschung der Analysenergebnisse führen.

Grundsätzlich sind Veränderungen der Probenbeschaffenheit durch die Materialien der probeführenden Teile zu vermeiden. Veränderungen der Probe selbst im Verlauf der Probenahme sind durch Verwendung geeigneter Materialien auszuschließen. Zur Aufnahme der Proben sind gut gereinigte Glas- bzw. Kunststoffgefäße (PE- oder PP-Flaschen) von 500 mL und 1 L Inhalt zu verwenden. PVC-Flaschen sind zwar weniger gasdurchlässig, geben aber eventuell lösungsmittelhaltige Weichmacher ab.

Wenn Veränderungen der Proben während des Probenahmeprogramms durch Wärmeeinwirkungen zu erwarten sind, ist eine Konservierung (z. B. durch Thermostatisierung auf +4 °C) erforderlich. Da die im AbwAG [2.2-3] geforderten Parameter nicht an der Probenahmestelle, sondern im Labor bestimmt werden, ist eine Konservierung bis zur Analyse unumgänglich. Die Analyse der Proben sollte so schnell wie möglich nach der Probenahme erfolgen. Die einfachste und häufig zugleich wirksamste Konservierungsmaßnahme ist die Dunkel- und Kühlhaltung. Probentransport und -aufbewahrung sollen möglichst bei 2–5 °C erfolgen. Soll die Probe länger aufbewahrt werden, ist die Tiefkühlung bei ca. −20 °C zu bevorzugen.

Die Norm ISO 5667/3 (1985) faßt für 75 chemische Parameter den derzeitigen Stand der Konservierungstechnik zusammen. Eine entsprechende Norm DIN 38402-A21 „Hinweise zur Konservierung und Handhabung von Wasserproben" liegt ebenfalls vor.

2.2.7 Ausblick

In der Diskussion über die Aussagekraft analytischer Verfahren stehen vielfach die Präzision und die Reproduzierbarkeit der Analysenwerte im Vordergrund. Das hat seine Berechtigung, und die Festlegung strenger Anforderungen erscheint durchaus sinnvoll, sofern eindeutig definierte Stoffe oder Stoffgemische untersucht werden. Die rauhe Praxis der Abwasseruntersuchung und -analyse verlangt aber eine umfassendere Betrachtungsweise, da neben den Problemen der analytischen Bestimmung insbesondere die Probenahme, die Probenkonservierung und -aufbewahrung in die Gesamtbetrachtung über die Zuverlässigkeit von Untersuchungsergebnissen einbezogen werden müssen [2.2-6, 2.2-24]. Fehler, die bereits bei der Probenahme oder bei Lagerung und Transport der Proben entstehen, sind grundsätzlich irreversibel [2.2-7].

Auf die Problematik, die sich aus der „Vorgeschichte“ des aufbereiteten Meßgutes für verschiedene Parameter ergibt, und die zur Zeit noch unzureichenden Probennahmekonventionen wird ausdrücklich in [2.2-25] hingewiesen.

Durch das AbwAG [2.2-3] und die Verwaltungsvorschriften zu § 7a des WHG [2.2-4] ist ein einheitlicher Vollzug für die ordnungs- und abgaberechtlichen Anforderungen vorgesehen. In der „Allgemeinen Rahmen-Verwaltungsvorschrift an das Einleiten von Abwasser in Gewässer“ sind die Einzelheiten zur Probenahme und zur Analytik vorgegeben, wobei der Inhalt dieser Vorschrift auf die Begrenzung der Spitzenfrachten und auf eine Vergleichmäßigung des jeweiligen Anlagenablaufs abzielt. Eine Entnahme von Mischproben zur exakten Erfassung einer eingeleiteten Realfracht ist nach dieser Anforderung jedoch nicht zwingend erforderlich [2.2-26].

Für spezielle Fragestellungen bei der behördlichen Überwachung ist die kontinuierliche Erfassung von Mischproben jedoch weiterhin unbedingt notwendig. Im Bereich der Eigenkontrolle der Betriebe gilt sinngemäß das gleiche [2.2-27, 2.2-28]. Die hierzu eingesetzten automatisch arbeitenden Abwasserprobenahmegeräte werden im allgemeinen mit mengenproportionalen Steuerströmen beaufschlagt und können weitgehend frachtproportionale Proben entnehmen. Die Zuverlässigkeit der automatischen Probenahmeeinrichtungen läßt jedoch im rauhen Betrieb des Abwasseralltags durchaus zu wünschen übrig.

Bei den vom Technischen Überwachungsverein Berlin-Brandenburg durchgeführten zweiwöchigen Klimatests in Verbindung mit mehrtägigen Korrosionstests und zwischenzeitlich durchgeführten Funktionsprüfungen sowie Prüfungen insbesondere der elektrischen Sicherheit ergab sich bei zehn betrachteten Geräten, daß nur zwei Geräte den gesamten Testverlauf einwandfrei überstanden. Dies liegt wohl nicht zuletzt daran, daß im Gegensatz zu vorliegenden Normen für z. B. Haushalts-Waschmaschinen und Geschirrspülern keine Anforderungen im DIN- oder VDE-Bereich oder gar eine Richtlinie zur Ausführung von Abwasserprobenahmegeräten vorliegen. Im wesentlichen wurden zwar die von den Herstellern angegebenen Schutzklassen eingehalten, jedoch sind diese Schutzklassen für eine langfristige einwandfreie Probenahme im Abwasserbereich schon bei Einsatz in einem Klärwerk oft nur knapp oder nicht ausreichend.

Fehler bei der Frachterfassung in der Größenordnung von 20% und mehr liegen ebenfalls durchaus im Bereich des Möglichen.

Des weiteren wurde die Betriebssicherheit und Wartungsfreundlichkeit der Steuereinrichtungen und der Fördersysteme betrachtet, wobei Störungslisten mit mehr als fünf Punkten bei einzelnen Geräten durchaus keine Ausnahme darstellten.

Als Verbesserungen werden höhere Schutzklassen und die TÜV-Prüfung dieser Geräte vorgeschlagen [2.2-7]. Eine weitergehende Normung für automatisch arbeitende Abwasserprobenahmegeräte wäre in diesem Zusammenhang sehr wünschenswert.

Probleme treten insbesondere bereits bei der exakten Erfassung von Volumenströmen des zu bewertenden Abwassers auf [2.2-26, 2.2-29]. Durch die Abwasser-Probenahme über das Doppelkammer-Hebeanlagenprinzip kombiniert mit einer Motorpipette kann die Entnahme durchflußproportionaler Mischproben ermöglicht werden.

Literatur

[2.2-1] te Heesen, D., Herrmann, R., *Gewässerschutz, Wasser, Abwasser* **1989**, *111*, 275-292.

[2.2-2] Irmer, H., Schumann, H., *Schriftenreihe Verein WaBoLu* **1981**, *52*, 217-230.

[2.2-3] AbwAG: Abwasserabgabengesetz; Gesetz über Abgaben für das Einleiten von Abwasser in Gewässer, Fassung vom 6. 11. 1990, BGBl. I, 2432.

[2.2-4] WHG: Wasserhaushaltsgesetz; Gesetz zur Ordnung des Wasserhaushalts, Neufassung 23. 9. 1986, BGBl. I, 1529, ber. 8. 10. 1986 BGBl. I, 1654.

[2.2-5] Axt, G., *Vom Wasser* **1975**, *45*, 381-389.

[2.2-6] Irmer, H., *Gewässerschutz, Wasser, Abwasser* **1981**, *48*, 77-82.

[2.2-7] Schulze, G., Schumann, H., *Forschungsbericht des Instituts für Wasser-, Boden- und Lufthygiene, Nr. 102 05305*; Umweltbundesamt, Berlin-Dahlem 1990.

[2.2-8] Schumann, H., *WaBoLu- Bericht Nr. 5*, Dietrich Reimer Verlag Berlin, 1978.

[2.2-9] Marr, G., *Forschungsbericht des Umweltbundesamtes 102 05110*, Dornier System GmbH, 1983.

[2.2-10] Ö-NORM M 5881, Anforderungen an Dauerprobenentnahmegeräte für die Entnahme von Wasserproben, August 1983.

[2.2-11] Bortlisz, J., *Gewässerschutz, Wasser, Abwasser* **1982**, *57*, 213-247.

[2.2-12] Hoffmann, H.-J., Röhl, R., LaborPraxis **1985**, *9 (4)*, 330-335.

[2.2-13] Anna, H., Görtz, W., Grubert, G., *Vom Wasser* **1986**, *66*, 159-166.

[2.2-14] Dietz, F., Traud, J., Koppe, P., *Vom Wasser* **1982**, *58*, 187-25.

[2.2-15] Görtz, W., Grubert, G., *Gewässerschutz, Wasser, Abwasser* **1986**, *86*, 21-37.

[2.2-16] Schröder, Fr., Schulze-Rettmer, R., *Gewässerschutz, Wasser, Abwasser* **1986**, *86*, 169-180.

[2.2-17] Müller, W., Pawlowsky, E., Shatly, S., Erprobung des Zusammenwirkens von Mengenmeßsystemen und Abwasserprobenahmeeinrichtungen zur Erstellung mengen-/durchflußproportionaler Proben. Abschlußbericht im Auftrag des Instituts für Wasser-, Boden- und Lufthygiene, Bundesgesundheitsamt Berlin, 1989.

[2.2-18] Gerätetechnische Untersuchungen an Abwasserprobenahmegeräten, *Technische Berichte Nr. FP-89/247, FP-89/975 und FP-90/101,* Technischer Überwachungsverein Berlin-Brandenburg e. V. [TÜV], im Auftrag des Instituts für Wasser-, Boden- und Lufthygiene des Bundesgesundheitsamtes, 1989/90.

[2.2-19] Schulze, G., Fronia, J., Schumann, H., *Technische Überwachung* **1991**, *32*, 200-24.

[2.2-20] Schulze, G., Müller, W., Schumann, H., *Technische Überwachung* **1991**, *32*, 238-244.

[2.2-21] Schulze, G., Fronia, J., Pilz, U., Schumann, H., *Technische Überwachung* **1991**, *32*, 267-271.

[2.2-22] Schumann, H., Schulze, G., *Korrespondenz Abwasser* **1991**, *38*, 499-59.

[2.2-23] Schumann, H., *Entsorgungspraxis* **1992**, *10*, 694-75.

[2.2-24] Leschber, R., *Gewässerschutz, Wasser, Abwasser* **1981**, *48*, 65-69.
[2.2-25] Malz, F., Hesse, H.-P., *Abwassertechnik* **1991**, *2*, 21-26.
[2.2-26] Hahn, J., *Münchener Beiträge zur Abwasser-, Fischerei- und Flußbiologie* **1983**, *37*, 69-79.
[2.2-27] Hagena, H., *Gewässerschutz, Wasser, Abwasser* **1981**, *48*, 62-64.
[2.2-28] Kolloch, B., Olivier, M., *Gewässerschutz, Wasser, Abwasser* **1980**, *42*, 81-93.
[2.2-29] Valentin, Grottker, Härig, Irmann, Schramm, Schremmer, *Korrespondenz Abwasser* **1990**, *37*, 69-80.

2.3 Bestimmung der absetzbaren und abfiltrierbaren Stoffe

Stefan Mandel

Institut für Biologische Verfahrenstechnik
Fachhochschule für Technik, Mannheim

Die Elimination von Feststoffen aus Abwässern hat für die Abwasserreinigung eine genauso große Bedeutung wie eine vorherige Transformation der gelösten Abwasserinhaltsstoffe [2.3-1]. Da die Produkte des biologischen Stoffwechsels in der Praxis sedimentiert werden, interessiert der Zusammenhang zwischen den sedimentierbaren, abfiltrierbaren Feststoffen. Letztere stellen die „Gesamtfeststoffmasse" dar.

Die Kenntnis der absetzbaren Stoffe ermöglicht die Beurteilung der Effizienz von Sedimentationsvorgängen. Dazu wird der Schlammvolumenindex (SVI) aus Schlammvolumen und Feststoffkonzentrationen gebildet. Der für die Untersuchungen verwendete Belebtschlamm wurde aus der Modulkläranlage des Instituts für Biologische Verfahrenstechnik der Fachhochschule für Technik in Mannheim entnommen (Abb. 2.3-1). Das Schlammvolumen wird aus einem definiertem Absetzvorgang in sogenannten Imhofftrichtern ermittelt. Die Feststoffkonzentration wird über den Trockensubstanzgehalt pro Volumeneinheit festgestellt.

2.3.1 Einteilung der absetzbaren und abfiltrierbaren Stoffe

Absetzbare und abfiltrierbare Stoffe sind ungelöste Stoffe, die nach ihrem Dispersitätsgrad eingeteilt werden (Tab. 2.3-1) [2.3-2].

Tab. 2.3-1: Dispersitätsgrad von Feststoffen [2.3-2]

Teilchendurchmesser (cm)		Beispiele
makroskopisch	$\geq 10^{-1}$	Grobsand
grobdispers	10^{-1}–10^{-3}	Schluff, Blutkörperchen
feindispers	10^{-3}–10^{-5}	Bakterien, Viren
kolloidal	10^{-5}–10^{-7}	Micellen, Makromoleküle

Abb. 2.3-1: Modulkläranlage

Der Dispersitätsgrad von ungelösten Abwasserinhaltsstoffen ändert sich über die Zeit. Vor allem in Abwässern ist die Flockung und Micellen-Bildung durch chemische und biologische Stoffeinträge Änderungen unterworfen. Für die Analytik hat dies zur Folge, daß die Proben sofort aufgearbeitet werden müssen.

2.3.2 Absetzbare Stoffe

Absetzbare Stoffe sind ungelöste Stoffe, deren Dichte >1 g/cm^3 ist. Sie können im flüssigen (z. B. Bitumen, Trichlorethylen) und im festen (z. B. Sand, Bakterien) Aggregatzustand vorliegen.

Die „absetzbaren Stoffe“ werden über die Bestimmung des Volumenanteils in mL/L oder über die Bestimmung der Massenkonzentration in mg/L erfaßt.

Die Probennahme stellt einen zentralen Faktor in der Analytik dar. Sie muß an einer repräsentativen Stelle stattfinden und reproduzierbar sein. Ungelöste Stoffe sind in der Praxis in einem Nachklärbecken, vertikal und horizontal sehr unterschiedlich verteilt, was eine Folge von Sedimentations- und Aufwirbelungsprozessen ist.

Bestimmung des Volumenanteils

Nach DIN 38409 Teil 9 sind zehn mal ein Liter Probenvolumen in je einen 1-Liter-Imhofftrichter (nach dem vereinfachten Verfahren zwei mal ein Liter) zur Bestimmung des Volumenanteils der absetzbaren Stoffe zu beproben. Die Durchführung der Untersuchung erfolgt sofort nach der Probenahme. Als Absetzbehälter dienen Imhofftrichter (Abb. 2.3-2), die mit einem Liter Probe aufgefüllt werden. Die Ab-

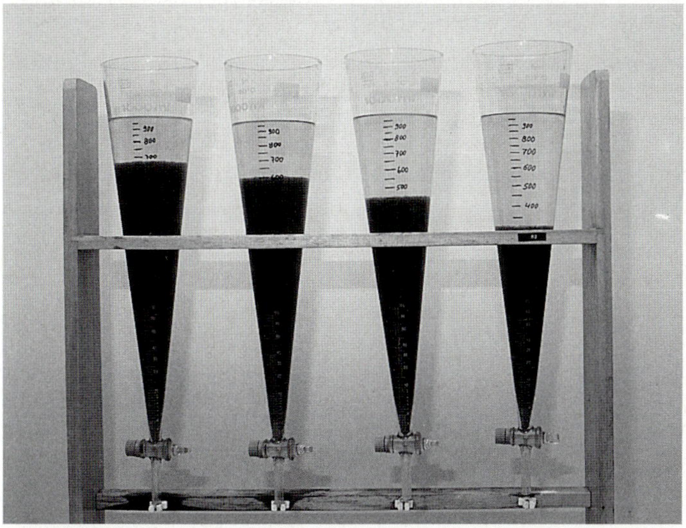

Abb. 2.3-2: Mit Belebtschlamm gefüllte Imhofftrichter unterschiedlicher Schlammvolumina

setzgeschwindigkeit ist in Abb. 2.3-3 dargestellt. Die Lage der Trennflächen zwischen Schlamm und Wasser wird nach zwei Stunden abgelesen. Die Einheit des Schlammvolumens wird in mL/L angegeben.

Die umfangreichen Untersuchungen sind nicht aus Gründen der Minimierung des durchschnittlichen Analysenfehlers notwendig, sondern wegen der variablen Packungsdichte der Feststoffkörper. Der unterschiedliche Volumenbedarf gleicher Körper mit gleichem Gesamtvolumen entsteht durch die zufällige Übereinanderschichtung mit unterschiedlichem Platzbedarf bzw. „Leer“volumen.

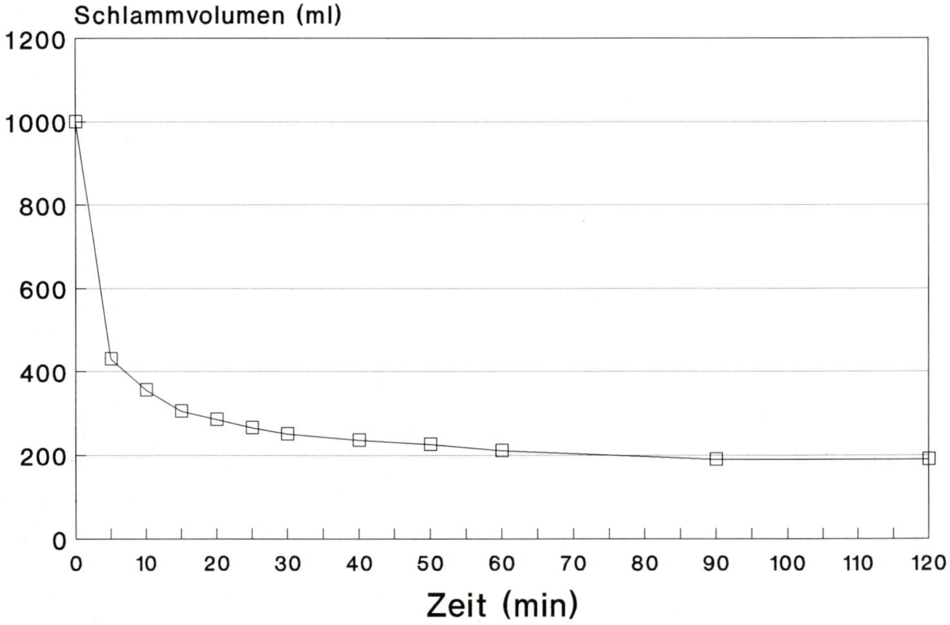

Abb. 2.3-3: Absetzbarkeit von Belebtschlamm in Imhofftrichtern

Einflußfaktoren

In der Praxis hat sich gezeigt, daß bei größeren Temperaturunterschieden zwischen Probe und Behälterwand Verwirbelungen auftreten. Deshalb ist darauf zu achten, daß die Temperatur der Absetzgläser möglichst der Temperatur der Probe entspricht. Sollte das Abwasser einen größeren Temperaturunterschied zur Raumtemperatur aufweisen, so tauscht die Probe Wärme mit der Umgebung aus, was ebenfalls zu Verwirbelungen führt, die das Absetzverhalten beeinflussen. Die Umgebungstemperatur kann auch durch Geräte beeinflußt werden, die sich in der Nähe der Absetzgläser befinden. Besonders starken negativen Einfluß haben dabei Heizgeräte oder Geräte, die über Ventilatoren gekühlt werden, so daß ein warmer Luftstrom an den Behältern entlangstreift.

Die Erwärmung und damit einhergehende Turbulenzen können auch durch Lichteinfall (z. B. Sonnenlicht) ausgelöst werden. Im Labor sind Stellplätze an der Fensterseite zu vermeiden. Genauso nachteilig sind Geräte, die Schwingungen erzeugen, wie

Zentrifugen, Reagenzglasrüttler oder Ultraschallbäder, da sich die Absetzbarkeit der Stoffe durch diese Erschütterungen verändert.

Bestimmung der Massenkonzentration

Die Bestimmung wird nach DIN 38409 Teil 10 durchgeführt. Dazu wird ausschließlich der Schlammanteil aus den Imhofftrichtern entnommen. Die Feststoffe werden durch einen getrockneten und gewogenen Papierfilter abgetrennt. An der Behälterwand können bei der Entnahme ungelöste Stoffe haften. Auf vollständige Entnahme ist besonders am Auslaß der Behälter zu achten. Es kann mit wenig Wasser nachgewaschen werden. Jedoch dürfen keine Stoffe mitgeschwämmt werden, die sich zuvor nicht abgesetzt haben.

Beim Arbeiten mit aggressiven Medien (z. B. im stark alkalischen bzw. im stark sauren Bereich) haben sich Glasfaserfilter bewährt. Die Abkühlung des Filters erfolgt in einem Exsikkator, der aus einem vakuumfesten Glasbehälter besteht und Trockenmittel enthält. Durch seine hygroskopischen Eigenschaften nimmt der im Exsikkator getrocknete Papierfilter an der Luft Wasserdampf auf. Das Abwiegen muß deshalb möglichst sofort nach der Entnahme geschehen.

Zu einer verfälschenden Gewichtszunahme kommt es, wenn Wässer untersucht werden, die einen hohen Gehalt an gelösten Stoffen beinhalten, weil diese *Wasser*inhaltsstoffe bei einer Trocknung im Filter zurückbleiben. Deshalb wäscht man nach, indem man destilliertes Wasser über den Filterkuchen laufen läßt, so daß die Salze quantitativ entfernt werden. Die abfiltrierten Stoffe werden zwei Stunden bei 105 °C getrocknet und ausgewogen. Die Angabe erfolgt in g/L.

2.3.3 Abfiltrierbare Stoffe

Die Bestimmung wird nach DIN 38409 Teil 2 durchgeführt. Sie unterscheidet sich vom Teil 10 dadurch, daß die gesamte Probe abfiltriert wird, so daß z. B. auch Schwebstoffe mit in das Ergebnis einfließen. Als Endwert wird die volumenbezogene Masse (g/L) angegeben. Ungelöste Stoffe können in allen drei Aggregatszuständen in den untersuchten Proben vorkommen. Gasförmige Stoffe lassen sich nicht abfiltrieren. Ein Großteil der abfiltrierbaren Flüssigkeiten verdunsten bei der verfahrensbedingten Trocknung bei 105 °C, wodurch sie ebenfalls nicht erfaßt werden. Insofern enthält das Meßergebnis fast ausschließlich die ungelösten Feststoffe.

Die Filtration selbst ist ein Trennverfahren, das nach der Partikelgröße unterscheidet. Es werden verschiedene Verfahren angewendet. Trocken- und Naßsiebverfahren zur Durchführung einer Filtration der Teilchengröße bis 40 µm. Mit Papier- und Glasfaserfilter werden feindisperse Teilchen bis ca. 1 µm abgetrennt. Durch Membranfiltration können Stoffe von 0,1 µm abgetrennt werden. Die Erfahrung zeigt, daß die Porenweite bei Abtrennungen meist nicht genau definierbar ist, da ein Filterkuchen auch die Membranen überdeckt und somit oft auch kleinere Teilchen aus der Lösung herausgefiltert werden. Die Methode der Rückspülung kann diesen Fehlereinfluß auch nicht verhindern. Eine abgewandelte Filtrationstechnik, z. B. die Cross-Flow-Filtration, bei der das zu reinigende Medium tangential über den Filter strömt, kann ebenfalls eingesetzt werden. Cross-Flow betriebene Membranfilter mit entsprechenden Vorfiltern werden zur Abtrennung nichtabsetzbarer Teilchen in der Abwasserreinigung eingesetzt.

Nach DIN 38409 Teil 2 zur Bestimmung der abfiltrierbaren Teilchen werden in der Regel Papierfilter und bei Arbeiten in aggressiven Medien Glasfaserfilter verwendet. Die Flocken einer Abwasserprobe haften mit der Zeit aneinander, so daß eine Flockenvergrößerung stattfindet, wodurch auch kleinere Teilchen abfiltriert werden. Die Probe sollte deshalb sofort aufgearbeitet werden. Selbst aus klaren Lösungen können noch Stoffe durch Übersättigung ausfallen. Kühlung schafft hier keine Konservierung, da z. B. Salze in abkühlenden Lösungen Niederschläge bilden.

2.3.4 Ausblick

Traditionell wird die Erfassung der absetzbaren Stoffe in Deutschland häufiger durchgeführt als die Erfassung der abfiltrierbaren, obwohl alle ungelösten Stoffe, einschließlich Schwebstoffe und Blähschlamm, komplett nur durch die Filtration erfaßt werden. Die regelmäßige Bestimmung der abfiltrierbaren Stoffe ist ein Schritt zur Internationalisierung und damit besseren Vergleichbarkeit von Meßergebnissen, da andere Länder ihre Ergebnisse überwiegend in dieser Form angeben.

Literatur

[2.3-1] Kunz, P., *Umweltbioverfahrenstechnik*, Wiesbaden: Vieweg, 1992.
[2.3-2] Koppe, P., *Vom Wasser* **1979**, *52*, 49–59.

2.4 Ermittlungen der Sichttiefe, der Trübung, des Feststoffgehaltes und des Glühverlustes

Winfried Geisel

Die Parameter Sichttiefe, Trübung und Feststoffgehalt gehören seit Jahren zu den Standardparametern des Kläranlagenbetriebes. Insbesondere die Sichttiefen- oder Trübungsmessung erfordert keinen nennenswerten gerätespezifischen oder personellen Aufwand.

Die Notwendigkeit der Bestimmung von Sichttiefe, Trübung und Feststoffgehalt ist durch eine gesetzliche Vorgabe (verschiedene Eigenkontroll- bzw. Eigenüberwachungsverordnungen der Bundesländer) geregelt [2.4-1, 2.4-2]. Aber auch ohne diese gesetzlichen Auflagen über Art und Häufigkeit der Bestimmungen ist für den ordnungsgemäßen und sicheren Kläranlagenbetrieb zumindest die Ermittlung des Feststoffgehaltes im Belebungsbecken zwingend notwendig [2.4-3].

Die manuelle Ermittlung der Parameter Sichttiefe, Trübung und Feststoffgehalt im Betriebslabor verliert mit dem verstärkten Einsatz von on line-Monitoren vor Ort zunehmend an Bedeutung. Dies gilt insbesondere für den Parameter Trübung. Bei einem on line geregelten Feststoffgehalt im Belebungsbecken sind „nur noch" Kontroll- und Kalibrierungsuntersuchungen parallel im Labor durchzuführen [2.4-4] (s. a. Abschn. 3.6).

Die in den folgenden Abschnitten angeführten Hinweise zu den Bestimmungsmethoden ergänzen die Ausführungsweise und dienen der Abgrenzung. Detaillierte Analysenvorschriften sind den entsprechenden Normen DIN 38404, 38414 bzw. DEV C2 und H1 zu entnehmen. Auch die Fachbücher, wie z. B. das Klärwärter-Taschenbuch [2.4-5], das Handbuch für Ver- und Entsorger, Teil 3 [2.4-4] oder das Handbuch einfacher Messungen und Untersuchungen auf Klärwerken [2.4-6], geben vertiefende Durchführungshinweise.

2.4.1 Ermittlung der Sichttiefe und Trübung

Sichttiefe (oder auch Durchsichtigkeit) und Trübung beschreiben die optisch sichtbare (Rest)Verschmutzung von Wasser, die durch den Gehalt an ungelösten und kolloidal gelösten Stoffen hervorgerufen wird. Die Angabe erfolgt in cm bzw. m oder in Trübungseinheit TE bezogen auf Formazin F (TE/F). Abzugrenzen ist diese Bestimmmung von der Färbung des Abwassers.

Eine qualitative Beschreibung des Abwassers auf Färbung erfolgt meist nur, wenn die Färbung deutlich auf eine Unregelmäßigkeit des Zulaufes (evtl. Störung von außen) oder des Ablaufes (Betriebsstörung der Kläranlage) hinweist.

Die Bezeichnungen Trübung und Sichttiefe werden für die Beschreibung gleicher Abwassercharakteristik gebraucht. Unter Sichttiefe werden in der Regel die Bestimmungsmethoden Sichtscheibe oder Durchsichtigkeitszylinder verstanden. Im Sprachgebrauch wird Sichttiefe oft mit Trübung gleichgesetzt. Der Trübungsmessung liegt aber die gezielte Einstrahlung einer Lichtquelle in Wasser (bestimmter Wellenbereich) und die Messung der Streuung zugrunde. Eine Korrelation der Meßwerte TE/F zu cm ist allerdings nur kläranlagenspezifisch möglich. Da die Angabe in cm nur eine sehr grobe Orientierungsgröße für die Restverschmutzung einer Kläranlage darstellt, sollte bei Trübungsmessungen eher der Bezug zum Gehalt an abfiltrierbaren Stoffen (TS_e) bzw. an CSB, N_{ges} und P_{ges} gesucht werden (s. Absch. 2.3).

Eine kontinuierliche Trübungsmessung im Ablauf der Kläranlage (Nachklärung, Schönungsteich, Ablauf, Filtration) wird in den meisten Bundesländern nicht vorgeschrieben, wenngleich diese Meßmethode effektiv und betrieblich sinnvoll ist [2.4-3].

2.4.2 Sichttiefe

Die Bestimmung der *Sichttiefe mittels Sichtscheibe* stellt in vielen kleineren und mittleren Kläranlagen eine gebräuchliche Methode vor Ort dar. Eine quadratische oder runde weiße Scheibe (L = 20 × 20 cm oder D = 20 cm), die an einem Stab oder einer Kette mittig befestigt ist, wird langsam unter den Wasserspiegel abgesenkt, bis die Scheibe gerade noch erkennbar ist. Anhand der an der Kette oder am Stab vorhandenen Markierungen kann die „Sichttiefe" (Eintauchtiefe) abgelesen werden. Eine Darstellung der Sichtscheibe und des Sichttiefenzylinders ist Abb. 2.4-1 zu entnehmen. Die Ergebnisse sind abhängig von der Sehschärfe der messenden Person und den Lichtverhältnissen (Messung nur bei ausreichendem Tageslicht) [2.4-4].

Die Einschränkungen bezüglich der Lichtverhältnisse entfallen bei der Methode der Bestimmung *mittels Sichttiefen- oder Durchsichtigkeitszylinder.* Eine Abwasserprobe wird in den Sichttiefen- oder Durchsichtigkeitszylinder eingefüllt. Am Boden des Zylinders befindet sich ein beleuchtetes Fadenkreuz bzw. eine Schriftprobe, die bei langsamen Absenken (bzw. Auffüllen) des Wasserspiegels über einen Entleerungshahn sichtbar wird. Der bei gerade sichtbar werdender Bodenmarke sich ergebende Wasserstand im Zylinder entspricht der Sichttiefe in cm.

Nachteilig für die Verwendung dieser Geräte ist die sehr umständliche Handhabung. Auch diese Methode ist objektiv nicht vergleichbar und wird von der Sehschärfe der messenden Person beeinflußt. Die Sichttiefenzylindermethode ist aber genauer als die Sichtscheibenmethode. Die Meßwerte sind bei einem Vergleich mit gleichem Abwasser in der Regel bei der Sichtscheibenmessung etwas höher [2.4-4].

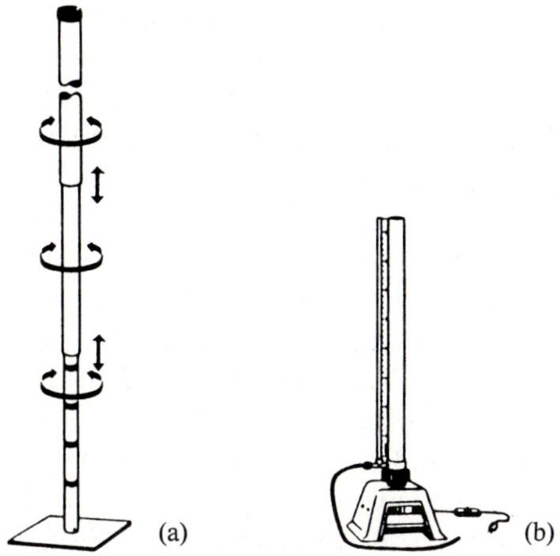

Abb. 2.4-1: (a) Sichtscheibe mit ausziehbarer und markierter Haltestange,
(b) Sichttiefenzylinder (Nachdruck mit freundlicher Genehmigung der ATV [2.4-4])

Bei großer Sichttiefe in der Nachklärung (>1 m) kommt diese Methode allerdings nicht mehr zur Anwendung.

Die Trübungsmessung im Betriebslabor oder auch vor Ort mittels *photometrischem* Handmeßgerät (s. Abschn. 3.6) erhöht die Genauigkeit, Reproduzierbarkeit und damit die Aussagekraft des Meßwertes. Beim Eintauchen der Trübungssonde des Handmeßgerätes in das zu messende Abwasser muß eine Beeinflussung durch Luftblasen oder durch zu nahe Wandflächen vermieden werden (Herstellerangaben beachten). Der Meßwert in TE/F Einheiten kann wie beim Labormeßgerät am Display abgelesen werden. Ein in Abb. 2.4-2 dargestelltes Labortrübungsmeßgerät mit Meß-

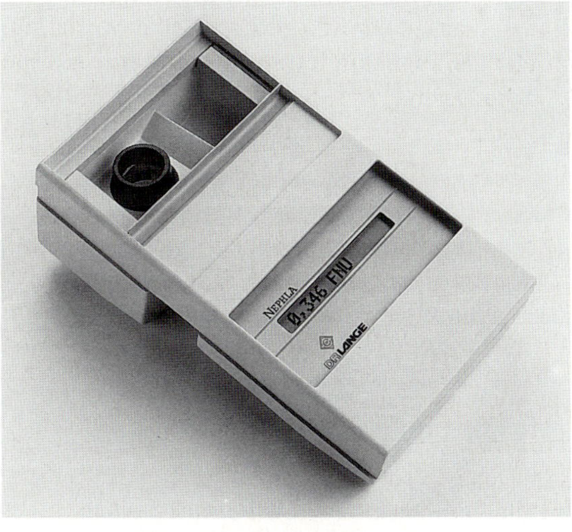

Abb. 2.4-2: Labortrübungsmeßgerät NEPHLA (Nachdruck mit freundlicher Genehmigung der Fa. Dr. Lange [2.4–5])

küvette vereint die Vorteile einer „objektiven“ Messung der Trübung mit einer sehr einfachen und sicheren Handhabung. Nur wenige mL Probevolumen werden zum Füllen einer Meßküvette benötigt. Diese wird in das Meßgerät gestellt, der Meßwert (0,001 - 1000 TE/F) wird analog angezeigt und kann über eine RS 232-Schnittstelle an einen PC oder eine zentrale Datenerfassung übergeben werden. Eine Kalibrierung, Nullpunkteichung oder Wartung ist für dieses Labortrübungsmeßgerät nicht erforderlich. Korrekte Messungen können aber nur erwartet werden, wenn auch die Bedienungshinweise, wie z. B. Sicherstellung der Sauberkeit der Meßküvette, die Verhinderung von Kondensation an der Küvettenwandung und von Gasbläschen in der Probe, beachtet werden [2.4-7].

Ein Labormeßgerät zur Ermittlung des Partikelvolumens sowie der Partikelgröße und deren Verteilung im Abwasser ist der PARTmaster L (Abb. 2.4-3) [2.4-8, 2.4-9]. Dieses Meßgerät kann sowohl der Trübungs- als auch Feststoffgehaltsbestimmung zugeordnet werden. Es liefert aber ein wesentlich differenzierteres Bild des Prozeßgeschehens als die Summenparameter Trübung und Feststoffgehalt.

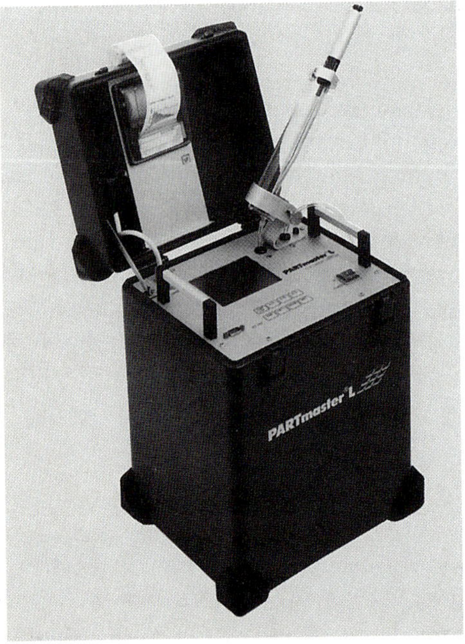

Abb. 2.4-3: PARTmaster L (Nachdruck mit freundlicher Genehmigung der Fa. AUCOTEAM [2.4-7])

2.4.3 Feststoffgehalt – Gesamtrückstand

Der Gesamtrückstand ist definiert als die Summe der im Wasser enthaltenen, nicht flüchtigen gelösten und ungelösten Stoffe, die beim Trocknen bis 110 °C als Rückstand verbleiben (Angaben in g bzw. mg/L) [2.4-10]. Weitere gebräuchliche Bezeichnungen sind Trockensubstanzkonzentration *TS* [2.4-11] und Trockenmassenkonzentration; die Bezeichnungen Feststoffgehalt und Schlammgehalt geben die Verhältniszahlen wieder. Besonderes Augenmerk gilt der Trockensubstanzkonzentration des Belebtschlammes (TS_R bzw. TS_{BB} im Belebungsbecken), des Rücklaufschlammes (TS_{RS}, Volumenstrom aus der Zwischen- oder Nachklärung) und dem Überschußschlamm ($TS_{ÜS}$, Teilstrom des Rücklauf- oder Teilmenge des Belebtschlammes). Die aufgeführten Schlämme kennzeichnen eine unterschiedliche, aber voneinander abhängige Konzentration an Biomasse im System Belebungsbecken-Absetzbecken. Der aktive organische Teil der Biomasse wird mit dem Kürzel „org" versehen ($TS_{R,org}$). Bei Verfahren der aeroben Schlammstabilisierung oder bei Einsatz einer chemischen Phosphatfällung verschiebt sich der sonst hohe organische Anteil von ca. 70–75% zu Werten von 45–65%. Eine relative Verringerung des Anteils an aktiver Biomasse wird meist ausgeglichen durch eine Vergrößerung des Feststoffgehaltes im System (TS_R-Gehalte von 2,5–4 g/L auf 3,5–6 g/L).

Der Feststoffgehalt im Belebungsbecken ist eine der wesentlichen Bemessungsgrößen einer Kläranlage. Da das Belebungsbecken mit dem nachgeschalteten Absetzbecken (Nach- oder Zwischenklärung) eine Einheit bildet, wird die maximal im Belebungsbecken erzielbare Trockenmasse von den Schlammabsetzeigenschaften und der Bemessung der Nachklärung begrenzt [2.4-10, 2.4-11].

Wichtige von der Trockensubstanzkonzentration abgeleitete Bemessungs- und Betriebskenngrößen sind der Schlammvolumenindex (vgl. Abschn. 2.3.2) und das Schlammalter (vgl. Abschn. 2.3.3).

Den Schlammvolumenindex *SVI* erhält man bei Division des (Vergleichs)Schlammvolumens *VSV* durch die Trockensubstanzkonzentration TS_R:

$$SVI = VSV/TS_R \text{ in mL/g}$$

Das vorhandene Schlammalter t_{TS} im Belebungsbecken errechnet sich aus dem Quotienten von im System vorhandener und aus dem System ausgetragener Biomasse:

$$t_{TS} = TS_R \times V_{BB}/(TS_{ÜS} \times Q_{ÜS,d} + TS_e \times Q_d) \text{ in d}$$

Bei den Methoden zur Bestimmung des Feststoffgehaltes unterscheidet man Verfahren mit und ohne Trennung des Hauptanteils Wasser von der Schlammprobe. Bei einer Filtration vor Trocknung des Schlammwassergemisches wird die Probe um den Gewichtsanteil anorganischer Salze vermindert, die keine aktive Biomasse darstellen. Meist sind die Gewichtsanteile dieser Salze in Relation zum Gesamtgewicht der Feststoffe unbedeutend gering. Diese Aussage trifft nicht für die abfiltrierbaren Stoffe im Auslauf der Kläranlage zu; allerdings ist die Bestimmung der Salzfracht für den Ablauf der Kläranlage nicht überwachungsrelevant. Falls keine Trennung mittels Filtration vorgenommen wird, bezeichnet man das Ergebnis auch als Verdampfungsrückstand.

Eine Entscheidung, ob mit oder ohne Trennung des hohen Wasseranteils der Feststoffgehalt ermittelt werden soll, hängt wesentlich von der Trennbarkeit ab. Bei Rohschlamm, Faulschlamm und bei Schlämmen der weitergehenden Abwasserreinigung wird auf die problematische Filtration verzichtet.

Klassisches Verfahren (DEV-Methode) zur Bestimmung der Trockensubstanz ist die Filtration von Belebtschlamm (Faltenfilter im Freigefälle oder über Rundfilter mit Unterdruck) mit anschließender Trocknung des Schlammkuchens und Filters im Trockenschrank bei 105 °C. Nachteil dieser Methode ist die lange Trockenzeit, die je nach Volumen der Probe mehrere Stunden betragen kann. Eine wesentliche Verkürzung der Trockenzeit erzielt man bei Trocknung in einem Mikrowellenherd. Die Abweichungen zum Trockenofen sind insbesondere bei größerem Feststoffgehalt vernachlässigbar [2.4-5]. Aber auch bei Belebtschlamm ist ein Fehler von 2–5% tolerierbar, da die Hauptfehlerquelle in der Bestimmung des Feststoffgehaltes bei der oft nicht repräsentativen Probenahme oder/und dem unsachgemäßen Abfüllen von Teilmengen liegt.

Eine weitere Vereinfachung der Bestimmung des Feststoffgehaltes kann durch die Trocknung unter einer Wärmelampe geschehen. Die Genauigkeit dieses Systems ist in der Regel nicht so groß wie die des Trockenschrankes oder der Mikrowelle. Problematisch ist hierbei die Grenze zwischen Trocknung und Verglühen von organischer Masse bzw. nicht vollständiger Trocknung. Die bisweilen eingebauten Waagesysteme erlauben eine schnelle und einfache Bestimmung der Trockensubstanzkonzentration zur groben Orientierung.

Zur Sicherstellung einer repräsentativen Probe bei Belebtschlämmen empfiehlt es sich, an geeigneter Stelle (große Durchmischung) mehrere Teilmengen (Schöpfer) in einen Eimer zu füllen. Mittels einer Schöpfkelle kann unter stetigem Rühren die für die weitere Bestimmung erforderliche Menge entnommen werden.

Zur Bestimmung des Feststoffgehaltes kann im Betriebslabor, analog zu den Messungen der Trübung, auch ein Prozeßphotometer als Handmeßgerät verwendet werden. Da diese Art der Messung die oben beschriebene, genormte Bestimmung im Betriebslabor nicht ersetzt, kann der Einsatz eines Handmeßgerätes nur als Ergänzung verstanden werden.

2.4.4 Glühverlust

Ausgehend von der Bestimmung des Trockenrückstandes wird zur Kontrolle der Wirksamkeit der biologischen Prozesse (aerobe oder anaerobe Stabilisierung) oder des Schlammentwässerungsverfahrens die Schlammprobe auf Glühverlust bzw. Glührückstand untersucht.

„Der Glühverlust ist die Gewichtsdifferenz zwischen den Werten der abgedampften Wasserprobe und des bei 600–650 °C ermittelten Glührückstandes; Gewichtsangabe in g bzw. mg/L“ bzw. in % (DIN 38414 Teil 3) [2.4-10].

Der Glühverlust ist ein Maß für den organischen Anteil der Trockensubstanz. Der rechnerischen Ermittlung des Glühverlustes *GV* liegt die Bestimmung des Glührückstand *GR* zugrunde:

$$GV = 100 - GR \ [\%]$$

Die Bestimmung [2.4-4] des Glührückstandes erfolgt durch das Ausglühen einer Trockenrückstandsprobe im Tiegelofen bei ca. 600 °C.

Die Glühverlust- bzw. eigentlich Glührückstands-Bestimmung gehört zu den (meist monatlichen) Standardbestimmungen zur Kontrolle der Abläufe in der Schlammbehandlung. Die Kontrolle des organischen Anteils im Belebtschlamm ($TS_{R,org}$) liefert dagegen Hinweise über die Aktivität des Belebtschlammes.

Literatur

[2.4-1] Verordnung über Art und Häufigkeit der Selbstüberwachung von Abwasserbehandlungsanlagen und Abwassereinleitungen (Selbstüberwachungsverordnung -SüwV), 18. 8. 1989 gem. LWG § 60, 61 NW, gültig ab 1. 1. 1990.

[2.4-2] Schleypen, P., *Wasser-Abwasser-Abfall* **1992**, *8*, 3–16.

[2.4-3] Kayser, R., Betrieb von Belebungsanlagen mit Stickstoffelimination, *Betrieb von Abwasserbehandlungsanlagen*, Darmstadt: Verein zur Förderung des Instituts für WAR, *75*, 65–82.

[2.4-4] Stier, E., Baumgart, H.-C., Fischer, M., *Handbuch für Ver- und Entsorger*, Bd. 3 Fachrichtung Abwasser, München: Hirthammer Verlag 1992.

[2.4-5] Stier,E., Fischer, M., *Klärwärter-Taschenbuch*, München: Hirthammer Verlag, 1993.

[2.4-6] Burchard, C.H., Grosche, D., Zerres, H.P., *Handbuch einfacher Messungen und Untersuchungen auf Klärwerken*, München: Hirthammer Verlag, 1993.

[2.4-7] Firmenprospekt, Bedienungsanleitung und technische Angaben zum Nephla, PG3 6/1994, Fa. Dr.Lange, Düsseldorf, 1994.

[2.4-8] Firmenprospekte, Handbuch und Applikationsbeispiel zum PARTmaster L, Fa AUCOTEAM, Berlin, 1992–1994

[2.4-9] Geisel, W., Weber, F., Vergleichende Untersuchungen des PARTmasters zur Trübung und zum Gehalt an Abfiltrierbaren Stoffen mit Nachklärwasser der Kläranlage Schalksmühle, unveröffentlicht, 1992.

[2.4-10] *ATV Lehr- und Handbuch der Abwassertechnik Bd. III*, Berlin–München: Verlag W. Ernst & Sohn, 1983.

[2.4-11] ATV Arbeitsblatt A 131, Hennef: GFA e.V., 2.1991.

2.5 Grundzüge der Kohlenstoffbilanzierung

Peter M. Kunz

Institut für Biologische Verfahrenstechnik
Fachhochschule für Technik, Mannheim

Reduziert man die Anforderungen aus dem Wasserrecht an die kommunale und industrielle Abwasserreinigung, haben diese die Aufgabe der Elimination des Kohlenstoffs, des Stickstoffs, des Phosphors sowie der Schwermetalle aus dem Abwasser. Kohlenstoff und Stickstoff lassen sich gasförmig entfernen (CO_2 und N_2), Phosphor und Schwermetalle müssen über den Schlamm entsorgt werden. In der Vergangenheit hatte man sich jedoch nicht am Stoff unmittelbar orientiert, sondern – was den Kohlenstoff anbelangt – an seiner Wirkung. So war der erste Parameter der *Biochemische Sauerstoff-Bedarf* (BSB), den man verwendete, um die Sauerstoffzehrung von organischen Verbindungen im Gewässer zu bewerten. Aufgrund der unten genannten Schwierigkeiten in der Reproduzierbarkeit und des erforderlichen Zeitaufwandes ging man zur chemischen Oxidation über und verwendet das Oxidationsmittel Kaliumdichromat für die Bestimmung des *Chemischen Sauerstoffbedarfes* (CSB). Heute bestehen große Bestrebungen, diesen Parameter auch wieder zu verlassen und über den *gesamten organischen Kohlenstoff* (TOC) die Abwasserqualität zu beurteilen. Nachstehende Ausführungen sollen dazu dienen, diese Parameter ein wenig besser einschätzen zu können, bevor in Abschn. 2.6 der BSB, in den Abschn. 2.7, 2.8 sowie 3.8 und 3.9 der CSB, in Abschn. 2.10 die leichtflüchtigen organischen Komponenten und in Abschn. 3.10 der DOC (*gelöster organischer Kohlenstoff*) und TOC aus meßtechnischer Sicht vorgestellt werden.

Die Kohlenstoff-Analytik – TOC, organische Säuren, aber auch der BSB und CSB – erleben eine Renaissence, nachdem zwischenzeitlich die Stickstoff- und Phosphoranalytik in den Vordergrund getreten war, weil Elektronendonatoren für die gezielte Denitrifikation und Einhaltung der Stickstoff-Grenzwerte bzw. zur gezielten P-Elimination benötigt werden [2.5-1].

2.5.1 Betrachtungsfenster in der Kohlenstoff-Analytik

Wie eingangs ausgeführt, existieren in der Beurteilung von Abwässern eine Vielzahl von Parametern, die sich alle mehr oder weniger auf den Kohlenstoff beziehen. Je nachdem, welcher Parameter gemessen wird, öffnen sich unterschiedliche Betrachtungsfenster. So repräsentiert der Biochemische Sauerstoff-Bedarf (s. u.) nur den Teil der oxidierbaren Kohlenstoff-Verbindungen eines Abwassers, der durch die in der Abwasserprobe befindlichen Mikrooganismen verstoffwechselt werden kann. Der CSB oxidiert fallweise auch andere Verbindungen (zum Beispiel Chlorid, s. u.). Die organischen Säuren, Pestizide, Phenole oder Tenside, pflanzliche und tierische Fette bzw. Mineralöle sowie auch die leichtflüchtigen Kohlenwasserstoffe geben dagegen nur eine Fraktion des Kohlenstoffes in verschiedenen Bindungsformen wieder. Aber auch der TOC ist häufig nur ein DOC, weil die Proben teilweise filtriert werden müssen.

Die meisten in der Abwassertechnik angewendeten Verfahren bestimmen einen Summenparameter. Die *Einzelanalytik* über Trennoperatoren wie die Gas-Chromatografie (GC bzw. GC-MS) oder die Flüssig-Chromatografie (HPLC) mit anschließender Spektrenanalyse finden nur in ganz speziellen Kläranlagenlabors Anwendung (spezielle Industrieabwässer, Sickerwässer, Altlasten).

Besonders problematische Kohlenstoff-Verbindungen, wie die als *Dioxine und Furane* bekannt gewordenen oder der als problematisch apostrophierte *AOX* (adsorbierbare organische Halogenverbindungen) sind ebenfalls Summenparameter. Sie werden in den folgenden Ausführungen nicht betrachtet, weil sie heute nur in größeren Laboratorien in Kläranlagen analysiert werden; Praxis ist es, die Analytik an zertifizierte Labors abzugeben. Jedoch sei der Hinweis darauf gestattet, daß diese – wenn auch nur in Spuren vorkommenden Substanzen – im Rahmen der übrigen Summenparameter mitgemessen, aber nicht in ihrer Relevanz erfaßt werden. Hierzu folgendes Rechenexempel: Wenn ein Gramm Kohlenstoff einer nicht-abbaubaren Verbindung in die Umwelt gelangt und sich in alle Weltmeere verteilt, finden sich in jedem Kubikmeter in diesen Weltmeeren 2.000 Moleküle dieser Substanz! Wir können sie bisher jedoch nicht erfassen, weil die beste Nachweisgrenze bei 10^{-12} g/L liegt, die notwendige Nachweisgrenze für 2.000 Moleküle/m^3 aber bei 10^{-22} g/L liegen müßte.

Neben dem Nachweisverfahren muß man auch das zu beurteilende System auf seine *Homogenität* hin näher betrachten: Der interessierende Kohlenstoff kann echt gelöst sein, in der Lösung makromolekular verteilt sein oder in bzw. an festen Phasen haften. Je nach der Probenaufbereitung findet man mehr oder weniger der „Kohlenstoff-Moleküle“ wieder. Mancher Behandlungsschritt (zum Beispiel die Zugabe eines Enzyms) kann die Kohlenstoff-Masse einer Probe merklich erhöhen, obwohl man gedanklich zunächst unterstellt, daß der Zusatzstoff eine Abbauwirkung herbeiführt und eine Abnahme erwartet. Gerade am Beispiel der Enzyme läßt sich auch zeigen, daß Stoffe in das „Meßfenster“ durch Spaltvorgänge hineinkommen, die vorher nicht gemessen worden waren.

2.5.2 Merkmale der Kohlenstoff-Bilanzierung

Die Umsetzung der Abwasserinhaltsstoffe, die für die abbauenden Mikroorganismen Nährstoffcharakter haben müssen, in Zellbestandteile erfordert Energie. Bei aeroben Prozessen liefert sie der gelöste Sauerstoff, bei anaeroben wird Energie über eine komplizierte Kette von Redox-Reaktionen bereitgestellt. Da die Hauptkomponente der Zelle der Kohlenstoff ist, interessiert zunächst er; zumal er auch eine wesentliche Abwasserkomponente darstellt.

Der mikrobielle Abbau ist im Grunde ein Verbrennungsprozeß, da bei einer vollständigen Mineralisierung als Endprodukt CO_2 übrigbleibt. In diesem Abschnitt steht die Verstoffwechslung des Kohlenstoffs im Mittelpunkt, obwohl andere Stoffwechselreaktionen nicht vollständig davon getrennt werden können: Der Aufbau der Zellsubstanz erfordert auch die Anwesenheit von Stickstoff und Phosphor sowie von Spurenstoffen, ohne die der Stoffwechsel limitiert wird.

Beim aeroben Energiestoffwechsel in Mikroorganismen werden rund 50% des Kohlenstoffs zu CO_2 oxidiert, die restlichen 50% stehen dem Baustoffwechsel, also zum Aufbau von Zellsubstanz, zur Verfügung. Im anaeroben Milieu ist der Energiegewinn für die Zelle wesentlich geringer. Dementsprechend kann auch nur wenig Zellmaterial gebildet werden (5–10% des Kohlenstoffs). Der Rest des Kohlenstoffs geht in den Energiestoffwechsel, wobei rund zwei Drittel am Ende als Methan und ein Drittel als CO_2 vorliegen.

Wenn die biologischen Abbauprozesse im Abwasser bilanziert werden sollen, muß man wissen, daß die Elimination von Stoffen aus dem Abwasser bedeutend schneller als der Abbau erfolgt. Wie verschiedene Autoren experimentell nachgewiesen haben, wird ein bedeutender Anteil des Substrates durch physikochemische Vorgänge (Flockung und Sorption an die Biomasse) aus der flüssigen Phase – zumindest vorübergehend – entfernt. Das Ausmaß dieser Schlammbeladung hängt dabei von der Art des Substrates und von der Art des Schlammes ab, wobei beide sich gegenseitig beeinflussen.

Die Oxidation des Kohlenstoffs in der Zelle erfolgt unter der Voraussetzung, daß die Zelle einen Energiegewinn erfährt. Gesteuert wird der Vorgang durch Enzyme. Für den Abbau eines einzigen Stoffes sind eine Vielzahl von Enzymen in der Reaktionskette notwendig. Fehlt ein Enzym, ist der Stoff – zumindest von dieser Organismenart – nicht abbaubar.

Die Elimination eines Stoffes aus dem Abwasser bei der biologischen Abwasserbehandlung hängt somit von seiner Struktur, d. h. im wesentlichen seiner biologischen Verwertbarkeit durch Mikroorganismen, und den technischen Randbedingungen ab, von denen praktisch lediglich die Verweildauer der Mikroorganismen im System gesteuert werden kann. Abgesehen von den gut verwertbaren, organischen Substanzen (z. B. organische Säuren) sind nur jeweils einige, im Abwasser meist jedoch immer vorhandene Spezialisten zur Verwertung spezieller Verbindungen befähigt.

2.5.3 Kohlenstoff-Bilanzierung über indirekte Parameter

Im Gegensatz zur Sauerstoffgehaltsbestimmung, die lediglich eine grobe Indikatorfunktion für die im Belebungsbecken stattfindenden biochemischen Vorgänge hat, weil die aktiven Biomassegehalte nicht bekannt sind, zielt eine Vielzahl meßtechnischer Entwicklungen darauf ab, sowohl die Menge und Art der zulaufenden Schmutzfracht als auch die biochemischen Vorgänge im Belebungsbecken direkt kontinuierlich bzw. quasi kontinuierlich zu messen.

Neben BSB und CSB könnte die Kohlenstoff-Bilanz auch über die CO_2-Konzentration in der Abluft (s. Abschn. 3.10) und über die Veränderung der Feststoffmasse erfolgen. Manche Behandlungssysteme lassen diese Bilanzierung sogar direkt zu.

Biochemischer Sauerstoffbedarf

Der Biochemische Sauerstoffbedarf ist das Resultat einer Messung der Sauerstoff-Zehrung einer Wasserprobe nach einer festgelegten Verweilzeit (Abb. 2.5-1 a). Wenn man die Zehrung kontinuierlich bestimmt und über die Zeit aufträgt, erhält man eine abgestufte Ganglinie (Abb. 2.5-1 b). Die Meßmethode ist in Abschn. 2.6 ausführlich erläutert.

Der häufig genannte BSB_5 gibt den Wert an, der aus einer Probe nach fünf Tagen bestimmt wird. Wenn man keine Ganglinie bestimmt (s. Abb. 2.5-1 b), sondern nur diesen einen Wert, weiß man jedoch im Grunde nichts über die eigentliche Sauerstoff-Zehrung, die z. B. durch toxische Effekte in den ersten Tagen eine Zehrung von nahezu Null beinhalten kann (dann ist der BSB_5-Wert niedrig) oder aber einen sehr steilen Verlauf nehmen und nach fünf Tagen bereits mehrere sukzessive Abbauphasen durchlaufen haben kann.

Wenn eine Probe einen geringen BSB_5-Wert aufweist, kann es sich um

- ein Wasser mit geringem Kohlenstoff-Gehalt,
- ein Wasser mit sehr toxischen Inhaltsstoffen (da in der Regel eine Verdünnung vorgenommen werden muß, weil die gesamte Sauerstoffzehrung über den Untersuchungszeitraum maximal etwas über 7 mg O_2/L betragen darf, werden auch toxische Wirkungen herabgesetzt) oder
- ein Wasser mit einer „nicht-angepaßten" Mikroorganismen-Lebensgemeinschaft (eine bestimmte Impfmenge – Inokolum genannt – wird der Probe zugesetzt)

handeln. Andererseits kann man eine sehr gute Abbaubarkeit eines Abwassers vorspiegeln, die in realen Systemen nicht erreicht wird, wenn man ein speziell angepaßtes Inokulum verwendet (der Experte in der BSB-Analytik weiß also, daß er keinem BSB_5 trauen darf, den er nicht selbst „gefälscht" hat). Anders ausgedrückt, heißt dies, daß man sehr gute Kenntnisse benötigt, um einen wahren BSB zu bestimmen. Ein Vergleich von BSB_5-Angaben miteinander ist nur möglich, wenn das gleiche Inokulum verwendet wurde.

In vielen Laboratorien wird darüber hinaus ein Vergleich des BSB_5 im Zu- und Ablauf für die Angabe des Wirkungsgrades von Abwasserreinigungssystemen herangezogen. Hier werden quasi Äpfel mit Birnen verglichen: Durch die Herausnahme von Abwasserinhaltsstoffen „startet" die Ablaufmessung an einem anderen ökologi-

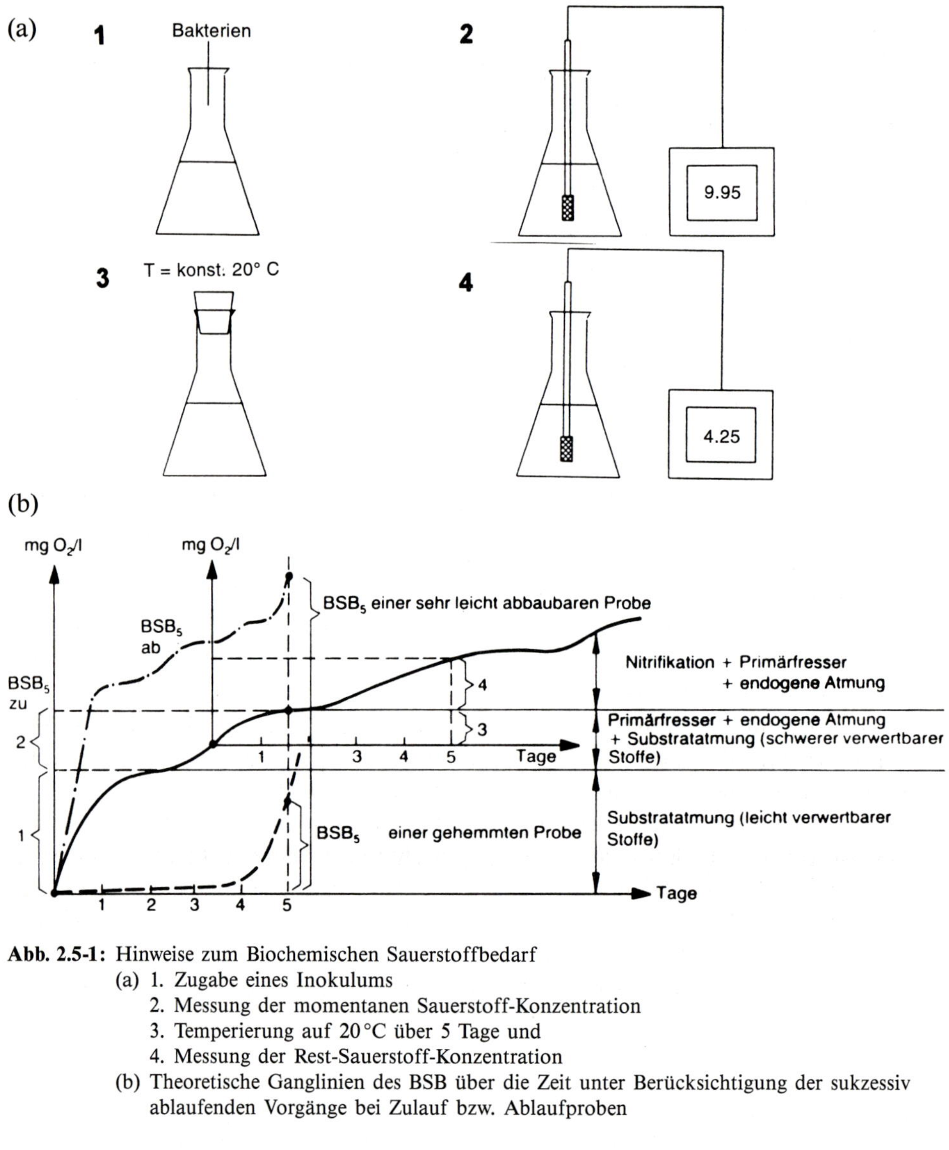

Abb. 2.5-1: Hinweise zum Biochemischen Sauerstoffbedarf
(a) 1. Zugabe eines Inokulums
2. Messung der momentanen Sauerstoff-Konzentration
3. Temperierung auf 20 °C über 5 Tage und
4. Messung der Rest-Sauerstoff-Konzentration
(b) Theoretische Ganglinien des BSB über die Zeit unter Berücksichtigung der sukzessiv ablaufenden Vorgänge bei Zulauf bzw. Ablaufproben

schen Punkt auf der Zehrungskurve als die Zulaufmessung, weil im Ablauf der biologischen Abwasserbehandlung naturgemäß die gut verwertbaren Kohlenstoff-Verbindungen fehlen und die Verursacher der verbliebenen Sauerstoffzehrung in der Regel spezielle Organismen für die schwerer verwertbaren Verbindungen und insbesondere die Stickstoff-Oxidation sind.

Ein einzelner Meßwert nach fünf Tagen hat also mehr oder weniger die Aussagekraft Null und ohne Ganglinie sind auch mehrere BSB-Angaben nur schwer interpretierbar. Der BSB_5 hat auch mit dem O_2-Bedarf der Mikroorganismen in einem Belebungsbecken sehr wenig zu tun, weil das Abwasser i. d. R.

- keine fünf Tage belüftet wird,
- die adsorptiv gebundenen Stoffe in der Probe verstoffwechselt werden, was im Belebungsbecken nicht immer der Fall sein wird und
- die Untersuchung in Form eines Batchtestes – bei 20 °C und meist mit Verdünnungswasser angesetzt – nichts mit den Milieufaktoren des im Fließbetrieb ablaufenden Abwasserreinigungsprozesses gemein hat.

Die Bestimmung des BSB ist trotz alledem sinnvoll, wenn man weiß, welche Informationen man durch ihn bekommen kann. Die negativen Anmerkungen kann man auch „umdrehen" und sich für den eigenen Kläranlagenbetrieb mit dem vorhandenen Inokulum immer wieder ein Bild verschaffen, ob die Leistungsfähigkeit der vorhandenen mikrobiellen Lebensgemeinschaft ausreichend hoch und das Abwasser biologiefähig ist. Insbesondere im Verhältnis zum CSB lassen sich Aussagen treffen, was die vorhandene Abwasserreinigungsanlage überhaupt biologisch zu leisten imstande ist.

Sofern es sich bei der Abwasserreinigungsanlage um ein sequenzing-batch-Verfahren handelt, kann man durch den Einbau einer Sauerstoff-Elektrode sogar on line diesen Parameter erfassen, wenn man den Belüfter kurzzeitig abschaltet und den Gradienten der Sauerstoffzehrung rechnerisch auswertet [2.5-2].

Der BSB-M3 (BSB nach drei Minuten) ist eine interessante Entwicklung im Rahmen der Zehrungsteste. Das Problem einer Regelung des Sauerstoffeintrags aufgrund derartig gemessener Parameter liegt jedoch darin, daß der Sauerstoffverbrauch für die Nitrifikation bzw. sonstiger Oxidationsvorgänge nicht berücksichtigt werden kann, weil die im Testsystem verwendete Biomasse nicht dem Belebtschlamm der betreffenden Abwasserreinigungsanlage und damit dem Leistungsvermögen der dort angesiedelten Organismen entspricht. Außerdem bleibt der Anteil des Substrates, der durch Adsorption an Belebtschlammflocken eliminiert, aber nicht abgebaut wird, unberücksichtigt. Der BSB-M3 dürfte jedoch eine hinreichende Lösung für die Bestimmung einer zu erwartenden Sauerstoffzehrung sein, um auf hohe Zehrungsraten rasch reagieren zu können, aber auch als Äquivalent für die Elektronendonatoren in einer Denitrifikationszone wird dieser Parameter herangezogen werden können.

Chemischer Sauerstoffbedarf

Der Chemische Sauerstoffbedarf (CSB, s. Abschn. 2.7, 2.8, 3.8 und 3.9) ist ein Maß zur Erfassung der chemisch oxidierbaren, organischen Stoffe. Er sollte die Reproduzierbarkeit der Analysenergebnisse im Vergleich zum BSB aus den o. g. Gründen verbessern, wobei man versucht, aus einer chemischen Redox-Reaktion Schlüsse auf im wesentlichen biologische Vorgänge zu ziehen. Auch bei der Interpretation von CSB-Werten sollte man sich immer bewußt sein, daß es sich um eine Hilfsgröße handelt.

Grundlage des Verfahrens ist die Reaktion von Dichromat mit den oxidierbaren Abwasserinhaltsstoffen in schwefelsaurer Lösung. Verlauf und Ausbeute dieser Redox-Reaktion hängen u. a. ab von der Dichromat-Menge, der Schwefelsäurekonzentration, der Reaktionszeit sowie der Reaktionstemperatur. Nachdem der CSB als Bewertungsgröße in das Abwasserabgabengesetz aufgenommen worden war, hatte man sich auf die Bestimmung durch Kaliumdichromat in schwefelsaurer Lösung mit Silbersulfat als Katalysator anstelle des Kaliumpermanganates verständigt. Der chemische Sauerstoffbedarf ist die als Sauerstoffäquivalent ausgedrückte Menge an Kaliumdichromat, die von den in 1 Liter Wasser enthaltenen oxidierbaren Verbindungen unter den Bedingungen einer vorgeschriebenen Methode verbraucht wird. Sie wird korrekt in mg CSB/L wiedergegeben.

In den DIN-Normen 38409 Teil 41 und Teil 43 sind die Reaktionsbedingungen auf Basis einer Konvention exakt vorgegeben, so daß vergleichbare Resultate erzielbar sind (die Streubreite ist aber nicht unerheblich auch bei ein und demselben Verfahren, Tab. 2.5-1). Auch CSB-Werte sind nur vergleichbar und interpretierbar, wenn sie nach einheitlichen Methoden ermittelt wurden, ohne Nennung der Methode sind sie quasi wertlos.

Tab. 2.5-1: Streubereiche des CSB (nach [2.5-3])

Meßbereiche	Abweichung
15- 40 mg/L	30%
40-300 mg/L	15%
> 300 mg/L	10%

In den Ausführungsbestimmungen zum Abwasserabgabengesetz ist DIN 38409, Teil 41 vorgeschrieben, die sich von der Kurzzeitmethode (s. Abschn. 2.8) des Teils 43 dadurch unterscheidet, daß andere Säurekonzentrationen, Reaktionsdauern (2 h gegen 15 min) und -temperaturen angewandt werden.

Auch die nach DIN-Vorschrift angewandten CSB-Bestimmungsmethoden oxidieren wasserlösliche organische Verbindungen jedoch nur zu 90-98%. Nicht quantitativ oder schwer oxidierbar sind Pyridin und andere stickstoffhaltige Heterocyclen und kaum lösliche Kohlenwasserstoffe; miterfaßt werden Sulfide, Sulfite, Ammonium, Nitrite, Chloride, Eisen II und Mangan II-Ionen. Wenn diese anorganischen Stoffe nur in geringeren Mengen vorkommen, können sie vernachlässigt werden. Chlorid ist aber in vielen Wässern in erheblichen Mengen vorhanden. Es kann den CSB-Wert erheblich verfälschen, weil bei der Oxidation aktives Chlor frei wird. Zur Verhinderung der Chlorid-Oxidation wird daher dem Reaktionsgemisch Quecksilbersulfat zugesetzt, das eine Maskierung des Chlorids bis etwa 1 g/L bewirkt. Enthält das Wasser größere Chloridmengen, muß es durch Ansäuern und Austreiben als flüchtiges HCl nach genau definierten Bedingungen vor der CSB-Bestimmung entfernt werden.

Trotz der eindeutigeren Handhabe ist also auch die Frage nach der Richtigkeit eines CSB-Wertes unsinnig und nicht zu beantworten. Auch bei Anwendung dieses Verfahrens muß man nämlich die Möglichkeiten und Grenzen des CSB kennen, um die Analysenergebnisse richtig interpretieren zu können. Beim CSB sollte man vor allem die Stoffgruppen kennen, die durch Dichromat oxidiert werden, im Gewässer aber keinen Sauerstoff verbrauchen (Chloride, Bromide, Wasserstoffperoxid). Da hierdurch erhöhte CSB-Werte vorgetäuscht werden, die in der Praxis bedeutungslos sind, muß man die Störgrößen entfernen oder rechnerisch berücksichtigen.

Bei der CSB-Bestimmung fallen Hg- und Ag-ionenhaltige Abfallsäuren an, die natürlich nicht ins Abwasser gelangen dürfen. Die Hg- und Ag-Ionen können entweder durch Ausfällen mit phosphoriger Säure und Abfiltrieren oder durch selektive Ionenaustauscher entfernt werden.

Mittlerweile wird beim CSB auch der „biologisch inerte CSB" diskutiert [2.5-4], der zum Ausdruck bringen soll, welcher Anteil des CSB biologisch abbaubar und demzufolge mit dem BSB korrelierbar ist und welcher nicht.

Aus dem Verhältnis CSB zu BSB_5 läßt sich unter den o. g. Voraussetzungen die Abbaubarkeit eines Abwassers abschätzen. Gut verwertbare Verbindungen im Abwasser weisen Verhältniswerte weit unter 2,5 : 1 auf; ein Abwasser nach biologischer Behandlung liegt dagegen über 10 : 1. Wenn also die Abaubarkeit an diesem Parameter festgemacht wird, wie beispielsweise in der Abwassersatzung der Stadt Mannheim, müssen Indirekteinleiter aufpassen, ob ein biologisches Vorbehandlungsverfahren das Verfahren der Wahl ist.

CSB-Konzentrationen über 10 g/L gelten heute bereits als flüssiger Abfall.

Organische Säuren

Organische Säuren stellen eine Hauptkomponente der gesamten gelösten organischen Abwasserinhaltsstoffe dar. Sie haben wegen ihrer guten mikrobiellen Verfügbarkeit eine herausragende Stellung hinsichtlich der Denitrifikationsvorgänge und der Rücklösung von Phosphor bei der biologischen Phosphor-Akkumulation.

Der Gehalt an wasserdampfflüchtigen organischen Säuren kann nach DEV H21 bestimmt werden; Kapp [2.5-5] hat jedoch eine bessere Analysenvorschrift erarbeitet, um die Routine-Analytik zu vereinfachen und auch eine on line-Analytik zu ermöglichen.

In Zukunft wird die on line-Messung von Elektronendonatoren im ankommenden Abwasser größte Bedeutung erlangen. Wenn das on line-Meßverfahren zur Bestimmung der organischen Säuren sich im praktischen Betrieb bewährt, dürften BSB-, CSB- und TOC-on line-Meßgeräte an dieser Stelle im Klärwerk ausgedient haben, da die organischen Säuren den benötigten Parameter direkt erfassen, wohingegen CSB und TOC damit nur wenig korrelieren [2.5-6].

2.5.4 Unmittelbar auf den Kohlenstoff bezogene Analytik

In der Praxis werden verschiedene, unmittelbar auf den Kohlenstoff bezogene Bestimmungsmethoden angewendet, die kurz in Tab. 2.5-2 wiedergegeben werden sollen.

Tab. 2.5-2: Bezeichnung der Kohlenstoff-Bestimmungs-Verfahren

TC	total carbon	gesamter Kohlenstoff
TOC	total organic carbon	gesamter organischer Kohlenstoff
TIC	total inorganic carbon	gesamter anorganischer Kohlenstoff
DOC	dissolved organic carbon	gelöster organischer Kohlenstoff
VOC	volatile organic carbon	flüchtiger organischer Kohlenstoff

Der TC (oder TOC) umfaßt – als Summenparameter – den (organischen) Kohlenstoff insgesamt. Allerdings beinhaltet der TC/TOC häufig nur den DC/DOC (dissolved – organic – carbon), da durch Vorbehandlungsmaßnahmen die Feststoffe und die strippbaren Verbindungen aus der Probenflüssigkeit entfernt sein können und demzufolge nur noch die gelösten Anteile erfaßt werden (s. Abschn. 3.10).

Alle bekannten Methoden zur Bestimmung des organischen Kohlenstoffgehaltes in Wasserproben beruhen auf der Oxidation der organischen Substanz und Erfassung des gebildeten CO_2 in der Gasphase. Die Oxidation in der wäßrigen Phase kann mit Chromschwefelsäure oder durch eine mit Silberionen aktivierte schwefelsaure Kaliumperoxodisulfatlösung erfolgen. Sicherer ist jedoch die Verbrennung im Sauerstoffstrom. Die Analysenmethoden beruhen zwar auf verschiedenen Grundprinzipien, analysiert wird immer jedoch das Kohlenstoffdioxid als Maß für den Kohlenstoff-Gehalt. Hierzu wird das Kohlenstoffdioxid mit einem Gasstrom von Sauerstoff oder Stickstoff in eine geeignete Meßlösung übergetrieben.

Neben dem organisch gebundenen Kohlenstoff wird die Probe auch anorganisch gebundenen Kohlenstoff in Form von gelöstem Kohlenstoffdioxid oder Ionen der Kohlensäure enthalten. Dieser anorganisch gebundene Kohlenstoff muß vorher entweder aus der angesäuerten wäßrigen Probe ausgetrieben oder der TOC muß aus der Differenz des Gehaltes an TC und TIC errechnet werden. Enthält die Probe flüchtige organische Substanzen, die beim Austreiben des Kohlenstoffdioxids ebenfalls entfernt würden, muß natürlich der Kohlenstoff-Gehalt der flüchtigen Verbindungen (Chloroform, Tri- oder Perchlorethylen u. a.) separat bestimmt werden.

Angesichts der Problematik der Automatisierbarkeit der BSB- und CSB-Analytik waren in der Vergangenheit etliche TOC-Analysatoren in Abwassereinigungsanlagen eingesetzt worden. Zukünftig ist damit zu rechnen, daß der TOC den CSB als gesetzlichen Überwachungs-Parameter ersetzen wird; wann dies sein wird, ist schwer abzuschätzen, da die Geräte sehr aufwendig gebaut sein müssen und von daher sich hohe Anschaffungsausgaben ergeben.

Zietz [2.5-7] hat für den Laborbereich eine interessante Lösung beschrieben, die relativ geringe Abweichungen von unter 5% zu den theoretischen C-Gehalten bekannter organischer Substanzen ergeben haben.

2.5.5 Hinweise zur Bilanzierung

Durch die Bestimmung des Kohlenstoffs in den homogenisierten Proben läßt sich in den meisten Fällen das ganze Meßfenster öffnen (mit dem Nachteil der meist größeren Fehlerbandbreite). So einfach, wie der Buchstabe „C" sich schreibt, ist die Bilanzierbarkeit aber leider nicht. Grundsätzlich muß man sich hinsichtlich der Kohlenstoff-Bilanzierung fragen:

Was soll bilanziert werden?

- Der Kohlenstoff absolut?
- Die gut verwertbaren Stoffe?
- Die gut und die schlecht verwertbaren Stoffe zusammen?
- Die mikrobiell verfügbaren Stoffe?
- Der Erfolg der Mikroorganismentätigkeit?
- Der Bedarf an Elektronendonatoren für die Denitrifikation?
- Die Abbaukinetik von Kohlenstoff?
- usw.

Eine Kohlenstoff-Bilanzierung in Abwasserreinigungsanlagen setzt immer voraus, daß der Ausführende die

- Merkmale der angewendeten Meßverfahren kennt (insbesondere bei den indirekten Methoden, die verursachenden Einflußparameter) und
- Zielgröße vor Augen hat, wenn es beispielsweise darum geht, den Abbau eines komplexen Abwassers oder einer entsprechenden Verbindung zu beurteilen: Die Messung der Eingangs- und Ausgangsströme kann in biologischen Systemen zu Fehlbeurteilungen führen, wenn die zu beurteilende Komponente zwar eliminiert aber nicht abgebaut wird.

Deshalb sei an dieser Stelle empfohlen, den Schlamm in die Bilanzierung hineinzunehmen und nach Homogenisierung einer definierten Schlammenge, sowohl den homogenisierten als auch den abzentrifugierten Überstand zu bestimmen.

Bei mikrobiellen Prozessen findet allerdings in der Regel Wachstum statt, d.h., daß ein Teil des Kohlenstoffs sich demzufolge in den Zellen wiederfindet. Die Erfassung von Abbauvorgängen ist nicht ganz leicht, wenn abgebaute Komponenten wieder zum Aufbau verwendet werden. Bei derartigen Aufgaben empfiehlt es sich ebenfalls, die homogenisierten Proben auf den zu untersuchenden Parameter sowie die Trockensubstanz-Konzentration (s. Abschn. 2.4) vorher und nachher zu bestimmen, damit die aufgebaute Masse vom Endergebnis wieder abgezogen werden kann. Aus der homogenisierten Probe des Vorher und Nachher läßt sich definitiv ablesen, ob ein Abbau stattgefunden hat, aus dem Überstand lassen sich Abschätzungen über die zu erwartenden Ablaufkonzentrationen nach einer Phasentrennung anstellen.

Literatur

[2.5-1] Kunz, P.M., *Behandlung von Abwasser,* Würzburg: Vogel-Buchverlag, 1995.

[2.5-2] Kunz, P.M., Theunert, B., Patentanmeldung on line-Erfassung der Sauerstoffzehrung in SBR-Reaktoren. 1994.

[2.5-3] Kolloch,B., *ATV-Fortbildungskurs F4,* Fulda, 1989.

[2.5-4] Malz, K., Wegenaer, P., *Abwassertechnik* **1992,** *4,* 11–14.

[2.5-5] Kapp, H., *Korrespondenz Abwasser* **1992,** 39 (7), 999–104.

[2.5-6] Kunz, P.M., Kaufmann, H., TOC-Bilanzierung zur Optimierung der gezielten Denitrifikation, Bericht an den Abwasserzweckverband Heidelberg, Oktober 1994.

2.6 Bestimmung des Biochemischen Sauerstoffbedarfs (BSB) im Kläranlagenlabor und Bewertung der Ergebnisse für den Kläranlagenbetrieb

Barbara Cybulski und Wolfgang Körber

Stadt Pforzheim, Amt für Stadtentsorgung

Der Biochemische Sauerstoffbedarf und die daraus ableitbaren spezifischen Betriebsdaten (Raumbelastung B_R, Schlammbelastung B_{TS}) gehören zu den wichtigsten Kontrollparametern für die Beurteilung von Betriebsabläufen im Klärwerk.

Entsprechend der Eigenkontrollverordnung, Anhang 1 [2.6-1], für kommunale Kläranlagen ist dessen Ermittlung für verschiedene Meßstellen innerhalb einer Anlage vorgeschrieben.

2.6.1 Bestimmungsmethoden

Als Biochemischer Sauerstoffbedarf wird die Sauerstoffmenge in mg bezeichnet, die pro Liter Abwasser bei biochemischer Oxidation der organischen Inhaltsstoffen benötigt wird.

Für die Ermittlung des BSB_5-Wertes werden die „Verdünnungsmethode" und die „Respirometrische Messung" eingesetzt. Beide Methoden arbeiten mit einem abgeschlossenen Probenvolumen; es wird die Sauerstoffzehrung der Abwasserproben bestimmt, wobei die Sauerstoffkonzentration am Anfang und am Ende (nach 5 Tagen) gemessen wird.

Verdünnungsmethode

Die Bestimmung des Biochemischen Sauerstoffbedarfs (BSB_n) in n-Tagen erfolgt nach der Verdünnungsmethode DIN 38409 (H 51).

Homogenisierte Wasserproben werden mit einem entsprechend vorbereiteten Verdünnungswasser (Tab. 2.6-1) verdünnt. Das Verdünnungswasser stellt den Sauerstoff zur Verfügung, den die Mikroorganismen für den biologischen Abbau benötigen.

Tab. 2.6-1: Reagenzienzusammenstellung

Allylthioharnstoff (ATH)	600 mg $C_4H_8N_2S$ werden in 100 mL H_2O gelöst
Salzsäure	$c_{HCl} = 2$ mol/L
Natronlauge	$c_{NaOH} = 2$ mol/L
Verdünnungswasser	5 L Trinkwasser + 10% Ablauf der Vorklärung (CSB 200–250 mg/L) zusammenmischen
Anforderungen an das Verdünnungswasser:	
Eigenschaften:	freies Chlor <0,1 mg/L pH-Wert 6 bis 9 Calciumgehalt ≥ 2,5 mmol/L Sauerstoffverbrauch soll zwischen 0,5 und 1,5 mg/L liegen.
Aufbewahrung:	Temperatur 20 ±1 °C vor Licht geschützt ständig belüftet
Haltbarkeit:	3. bis zum 10. Tag nach der Animpfung

Die Verdünnungsmethode beruht auf der Erfassung der Sauerstoffkonzentration zu Beginn und am Ende der Messung. Aus der Differenz beider Meßwerte erhält man den Sauerstoffverbrauch. Der BSB_5-Wert wird statistisch ermittelt [2.6-2].

Der Sauerstoffverbrauch innerhalb der Analysendauer kann nicht nur durch den Abbau von Kohlenstoffverbindungen, sondern auch durch die Nitrifikationsvorgänge verursacht werden. Bei Abwasserproben des Zulaufs oder von teilgereinigtem Abwasser treten i. a. keine Nitrifikationsvorgänge ein. Dagegen sind diese bei Auslaufproben je nach Belastung der Anlage möglich und zu berücksichtigen. Eine Zugabe von 5 mg/L Allylthioharnstoff bewirkt eine Hemmung der Nitrifikation, während der Abbau der Kohlenstoffverbindungen noch ungehindert erfolgen kann.

Gerätezusammenstellung

- Kunststoff- oder Glasgefäß (2000 mL)
- Ultra Turrax oder Magnetrührer
- Sauerstoff-Flaschen (Karlsruher Flaschen) (Abb. 2.6-1)
- Trichter
- 3 Meßkolben, Nennvolumen 1000 mL,
- Vollpipetten Nennvolumen 5 mL, 10 mL, 20 mL, 50 mL und 100 mL
- Überlaufkolben 200 mL, 300 mL, 400 mL
- Brutschrank
- Vorratsbehälter für Verdünnungswasser
- Luftpumpe (Kompressor)
- Sauerstoffmeßgerät

Probenvorbereitung

Mit einem Magnetrührer oder Ultra Turrax werden 24-Stunden mengenproportionale Mischproben oder qualifizierte Schöpfproben homogenisiert. Bei Verwendung

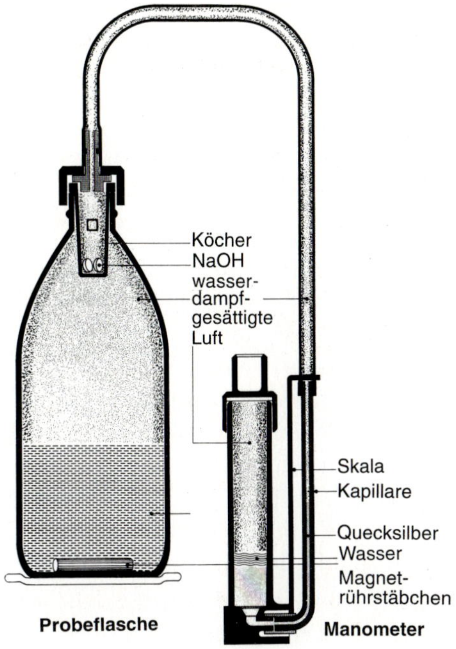

Abb. 2.6-1: Sauerstoffmeßgerät mit Karlsruher Flaschen

eines Nitrifikationshemmstoffes ist hierfür eine ausreichend hohe Konzentration einzuhalten (5 mg ATH/L Analysenprobe).

Untersuchungsansätze

Um die richtige Verdünnung zu finden, kann man den zu erwartenden BSB_n der Analysenprobe, anhand des CSB-Wertes abschätzen (Tab. 2.6-2).

Es werden mindestens drei Verdünnungsansätze à 1000 mL vorbereitet. Von jedem Ansatz ist eine Doppelbestimmung durchzuführen.

Tab. 2.6-2: Verdünnungsschema

CSB	Zu erwartender BSB_5	Anteil der Wasserprobe in den Analysenansätzen		
		I. Ansatz	II. Ansatz	III. Ansatz
mg/L	mg/L	mL/L	mL/L	mL/L
20	1– 5	300	450	650
30	5– 10	200	300	450
50	10– 25	150	200	300
70	25– 40	100	150	200
50–100	40– 80	25	50	75
100–150	80–120	15	30	45
150–300	120–250	10	20	30

Bei den Proben mit kleinen BSB_5-Werten (<10 mg/L) darf zusätzlich ein Verdünnungsansatz aus einer allein mit Sauerstoff gesättigte Abwasserprobe (ohne Verdünnungswasser) bestehen.

Herstellen von Analysenansätzen (Verdünnungsansätze)

In den mit Verdünnungswasser vorgespülten Meßkolben (1000 mL) wird durch einen Trichter das erforderliche Volumen der homogenisierten Wasserprobe und der ggf. notwendigen ATH-Lösung gegeben. Mit Verdünnungswasser wird auf 1000 mL aufgefüllt und gut durchgemischt. Die Ansätze werden in Karlsruher Flaschen verteilt.

Die Flaschen müssen mit Datum, Ansatznummer und Verdünnungszeit beschriftet und randvoll gefüllt sein. An den Flaschenrandungen haftende Luftblasen werden mit einem Kunststoffstab durch Klopfen entfernt. Die bereitgestellten Verdünnungen und 2 Flaschen Verdünnungswasser werden 5 Tage bei 20 ±1 °C vor Licht geschützt inkubiert. Vor und nach der Inkubation wird in jeder Flasche der gelöste Sauerstoff elektrometrisch gemessen. Der Endwert nach 5 Tagen in den Verdünnungsansätzen darf die Sauerstoffkonzentration von 2 mg/L nicht unterschreiten.

Hinweise zur Bestimmungsmethode

- Durch den notwendigen Ansatz verschiedener Verdünnungsreihen (Screening-Test) läßt sich eine gegebenenfalls vorhandene hemmende oder toxische Wirkung mit der Methode gut nachweisen.
- Die Proben werden 5 Tage lang nicht durchgemischt; bei höheren Gehalten an abfiltrierbaren Stoffen kann es zu ungleichen Sauerstoffverteilungen in der Flasche kommen (Empfehlung: Flasche mehrmals am Tag bewegen).
- Bei falsch abgeschätzter Verdünnung kann es vorkommen, daß der zur Verfügung stehende Sauerstoff (knapp 8 mg/L) für die 5 Tage nicht ausreicht. Die erreichten Ergebnisse sind dann unbrauchbar.
- Das Ergebnis wird als ganze Zahl ohne Kommastellen angegeben (3 signifikante Stellen).

BSB_n-Berechnung [2.6-2]

Der BSB_5-Wert wird über die lineare Regression der Ergebnisse aus den einzelnen Verdünngsansätzen nach den folgenden Formeln ermittelt. Der Korrelationskoeffizient r muß größer als 0,995 sein.

$$r = \frac{N \cdot \Sigma \phi_\mathrm{i} \cdot Sv_\mathrm{ij} - \Sigma \phi_\mathrm{i} \cdot \Sigma Sv_{ij}}{\sqrt{[N \cdot \Sigma \phi_\mathrm{i}^2 - (\Sigma \phi_\mathrm{i})^2] \cdot [N \cdot \Sigma Sv_\mathrm{ij}^2 - (\Sigma Sv_\mathrm{ij})^2]}}$$

N – Proben-Anzahl
ϕ_i – Probenanteil
Sv_ij – Sauerstoffverbrauch

Der Biochemische Sauerstoffbedarf in *n*-Tagen in mg/L (BSB_n) ergibt sich aus:

$$BSB_n = \frac{N \cdot \Sigma(\phi_i \cdot Sv_{ij}) - \Sigma\phi_i \cdot \Sigma Sv_{ij} + \Sigma\phi_i^2 \cdot \Sigma Sv_{ij} - \Sigma\phi_i \cdot \Sigma(\phi_i \cdot Sv_{ij})}{N \cdot \Sigma\phi_i^2 - (\Sigma\phi_i)^2}$$

Der durch Regressionsrechnung ermittelte Sauerstoffverbrauch des Verdünnungswassers in *n*-Tagen, in mg/L, soll $Sv_{VR} < 0{,}1$ mg/L sein.

$$Sv_{VR} = \frac{\Sigma\phi_i^2 \cdot \Sigma Sv_{ij} - \Sigma\phi_i \cdot \Sigma(\phi_i \cdot Sv_{ij})}{N \cdot \Sigma\phi_i^2 - (\Sigma\phi_i)^2} \qquad (2.6.7)$$

Für PC-Anwender liegen entsprechende Auswertungsprogramme vor. Es werden lediglich die Parameter Probenanzahl, Probenmenge, Anfangs- und Endsauerstoffkonzentration eingegeben, um das Ergebnis zu erhalten.

Analytische Qualitätssicherung

Im Rahmen der analytischen Qualitätssicherung werden mit einer Glucose-Glutaminsäure-Standardlösung eine Verdünnungsreihe (mit 10, 20 und 30 mL/L Standardlösungsanteile) hergestellt und unter Zusatz von 5 mg/L ATH die Sauerstoffzehrung in 5 Tagen ermittelt. Die Beschaffenheit des Verdünnungswassers und der Standardlösungen sind nachgewiesen, wenn die berechneten Werte im Vertrauensbereich liegen (180–230 mg/L). Zusätzlich wird zu den Analysen der Standardlösungen eine Doppelbestimmung von realen Proben durchgeführt.

Respirometrische Methode

Bei der respirometrischen (manometrischen) Methode sorgt man dafür, daß die Probeflasche neben dem meist unverdünnten Abwasser ausreichend Luft enthält. Das Volumen des Gasraumes bleibt bei der Bestimmung konstant.

Der Druck der Gasphase vermindert sich durch die Sauerstoffzehrung. Der Unterdruck wird mit einem Manometer gemessen [2.6-3, 2.6-4].

Gerätezusammenstellung

- Kunststoff- oder Glasgefäße (2000 mL)
- Ultra Turrax oder Magnetrührer
- braune BSB-Flaschen
- Gummiköcher
- Trichter
- Überlaufkolben 432 mL, 365 mL, 250 mL, 164 mL, 57 mL
- Mikropipette
- Respirometer

Die Probenvorbereitung entspricht der Verdünnungsmethode DIN 38409 H51. Der Meßbereich wird ebenfalls anhand der vorher zu bestimmenden CSB-Werte gewählt. Mit dem Meßbereich hängt unmittelbar das Einfüllvolumen der Probe zusammen (Tab. 2.6-3).

Durchführung

Von einer homogenisierten Probe (temperiert auf 20 ±1 °C) werden entsprechend des gewählten Meßbereiches (Tab. 2.6-3) bestimmte Volumina mittels Überlaufkolben abgemessen und in braune BSB-Flaschen gefüllt (pro Meßstelle 3 Flaschen). Jede Flasche wird mit Magnetstäbchen und Gummiköcher versehen. In die Köcher gibt man drei NaOH-Plätzchen (Tab. 2.6-4), um das Kohlendioxid, das als Abbauprodukt entsteht, aus dem Gasraum zu entfernen (Abb. 2.6-2) [2.6-3, 2.6-4].

Tab. 2.6-3: Kenndaten für die respirometrische Methode

CSB	Meßbereich BSB_5	Einfüllvolumen	Umrechnungsfaktor
mg/L	mg/L	mL	
<50	40	432	1
<100	80	365	2
<280	200	250	5
<500	400	164	10
<1000	800	97	20

Tab. 2.6-4: Reagenzienzusammenstellung

Natriumhydroxid-Plätzchen rein	
Allylthioharnstoff ATH	600 mg $C_4H_8N_2S$ werden in 100 mL H_2O gelöst
Vaseline	

Die Flaschen werden in das Respirometer (Abb. 2.6-3) eingesetzt und mit einem Quecksilbermanometer dicht verbunden. Die Nullskala des Manometers wird auf den Meniskus der Quecksilbersäule eingestellt. Die über der eingefüllten Probe befindliche Luft enthält den für den biochemischen Abbau der organischen Inhaltsstoffe notwendigen Sauerstoff (21 Vol.%). Im Laufe der Bestimmung veratmen die Mikroorganismen zuerst den gelösten Sauerstoff, der ständig durch neuen aus dem Luftraum über der Analysenprobe ersetzt wird. Der dabei entstehende Unterdruck wird auf dem Manometer angezeigt und mit entsprechenden Umrechnungsfaktoren multipliziert. Die BSB-Werte werden jeden Tag abgelesen und in das Protokoll eingetragen. Für die grafische Auswertung des BSB-Verlaufes muß der Zeitpunkt des Ablesens notiert werden. Bei falsch gewähltem Meßbereich (Quecksilbersäule übersteigt die Skala) wird Frischluft zugeführt und die Manometerskala auf „0“ justiert. Der BSB_5 ist als Mittelwert aus den drei einzelnen Bestimmungen zu berechnen. Ausreißer werden nicht mitbewertet.

Der nach exakt 5 mal 24 Stunden ermittelte Verbrauch wird als BSB_5 bezeichnet. Die Ergebnisse werden ohne Kommastelle angegeben.

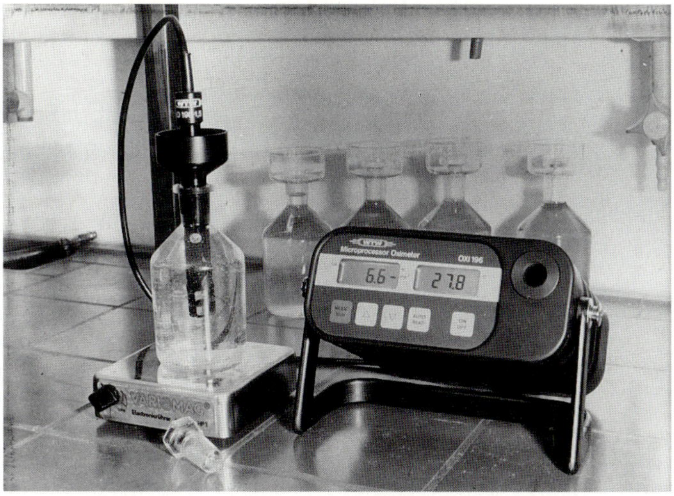

Abb. 2.6-2: Schema der Probeflasche und des Manometers bei der respirometrischen BSB-Bestimmung

Abb. 2.6-3: Respirometer

2.6.2 Einfluß von Allylthioharnstoff (ATH) auf die BSB_5-Werte

Um eine Vergleichbarkeit der Auslaufwerte verschiedener Anlagen zu gewährleisten, können die Nitrifikationsvorgänge durch Zugabe des Hemmstoffes ATH unterbunden werden (Abb. 2.6-4).

Die Mindestanforderungen für Kläranlagen (entsprechend der Rahmenverwaltungsvorschrift, Anhang 1) und die Eigenkontrollverordnung sehen daher eine Zugabe von ATH vor.

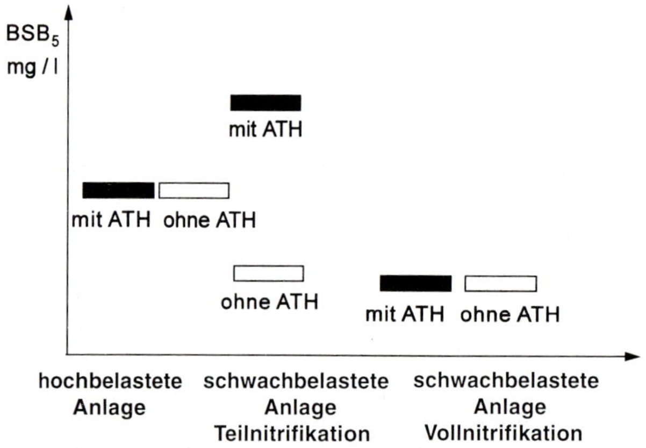

Abb. 2.6-4: Einfluß von ATH auf die Meßergebnisse

2.6.3 Hinweise zur Anwendung und mögliche Störungen und Fehlerquellen

Bei der Bestimmung des biochemischen Sauerstoffbedarfs in 5 Tagen wird davon ausgegangen, daß die Reaktion unter bestimmten Bedingungen verläuft und der Sauerstoffverbrauch einer theoretisch zu erwartenden Idealkurve entspricht (Abb. 2.6-5, Kurve 1).

In der Praxis können jedoch auch Sauerstoffverbrauchskurven auftreten, die nicht dieser Ideallinie entsprechen. Störungen können sowohl durch im Abwasser vorhandene, hemmende Stoffe als auch durch andere Fehlerquellen bei der Bestimmung vorkommen.

Beim respirometrischen BSB_5 wird der Sauerstoffverbrauch innerhalb der 5 Tage durch mehrere Zwischenablesungen erfaßt.

In Abb. 2.6-5 werden Beispiele verschiedener Kurven dargestellt, die sich bei der Bestimmung von Zulaufproben mit der respirometrischen Methode in der Praxis ergeben können.

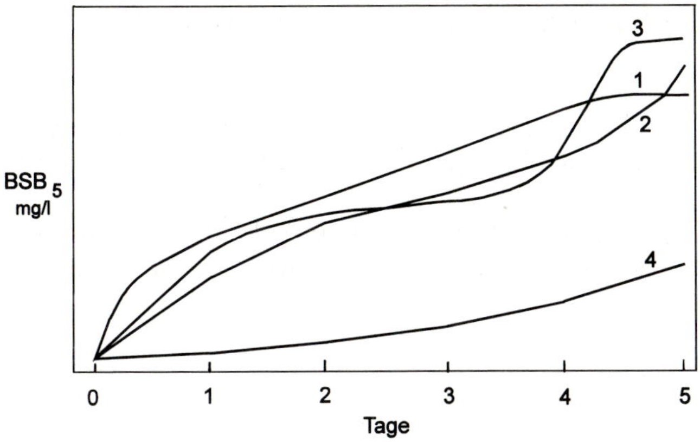

Abb. 2.6-5: Beispiele für mögliche Sauerstoffzehrungskurven [2.6-6] (respirometrische Bestimmung)

Kurve 1: Verwertbare Ergebnisse entsprechend einer Idealkurve des Sauerstoffverbrauches innerhalb der Reaktionszeit von 5 Tagen nach Hartmann [2.6-5].

Kurve 2: Der Sauerstoffbedarf erreicht während der Versuchsdauer keinen Endwert, sondern steigt nach 5 Tagen noch erheblich an. Mögliche Ursachen können in einer Hemmung der Reaktion oder zu geringen Mengen an Mikroorganismen im Abwasser sein. Das Ergebnis kann nicht verwendet werden.

Kurve 3: Die hier nach 3–4 Tagen einsetzenden Nitrifikationsvorgänge beeinflussen bei der Messung ohne ATH das Versuchsergebnis wesentlich, welches daher nicht verwendet werden kann. Eine Parallelbestimmung der Nitrat-Konzentration am Anfang und am Ende der Bestimmung ist für die Erkennung der Vorgänge hilfreich.

Kurve 4: Hemmung oder Fehler an der Analyseneinrichtung (Rührwerk defekt, schwankende Reaktionstemperatur durch ein defektes Thermostat, undichte Stellen) können zu unregelmäßigem Verlauf führen. Das Ergebnis kann nicht gewertet werden.

Die Darstellung zeigt auch, daß es sinnvoll ist, Parallelproben durchzuführen und zusätzlich Zwischenwerte innerhalb der 5-Tage-Analysendauer abzulesen.

Bei der Verdünnungsmethode ist es nicht möglich, Störungen während der Bestimmung zu erkennen, da hier nur nach exakt 5 mal 24 Stunden gemessen wird; ein Rückschluß auf mögliche Hemmungsvorgänge kann nur über die Verdünnungsreihen erfolgen.

Empfehlungen für die Praxis

In der Praxis kann daher folgende Vorgehensweise angewendet werden:

- Verwendung der Verdünnungsmethode für Proben aus dem Kläranlagenablauf. Die Bestimmung erreicht vor allem im Hinblick auf die niedrigen Werte eine hohe Genauigkeit.

- Verwendung des respirometrischen BSB_5 im Zulauf und teilgereinigtem Abwasser. Sofern Störungen zu erwarten sind, kann es sinnvoll sein, zusätzliche Zwischenablesungen (mehr als einmal täglich) vorzunehmen.

2.6.4 Darstellung und Verwendung von Meßergebnissen zur Beurteilung des Kläranlagenbetriebes

Anforderungen der Eigenkontrolle

Für die Beurteilung der Betriebsdaten ist es sinnvoll, eine grafische Darstellung zu verwenden (Abb. 2.6-6). Als Beispiel sollen hier die Analysenergebnisse von zwei Betriebsjahren für die BSB_5-Werte im Zulauf zur Vorklärung, Zulauf zur Biologie und Ablauf einer kommunalen Kläranlage dargestellt werden.

Abbildung 2.6-6 zeigt über einen Zeitraum von zwei Jahren Einzelwerte, die im wöchentlichen Abstand bestimmt wurden:

Die BSB_5-Zulaufkonzentration schwankt durchschnittl. zwischen 200–400 mg/L, wobei sich keine jahreszeitliche Abhängigkeit erkennen läßt. Die Abbauleistung der Vorklärung ist teilweise sehr hoch (bis zu 50%), was zu ungünstigen Voraussetzungen im Hinblick auf die Stickstoffelimination führt (BSB_5-Werte von 120–240 mg/L).

Die schwach belastete Biologie baut die organischen Inhaltsstoffe unabhängig von der Zulaufkonzentration weitgehend ab (Abb. 2.6-6, Ablaufwerte <10 mg/L).

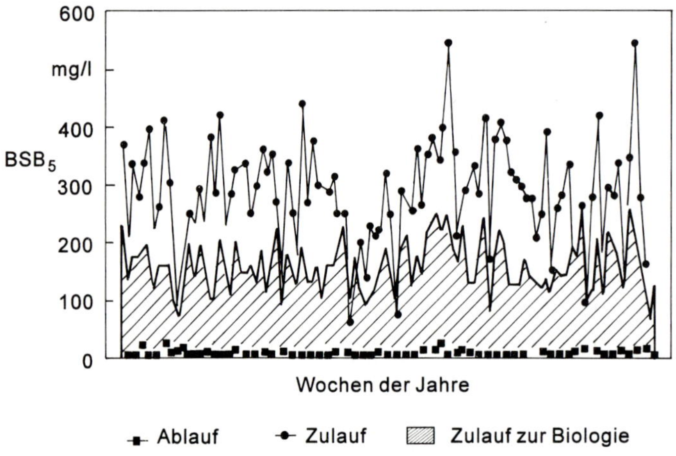

Abb. 2.6-6: Biochemischer Sauerstoffbedarf, Eigenkontrollwerte [2.6-6]

Danksagung

Recht herzlichen Dank an Herrn Jörg Frey für die engagierte Mithilfe bei der Datenauswertung.

Literatur

[2.6-1] Verordnung des Umweltministeriums über die Eigenkontrolle von Abwasseranlagen (EigenkontrollVO), GBl.1989.

[2.6-2] *Deutsche Einheitsverfahren zur Wasser-, Abwasser- und Schlammuntersuchung* DIN 38409 H51, Weinheim: VCH.

[2.6-3] Deutsche Einheitsverfahren zur Wasser-, Abwasser- und Schlammuntersuchung, DIN 38409 H52, Weinheim, VCH.

[2.6-4] BSB-Fibel, Grundlagen des BSB, Bestimmungsverfahren und ihre Leistungsfähigkeit, Verfahrenskenngrößen, Wissenschaftlich-Technische Werkstätten GmbH Weilheim, 1991.

[2.6-5] Hartmann, L., *Biologische Abwasserreinigung,* Berlin-Heidelberg-New York: Springer-Verlag, 1983.

[2.6-6] Betriebstagebuch der Kläranlage Pforzheim, 1992, 1993.

2.7 CSB Analytik (nach der DIN-Methode) im Rahmen der Prozeßkontrolle

Barbara Cybulski und Wolfgang Körber

Stadt Pforzheim, Amt für Stadtentsorgung

Neben dem BSB ist der Chemische Sauerstoffbedarf (CSB) der wichtigste Summenparameter für die Beurteilung der Vorgänge im Klärwerksbetrieb (Tab. 2.7-1).

Tab. 2.7-1: Zusammenstellung verschiedener Summenparameter

	$KMnO_4$-Verbrauch	CSB	BSB_5 (respirometrisch)	BSB_5 Verdünnung
Oxidationsmittel	KMnO4 + H_2SO_4	$K_2Cr_2O_7$ + H_2SO_4 + Ag_2SO_4	gelöster Sauerstoff + Mikroorganismen	gelöster Sauerstoff + Mikroorganismen
Auswertung	Titration mit $KMnO_4$ und $H_2C_2O_4$	Photometrie oder Titration: mit Fe(II)	jeden Tag Anzeige des Manometers · Faktor	nach 5 Tagen mit O_2-Meßgerät oder Titration nach Winkler
Reaktionszeit	10 min	2 h	5 d	5 d
Temperatur	≈100 °C	148 °C	20 °C	20 °C
Selektivität der Methode	biologisch leicht abbaubare Stoffe	leicht, schwer abbaubare und anorganische oxidierbare Stoffe	biologisch leicht abbaubare organische Stoffe	biologisch leicht abbaubare organische Stoffe
Meßwerte einer kommunalen Kläranlage in (mg/L)				
Auslauf	20	30	5	6
Zul. Biologie	120	200	120	140
Zulauf	150	300	200	–

Die Analysenergebnisse sind i.a. relativ schnell verfügbar, die Genauigkeit und Reproduzierbarkeit ist hoch. Der CSB ist darüber hinaus einer der maßgeblichen Parameter bei der Abwasserabgabe.

2.7.1 Bestimmung des CSB

Die Analysenprobe wird mit dem Oxidationsmittel (Kaliumdichromat, $K_2Cr_2O_7$) und dem Katalysator (Silbersulfat Ag_2SO_4) in stark schwefelsaurer Lösung unter definierten Bedingungen erhitzt. Die bei der Oxidation nicht verbrauchten Cr(VI)-Ionen werden maßanalytisch erfaßt.

$$2\,Cr_2O_7^{2-} + 6\,H_2O + 16\,H^+ \longrightarrow 3\,O_2 + 4\,Cr^{3+} + 14\,H_2O$$

Cr(VI) oxidiert allerdings außer organischen Stoffen auch anorganische Stoffgruppen, z. B. organische Stickstoffverbindungen (mit Stickstoff in reduzierter Form), Schwefelverbindungen (wie Sulfid, Sulfit, Thiosulfat, Mercaptane), Chlorid, Bromid und Jodid, zu Nitraten, Sulfaten, Chlor, Brom und Jod auf. Daneben liegen Chlorid-Ionen im Abwasser in erheblichen Konzentrationen vor und bereits unter milden Reaktionsbedingungen werden sie zu Chlor oxidiert [2.7-1].

$$6\,Cl^- + Cr_2O_7^{2-} + 14\,H^+ \longrightarrow 3\,Cl_2 + 2\,Cr^{2+} + 7\,H_2O$$

Aus dieser Gleichung läßt sich errechnen, daß für Chlorid-Konzentrationen von 100–1000 mg/L, die oft im Abwasser vorliegen, 23–230 mg/L Sauerstoff benötigt werden.

Deshalb müssen hohe Chloridkonzentrationen aus der Probe eliminiert werden. Es gibt in der Praxis mehrere Methoden, die Chloridstörungen zu eliminieren (z. B. Fällung, Strippung, Maskierung). Die CSB-Bestimmung wird nach den gültigen Referenzmethoden DIN 38409 H41-H44 durchgeführt (Tab. 2.7-2). Im Kläranlagenbe-

Tab. 2.7-2: Übersicht der angewandten Referenzmethoden

Methode	Meßbereich	Reaktionszeit	Chloridgehalt	Chloridmaskierung
DIN 38409 H41-1	>15 mg/L	2 h	<1 g/L	mit Quecksilbersulfat
DIN 38409 H41-2	>15 mg/L	2 h	>1 g/L	Chlorid wird als Chlorwasserstoff ausgetrieben, der Rest mit Quecksilbersulfat maskiert
DIN 38409 H42	>15 mg/L	2 h		Chlorid wird nicht maskiert
DIN 38409 H44-1	5–50 mg/L	2 h	<0,3 g/L	mit Quecksilbersulfat
DIN 38409 H44-2	5–50 mg/L	2 h	>0,3 g/L	siehe DIN 38409 H41-2
Kurzzeitverfahren				
DIN 38409 H43-1	>15 mg/L	15 min	<1 g/L	mit Quecksilbersulfat
DIN 38409 H43-2	>15 mg/L	15 min	>1 g/L	siehe DIN 38409 H41-2

reich wird meist das Verfahren H 41-1 für ungereinigtes Abwasser und H 44-1 für den Ablauf der Kläranlage eingesetzt.

Für die in Tab. 2.7-2 aufgeführten Bestimmungsmethoden, werden die nachfolgend aufgeführten Geräte bzw. die in Tab. 2.7-3 genannten Reagenzien verwendet.

Gerätezusammenstellung

- Rückflußeinrichtung (Schliffkolben + Rückflußkühler)
- Thermostatblock
- Meßkolben, Nennvolumen 100 und 1000 mL
- Vollpipetten, Nennvolumen 5 mL, 10 mL, 20 mL und 25 mL
- Dispenser, Nennvolumen 10mL, 20mL, 50 mL
- Bürette, Nennvolumen 50 mL oder Titroprozessor
- Glasperlen

Tab. 2.7-3: Reagenzienzusammenstellung

Schwefelsäure	H_2SO_4 = 1,84 g/mL
Schwefelsäure Silbersulfathaltig	10 g Ag_2SO_4 + 35 mL H_2O + 965 mL H_2SO_4
Kaliumdichromatlösung Quecksilbersulfathaltig	5,884 g $K_2Cr_2O_7$ + 80 g $HgSO_4$ + 100 mL H_2SO_4 + 900 mL H_2O
Ammoniumeisen(II)-sulfat-Lösung	47,1 g $(NH_4)_2Fe(SO_4)_2 \times 6\ H_2O$ + 20 mL H_2SO_4 + 980 mL H_2O
Ferroin-Indikator-Lösung	1,485 g $C_{12}H_8N_2 \times H_2O$ + 0,980 g $(NH_4)_2Fe(SO_4)_2 \times 6\ H_2O$ wird auf 100 mL mit Wasser aufgefüllt
Kaliumhydrogenphthalat-Lösung	0,170 g $KHC_8H_4O_4$ (2 h bei 105 °C getrocknet) wird mit Wasser auf 1000 mL aufgefüllt
Als Wasser ist bidestilliertes Wasser zu verwenden	

Der CSB wird im allgemeinen aus den homogenisierten Ansätzen von 24-Stunden-mengenproportionalen Mischproben oder den qualifizierten Schöpfproben bestimmt. Dazu werden in ein Reaktionsgefäß 20 mL Wasserprobe gegeben und mit 10 mL der schwefelsauren und quecksilbersulfathaltigen Kaliumdichromatlösung versetzt; anschließend wird die Probe gut durchgemischt. Danach werden 30 mL silbersulfathaltige Schwefelsäure langsam zugegeben. Gegen Siedeverzug werden Glasperlen verwendet. Bei der Dosierung von Reagenzien ist es empfehlenswert, gegen die Wärmeentwicklung ein Eisbad zu benutzen. Nachdem der Rückflußkühler montiert ist, wird die Probe innerhalb von 10 Minuten zum Sieden erhitzt. Sie muß noch weitere 110 Minuten bei der Reaktionstemperatur von 148 ±3 °C schwach sieden (Abb. 2.7-1).

Danach wird durch den Kühler die Probe auf mindestens 100 mL mit bidestilliertem Wasser verdünnt und auf Raumtemperatur abgekühlt. Nach Zugabe von zwei Tropfen Ferroin-Lösung wird das Reaktionsgemisch mit 0,1 N Ammoniumeisen(II)sulfat-Lösung titriert, bis die Farbe von blaugrün nach rot-braun umschlägt. Um einen Blindwert zu ermitteln, wird die gleiche Analyse mit destilliertem Wasser durchgeführt [2.7-1].

Abb. 2.7-1: CSB-Meßplatz

Auswertung

Der Chemische Sauerstoffbedarf der Probe wird nach folgender Gleichung berechnet:

$$C_{CSB} = \frac{C_{Fe(II)} \cdot f}{V_P} \cdot (V_{Fe(II)\text{-}B} - V_{Fe(II)\text{-}P})\ (\text{mg/L})$$

$C_{Fe(II)}$: Konzentration der $(NH_4)_2Fe(SO_4)_2$-Lösung (mmol/L)
f: Äquivalenzfaktor ($f = 8000$ mg/mol)
$V_{Fe(II)\text{-}B}$: Volumen der bei der Blindprobe verbrauchten $(NH_4)_2Fe(SO_4)_2$-Lösung (mL)
$V_{Fe(II)\text{-}E}$: $(NH_4)_2Fe(SO_4)_2$-Verbrauch bei der Analysenprobe (mL)
V_P: Volumen der Analysenprobe

2.7.2 Mögliche Fehlerquellen und Störungen

Für die Bestimmung des CSB ist insbesondere die Einhaltung der folgenden Randbedingungen zu beachten:

- *Art der Probenahme:* Es muß eine repräsentative Probe sein (s. Abschn. 2.2).
- *Probenaufbereitung:* Es werden homogenisierte Proben untersucht (s. Abschn. 2.1).
- *Zeitraum zwischen der Probenahme und Analyse:* Die Proben, die nicht sofort nach der Probenahme analysiert werden können, müssen kühl aufbewahrt werden.
- *Reaktionszeit und -temperatur:* Die Reaktionszeit von zwei Stunden muß eingehalten werden, das Thermostat wird mit einem Thermometer regelmäßig überprüft.
- *Überprüfung der Ammoniumeisen(II)-sulfatkonzentration:* Es muß täglich eine Titerbestimmung durchgeführt werden. Dazu werden 10 mL der Kaliumdichromat-Lösung mit Wasser auf 100 mL verdünnt und mit 30 mL Schwefelsäure versetzt (Tab. 2.7-3). Die Probe wird mit Ammoniumeisen(II)-sulfat-Lösung bei Zugabe von zwei Tropfen Ferroin titriert [2.7-1]. Die Konzentration der Lösung wird nach folgender Gleichung berechnet:

$$C_{\mathrm{Fe(II)}} = \frac{V_{\mathrm{Cr(VI)}} \cdot C_{\mathrm{Cr(VI)}} \cdot f}{V_{\mathrm{Fe(II)}}} \quad (\mathrm{mg/L})$$

$C_{\mathrm{Fe(II)}}$: Konzentration der Ammoniumeisen(II)-sulfat-Lösung
$V_{\mathrm{Cr(VI)}}$: vorgelegtes Volumen der Kaliumdichromat-Lösung (10 mL)
$C_{\mathrm{Cr(VI)}}$: Konzentration der Kaliumdichromat-Lösung
f: Äquivalenzfaktor (hier $f = 6$)
$V_{\mathrm{Fe(II)}}$: Volumen der bei der Titration verbrauchten Ammoniumeisen(II)-sulfat-Lösung

Um mögliche Fehler zu vermeiden, sollten Standardlösungen und Vergleichsuntersuchungen mit anderen Labors in das Meßprogramm jeder Kläranlage einbezogen werden.

2.7.3 Darstellung von Meßergebnissen zur Betriebsbeurteilung

Die Bestimmung des Parameters chemischer Sauerstoffbedarf (CSB) ist beispielsweise in der Eigenkontrollverordnung der Kläranlagen [2.7-2] für mehrere Meßstellen vorgeschrieben.

Um die betrieblichen Zusammenhänge besser interpretieren zu können, sollten zusätzlich zum Betriebstagebuch grafische Darstellungen der Meßwerte erstellt werden (Abb. 2.7-2).

In der Abb. 2.7-2 sind Wochenmittelwerte aus je sechs Einzelbestimmungen des CSB über einen Zeitraum von zwei Jahren dargestellt. Die CSB-Zulaufkonzentration schwankt erheblich zwischen 100 und 400 mg/L, wobei die niedrigen Konzentrationen die Folgen von Regenperioden sind. Eine jahreszeitliche Abhängigkeit ist nicht

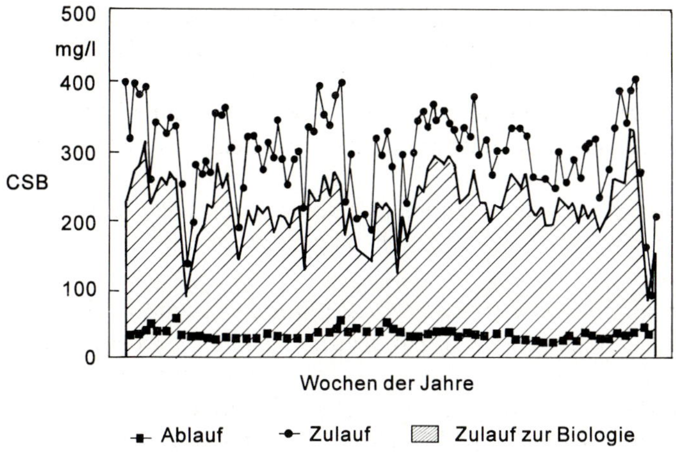

Abb. 2.7-2: Darstellung der CSB-Werte einer kommunalen Kläranlage [2.7-3]

erkennbar. Die Vorklärung vermindert im Durchschnitt den CSB um 25%. Durch die schwachbelastete biologische Stufe werden Auslaufkonzentrationen von 30 bis 40 mg/L CSB in der 24 Stunden mengenproportionalen Mischprobe erreicht.

Für die Festlegung von Überwachungswerten entsprechend dem Abwasserabgabengesetz ist die Verwendung von Häufigkeitsverteilungen sinnvoll (Abb. 2.7-3).

Um eine *CSB-Häufigkeitsverteilung* zu ermitteln, werden alle Einzelwerte der Größe nach geordnet. Danach werden die prozentualen Anteile berechnet (Summenhäufigkeit), wobei die Gesamtanzahl der Werte als 100% bezeichnet wird (Abb. 2.7-3).

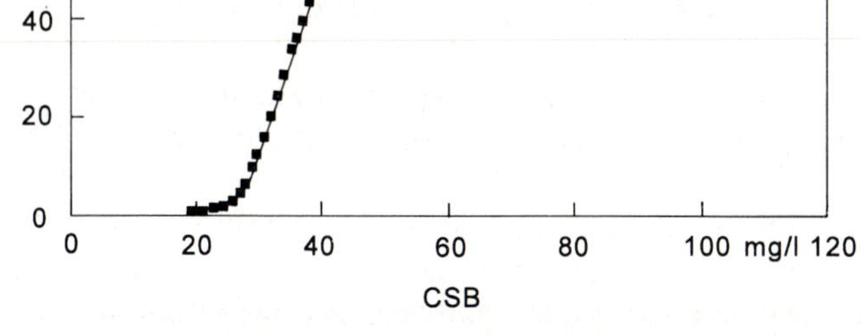

Abb. 2.7-3: CSB-Häufigkeitsverteilung in den Proben vom Ablauf einer kommunalen Kläranlage [2.7-3]

Die Summenhäufigkeitskurve zeigt einen Knick bei einem CSB von ca. 52 mg/L, der auf zusätzliche hydraulische Einflüsse (durch Regenwetterzufluß) zurückzuführen ist. Entsprechend der gewünschten betrieblichen Sicherheit z. B. Einhaltung des 85% bzw. 90% Wertes, ergibt sich der CSB-Wert. Dieser ist zur Festlegung des Überwachungswertes mit einem Faktor zu multiplizieren, der sich aus dem Verhältnis der Tagesmischprobe und einer qualifizierten Schöpfprobe ergibt. Für die Auswertung der Betriebsdaten ist es auch erforderlich verschiedene Parameter zu vergleichen. Das Verhältnis zwischen CSB und BSB_5 läßt sich wie folgt ermitteln:

- Es muß eine möglichst große Anzahl von Meßwerten von der gleichen Meßstelle vorliegen.
- Es dürfen nur zugehörige Einzelwerte in das Verhältnis gesetzt werden (keine Verwendung von Wochenmittelwerten u. ä.).
- Beide Parameter müssen aus ein und derselben homogenisierten Probe bestimmt werden.
- Ausreißer, z. B. durch Regenwetterzulauf, werden nicht gewertet.

Die Ermittlung des Faktors von BSB_5 zu CSB ermöglicht dem Betriebspersonal bei vorhandenen CSB-Werten täglich wichtige Betriebswerte, wie Raumbelastung B_R oder Schlammbelastung B_{TS}, zu berechnen, um beispielsweise den Überschußschlammabzug zu steuern (Abb. 2.7-4).

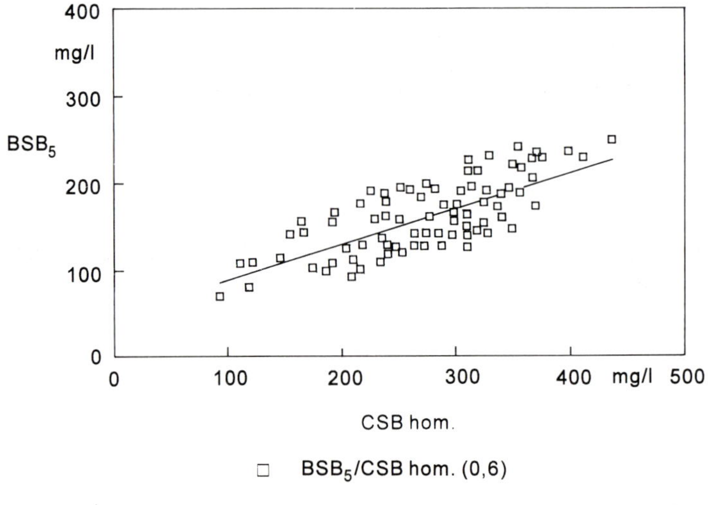

Abb. 2.7-4: Relation BSB_5 zu CSB im Zulauf zur biologischen Stufe in einer kommunalen Kläranlage [2.7-3]

Für die Betriebsbeurteilung läßt sich eine Vielzahl weiterer Abhängigkeiten sinnvoll darstellen, wie z. B.:

- CSB zu Stickstoff im Zulauf zur biologischen Stufe
- CSB zu organischen Säuren im Zulauf zur biologischen Stufe (Abb. 2.7-5)
- CSB zur Trübung im Ablauf

- CSB zu Phosphat im Ablauf
- CSB zu abfiltrierbaren Stoffen im Ablauf

Der Gehalt an organischen Säuren im Zulauf zur Biologie ist ein Maß für den Gehalt an leicht abbaubaren Stoffen und damit ein Indikator für den zu erwartenden Erfolg oder dem zu erwartenden Aufwand für die weitergehende Denitrifikation. Der mittlere Wert an organischen Säuren liegt in der Abb. 2.7-5 bei 39 mg/L, was als niedrig einzustufen ist [2.7-4].

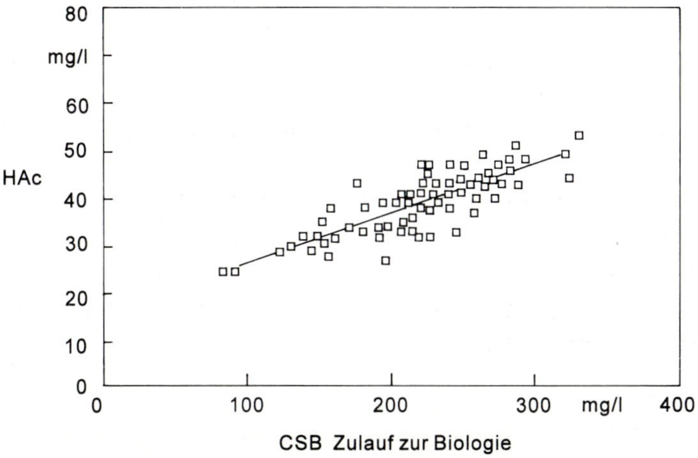

Abb. 2.7-5: Relation zwischen organischen Säuren (HAc) und CSB [2.7-3]

Danksagung

Recht herzlichen Dank an Herrn Jörg Frey für die engagierte Mitarbeit bei der Auswertung der umfangreichen Betriebsdaten.

Literatur

[2.7-1] Deutsche Einheitsverfahren zur Wasser-, Abwasser- und Schlammuntersuchung, DIN 38409, Bestimmung des Chemischen Sauerstoffbedarfs (CSB), Weinheim: VCH.

[2.7-2] Verordnung des Umweltministeriums über die Eigenkontrolle von Abwasseranlagen (EigenkontrollVO), GBl. 1989.

[2.7-3] Betriebstagebuch der Kläranlage Pforzheim, 1992, 1993.

[2.7-4] Cybulski, B.: Maßnahmen zur Verbesserung der Denitrifikationsleistung auf der Kläranlage Pforzheim, Aufbau-Seminar Dr. Lange Nr. 1178, 1994.

2.8 Feldmethoden zur Bestimmung von CSB, Phosphor und Stickstoff

Stefan Mandel

Institut für Biologische Verfahrenstechnik
Fachhochschule für Technik, Mannheim

Feldmethoden sind einfache, „vor Ort" anwendbare Analysenmethoden zum einfachen Nachweis von Ionen und diversen Parametern. Die Testsysteme sind ohne große analytische Vorkenntnisse anwendbar und führen schnell zum Ergebnis. Die Entsorgung der Analysenrückstände übernimmt der Hersteller.

Feldmethoden sind anwenderorientiert und dienen der Betriebsanalytik, also weniger dem Nachweis der Grenzwerteinhaltung, als vielmehr der eigenen Kontrolle eines funktionierenden Betriebsablaufs.

2.8.1 Allgemeines zu Küvettentestsystemen

Das hier beschriebene Küvettentestsystem setzt sich aus den Komponenten

- Photometer
- Heizblock
- Küvettentest

zusammen. Abbildung 2.8-1 zeigt beispielhaft ein solches Küvettentestsystem.

Neben Dr. Lange bieten die Firmen Hach, Macherey + Nagel, Merck und WTW diese Systeme an. Im folgenden wird vor allem auf die von Dr. Lange angebotenen Geräte eingegangen, da mit diesen Geräten zur Bestimmung von CSB, P und N die meisten Erfahrungen gesammelt wurden.

Photometer
Die Spektral-Photometer der fünf genannten Hersteller ähneln sich in ihrem Aufbau und ihrem Einsatzbereich. Die Lichtquelle ist je nach Bauweise und Anforderung eine Deuterium-, Halogen- oder Wolfram-Lampe. Die Geräte besitzen alle einen Monochromator, durch den polychromatisches Licht gebrochen und über Spiegel so weitergeleitet wird, daß nur die gewünschte Wellenlänge durch die zu untersuchende

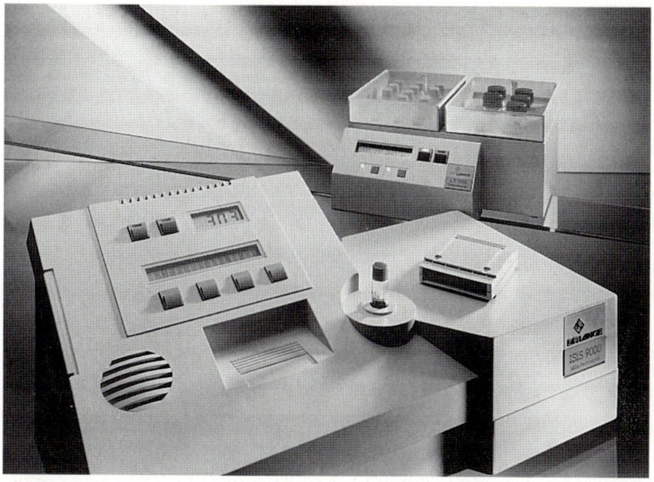

Abb. 2.8-1: Küvettentestsystem (Dr. Lange)

Probe strahlt. Das so erzeugte monochromatische Licht (Licht einer Wellenlänge) gelangt in den Küvettenschacht, in den die zur Bestimmung vorgesehene Küvette gestellt wird. Der Küvettenschacht ist in allen Geräten sowohl für Rund- als auch für Rechteckküvetten ausgelegt, wobei das Licht innerhalb der Rechteckküvetten wegen ihres längeren Strahlenganges stärker absorbiert wird. Sie finden deshalb vor allem in der Spurenanalytik Anwendung. Der Küvettenschacht kann auch mit einer Durchflußküvette ausgerüstet werden, so daß eine Probe in den Strahlengang gepumpt werden kann. Die Messung dafür erfolgt entweder manuell oder automatisch über eine Durchflußsteuereinheit. Die erhaltenen Werte können über einen Drucker, Plotter oder PC ausgegeben und je nach Bauart auch direkt gespeichert werden.

Teilweise besitzen die Photometer Akkus mit großer Ladungskapazität, um die anfallenden Proben vor Ort untersuchen zu können. Die Meßgenauigkeit ändert sich dadurch nicht.

Das Photometer kann bis zu 100 Testprogramme speichern, was dem Anwender die Routineanalytik sehr vereinfacht.

Heizblock

Der Heizblock dient der Probenaufbereitung im Rahmen der Bestimmung des CSB, Gesamt-Phosphors und Gesamt-Stickstoffs. Er kann bei verschiedenen Temperaturen für den thermischen Aufschluß betrieben werden. Je nach Ausführung des Gerätes können bis zu 25 Aufschlüsse gleichzeitig durchgeführt werden.

Küvettentests

Mittlerweile stehen zur schnellen analytischen Bestimmung eine Vielzahl an Küvettentests zur Verfügung. Eine kleine Auswahl davon sind Sulfat, Ammonium, Nitrat, Phosphat, anionische Tenside, Metalle oder auch der Chemische Sauerstoffbedarf. Die Tests werden in unterschiedlichen Konzentrationsbereichen angeboten.

Die Küvettentests bestehen prinzipiell aus einer Küvette, in der sich eine Lösung befindet, einer Nullküvette zum Abgleich des Nullpunktes und einer Arbeitsvorschrift. Bei einigen Tests ist eine zweite Reaktionsreagenz notwendig. Verschiedene Tests müssen kühl gelagert werden, um die Haltbarkeit zu verlängern.

Eine Darstellung der normalerweise verwendeten Küvetten zeigt Abb. 2.8-2. In der Spurenanalytik werden lange Rechteckküvetten (bis zu 50 mm Durchmesser) aus Plastik verwendet. Jede Küvette ist zunächst vor der Messung von Schmutz (z. B. Fingerabdrücken) zu befreien. Die in der Packung des Tests enthaltene Vorschrift ist genau zu befolgen.

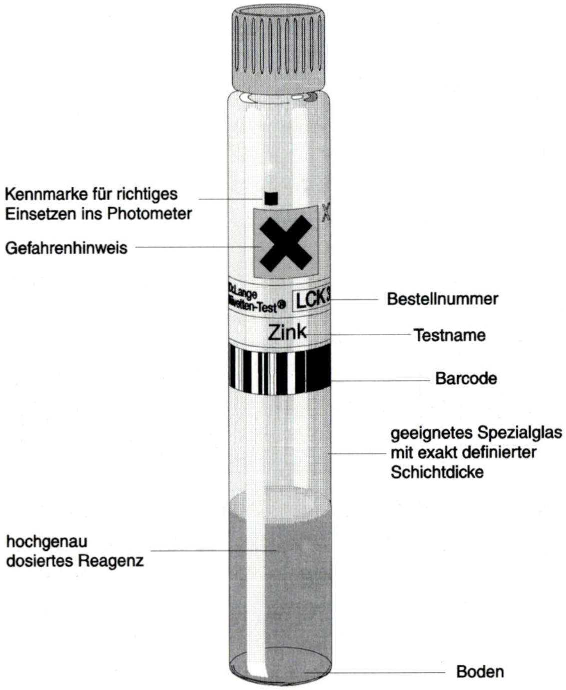

Abb. 2.8-2: Rundküvette (Dr. Lange)

Es ist bei allen Küvettentests auf das Verfallsdatum und die richtige Lagertemperatur zu achten. *Vor Anwendung der Tests sollten diese Raumtemperatur erreicht haben*, da chemische Reaktionen temperaturabhängig sind.

Sicherheitshinweise zu den einzelnen Tests sind in der Arbeitsvorschrift angegeben. Teilweise werden in den Tests ätzende und giftige Chemikalien verwendet (z. B. konzentrierte Schwefelsäure oder Quecksilber). Es sollte daher immer mit Schutzbrille gearbeitet werden. Die im Test enthaltene Arbeitsvorschrift erlaubt auch dem Nichtanalytiker eine unkomplizierte Durchführung der Bestimmungen.

2.8.2 Erfahrungen bei der Durchführung

Neben den oben genannten Geräten (Photometer und Heizblock) und dem jeweiligen Küvettentest sind für die Zudosierung der zu untersuchenden Probe noch variable Meßpipetten (Meßbereich von 100–1000 μL und 1000–5000 μL) notwendig. Zur Probenvorbereitung ist bei manchen Tests entsprechendes Laborgerät, z. B. Filter, Trichter, Bechergläser, etc. erforderlich (s. Abschn. 2.1). Vor allen photometrischen Untersuchungen sind die Feststoffe abzutrennen, da bei der Messung in der Lösung enthaltene Feststoffe das Licht absorbieren und die Messung dadurch verfälschen.

Zur Messung wird das entsprechende Testprogramm angewählt. Das Kalibrierungsprogramm führt am Photometer zunächst eine Eichung durch. Danach wird die im Küvettentest mitgelieferte Nullküvette wie vom Testprogramm gefordert, in das Gerät eingesetzt. Zu der in den Küvetten befindlichen Reaktionslösung pipettiert man die benötigte Menge an Probenlösung und wartet die im Testprogramm angegebene Zeit bis zur Messung ab. Hierzu stellt man das Reaktionsgemisch bei Raumtemperatur in den Küvettenschacht und bestätigt abermals. Der Meßwert kann nun abgelesen werden. Er muß im verwendeten Meßbereich liegen, um Meßwertüberschreitungen zu verhindern.

Die Ergebnisdarstellung kann bei Ionen oft in zwei Formen erfolgen, z. B. bei Phosphat (PO_4) als Gesamtmolekül in mg/L oder als Phosphat-Phosphor (PO_4-P), wobei hier lediglich auf das Phosphoratom Bezug genommen wird. Die Werte sind auf der Basis der später genannten Faktoren umrechenbar. Die Meßergebnisse sollten immer mit den entsprechenden Fehlergrenzen angegeben werden. Sie sollten im oberen angegebenen Meßbereich liegen, da die prozentuale Abweichung dort deutlich geringer ist als im unteren.

Zur Überprüfung und Sicherung der erhaltenen Ergebnisse sind bei Beginn und am Ende der Untersuchungsreihe immer Standardlösungen im entsprechenden Meßbereich zu analysieren (analytische Qualitätssicherung, vgl. Abschn. 2.9). Fehlerquellen können u. a. falsch kalibrierte, verschmutzte oder Luft ansaugende Meßpipetten sein. Ergebnisverfälschungen, die oft unbemerkt bleiben, werden auch durch andere in der Probe vorkommende Ionen ausgelöst. Störfaktoren sind in der jeweiligen Arbeitsvorschrift aufgeführt. Synergismen sind dort jedoch nicht berücksichtigt.

Die Küvetten-Tests müssen ordnungsgemäß entsorgt werden und sind deshalb nach Gebrauch wieder in die mitgelieferte Verpackung zurückzustecken. Die Entsorgung übernimmt die Herstellerfirma.

2.8.3 CSB-Bestimmung mit Küvettentestsystemen

Grundlage des Verfahrens ist die Oxidation organischer Substanzen mit Kaliumdichromat ($K_2Cr_2O_7$) in schwefelsaurem Medium. Kaliumdichromat ist ein mittelstarkes Oxidationsreagenz (Redoxpotential: +1,33 V) [2.8-1]. Es reagiert in saurem Medium nach folgender Gleichung:

$$\underset{\text{gelb}}{Cr_2O_7^{2-} + 6\,e^- + 14\,H_3O^+} \longrightarrow \underset{\text{grün}}{2\,Cr^{3+} + 21\,H_2O}$$

Viele Substanzen werden fast vollständig oxidiert, einige Verbindungen jedoch, wie z. B. Pyridin, stickstoffhaltige Heterocyclen, Paraffine u. a., sind unter solchen Bedingungen nur in einem geringen Umfang oxidierbar [2.8-2]. Aus Gründen der unvollständigen Oxidation wird deshalb Silbersulfat als Katalysator zugesetzt. Da Chlorid, das in diesem Medium zu Chlor reagiert, stört, wird mit Quecksilber(2)sulfat maskiert. Für 1 mg Chlorid sind hierzu 10 mg Maskierungsmittel notwendig [2.8-3].

Die nach der Oxidationsreaktion entstandene Färbung wird photometrisch als Extinktion erfaßt. Der CSB-Wert wird intern über einen Faktor berechnet.

An der unteren Grenze des Meßbereiches ist eine größere prozentuale Abweichung aufgrund der Farbentwicklung der oxidierten Probe zu beobachten. In niedrigen Bereichen liegen relativ wenige oxidierbare Stoffe vor, so daß auch wenig Kaliumdichromat zum Chrom(III)-Salz reduziert wird. In der zu messenden Küvette überwiegt also der Chrom(VI)-Anteil, d. h. die Gelbfärbung, die im Vergleich zu einer Nullküvette zur Messung herangezogen wird. Im oberen Meßbereich wird demgegenüber das Chrom(III)-Salz gemessen, da es durch den zunehmenden Anteil der zu oxidierenden Substanzen in einer höheren Konzentration als das Chrom(VI)-Salz vorliegt.

Nach der Arbeitsvorschrift sollten die zudosierten Proben feststofffrei sein. Die Praxis hat aber gezeigt, daß *gut homogenisierte Proben* mit geringen Feststoffgehalten keine Trübung nach der Oxidation mehr aufweisen.

Verfälschungen können ebenfalls durch erhöhte Chlorid-Konzentrationen (ab etwa 1,5 g/L) auftreten.

Die gelieferten Küvetten enthalten Oxidationsmittel, Katalysator und Maskierungsmittel. Die in der Arbeitsvorschrift angegebene Probemenge wird zugegeben und auf dem Heizblock bei ca. 150 °C 2 Stunden oxidiert. Hierbei ist unbedingt eine *Schutzbrille* zu tragen, da mit Chromschwefelsäure gearbeitet wird. Nach zweistündigem Aufschluß wird die Küvette dem Heizblock entnommen. Es hat sich gezeigt, daß dabei häufig Schlierenbildung auftritt und somit eine Ergebnisverfälschung bei sofortiger Messung eintreten könnte. Zur Vermeidung dieser Fehlerquelle wird die Küvette geschüttelt, wodurch die Lösung homogenisiert wird. Man kühlt auf Raumtemperatur ab. Eine weitere Fehlerquelle kann ein Schütteln direkt vor der Messung darstellen, da der Katalysator und das Maskierungsmittel, die sich als Bodensatz in der Küvette befinden, aufgewirbelt werden und somit bei der Messung zusätzlich Licht absorbieren. Ergebnisse eines CSB-Ringversuches [2.8-4] bestätigen die oben gemachte Feststellung der höheren prozentualen Abweichungen in den unteren Meßbereichen. Untersuchungen zwischen dem CSB-Küvettentest von Dr. Lange und dem ISO-Verfahren zeigen geringe Differenzen, die in derselben Größenordnung liegen, wie bei Doppelbestimmungen mittels ISO-Verfahren [2.8-5].

Im Rahmen von Diplomarbeiten am Institut für Biologische Verfahrenstechnik der FHT-Mannheim wurden Vergleichsuntersuchungen zur CSB-Bestimmung von Überstandswasser eines desintegrierten Klärschlammes durchgeführt. Der am Insti-

Tab. 2.8-1: Vergleich DIN- und Feldmethode bezüglich CSB

Proben-Nr.	CSB (mg/L) nach DIN	CSB (mg/L) nach Dr. Lange	Abweichung (%)
1	266	268 ± 30	0,8
2	578	524 ± 30	9,3
3	652	616 ± 30	7,0

tut durchgeführte Dr. Lange Küvettentest LCK 114 wurde mit der DIN 38409 Teil 41 verglichen. Die Untersuchungsergebnisse sind in Tab. 2.8-1 und Abb. 2.8-3 dargestellt.

Eindeutiger Vorteil der CSB-Feldmethode gegenüber anderen Verfahren ist die Verwendung kleinerer Reagenzienmengen, so daß Silber- und Quecksilbersulfat eingespart werden. Ein Nachteil der Methode sind die Einflüsse der Störkomponente Chlorid, die schon in relativ niedriger Konzentration die Messung beinflußt. Durch eine Verdünnung der Probe kann die Störung beseitigt werden.

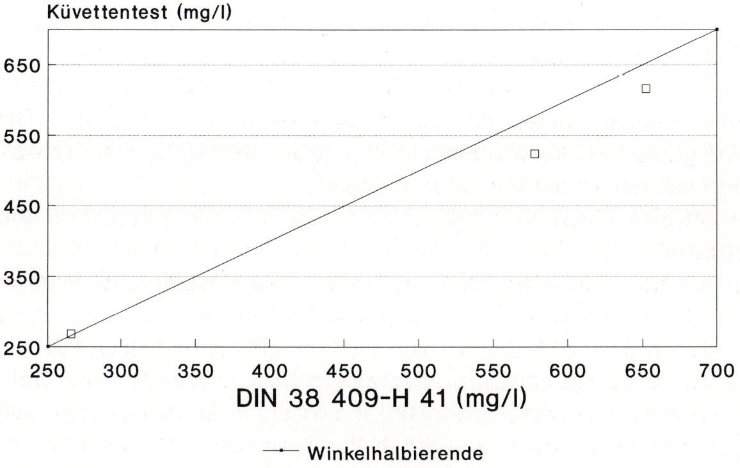

Abb. 2.8-3: Vergleich CSB-Messung DIN/Küvettentest

2.8.4 Phosphor-Bestimmung mit Küvettentestsystemen

Der Anwendungsbereich der Phosphorküvettentestsysteme liegt vor allem in der Abwasseranalytik. Im Abwasser liegt der Gesamtphosphor (P_{ges}) als ortho-Phosphat (PO_4), Polyphosphat ($H(PO_3H)_xH_2PO_4$) und als organisch gebundener Phosphor ($R\text{-}PO_4$) vor.

$$m(\mathbf{P}_{ges}) \equiv m(\mathbf{P}O_4 + H(\mathbf{P}O_3H)_xH_2\mathbf{P}O_4 + R\text{-}\mathbf{P}O_4)$$

Die Masse $\mathbf{P}_{ges}$ setzt sich aus der Summe der Masse der P-Atome zusammen, die in den Einzelverbindungen vorhanden sind. Hieraus ergeben sich auch die verschiedenen Bestimmungsmöglichkeiten als:

- Gesamtphosphor (P_{ges})
- ortho-Phosphat (PO_4)
- ortho-Phosphat-Phosphor (PO_4-P)

Die Küvettentests sind zur Bestimmung des Gesamtphosphors nach vorangegangenem Aufschluß anwendbar.

Zur Bestimmung von *ortho-Phosphat* wird die Molybdän-Blau-Methode oder die Vanadat-Methode angewendet.

Molybdän-Blau-Methode zur Bestimmung von Phosphat

Ortho-Phosphat reagiert im pH-Bereich 0,8–0,95 mit Ammoniumheptamolybdat bzw. der in schwefelsaurer Lösung vorliegenden Isopolymolybdänsäure nach folgender Gleichung [2.8-6]:

$$\underset{\text{farblos}}{H_3PO_4 + 12\,H_2MoO_4} \longrightarrow \underset{\text{blau}}{H_3P(Mo_3O_{10})_4} + 12\,H_2O$$

Die Reaktion der α-Phosphormolybdänsäure (farblos) zu α-Phosphormolybdänblau (blau) $H_7P(Mo_3O_{10})_4$ (Summenformel nicht genau definiert [2.8-6]) erfolgt durch die Reduktion mit Ascorbinsäure. Die prinzipielle Vorgehensweise ist in Abschn. 2.8.2 bereits dargestellt. Besonders zu berücksichtigen ist die unterschiedliche Möglichkeit der Ergebnisdarstellung als ortho-Phosphat (PO_4) in mg/L oder als ortho-Phosphat-Phosphor (PO_4-P) in mg/L. PO_4-P (mg/L) × 3,1 entspricht ungefähr PO_4 (mg/L).

Durch das Amt für Wasser und Abfall in Lüneburg wurde der Dr. Lange Küvettentest LCK 349 zur Bestimmmung des ortho-Phosphatgehalts bezüglich seiner Vergleichbarkeit zum Verfahren nach DIN 38405-Teil 11 überprüft. Im Rahmen der Untersuchung wurden 30 Abwasserproben aus den Abläufen verschiedener Kläranlagen zusammengetragen [2.8-7]. Die Untersuchungsergebnisse sind in Abb. 2.8-4 dargestellt.

Innerhalb verschiedener Untersuchungsprogramme wurde der Küvettentest LCK 349 auch am Institut für Biologische Verfahrenstechnik der FHT Mannheim zur Bestimmung der Zusammensetzung von Belebtschlämmen eingesetzt. Zur quantitativen Oxidation des im Schlamm vorhandenen Phosphors diente die DIN 38414 Teil 12 als Vorlage. Der zu bestimmende Feststoff wurde unter Rückfluß in konzentrierter Schwefelsäure erhitzt. Die Lösung muß nach Rauchentwicklung sofort abgekühlt werden, da bei längerem Abrauchen Phosphorverluste auftreten können. Danach wurde konzentrierte Salpetersäure zugesetzt und mehrmals abgeraucht. Der ortho-Phosphatgehalt in der erhaltenen Lösung wurde mittels Küvettentest bestimmt. Dabei lagen die Ergebnisse in den zur Qualitätssicherung analysierten Standards 2–5% unter dem berechneten Sollwert.

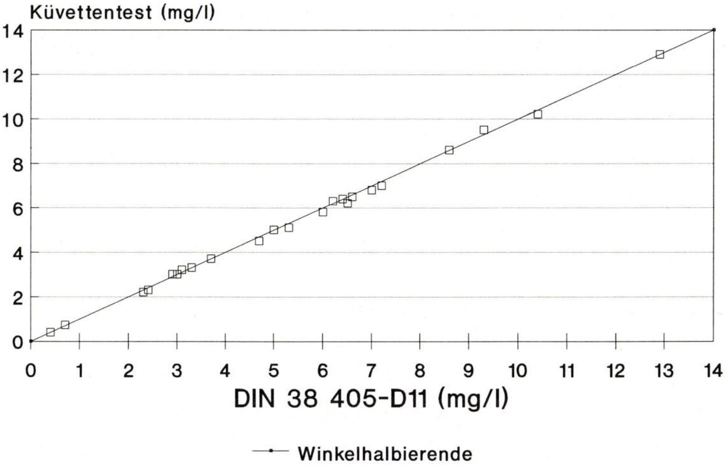

Abb. 2.8-4: Vergleich DIN/Feldmethode bezüglich Phosphor

Vanadat-Methode zur Bestimmung von Phosphat
Als zweite Methode zur Ortho-Phosphatbestimmung findet die Reaktion von Phosphat mit Ammoniummolybdat und Ammoniumvanadat zu einem gelben Heteropolykomplex Anwendung. Die Intensität ist direkt proportional zur Phosphatkonzentration der Probe.

Oxidation zur Bestimmung des gesamten Phosphors
Zur Bestimmung von *Gesamt-Phosphor* wird in die dafür vorgesehene Küvette die Probe und ein Reagenz, meist Natriumperoxidisulfat ($Na_2S_2O_8$), als Oxidationsmittel zugegeben. Das Reaktionsgemisch, das unter anderem auch konzentrierte Schwefelsäure enthält, wird eine Stunde bei 100 °C im Heizblock erhitzt (Schutzbrille). Der in der Probelösung enthaltene Phosphor wird dabei quantitativ zu Phosphat oxidiert und wie dieses bestimmt (s. o.).

Der Test kann nicht zur Bestimmung von Schlämmen und Sedimenten herangezogen werden, da die Oxidationskraft nicht ausreichend wäre. Allerdings können Wässer untersucht werden, deren Feststoffanteil (Schwebstoffanteil) klein ist. Sind Feststoffe im Wasser enthalten, homogenisiert man vor dem Zudosieren die Küvette mit einem Ultra-Turrax. Belebtschlämme mit Trockensubstanzgehalten von 2–3 g/L sind durch den genannten Küvettentest nicht untersuchbar, da sie nicht quantitativ oxidiert würden.

2.8.5 Feldmethoden zur Bestimmung von Stickstoff

Der Anwendungsbereich der Stickstoffanalytik liegt vor allem in der Bestimmung von Abwässern, Trinkwässern und Oberflächenwässern. Der zu untersuchende Stickstoff liegt dabei in einer großen Zahl unterschiedlicher Bindungsformen vor.

Für die Wasseranalytik sind vor allem folgende von Interesse:

- Ammonium (NH_4)
- Nitrat (NO_3)
- Nitrit (NO_2)
- Gesamt-Stickstoff (N_{ges}, TN)
- Gesamt-Kjeldahl-Stickstoff (TKN)

Der Nachweis jeder Verbindung erfordert eine spezielle Analytik. Die unten aufgeführten Küvettentests, mit Ausnahme der Bestimmung von N_{ges} und TKN, folgen jedoch dem gleichen Prinzip (s. Abschn. 2.8.2).

Ammonium-Bestimmung mit der Indophenol-Blau-Methode

Die Ammonium-Bestimmung sollte möglichst sofort nach der Probenahme erfolgen, da schon nach kurzer Zeit Änderungen in der Probenzusammensetzung auftreten. Das Milieu innerhalb der Küvette ist alkalisch, so daß Ammonium vollständig zu Ammoniak reagiert. Erdalkaliionen und Eisen wird mit Tartrat in Lösung gehalten. Das vorliegende Ammoniak reagiert mit Hypochlorit quantitativ zu Monochloramin. Mit Thymol läuft die Reaktion unter katalytischer Wirkung von Natriumnitroprussid weiter zu Indophenol, das in der Basenform als blauer Farbstoff vorliegt. Der blaue Farbstoff kann nach dem Lambert-Beerschen Gesetz ohne Probleme photometrisch untersucht werden.

Auch hier wurden vielfältige Vergleichbarkeitsuntersuchungen durchgeführt. Der beschriebene Test LCK 303 wurde dabei mit einem Referenzverfahren (DIN 38406-Teil 5) durch unabhängige Labors überprüft [2.8-8]. Die erhaltenen Ergebnisse lagen im unteren Meßbereich um 4,4% im oberen um 1,4% niedriger als die der DIN-Methode.

Bei einer Auswertung der Tests ist zu berücksichtigen, mit welcher Meßwertangabe (als NH_4-N oder als NH_4) die Ergebnisse angegeben wurden.

$$m(NH_4\text{-}N) \times 1{,}29 \equiv m(NH_4) \qquad \text{Angabe in mg/L}$$

Nitrat-Bestimmung in schwefelsaurer Lösung

Zwischen Probenahme und Durchführung des Tests dürfen höchstens drei Stunden liegen. Die Probelösung muß in der Zwischenzeit kühl gelagert werden. Das in der Probe vorhandene Nitrat reagiert mit Dimethylphenol in schwefel- und phosphorsaurer Lösung in der Küvette des Tests LCK 339 zu Nitrodimethylphenol, das bei einer Wellenlänge von 370 nm detektiert wird. Die Konzentration kann über das Lambert-Beersche Gesetz berechnet werden.

Auch hier kann der Meßwert als Nitrat-Stickstoff (NO_3-N) oder als gesamtes Nitrat-Molekül (NO_3) angegeben werden.

$$m(NO_3) \times 0{,}226 \equiv m(NO_3\text{-}N) \qquad \text{Angabe in mg/L}$$

Der Küvetten-Test liefert im mittleren und oberen Meßbereich mit der als Referenz-Verfahren verwendeten Methode (DIN 38405-Teil 9) vergleichbare Ergebnisse [2.8-8]. Die Abweichungen betragen maximal 2%.

Nitrit-Bestimmung unter Bildung von Diazoniumsalzen

Die Bestimmung sollte sofort nach der Probenahme erfolgen, spätestens jedoch nach drei Stunden. Die Probe muß kühl gelagert werden. Die Reaktion ist bei Raumtemperatur durchzuführen. Die Nitrite reagieren in saurer Lösung mit primären Aminen zu Diazoniumsalzen. Diese kuppeln mit aromatischen Verbindungen, die eine Amino- oder Hydroxylgruppe enthalten, zu einem roten Azofarbstoff. Diese Reaktion ist spezifisch und sehr empfindlich.

Bestimmung des Kjeldahl-Stickstoffs

Der Kjeldahl-Stickstoff (TKN, Total Kjeldahl Nitrogen) setzt sich aus dem organischen Stickstoff (N_{org}) und dem Ammonium-Stickstoff zusammen.

$$\mathrm{TKN} \equiv \mathrm{N_{org}} + \mathrm{NH_4\text{-}N}$$

Der organisch gebundene Stickstoff wird durch einen Aufschluß mit heißer Schwefelsäure und einem Katalysator in einer sogenannten Kjeldahl-Apparatur zu Ammonium überführt. Er kann nach einer Wasserdampfdestillation zusammen mit dem bereits vorhandenen Ammonium durch einen der oben erwähnten Küvettentests leicht bestimmt werden.

Zur Probenvorbereitung ist eine Kjehldahl-Aufschluß-Apparatur und eine Wasserdampfdestillationsapparatur notwendig, für dessen Durchführung praktische analytische Erfahrungen notwendig sind. Die Endbestimmung kann über einen der genannten NH_4-Tests durchgeführt werden.

Bestimmung des Gesamt-Stickstoffs

Der Gesamt-Stickstoff (TN) beinhaltet den gesamten in der Probe vorkommenden organischen und anorganischen Stickstoff. Dieser besteht im wesentlichen aus dem Ammonium-, Nitrat-, Nitrit- und dem organischen Stickstoff. Diese können als Einzelparameter bestimmt werden, deren Summe den Gesamt-Stickstoff ergibt.

$$m(\mathrm{TN}) \equiv m(\mathrm{N_{org}}) + m(\mathrm{NO_3\text{-}N}) + m(\mathrm{NO_2\text{-}N}) + m(\mathrm{NH_4\text{-}N})$$

Weniger aufwendig ist das Verfahren, das auf der vollständigen Oxidation des vorhandenen Stickstoffs zu Nitrat mit Natriumperoxidisulfat und konzentrierter Schwefelsäure beruht. Dabei wird das Oxidationsmittel zusammen mit der Probe eine Stunde bei 100 °C im Heizblock erhitzt. Das Reaktionsprodukt Nitrat wird wie im Nitrat-Küvetten-Test nachgewiesen.

Umfangreichere Untersuchungen verschiedener Kläranlagenabläufe haben ergeben, daß ein Küvettentest und das entsprechende Referenzverfahren (DEV H12) vergleichbare Werte liefern [2.8-9]. Die Spezialitäten der Abwässer sind jedoch von entscheidender Bedeutung, auf die im einzelnen hier nicht eingegangen werden kann (s. [2.8-10]).

Literatur

[2.8-1] Gellén, J., Hild, J., *Wasser, Luft und Betrieb* **1982**, *6*, 10–15.
[2.8-2] Nyiri, F., Rapp-Sik, St., *Fortschritte der Wasserchemie und ihrer Grenzgebiete* **1968,** *10.*
[2.8-3] Dobbs, R.A., Williams, R.T., *Anal. Chem.* **1963,** *35*, 1064.
[2.8-4] Fritz, A., Anwendungsbericht Ch.No. 18, Dr. Lange.
[2.8-5] Ludwig, R., *Chemie-Technik* **1985,** *7*, 94–96.
[2.8-6] Falbe, J., Regitz, M., Römpp, Chemie Lexikon Bd. 4, Stuttgart: Thieme Verlag, 1993.
[2.8-7] Schulze, M., Anwendungsbericht Ch. No.23, Dr. Lange.
[2.8-8] Bielefeld, M., Anwendungsbericht Ch. No. 12, Dr. Lange.
[2.8-9] Mandel, S., Kunz, P., Ketterer, K., Farjam, A., *Korrespondenz Abwasser* **1994**, *6*; 940–948.
[2.8-10] Mandel, S., Entwicklung einer kontinuierlichen TKN-Erfassungsanlage auf der Basis eines vorhandenen Fließinjektionsanalysensystems (Institut für Biologische Verfahrenstechnik) FHT Mannheim, (1993).

2.9 Qualifizierte Betriebsanalytik

Küvetten-Tests: Qualitätssicherung und behördliche Anerkennung

Klaus Dieter Schmidt

Dr. Bruno Lange GmbH, Düsseldorf

Die Vielfalt der Bezeichnungen von Analysenverfahren, wie Schnellmethoden, Feldmethoden, Laborvergleichsverfahren etc., ohne eine konkrete Zuordnung zu bestimmten Aufgabenstellungen verwirrt häufig den Anwender [2.9-1]. Es muß zwischen einer Vielzahl von analytischen Arbeitsfeldern differenziert werden. Aus den verschiedensten Zielsetzungen resultieren sehr unterschiedliche Anforderungen an die Analytik:

- gesetzes- und verordnungsrelevante Analytik (Grenzwertüberwachung)
- planungsbezogene Analytik (Dimensionierung)
- forschungsbezogene Analytik (Systemanalyse)
- betriebsbezogene Analytik (Qualitätskontrolle)

Unter der betriebsbezogenen Analytik bzw. Betriebsanalytik werden Arbeitsweisen verstanden, die in den verschiedenen Wasserbehandlungsanlagen, gleichgültig, ob Wasserwerk oder Kläranlage, zum Einsatz kommen, um die Qualität der Behandlung transparent zu machen.

Die Hauptaufgabe der Betriebsanalytik besteht in der Erfassung der relevanten Konzentrationen bestimmter Wasser- und Abwasserinhaltsstoffe, um mit den erzielten Daten die Aufbereitungs- und Reinigungsprozesse zu optimieren. In diesem Sinne muß sie sich darüber hinaus dem Anspruch stellen, die Umweltbelastungen, die durch die Analysendurchführung selbst entstehen, auf ein Minimum zu reduzieren [2.9-2]. Für die Anwendung eines Analysenverfahrens gilt die Faustformel: Ausreichender Informationsgewinn bei geringstmöglichem Aufwand.

2.9.1 Positionierung der Betriebsanalytik

Für eine betriebsbezogene Analytik mit Küvetten-Tests (s. Abb. 2.8-2) haben sich seit Anfang der 80er Jahre eine Vielzahl von Eignungskriterien herauskristallisiert. Sie ändern sich jedoch mit der Zeit, z. B. kann beobachtet werden, daß bei niedrigeren

Grenzwerten bzw. steigenden Mindestanforderungen höhere Anforderungen an die Aussagekraft des betriebsanalytischen Verfahrens gestellt werden. Die wichtigsten Anforderungen an die Betriebsanalytik sind im folgenden 8-Punkte-Katalog zusammengestellt:

1. kurzfristige Ergebnisverfügbarkeit
2. vor Ort einsetzbar
3. ausreichende Genauigkeit
4. einfache Durchführbarkeit ohne großen instrumentellen Aufwand
5. großer Netto-Proben-Durchsatz
6. Qualifikation des Personals
7. Berücksichtigung der Umweltbelastung durch das Produkt
8. breitgefächerte Dienstleistungen des Anbieters

Schon ein grobes Anforderungsprofil macht deutlich, daß die Betriebsanalytik nicht mehr den Stellenwert eines Vortests besitzt. Unter einem Vortest versteht man ein Analysenverfahren mit qualitativem Charakter. Mit Hilfe von Vortests kann die analytische Aufgabenstellung sinnvoll eingeengt werden [2.9-3, 2.9-4]. Die Ergebnisse der Betriebsanalytik sind von großer technologischer und betriebswirtschaftlicher Bedeutung, wie die Einsatzschwerpunkte zeigen:

- Funktionskontrolle von Aufbereitungs-, Produktions- und Reinigungsprozessen (z. B. der Fällmitteldosierung)
- Bilanzierung von Abbauwirkungen
- Kontrolle von Einleitungen bzw. von einzelnen (Ab-)wassersträngen, z. B. Katasteranalytik
- Erfüllung von Selbstüberwachungs- bzw. Eigenkontrollaufgaben gemäß landesspezifischer Verordnungen

2.9.2 Verfahrensmerkmale der Referenz- bzw. Betriebsanalytik

Die Referenzverfahren werden in der heutigen Umweltgesetzgebung als Bezugsverfahren eingesetzt. Diese Verknüpfung Grenzwert/genormtes Referenzverfahren ist aus juristischer Sicht unumgänglich und sinnvoll, denn nur so ist sichergestellt, daß eine Probe im Streitfall sicher (innerhalb einer vorgegebenen bekannten Toleranz) auch von mehreren Labors vergleichbar analysiert werden kann [2.9-5]. Daraus kann jedoch nicht der grundsätzliche Zwang zum Norm-Verfahren abgeleitet werden. Tabelle 2.9-1 soll einen Überblick über die wichtigsten Unterscheidungsmerkmale liefern.

Tab. 2.9-1: Charakterisierung von Referenzverfahren gegenüber der Betriebsanalytik

Referenzverfahren	Betriebsanalytik
sehr viele ausgearbeitete Verfahren und Parameter	beschränkt auf die Leitparameter
stationär einsetzbar, meist Reinstraumtechnik erforderlich	mobil (vor Ort) einsetzbar
hoher Laborplatzbedarf	nur geringer Platzbedarf erforderlich
meist sehr aufwendige Analytik, häufig jedoch automatisierbar	schnelle Durchführbarkeit, da Rüstzeiten in der Regel nicht anfallen
hoher Investitionsaufwand und hohe Folgekosten	niedriger Investitionsaufwand und niedrige Folgekosten
zum Teil erheblicher Chemikalien-Verbrauch	reduzierter Chemikalieneinsatz
die Entsorgungsverantwortung und -kosten trägt der Anwender	Rückholkosten, Recyclingaufwand und Entsorgungskosten trägt der Hersteller (mit Entsorgungsnachweis)
hohes Gefährdungspotential durch den offenen Umgang mit zum Teil gefährlichen Chemikalien	hohe Sicherheit durch das geschlossene Küvetten-Test-System
hohe Richtigkeit und Präzision durch AQS-Maßnahmen	in der Regel hohe Ergebnisqualität
hoher Zeit- und Materialaufwand bei der AQS	einfache Qualitätssicherung durch AQS-Fertigkits

2.9.3 AQS – Analytische Qualitätssicherung

Für die Qualität des analytischen Ergebnisses sind eine ganze Reihe von Einflußfaktoren maßgebend:

- Produktqualität des eingesetzten Analysenmaterials
- Dienst- und Serviceleistungen
- Maßnahmen der internen und externen Qualitätskontrolle

Produktqualität: Die Summe aller benutzten Gerätschaften ist hier von Bedeutung. Besonders herauszuheben wären die Kenndaten der eingesetzten Photometer, die chargenspezifische Reagenzienqualität, die Aktualität bzw. Pflege der abgespeicherten Kalibrierdaten und die Schwankungsbreite, die durch Hilfsmittel, z. B. Pipetten, Filter oder in der Probenvorbereitung, hervorgerufen wird. Der gesamte Pool der technischen Kenndaten muß werkseitig erbracht und dem Anwender zur Verfügung gestellt werden. Nur so ist sichergestellt, daß man sich bei einer späteren Werteinterpretation nicht über das „Grundrauschen“ unterhält.

Dienstleistungen: Der Anwender, der Einsatzort und die Zielsetzung der Analytik sind ausschlaggebend für die Art der Dienstleistungen. Für die Praxis bedeutet das eine intensive Beratung und gezielte Auswahl eines geeigneten Photometers, z. B. Filter- oder Spektralphotometers. Ganz allgemein müssen sich die Dienstleistungen an den Anwenderaufgaben orientieren. Hier stehen die Einweisung an den Gerätschaften sowie eine systematische Betreuung vor Ort und eine spezifische Fortbildung im Vordergrund.

Interne und externe Qualitätskontrolle: Präzision und Richtigkeit der Ergebnisse sind das Ziel jeder Analytik. Dies kann der Anwender nur erreichen, indem er sich mit der AQS auseinandersetzt und sie regelmäßig anwendet.

Vertrauen ist gut – Kontrolle ist besser. Diesem nicht ganz neuen Satz kommt in der heutigen Umweltanalytik eine besondere Bedeutung zu. Analytisches Arbeiten unter Zeitdruck und Übergang zur Routinesituation sind die häufigsten Fehlerquellen. Stark wechselnde Probenzusammensetzungen können die Analysenergebnisse unbemerkt verfälschen. Einzige Gegenmaßnahme für dieses große Feld der möglichen Fehlerquellen ist die regelmäßig durchgeführte Analytische Qualitätssicherung (AQS). Wesentliche Bestandteile der routinemäßigen AQS sind das Mitanalysieren von Standardlösungen, die Dokumentation der Ergebnisse in Qualitätskontrollkarten und die Durchführung von Plausibilitätskontrollen über Aufstocklösungen. Nur so ist sichergestellt, daß fehlerhafte Analysen frühzeitig erkannt und Gegenmaßnahmen eingeleitet werden (interne Qualitätskontrolle). Eine regelmäßige Ringversuchsteilnahme und probenspezifische Vergleichsmessung zwischen dem Normverfahren und dem Küvetten-Test-Verfahren in einem akkreditierten Labor sollte die analytische Aussagekraft der erzielten eigenen Analysenergebnisse untermauern (externe Qualitätskontrolle).

Als häufigsten Grund für fehlende bzw. unzureichende Qualitätssicherungsmaßnahmen wird der hohe Aufwand für die AQS genannt. Dieser Aufwand resultiert aus dem arbeitsintensiven Ansetzen und Überprüfen von Standard- und Aufstocklösungen und dem damit verbundenen hohen Auswertungs- und Dokumentationsaufwand. Aus diesem Grund wurde u.a. von der Firma Dr. Lange ein AQS-Fertigkit (addista®) entwickelt, der mit seinen vier Säulen

1. Arbeiten mit Standardlösungen
2. Teilnahme am Ringversuch
3. Nachweis der Vergleichbarkeit zum Referenzverfahren durch das Dr. Lange-DIN-Labor
4. Untersuchung der Probe auf Störungen (Aufstockung)

ein Höchstmaß an Sicherheit für den Anwender bietet. Andere Anbieter von Küvetten-Tests haben die AQS ebenfalls in Ihre Produktpalette aufgenommen. Sie unterscheiden sich insofern, daß sie nur Teile der AQS anbieten. Eine wirksame AQS ist nur möglich, wenn alle Maßnahmen zur Qualitätssicherung regelmäßig zur Anwendung kommen und dokumentiert werden. Denn nur so hat der Anwender einen Nachweis über seine getroffenen Qualitätssicherungsmaßnahmen und ist jederzeit in der Lage, die Aussagekraft seiner Analysenergebnisse anzugeben.

Für die Häufigkeit der Durchführung von AQS-Maßnahmen gilt: Je geringer der Untersuchungsumfang, d.h. bei wenigen Proben in längeren Zeitintervallen, desto häufiger muß zumindest ein Standard analysiert werden. Empfehlung: Jede zehnte

Bestimmung ein Standard, Teilnahme am Ringversuch und Vergleichsanalytik mit dem Referenzverfahren mindestens zweimal jährlich.

Bei der Komponente „Vergleichsanalyse“ muß ein akkreditiertes Labor (z. B. nach EN 45001-45003) beauftragt werden. In regelmäßigen Zeitabständen wird eine zeitgleiche Analyse aus einer Probe mit dem Referenzverfahren und dem Küvetten-Test durchgeführt. Nur so ist sichergestellt, daß die Abweichungen der Ergebnisse nicht durch äußere Einflüsse, wie Probenahme, Transport, Konservierung und Probenvorbereitung verfälscht werden. Durch diese Vorgehensweise ist eine probenspezifische Vergleichsanalyse garantiert.

2.9.4 Behördliche Anerkennung

Um die Wirksamkeit einer Wasserbehandlung abschätzen zu können, wird eine *aussagefähige Analytik* benötigt, die den Genauigkeitsanforderungen genügt. Bei der Langzeitüberwachung einer großen Wasserbehandlung durch mehrere Untersuchungsstellen, in der Zusammenarbeit von Einleiter und überwachenden Stellen spielen aber nicht nur die oben diskutierte Frage der Richtigkeit und der Wiederholbarkeit, sondern auch die *Vergleichbarkeit der Werte* eine große Rolle.

Um vergleichbare Analysenergebnisse zu bekommen, sind zwei Wege denkbar:

1. Freistellung des Analysenverfahrens für einen bestimmten Parameter; die Vergleichbarkeit der Ergebnisse wird regelmäßig probenspezifisch ermittelt.
2. Einigung auf ein bestimmtes, in allen Details beschriebenes Analysenverfahren.

Nach der ersten Vorgehensweise ist die Untersuchungsstelle hinsichtlich der Wahl ihres Verfahrens flexibel. Laborübliche Verfahren können eingesetzt werden. Die Untersuchung kann neueren Entwicklungen auf dem Gerätemarkt rasch angepaßt werden; neue, unter Umständen leistungsfähigere Verfahren und solche, deren Bestimmung weniger arbeitsintensiv ist, lassen sich rasch einführen. Zu berücksichtigen ist, daß eine regelmäßige Kontrolle durch eine externe Untersuchungsstelle erfolgt, die die Abweichungen ermittelt.

Eine Festschreibung auf ein bestimmtes Analysenverfahren kann aus der Rahmenabwasserverwaltungsvorschrift zum Wasserhaushaltsgesetz abgeleitet werden:

„Den in den Anhängen genannten Werten liegen die in der Anlage enthaltenen oder gleichwertige Analyse- und Meßverfahren zugrunde“ [2.9-6].

In dieser Formulierung wird zum Ausdruck gebracht, daß auch ein gleichwertiges Verfahren zum Einsatz kommen kann.

Die meisten Landeswassergesetze beziehen sich auf das Wasserhaushaltsgesetz des Bundes und eröffnen die Möglichkeit, andere Verfahren *auf Antrag* zu genehmigen. Die Genehmigungsbehörden legen hierbei vor allem Wert auf die Qualität eines Analysenverfahrens und die vom Einleiter durchgeführten Maßnahmen der analytischen Qualitätssicherung.

Ein spezielles Problem stellt § 7a Wasserhaushaltsgesetz und hierbei die 4-von-5-Regelung dar: Bis zum 31.12.1988 galt ein Wert (Grenzwert, Überwachungswert, Mindestanforderung) als eingehalten, wenn das arithmetische Mittel aus fünf Einzelwerten den vorgegebenen Wert unterschritt. Einzelne Überschreitungen konnten durch deutlich niedrigere Werte somit ausgeglichen werden. Bei der Mittelwertbildung aus 5 Meßwerten mußte jeder Einzelwert über das Referenzverfahren mit hohem Aufwand bestimmt werden, weil alle Meßwerte anteilig eingehen. Seit dem 1. Januar 1989 ist dies anders. Der höchste Wert ist maßgebend und nur dieser Wert rechtfertigt den Aufwand der Referenzanalytik. Die 4-von-5-Regelung ermöglicht den Einsatz von Einfachverfahren bzw. Analysenautomaten. Wird der Überwachungswert um 20–30% unterschritten, ist auch der mit Küvetten-Tests gefundene Meßwert rechtsmittelfest [2.9-7]. Eine Rückstellprobe erübrigt sich.

Hervorzuheben bleibt an dieser Stelle, daß die Analytik nicht in der Methodendiskussion stecken bleiben darf; die Frage, welche Methode die bessere sei, führt in eine Sackgasse. Aus der Sicht eines Einleiters bzw. Überwachenden ist nicht die Verfahrensgleichwertigkeit [2.9-8], sondern die probenspezifische Vergleichsanalyse ausschlaggebend. Analytik, gleich nach welchem Verfahren (ISO, CEN, DIN), muß an der Richtigkeit und Präzision, d.h. an der Güte bzw. Qualität des Ergebnisses gemessen werden (s. Abschn. 1.3), die mit Hilfe einer konsequent durchgeführten Analytischen Qualitätssicherung zu erreichen ist.

2.9.5 Zusammenfassung

Um die Wirksamkeit einer Wasserbehandlungsmaßnahme einschätzen und beeinflussen zu können, benötigt man eine prozeßbegleitende Analytik, deren Aufgabenstellung und Anforderungsprofil anders als die Analytik mit den genormten Referenzmethoden zu sehen ist.

Ein probenspezifisches Analysenverfahren ist grundsätzlich nicht gut oder schlecht, sondern für das gesteckte Untersuchungsziel mehr oder weniger geeignet. Die Verfahrensauswahl richtet sich nach dem Untersuchungsziel.

Für die Anwendung jedes Verfahrens sollte gelten: Ausreichender Informationsgewinn bei geringstmöglichem Aufwand.

Die Betriebsanalytik ist anerkannt und hat Ihren festen Platz in der Umweltanalytik.

Einfache Analysenverfahren auf Basis von Küvetten-Tests führen zu schnelleren Analysenergebnissen und machen damit Entscheidungen zum Schutz von Umwelt und Gesundheit früher möglich; gleichzeitig schaffen sie Raum, um wertvolle Untersuchungskapazitäten für aufwendige Untersuchungen (z.B. auf Dioxine) zu nutzen.

Literatur

[2.9-1] Abwassertechnische Vereinigung e.V., Fachgruppe Wasserchemie in der Gesellschaft Deutscher Chemiker, ATV-Hinweisblatt 704, September 1991.

[2.9-2] Odenthal, A., Schmidt, K., Jezierny, R., Fritz, A., *Dr. Lange Anwendungsbericht Ch.No. 27,* Umweltorientierte Betriebsanalytik, 1993.

[2.9-3] Irmer, H., Wieviel Überwachung braucht die Abwasser- und Abfallwirtschaft, LUA NRW, Vortrag anläßlich der 26. Essener Tagung am 17. 3. 1993.

[2.9-4] Papke, G., Konferenz Schnellanalytik in der Umweltanalytik, Hessisches Landesamt für Umwelt, 5. 7. 1993.

[2.9-5] Malz, F., *Gewässerschutz, Wasser, Abwasser,* **1991,** *120,* 123-134.

[2.9-6] Der Bundesminister für Umwelt, Naturschutz und Reaktionssicherheit, Allgemeine Verwaltungsvorschrift zur Änderung der Allgemeinen Rahmenverwaltungsvorschrift über Mindestanforderungen an das Einleiten von Abwasser in Gewässer vom 27. 8. 1991.

[2.9-7] Hahn, J., *Korrespondenz Abwasser* **1986,** *12 (33),* 1195-1196.

[2.9-8] Deutsche Einheitsverfahren zur Wasser-, Abwasser-, und Schlammuntersuchung, DIN 38402, Teil 71, Gleichwertigkeit zweier Analysenverfahren aufgrund des Vergleichs der Untersuchungsergebnisse an der gleichen Probe (gleiche Matrix).

2.10 Schnellverfahren zur Bestimmung leichtflüchtiger organischer Komponenten im Wasser

Rosemarie Pulz

Dr. Pulz & Partner, Groß-Grönau

Leichtflüchtige organische Komponenten, wie Benzinkohlenwasserstoffe (Benzin-KW), Benzol-Toluol-Xylol (BTX), leichtflüchtige halogenierte Kohlenwasserstoffe (LHKW) und organische Säuren, können einfach und mit geringem Kostenaufwand mit einem physikalisch-chemischen Verfahren qualitativ und quantitativ bestimmt werden. Die bekannten Verfahren arbeiten nach zwei verschiedenen Grundprinzipien:

- Der zu messende Stoff wird durch Zugabe eines Reagenzes in der flüssigen Phase extrahiert. Mittels der anschließend ablaufenden Farbreaktion in der flüssigen Phase wird die Substanz qualitativ und quantitativ bestimmt. Dieses Prinzip ist beim HNU-Hanby Environmental Field Test Kit realisiert, mit dem BTX und verschiedene Benzin-Kohlenwasserstoffe bestimmt werden können.
- Der zu messende Stoff wird durch einen Luftstrom ausgetrieben und in einem nachgeschalteten Detektor in der Gasphase (=Headspace Technik) mittels einer Farbreaktion qualitativ und quantitativ gemessen. Nach diesem Prinzip und mit ähnlichem Versuchsaufbau arbeiten das AUER-Wasseranalysen-Set und das DRÄGER-Luft-Extraktions-Verfahren (DLE-Verfahren). Beide Verfahren messen in ähnlichen Konzentrationsbereichen; das DLE-Verfahren bietet jedoch eine erheblich größere Auswahl an Meßparametern an (>20 Stoffe).

Im Folgenden werden Funktionsweise und Erfahrungen nach dem DLE-Verfahren beschrieben.

Mit diesem Meßverfahren erhält man z. B. Aussagen über:

- die Notwendigkeit von Sofortmaßnahmen zur Abwehr akuter Umweltgefährdungen,
- notwendige Vorsortierungen der Proben zur Entscheidung, ob weitere Proben nach DIN-Verfahren zu untersuchen sind,
- Störsubstanzen und
- notwendige Probenvorbereitung (wie Verdünnung) für eine anschließende Laboranalytik.

2.10.1 Einsatzbereiche und Meßparameter

Besonders geeignet ist das DLE-Verfahren zum Einsatz in folgenden Bereichen:

- Eingangsanalysen von Industrieabwässern in eine Behandlungsanlage [2.10-1],
- Untersuchung von Klärschlämmen [2.10-2],
- Überprüfung von Chemischreinigungen [2.10-3],
- Einleiterkontrolle von mineralölhaltigem Abwasser (z. B. Tankstellen) und der metallverarbeitenden Industrie [2.10-4].

Tabelle 2.10-1 zeigt eine Übersicht über die bisher mit dem Verfahren meßbaren organischen Stoffe. Neben diesen können auch einige leichtflüchtige anorganische Komponenten (Ammoniak, Blausäure und Schwefelwasserstoff [2.10-5]) bestimmt werden.

Tab. 2.10-1: Die bisher mit dem DLE-Verfahren quantitativ meßbaren organischen Schadstoffe [nach 2.10-5]

Substanz	Meßbereich (mg/L)	Dräger-Röhrchen
Aromaten:		
– Benzol	0,5 - 5	Benzol 2/a
– Toluol	1 - 10	Toluol 5/a
– Xylol (o, m, p)	0,3 - 10	Xylol 10/a
– BTX-Aromaten	0,2 - 5	Toluol 5/b
Benzinkohlenwasserstoffe:		
– Benzin (Kraftstoff)	0,5 - 30	Benzinkohlenwasserstoff 10/a
– Diesel (Kraftstoff)	0,5 - 5	Benzinkohlenwasserstoff 10/a
– Kerosin	0,5 - 5	Benzinkohlenwasserstoff 10/a
– n-Octan	0,1 - 2	Benzinkohlenwasserstoff 10/a
	2 - 25	Benzinkohlenwasserstoff 100/a
Chlorkohlenwasserstoffe:		
– Chloroform	0,05 - 0,75	Chloroform 2/a
– Dichlormethan	5 - 100	Methylenchlorid 100/a
– Perchlorethylen	0,01 - 0,08	Perchlorethylen 0,1/a
	0,10 - 4	Perchlorethylen 2/a
– Tetrachlorkohlenstoff	0,20 - 4	Tetrachlorkohlenstoff 5/c + Aktivierungsröhrchen
– Trichlorethylen	0,01 - 0,1	Perchlorethylen 0,1/a
	0,10 - 1	Perchlorethylen 2/a
	0,20 - 3	Trichlorethylen 2/a
– 1,1,1-Trichlorethan	0,50 - 5	Trichlorethan 50/d

2.10.2 Grundlagen des Meßverfahrens

Das Grundprinzip der Methode beruht auf dem physikalisch-chemischen Prinzip der Gleichgewichtseinstellung eines Stoffes in einem 2-Phasen-System, bestehend aus Gas- und Wasserphase. Der Stoff verteilt sich in den einzelnen Phasen unter idealisierten Bedingungen derart, daß das Konzentrationsverhältnis stets gleich bleibt; es wird mit der Henry-Konstante (H) beschrieben. Bei Kenntnis dieser Konstante H, der Gas- und Flüssigkeitsvolumina und der Messung des Stoffes in der Gasphase läßt sich rechnerisch die absolute Stoffmenge in der Wasserprobe bestimmen. Da es sich in der Praxis nicht um ideale Rahmenbedingungen handelt, treten verschiedene Abweichungen von der Theorie auf (Abb. 2.10-1).

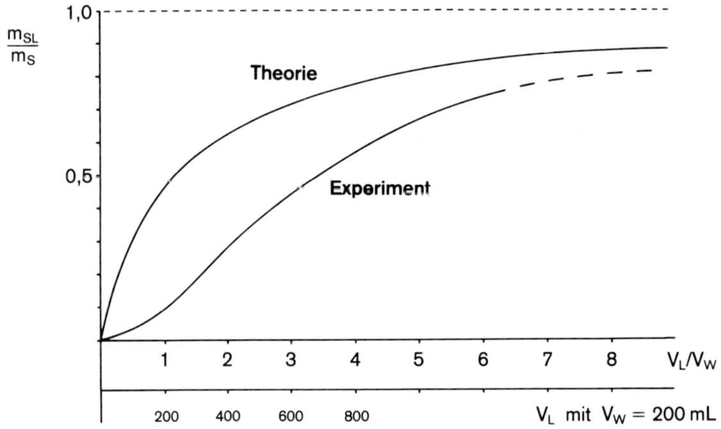

Abb. 2.10-1: Vergleich von theoretisch mit experimentell bestimmten Extraktionsausbeuten für das System Tetrachlorethen in Wasser (Drägerwerk AG), wobei
m_{SL}: mg extrahierter Schadstoff
m_S: vorhandene Gesamtmenge an Schadstoffen im Volumen $V_W + V_L$
V_W: Volumen der Flüssigkeitsprobe = 200 mL
V_L: Volumen des Extraktionsgases

Neben Temperatur und pH-Wert beeinflußt auch die Kontaktfläche zwischen den einzelnen Phasen die Extraktionsausbeute erheblich. Um möglichst quantitativ die gesuchten Komponenten in die Gasphase zu transferieren, ist die Kontaktfläche zwischen der Gas- und Wasserphase durch eine geeichte Fritte stark vergrößert. Daneben wird das Extraktionsvolumen durch die Vorgabe der Luftmenge (Anzahl Pumpenhübe), die durch die Wasserprobe gesaugt wird, genau definiert.

Im nachgeschalteten Detektor wird der Schadstoff über eine stoffspezifische chemische Reaktion (Farbreaktion) qualitativ, aber meistens auch quantitativ bestimmt. Bei dem Dräger-Röhrchen als Detektor wird die Konzentration über die Länge der Verfärbung im Röhrchen widergegeben. Die exakte Stoffkonzentration erhält man mit Hilfe einer einfachen Berechnung, in die der abgelesene Wert und die verschiedenen substanz- und systemspezifischen Konstanten eingehen, die durch einmalige Kalibrierung durch den Hersteller ermittelt werden (Abb. 2.10-2).

Die Bestimmung der organischen Schadstoffe aus öl- und schlammhaltigen Proben [2.10-1] oder Klärschlämmen [2.10-2] erfordert eine spezielle Probenaufbereitung und den Einsatz anderer Kalibrierkonstanten.

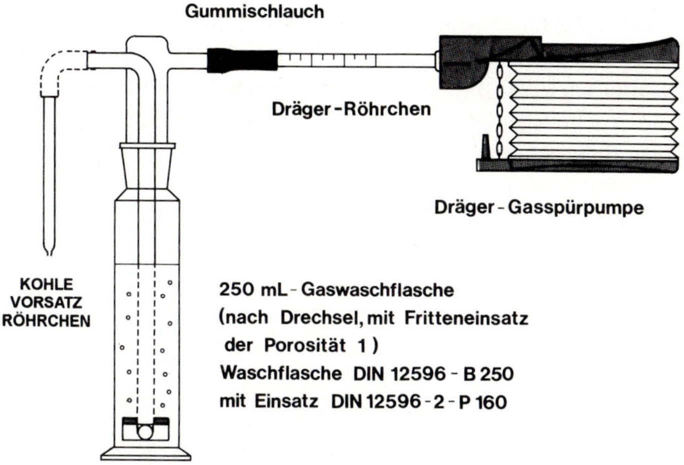

Berechnung:

$$y = A\,B\,(x + C)$$

y : Schadstoffkonzentration in der Flüssigphase (mg/l)
A : Kalibrierkonstante der Gaswaschflasche
B : substanzspezifische Konstante (abhängig von Meßbereich, Henry-Konstante, Volumina, Temperatur)
x : am Röhrchen abzulesender Wert in ppm
C : systemspezifische Konstante (z.B. Absorptionsverhalten)
bei pH-abhängigen Extraktionen wird ein Korrekturfaktor K hinzugefügt

Beispiel: Probe aus der Ölabscheideanlage einer Tankstelle.

Röhrchen: Benzin-KW 10a	Hubzahl: n = 2
Meßbereich: 0,5 - 30 mg/l	A: 1,5
Standardabweichung: 30 %	B: 0,124
Grenzwert: 20 mg/l.	C: - 0,189

Mittelwert (zwei Parallelmessungen): x =19

$$3{,}5 = 1{,}5 \bullet 0{,}124 \bullet (19 + -0{,}189)$$

Die Probe enthielt 3,5 +/- 1,1 mg/l Benzin-KW und liegt damit weit unter dem Grenzwert.

Abb. 2.10-2: Das Dräger-Luft-Extraktionsverfahren-Set (DLE-Set, Drägerwerk AG)

2.10.3 Durchführung des Meßprinzips

Das gesamte Zubehör inklusive Meßvorschriften wird in einem handlichen Koffer angeboten, so daß die Messungen überall und ohne weitere Hilfsmittel durchführbar sind. Der Einsatz erfordert keine spezielle Ausbildung, sondern nur eine kurze Einweisung und die strikte Befolgung der Meßvorschriften.

Zur Messung der Schadstoffgehalte wird beim DLE-Verfahren eine vorgegebene Menge (200 mL) der Wasserprobe in die geeichte Waschflasche eingefüllt und das substanzspezifische Meßröhrchen sowie die Gasspürpumpe angeschlossen. Anschließend saugt man die vorgeschriebene Luftmenge (= Anzahl Pumpenhübe) durch die Probe. Um bei der Messung Belastungen der Extraktionsluft aus der Umgebung auszuschließen, wird vor die Apparatur ein Aktivkohle-Röhrchen geschaltet. Nach abgeschlossenem Extraktionsvorgang (meist wenige Minuten) liest man die Länge der Verfärbung am Meßröhrchen ab und berechnet über die angegebene Formel (Abb. 2.10-2) die Stoffkonzentration der Probe. Neben den direktanzeigenden Röhrchen können auch Röhrchen für Summenparameter (Tab. 2.10-1) und Sammelröhrchen für eine nachgeschaltete Laboranalytik [2.10-5] eingesetzt werden.

Für die Summenparameter Benzin-KW und BTX liefert das Verfahren bei der Messung mit nur einem Röhrchen sehr gute Ergebnisse, während für den LHKW-Summenparameter die Messung mit einem Röhrchen (Perchlorethylen 0,1/a oder 2/a) nur eine erste Einschätzung einer möglichen Grenzwertüberschreitung anzeigt [2.10-6]. Es wird die Querempfindlichkeit der Farbreaktion genutzt, die jedoch auf die einzelnen LHKW-Komponenten in sehr unterschiedlichen Konzentrationen reagiert. So erfaßt das Röhrchen Perchlorethylen 0,1/a neben Perchlorethylen auch Trichlorethylen in niedrigen Konzentrationen (0,01–0,08 mg/l) und Dichlormethan in Konzentrationen $>0,5$ mg/l. Das 1,1,1-Trichlorethan wird bei der Anwesenheit der anderen LH-Kohlenwasserstoffe ebenfalls erfaßt. Zur quantitativen Bestimmung der Einzelkomponenten müssen zusätzlich zwei weitere Röhrchen eingesetzt werden (vgl. Tab. 2.10-1).

Die Fehlermöglichkeiten bei der Durchführung des Verfahrens sind gering. So sind die Einzelteile der Apparatur so gekennzeichnet, daß das richtige Zusammenstecken sehr leicht fällt, und die Handpumpen sind mit Hubzahlmessern versehen.

Der Meßbereich (die Standardabweichungen der Schnelltests liegen im Bereich von 20–40%) ist an die entsprechenden Grenzwerte im Wasserhaushaltsgesetz angepaßt (s. u.). Validierungen des Verfahrens durch das CUTEC-Institut [2.10-7] zeigten gute Korrelationen zwischen DLE- und DIN-Verfahren. Zur Qualitätssicherung wird die Durchführung von zwei Vergleichsmessungen pro Jahr unter Berücksichtigung der Verordnung der einzelnen Länder empfohlen.

2.10.4 Erfahrungen aus der Einleiterkontrolle

Die Eignung des DLE-Verfahrens für die Einleiterkontrolle von Chemischreinigungen [2.10.-3], mineralölhaltigem Abwasser und Abwasser aus der metallverarbeitenden Industrie [2.10.-4] wurde in einigen mittelgroßen Städten in Hessen überprüft. Dazu wurden die Parameter Benzin-KW, BTX und LHKW in Abwasserproben nach dem DLE- und dem DIN-Verfahren analysiert und die Ergebnisse mit den gesetzlichen Anforderungen (Tab. 2.10-2) verglichen.

Tab. 2.10-2: Auszug aus den branchenspezifischen Mindestanforderungen an das Einleiten von Abwasser für Direkt- und Indirekteinleiter [2.10-8, 2.10-9]

Branche	KW (mg/L)	LHKW (mg/L)	Ammonium (mg/L)	Cyanid (mg/L)	Sulfid (mg/L)	CSB (mg/L)	AOX (mg/L)
Chemischreinigungen:		0,1					
Mineralölhaltiges Abwasser:	20						
Herstellung v. KW:	10						
Erdölverarbeitende Industrie:	6						
Metallverarbeitende Industrie:							
– Galvanik	10	0,1	100	0,1	1	400	1
– Belzerei	10	0,1	30	–	1	100	1
– Anodisierbetrieb	10	0,1	–	–	–	100	1
– Brüniererei	10	0,1	30	–	1	200	1
– Feuerverzinkerei/ -verzinnerei	10	0,1	30	–	–	200	1
– Härterei	10	0,1	50	1,0	–	400	1
– Leiterplattenherstg.	10	0,1	50	0,2	1	600	1
– Batterieherstellung	10	0,1	50	–	1	200	1
– Emaillierbetrieb	10	0,1	20	–	1	100	1
– Mechanische Werkst.	10	0,1	30	0,2	–	400	1
– Gleitschleiferei	10	0,1	–	–	–	400	1
– Lackierbetrieb	10	0,1	–	–	–	300	1
je Branche verschiedene Schwermetalle							

Zur Überprüfung des Auslaufs von Kontaktwasseraufbereitungsanlagen von drei Chemischreinigungen auf *LHKW* wurden beide angebotenen Perchlorethylen-Röhrchen eingesetzt. Die Meßbereiche liegen jeweils knapp unter und über dem Grenzwert von 0,1 mg/L (Meßbereiche: Per 0,1/a = 0,01 – 0,08 mg/L; Per 2/a = 0,1 – 4 mg/L). Der Vergleich der erhaltenen Ergebnisse mit den Ergebnissen des DIN-Verfahrens (DIN 38407 F 4) ergab bei fast allen Proben (nur eine fehlerhafte Messung) eine gute Korrelation, so daß die Grenzwerteinhaltungen bzw. -überschreitungen erfaßt wurden (Tab. 2.10-3). Schon durch den Einsatz des Perchlorethylen-Röhrchen 0,1/a konnte die Funktion der Anlagen überprüft werden. Durch den Einsatz des Perchlor-

Tab. 2.10-3: Vergleich des DIN-Verfahrens mit dem DLE-Verfahren bei der Schadstoffbestimmung im Ablauf der Kontaktwasseraufbereitungsanlagen von Chemischreinigungsbetrieben [nach 2.10-3] und im Abwasser eines metallverarbeitenden Betriebes [nach 2.10-4]. Der Grenzwert für LHKW (= Summe aus Perchlorethylen, Trichlorethylen, Dichlormethan und 1,1,1 Trichlorethan gerechnet als Chlor) liegt bei 0,1 mg/L

Probe	Parameter	DIN-Verfahren (mg/L)	DLE-Verfahren (mg/L)
Chemischreinigung 1:	Perchlorethylen	0,3220	* (a); 0,2170 (b)
	Trichlorethylen	0,0015	# # (a)
	Dichlormethan	n.n.	n.n.
	1,1,1 Trichlorethan	0,0002	nicht gemessen
Chemischreinigung 2:	Perchlorethylen	0,0043	# # (a, b)
	Trichlorethylen	0,0004	# # (a)
	Dichlormethan	n.n.	n.n.
	1,1,1 Trichlorethan	n.n.	nicht gemessen
Chemischreinigung 3:	Perchlorethylen	0,0016	# # (a)
	Trichlorethylen	0,0001	# # (a)
	Dichlormethan	n.n.	n.n.
	1,1,1 Trichlorethan	n.n.	nicht gemessen
Metallverarbeitender Betrieb:	Perchlorethylen	0,0074	n.n.: <0,01 (a)
	Trichlorethylen	0,0007	n.n.
	Dichlormethan	0,0334	n.n.
	1,1,1 Trichlorethan	0,0013	n.n.: <0,50 (c)

n.n.: nicht nachweisbar
wird mit geringer Empfindlichkeit angezeigt
* wird angezeigt
(a): Perchlorethylen-Röhrchen 0,1/a (Meßbereich 0,01–0,08 mg/L)
(b): Perchlorethylen-Röhrchen 2/a (Meßbereich 0,1–4 mg/L)
Querempfindlichkeit von a, b => erster Überblick über die Summe LHKW
(c): Trichlorethan-Röhrchen 50/d (Meßbereich 0,5–5 mg/L)

ethylen-Röhrchen 2/a konnte die Höhe der Grenzwertüberschreitung gemessen werden.

Bei allen Proben in mineralölhaltigem Abwasser ($n = 6$) konnte ein *Benzin-KW*-Gehalt deutlich unterhalb des Kohlenwasserstoffgrenzwertes von 20 mg/L (im Bereich zwischen 2 und 3 mg/L) ermittelt werden. Das DIN-Verfahren (DIN 38409/H18) erbrachte einen etwas höheren Wert (z. B. Probe 1: DIN-Wert: 3,9 mg/L; DLE-Wert: 3,2 mg/L, [2.10-4]), der darauf beruht, daß das DIN-Verfahren neben den häufig auftretenden leichtflüchtigen (Benzine, Dieselkraftstoffe) auch den geringen Anteil an schwerflüchtigen Kohlenwasserstoffen (Fette, Mineralöle) erfaßt.

Bei der regelmäßigen Einleiterkontrolle der metallverarbeitenden Industrie der untersuchten hessischen Städte [2.10-4] wurden u. a. *LHKW* (DIN 38407/F 4) und *BTX* (DIN 38407/F 9) selten oder gar nicht berücksichtigt. Für BTX gibt es im WHG zwar keinen Grenzwert, doch ist in der Indirekteinleiterverordnung in Hessen ein Schwellenwert von 0,05 mg/L für das genehmigungsfreie Einleiten aufgeführt [2.10-9].

Beide Parameter wurden in den Proben eines Betriebes analysiert. Die Gegenüberstellung der Meßwerte (Tab. 2.10-3, BTX lag mit beiden Verfahren unterhalb der Nachweisgrenze) zeigt, daß das DLE-Verfahren in bezug auf die Überprüfung der Einhaltung der Grenzwerte bereits eine erste gute und schnelle Einschätzung der Situation ermöglicht. Nur bei Proben, die viele große Partikel enthalten, können die Analysen etwas zeitaufwendiger werden, da die geeichte Fritte bei mehrmaliger Messung u. U. von abgesetzten Partikeln gereinigt werden muß.

2.10.5 Zusammenfassung

Das untersuchte Verfahren zur Messung leichtflüchtiger organischer Schadstoffe im Wasser zeigt bei den meisten Parametern akzeptable Meßergebnisse und ist schnell (bis 90% Zeit- und Kostenersparnis) und ohne spezielle Ausbildung vor Ort einsetzbar. Wird eine Grenzwertüberschreitung festgestellt, können sofort weitere Proben für eine DIN-Analytik (Absicherung; Gerichtsfähigkeit) gezogen und Sofortmaßnahmen eingeleitet werden.

Im Zuge der Verschärfung der Richtlinien und unter Berücksichtigung der Kosten-Nutzen-Rechnung sind Schnelltests wie das DLE-Verfahren zur Überwachung der Funktionstüchtigkeit der Anlagen, zur Überprüfung der Grenzwerteinhaltung und zur Eingangsanalyse in Behandlungsanlagen für Abwasser geeignete Verfahren zur Messung leichtflüchtiger anorganischer und organischer Schadstoffe (Tab. 2.10-4).

Tab. 2.10-4: Vergleich der Anforderungen in den Richtlinien für die Einleiterkontrolle [2.10-8, 2.10-9] mit den Möglichkeiten des DLE-Verfahrens [2.10-5]

Richtlinien für die Einleiterkontrolle	Möglichkeiten des DLE-Verfahrens
Chemischreinigungsbetriebe:	
– LHKW	– LHKW
Mineralölhaltiges Abwasser:	
– KW oder vorgeschriebene Anlage	– Benzin-KW
Metallverarbeitende Industrie:	
(vgl. Tab. 2.10-2)	
– KW	– Benzin-KW
– LHKW	– LHKW
– Ammonium	– Ammonium
– Cyanid	– Cyanid
– Sulfid	– Sulfid
– BTX (Schwellenwert, Hessen)	– BTX
– Schwermetalle	
– CSB	
– AOX	

Literatur

[2.10-1] Sieben, U., *Drägerheft* **1991**, *350*, 11-15.
[2.10-2] Schlegelmilch, F., Brandes, J, *Drägerheft* **1992**, *351*, 31-34.
[2.10-3] Staib, N., Diplomarbeit FH Gießen 1994.
[2.10-4] Pulz, R., *Korrespondenz Abwasser* **1992**, *12*, 1769-1775.
[2.10-5] *Schadstoffmessungen in flüssigen Proben*, Drägerwerk AG, Lübeck, 1992.
[2.10-6] Schlegelmilch, F., *LaborPraxis* **1993**, *4*, 18-22.
[2.10-7] *Validierung von Teströhrchen. Schwefelwasserstoff, Ammoniak und Benzin-Kohlenwasserstoffe*, Clausthaler Umwelttechnik-Institut (CUTEC) GmbH, Clausthal-Zellerfeld, 1991.
[2.10-8] Gesetz zur Ordnung des Wasserhaushalts (WHG) ber. 12.2.1990, BGBl. I, 205.
[2.10-9] Indirekteinleiterverordnung – VGS vom 9.12.1992, GVBl. Hessen, I, 675-677.

2.11 Ladungstitration zur Auswahl und Dosierung von Flockungsmitteln

Lydia Bley

MÜTEK Analytic GmbH, Herrsching

Steigende Deponiekosten und immer höhere Anforderungen an die Qualität der abzuleitenden Abwässer zwingen die Betreiber von Schlammentwässerungsanlagen künftig zu immer effektiveren Fest-Flüssig-Trennungen. Die chemische Konditionierung mit Flockungsmitteln bringt insbesondere bei mechanischen Entwässerungsprozessen eine bedeutende Verbesserung der Flockung durch zusätzliche Destabilisierung der Schlammpartikel. Eine besondere Schwierigkeit bei der Optimierung eines Flockungsprozesses stellt jedoch die richtige Auswahl des Flockungsmittels sowie die richtige Dosiermenge dar. In der Praxis wird meist das Flockungsmittel überdosiert, was zu erhöhten Betriebskosten, aber auch zu verschlechterten Schlammqualitäten infolge Restabilisierung führt.

Über die Bestimmung der Oberflächenladungsmenge eines Schlammes bzw. der Ladungsaktivität eines Flockungsmittels kann der Betreiber von Schlammbehandlungsanlagen, neben den Meßgrößen Filtrations- und Absetzgeschwindigkeit, Auskunft über die Wirkung des Flockungsmittels und auch über die Flockungsmittel selbst erhalten, die notwendig sind, um einen optimal entstabilisierten Schlamm und daraus folgend einen guten Feststoffgehalt zu bekommen.

2.11.1 Hintergrund der Messung von Oberflächenladungen

Wird Klärschlamm stofflich betrachtet, so unterscheidet man zwischen anorganischen ungelösten Stoffen und organischen gelösten Substanzen. Anorganische gelöste Stoffe in Form von Metallionen etc. beeinflussen nicht direkt die kolloidchemische Bilanz und werden damit auch nicht durch Ladungsmeßmethoden erfaßt. Ionen beeinflussen nur die Art und Weise, wie sich die Oberflächenladung von Kolloiden ausbilden. Sie können dort stabilisierend oder destabilisierend wirken. Die meisten natürlichen Feststoffteilchen (Tonmineralien, Sand) bzw. gelöste Kolloide (Polysaccharaide, Proteine, Huminsäuren) in Wasser weisen negative Oberflächenladungen an der Phasengrenzfläche auf und können deshalb am effektivsten mit kationischen Flockungsmitteln oder metallischen Kationen geflockt bzw. entstabilisiert werden.

Ladungen können durch unterschiedliche Mechanismen zustande kommen. Am häufigsten entstehen sie durch spezifische Adsorption von Ionen an der Oberfläche oder auch durch Ionisation funktioneller Gruppen. In der Regel werden Dissoziationsprodukte aus der wäßrigen Umgebung, meistens in Form von $OH^{\ominus}$- bzw. $H^{\oplus}$-Ionen, an der Phasengrenzfläche des Feststoffpartikels adsorbiert (Abb. 2.11-1). Das Lösungsmedium beeinflußt dabei weitgehend die Art des Adsorbens. Die dabei gleichartig aufgebaute Oberflächenladung der Teilchen bewirkt eine gegenseitige Abstoßung derer und führt zu einer Stabilisierung der gesamten Suspension [2.11-1].

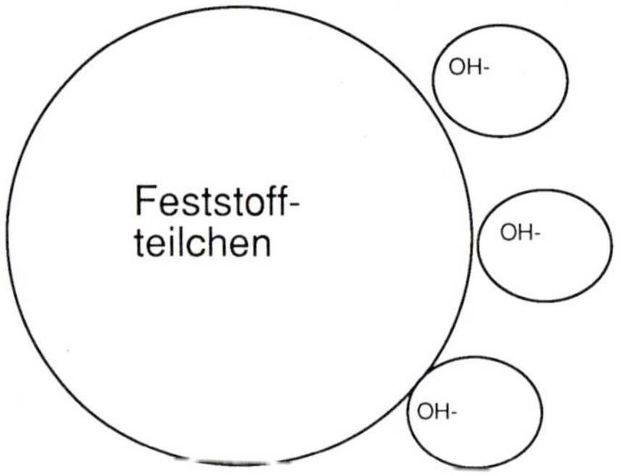

Abb. 2.11-1: Spezifische Adsorption von OH-Ionen

Eine andere Möglichkeit der Ladungsausbildung ist durch Ionisation von funktionellen Gruppen an der Phasengrenzfläche gegeben (Abb. 2.11-2). Durch Säure/Base-Reaktionen werden die Oberflächengruppen entweder protoniert oder deprotoniert und bilden einen dementsprechenden Ladungszustand aus. Durch eine Verschiebung des pH-Wertes von sauer nach basisch, wird ein Kolloidstoffsystem in der Regel stärker anionisch, da z. B. die Carboxylgruppen deprotoniert werden.

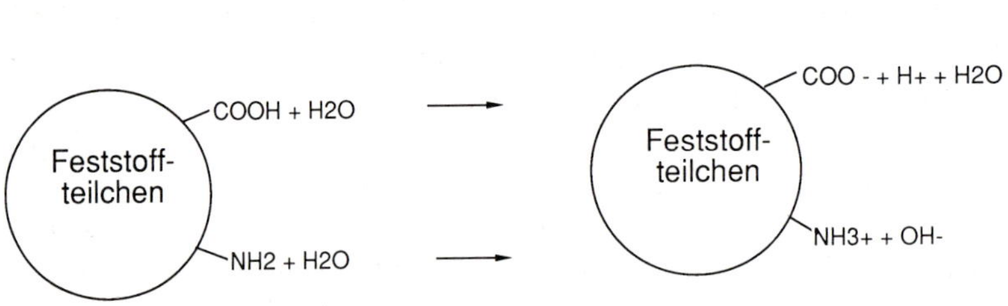

Abb. 2.11-2: Ionisation von funktionellen Gruppen an Feststoffteilchen

Zum Teil können auch Suspensionen von Positiv nach Negativ umgeladen werden (Abb. 2.11-3). Der dabei durchwanderte Ladungsneutralpunkt wird als isoelektrischer Punkt bezeichnet, er ist eine charakteristische Analysengröße der Kolloidchemie. Quarternäre Ammoniumverbindungen hingegen, wie z. B. das Poly-Dadmac, verändern trotz pH-Wertverschiebung ihre Kationenaktivität nicht.

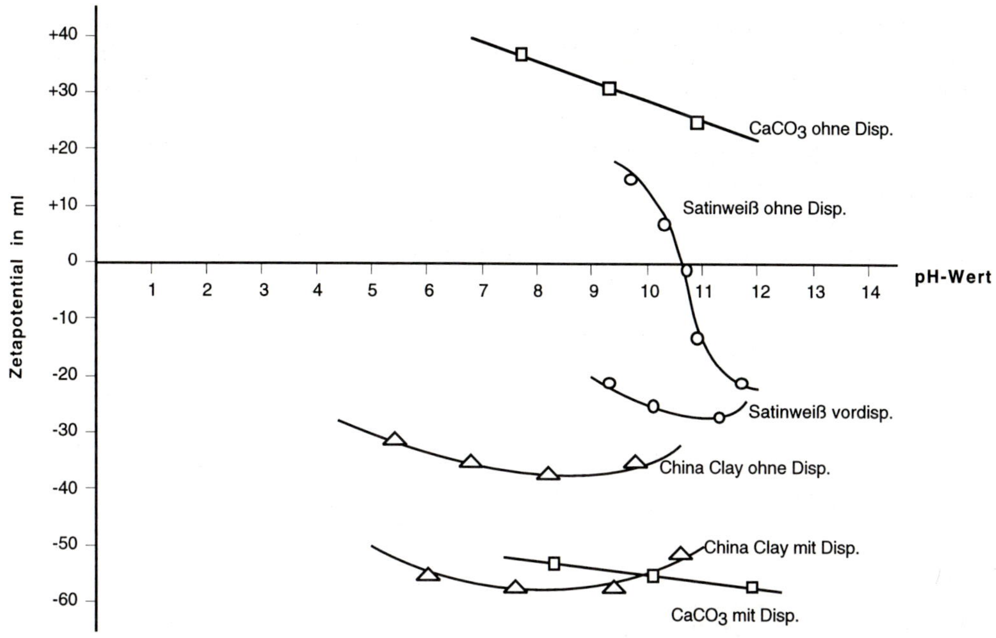

Abb. 2.11-3: Zetapotentialverlauf in Abhängigkeit vom pH-Wert bei verschiedenartig ionogenen Partikeln nach Weigl [2.11-2]

Auswirkungen von Oberflächenladungen auf das Stoffsystem

Zu einer Stabilisierung der Suspension führen gleichsinnig geladene Oberflächengruppen von Partikeln und Polyelektrolyten, da diese sich aufgrund ihrer Ladung gegenseitg abstoßen. Je mehr Ladungen sich an der Oberfläche eines Schlammpartikels befinden, um so größer sind die abstoßenden Kräfte und desto mehr Fällungs- bzw. Flockungsmittel muß dem zu flockenden Schlamm zugegeben werden. Nur durch eine vollständig neutralisierte, und damit auch ideal entstabilisierte Oberflächenladung, können Partikel sich nähern und agglomerieren.

Desweiteren führen Oberflächenladungen zur Ausbildung einer Ionenladungswolke, die durch entgegengesetzt geladene Ionen (Gegenionen) in Form von z. B. Natrium- oder Chlorid-Ionen hervorgerufen wird. Je weiter man sich von der Oberfläche dieses Teilchens entfernt, desto geringer werden die elektrostatischen Anziehungskräfte auf diese Gegenionen und desto mehr nimmt die Ionenkonzentration ab. Dadurch ergibt sich ein Potentialverlauf, der sich mit zunehmendem Abstand von der Partikeloberfläche gegen Null nähert, ähnlich einem Kugelkondensator. Die Art und Weise, wie sich der Potentialwert erniedrigt, wird in der Literatur durch unterschiedliche Modelle beschrieben, auf die nicht näher eingegangen werden kann [2.11-3]. Das in Abb. 2.11-4 aufgezeichnete Doppelschichtmodell beschreibt zwei Grenzschichten, deren Ausbildungsweise von der Anzahl und Art der verfügbaren Gegenionen abhängt. Durch eine Scherfläche abgegrenzt wird die sogenannte stationäre Sternschicht und die bewegliche Gouy-Chapman-Schicht definiert. Dieses Dop-

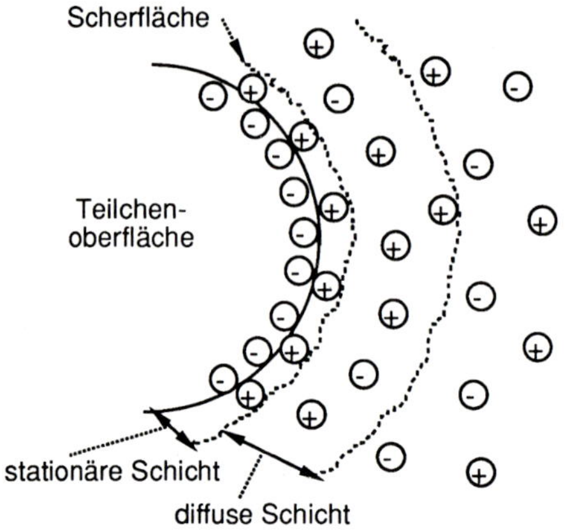

Abb. 2.11-4: Elektrische Ladungsverteilung (Doppelschichtmodell) an einem geladenen Teilchen; stationäre Schicht = Sternschicht: Nernstpotential
diffuse Schicht = Gouy-Chapman-Schicht: Zetapotential (Strömungspotential)

pelgrenzschicht-Phänomen bildet die Grundvoraussetzung zum Verständnis eines jeden Stabilisierungs- bzw. Entstabilisierungsvorganges von Stoffsystemen [2.11-1].

Neutralisierung der Oberflächenladungen

Allgemein kann die Oberflächenladung durch *Koagulation* und *Flokkulation* abgebaut werden. In beiden Fällen wird die diffuse Potentialschicht um ein Partikel so lange erniedrigt, bis der Ladungsneutralpunkt (isoelektrischer Punkt) erreicht ist. Die Art und Weise, das Potential zu erniedrigen, ist dabei sehr unterschiedlich [2.11-4].

Bevor auf die verschiedenen Neutralisationsverfahren eingegangen wird, sollte der grundlegende Unterschied zwischen einer *Fällung* und *Flockung* geklärt werden. Fällung ist – vereinfacht dargestellt – die Bildung einer unlöslichen, festen Phase aus zwei oder mehreren gelösten, in der Regel ionischen, Komponenten. Es handelt sich also hier um einen Phasenübergangsprozeß. Flockung hingegen ist in dem Sinne kein Phasenübergangsprozeß. Hier werden kleinere, ungelöste Feststoffe und gelöste Kolloide durch Ladungsneutralisation in größere Verbände überführt [2.11-5].

Die sogenannte *Doppelschichtkomprimierung* wird durch Konzentrationserhöhung der Gegenionen oder durch Zugabe von mehrwertigen Ionen verursacht. Konkret heißt das, je größer die Wertigkeit der Gegenionen, um so kleiner und kompakter wird die Ladungswolke um das Teilchen herum (Abb. 2.11-5) und um so niedriger werden die Potentialkräfte. Ähnliches gilt für den Fall der Konzentrationserhöhung, bei der durch die größere Anzahl von Gegenionen ein Ladungsausgleich auf einem sehr viel geringeren Abstand vom Partikel erfolgt. Eine Umladung, sprich Restabilisierung der Suspension, ist durch überhöhte Zugabe der Ionen nicht möglich.

Die Adsorptionskoagulation hingegen beruht auf einer Adsorption von Hydroxoverbindungen mehrwertiger Metallionen mit den Inhaltsstoffen der Schlammsuspension. Dies führt direkt zu einer Verringerung des Oberflächenpotentials bis zum iso-

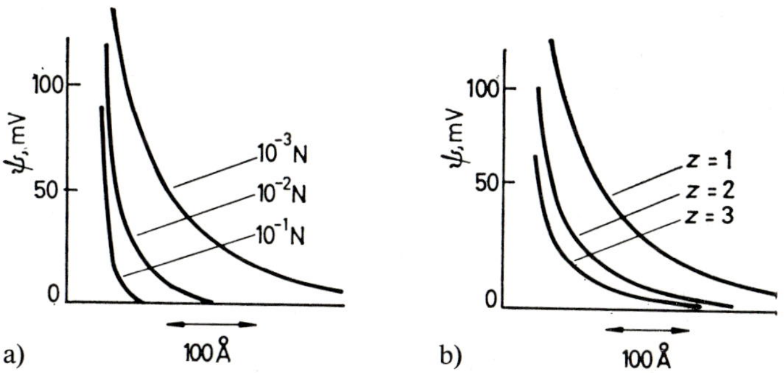

Abb. 2.11-5: Auswirkungen von (a) Konzentrationserhöhung gleichartiger Ionen und (b) Ionen-Wertigkeit bei konstanter Konzentration auf den Potentialverlauf nach Shaw [2.11-6]

elektrischen Punkt und kann darüber hinaus auch zu einer Umladung der Oberflächenladung und damit zu einer wiederholten Stabilisierung führen. Da der pH-Wert den chemischen Aufbau des Adsorptionsmittels stark beeinflußt, spielt er bei dieser Art der Entstabilisierung in der Praxis eine oft unterschätzte, jedoch maßgebliche Rolle. Aus Abb. 2.11-6 wird die unterschiedliche Wirksamkeit der Eisen- und Aluminiumverbindungen in Abhängigkeit der Wasserstoff-Ionenkonzentration deutlich.

Die Flokkulation wird ausschließlich durch organische Flockungsmittel hervorgerufen, deren Wirkungsweise vom Molekulargewicht abhängt. Das ist zum einen die *Ladungskompensation*, die *Bildung von Brücken* zwischen mehreren Teilchen und die *Mosaikflockung* (Abb. 2.11-7). Dabei wirken kurzkettige Polymere mit hohen Ladungsdichten, aufgrund ihrer gestreckten, geraden Struktur, überwiegend ladungskompensierend. Der Brückenbildungsmechanismus hingegen wird durch hochmolekulare, verknäulte Polyelektrolyte verursacht, die meist mit geringeren Ladungsmengen ausgestattet sind. Die Oberflächenladung der Schlammpartikel dient dabei als Verknüpfungspunkt der Polymere mit dem Teilchen und die lange Polymerkette als Fänger für weitere benachbarte Partikel. Bei der Mosaikflockung haften entgegengesetzt geladene Flocken der kolloidalen Teilchen aneinander und erzeugen so eine Ladungsneutralisierung. Dabei kommen Polyelektrolyte mittleren Molekulargewichtes zum Einsatz [2.11-7].

Da es sich im Fall des Brückenbildungsmechanismuses um ein dreidimensionales, stark voluminöses Flocken-Netzwerk handelt, ist das Sedimentationsvolumen, verglichen mit den anderen Flockungsmechanismen, am größten. Flocken, die durch Doppelschichtkompression oder durch Adsorptionskoagulation entstehen, sind hingegen am dichtesten gepackt und produzieren deshalb nur ein geringes Flockenabsetzvolumen (Abb. 2.11-8). Weitgehend bestimmt die Molmasse der verwendeten Flockungsmittel die Größe der gebildeten Flocken und somit das Sedimentvolumen. Das maximale Sedimentvolumen tritt jeweils im Bereich der ladungsmäßigen Neutralität der Teilchenoberfläche auf.

Je nach Anwendungsgebiet kommen auch sogenannte *Zweikomponenten-Flokkungsmittel* (Dualsysteme) zum Einsatz, die sowohl ein kationisches als auch ein an-

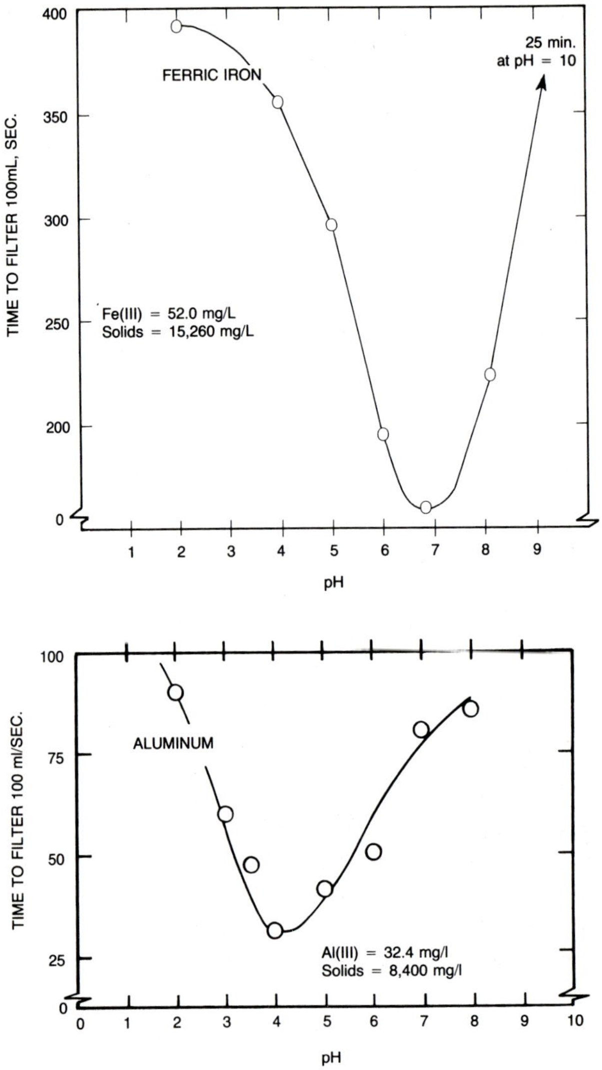

Abb. 2.11-6: Wirksamkeit von Eisen und Aluminium in Abhängigkeit vom pH-Wert [2.11-6]

ionisches Flockungs-Polymer beinhalten. Zuerst wird ein kationisches, kurzkettiges Polymer dem negativen Teilchen zugeführt (Ladungsneutralisierung). Darauf setzt man zur Flockenvergrößerung ein anionisches, langkettiges Polymer hinzu, das Brücken zwischen den Teilchen ausbildet (Brückenbildungsmechanismus). Die so gebildeten Zweikomponentenflocken sind beständiger gegen hohe Scherkräfte. Mittels Ladungstitration kann direkt die optimale Dosierung des in diesem Fall kurzkettigen kationischen Flockungsmittels ermittelt werden (s. Abschn. 2.11.5). Ähnliches geschieht auch bei der primären Flockung mit mehrwertigen Salzen und anschließender Zugabe eines hochmolekularen polymeren Flockungsmittels.

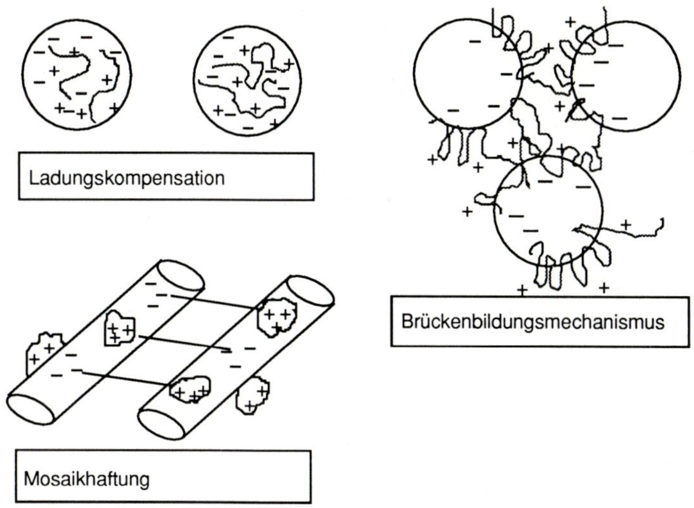

Abb. 2.11-7: Modellvorstellung verschiedener Flockungsmechanismen

Flockungsursachen		Flockungsmittel
Doppelschichtkompression	Molmasse / Sedimentvolumen ↓	Erhöhung der Gegenionenkonzentration Höher wertige Gegenionen
Adsorptionskoagulation (z.T. auch Mosaikflockung)		Hydroxoverbindung mehrwertiger Metallionen, Protonierung, Deprotonierung etc.
Flokkulation Ladungskompensation Mosaikflockung Brückenbildungsmechanismus		kurzkettige, hochgeladene Polyelektrolyte Polymere mittlerer Kettenlänge langkettige, niedriggeladene Polyelektrolyte

Abb. 2.11-8: Zusammenfassende Übersicht der Flockungsursachen und der entsprechenden Flockungsmittel sowie Sedimentationsvolumen

Umladung der Oberfläche

Bei allen Flokkulationsvorgängen bewirkt eine große Überdosis an Flockungsmittel eine Umladung der meist negativ geladenen Partikel. Dies führt dazu, daß der zu flockende Schlamm mit steigender Überdosierung zunehmend wieder restabilisiert und demzufolge die Flockung verschlechtert wird. In der anschließenden, schematischen Darstellung (Abb. 2.11-9) ist die Zunahme der Trübung bzw. eine Verschlechterung des Flockungsergebnisses mit der Überschreitung des Ladungsneutralpunktes deutlich zu erkennen.

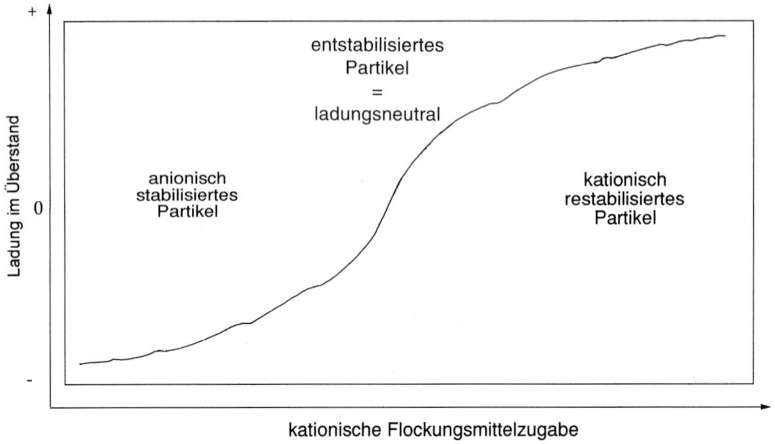

Abb. 2.11-9: Die Veränderung der Ladung beim Übergang von einer Unterdosierung zur Überdosierung

Eine Flockungsmittel-Überdosierung hat nicht nur eine Erhöhung des CSB-Wertes im Trübwasser zur Folge, sondern auch eine Verschlechterung des Feststoffaustrages. Bei Kammerfiltern und Siebbandpressen kann es zusätzlich zu einer Verklebung der Siebtücher kommen und damit zu einer Verschlechterung des Austrages. Mit Annäherung an den Ladungsneutralpunkt erhöht sich zunächst die Filtratleistung. Eine weitere Steigerung der Flockungsmittelzugabe bewirkt dann eine Verringerung. Dieses Verhalten läßt sich mit dem Überschreiten des isoelektrischen Punktes der Suspension erklären. Der Effekt tritt sowohl bei anionischen als auch bei kationischen Polyelektrolyten auf [2.11-8].

2.11.2 Prinzip der Ladungsmessung

Elektrokinetische Phänomene

Generell existieren verschiedene meßtechnische Möglichkeiten, das Oberflächenpotential von Kolloiden zu bestimmen. Alle Methoden greifen dabei auf eine der vier elektrokinetischen Phänomene zurück (Abb. 2.11-10). Allerdings gibt es keine Möglichkeit, Potentialwerte direkt zu messen. Die Teilchen müssen stets einer Kraft ausgesetzt werden, z. B. in Form eines elektrischen Feldes (Elektrophorese). Darin bewegen sich die Partikel um so schneller, je höher ihre Oberflächenladung ist. Aus der Wanderungsgeschwindigkeit der Teilchen kann nun das Zetapotential theoretisch errechnet werden. Im Gegensatz dazu kann direkt durch eine vorgegebene Bewegungsrichtung einer Flüssigkeit – entlang einer geladenen festen, stationären Phase – eine meßbare Spannung (bzw. Strom) induziert werden, die als das sogenannte Strömungspotential bezeichnet wird.

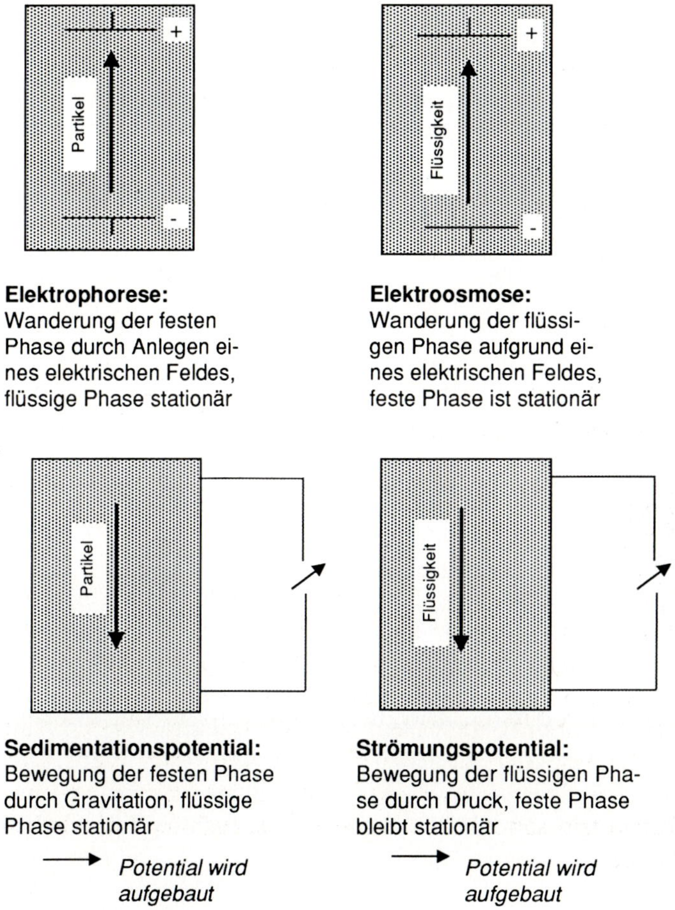

Abb. 2.11-10: Die elektrokinetischen Phänomene

Ladungstitration mit dem Strömungspotential

Der *Partikelladungsdetektor PCD 02*, der in Abb. 2.11-11 gezeigt wird, bedient sich des elektrokinetischen Phänomens des Strömungspotentials. In die zylindrische Meßzelle wird ein Verdrängerkolben eingepaßt, dessen Abstand zur Probengefäßwand sehr gering ist (Abb. 2.11-12).

Der zentrisch eingepaßte Meßkolben führt dabei kontinuierlich eine Hubbewegung aus. Die Signalausbildung basiert darauf, daß kolloidal gelöste Ladungsträger an der Probengefäßwand adsorbieren und Feststoffteilchen im flüssigen Medium träge sind. Diese gebundenen, kolloidalen Ladungsträger bewegen sich, trotz der stark auf- und abwärtsströmenden Flüssigkeit (Kolbenbewegung), nicht mit dieser mit. Es kommt daraufhin zu einer Abscherung bzw. Trennung der Gegenionen (diffuse Doppelschicht) der Teilchen und adsorbierten Polymere, da die Ionen von der Flüssigkeitsströmung mitgerissen werden. Im Strömungsbereich wird somit eine Verzerrungsspannung meßbar, die man als Strömungspotential bezeichnet. Das dabei

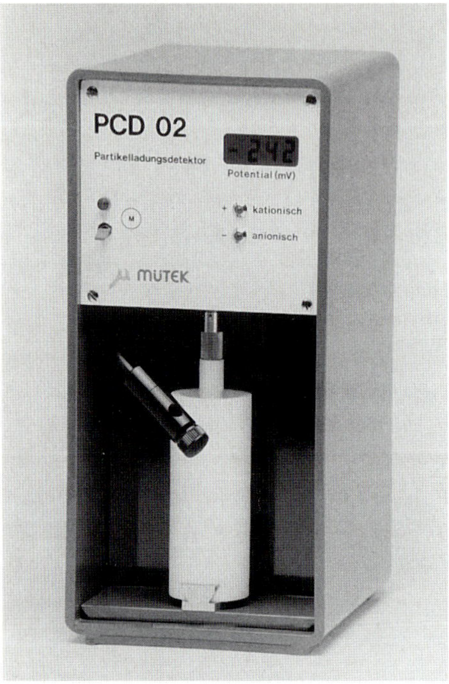

Abb. 2.11-11: Partikelladungsdetektor PCD 02 (Fa. Mütek, Herrsching)

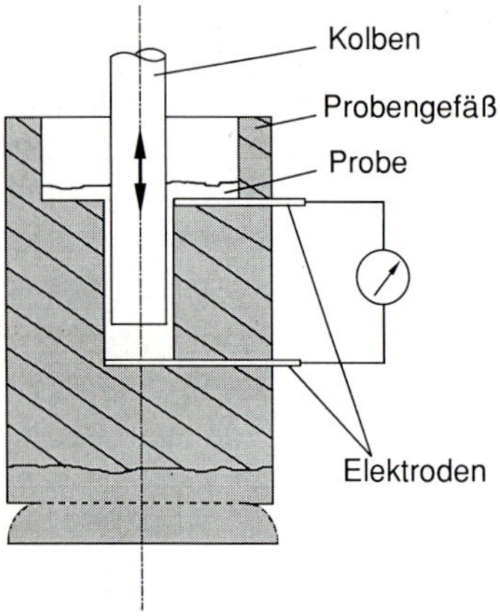

Abb. 2.11-12: Meßzelle des Partikelladungsdetektors PCD 02

meßbare Potential hängt von zahlreichen Parametern ab, die z.T. nicht erfaßbar sind. Somit ist die quantitative Aussagekraft des Strömungspotentials alleine nicht vorhanden. Es wird daraus nur die Erkenntnis über das Ladungsvorzeichen der Gesamtsuspension gewonnen. Eine Ladungsquantifizierung muß anschließend über eine Polyelektrolyttitration mit dem PCD-Detektor erfolgen.

Zu Beginn der Messung gibt man ein adäquates Probenvolumen (z. B. Schlamm oder Flockungsmittellösung) von 10 mL in die Meßzelle des Detektors. Nach dem Anschalten des Antriebmotors für den Kolben wird das Strömungspotential induziert und sofort erkennt man daraus das Ladungsvorzeichen der Probenvorlage. Nun wird ein entgegengesetzt geladenes Titrationsmittel bis zum Ladungsneutralpunkt (Strömungspotential = 0 mV) in die Meßzelle zugegeben. Der Titrationsmittelverbrauch gibt hierbei nicht nur Auskunft über die exakte Ladungsaktivität, sondern auch über die benötigte Flockungsmittelmenge, die der Suspension zur optimalen Flockung zugeführt werden muß. Die Titration kann entweder mit einem automatischen Endpunkttitrator erfolgen, der selbständig die Titration beendet und die notwendige Flockungsmittelmenge auf einem Schreiber protokolliert, oder auch mit einer einfachen Handpipette.

Die „Oberflächenladungsdichte" (C/cm^2) bezieht sich theoretisch auf die Größe der Oberfläche der Teilchen und ist damit für diese Art der Anwendung, d. h. Polyelektrolyttitration auf heterogene Stoffsysteme wie Schlamm, kaum errechenbar. Man hat sich deshalb in der Praxis auf die Begriffe „relative Ladungsmenge" in µeq/g oder „anionischer bzw. kationischer Bedarf" in mL geeinigt. Die Berechnungsformel für die spezifische Ladungsdichte lautet dabei:

$$\frac{\text{Titrationsmittelverbrauch (L)} \times \text{Konzentration (eq/L)}}{\text{Wirksubstanz der Probe (g)}} = \text{spez. Ladungsdichte (eq/g)}$$

Eine Multiplikation mit der Faraday-Konstanten ergibt die ebenfalls gebräuchliche Einheit C/g. Dabei sollten stets die Parameter Polyelektrolytart und -konzentration sowie Probenvorbereitung etc. angegeben und berücksichtigt werden. Die zur Titration verwendeten Standard-Polyelektrolytlösungen (s. Abschn. 2.11.3) sind in ihrer Konzentration genau einstellbar, so daß jederzeit die Titrationsergebnisse untereinander vergleichbar sind. Je nach Probenzusammensetzung und Flockungsmittelart ergibt sich ein charakteristischer Titrationsverlauf, den der geübte Anwender zu interpretieren weiß. Besonders heterogene Systeme, bestehend aus kolloidal gelösten und ungelösten Teilchen, führen zu markanten Titrationsverläufen mit Knick- und Wendepunkten. Diese sind auf die vorrangige Neutralisierung von gelösten Substanzen durch das Titrationsmittel zurückzuführen.

2.11.3 Charakterisierung von Flockungshilfsmitteln

Die Flockungschemikalien lassen sich generell in drei Gruppen unterteilen [2.11-1]:

- anorganische Flockungsmittel, z. B. hydrolisierte Eisen-, Aluminiumsalze,
- organische Flockungshilfsmittel; Polyelektrolyte,
- sonstige Zusatzstoffe, z. B. Oxidationsmittel, Kalkmilch.

Die Beurteilung der anorganischen Flockungsmittel mit dem Partikelladungsdetektor ist auf dem indirekten Weg, wie nachstehend beschrieben, am günstigsten. Das heißt, es wird durch Zugabe (Titration) des anorganischen Flockungsmittels auf die zu flockende Suspension, die ladungschemische Wirksamkeit analysiert. Bei einer direkten Ladungsanalyse der Aluminium- oder auch Eisensalze ist zu berücksichtigen, daß diese je nach pH-Wert entweder als mehrwertige Ionen oder als niedermolekulare Hydroxoverbindungen vorliegen. Da eine einwandfreie Ladungsdetektion erst ab einem Molekulargewicht von ca. 200 g/mol stattfindet, ist z. B. die Aluminiumverbindung erst ab einem pH-Wert von 5 erfaßbar (Abb. 2.11-6). Erst ab diesem pH-Wert liegt eine höhermolekulare und somit erfaßbare Struktur, die sogenannte Hydroxoverbindung, vor.

Ausschlaggebend für die Flockung ist neben dem Molekulargewicht auch die Ladungsdichte des Flockungshilfsmittels. Anorganische Flockungsmittel werden zukünftig immer häufiger durch organische Chemikalien ersetzt, da durch deren Einsatz ein sehr viel geringeres Gesamtschlammvolumen anfällt. Im Gegensatz zu den anorganischen kann die Ladungsaktivität organischer Flockungsmittel bei jedem pH-Wert sehr schnell und direkt bestimmt werden.

Die Konzentration der Probenvorlage hängt dabei vom Molekulargewicht des Flockungsmittels ab. Je höher die Molmasse, um so geringer ist die Ladungsaktivität und um so mehr überwiegen die inneren Anziehungkräfte der Polymerkette, so daß sich eine Knäuelstruktur bildet [2.11-9]. Nur durch extrem hohes Verdünnen der hochmolekularen Flockungsmittellösung kann die Knäuelstruktur in eine langgestreckte Form überführt werden. Ein Beispiel eines flüssigen, hochmolekularen Polymers zeigt, daß mit einer Verdünnung unter 0,1 % durchaus noch eine Erhöhung der wirksamen Ladung erreicht werden kann [2.11-4], was in jedem Fall den Aktivsubstanzbedarf der Suspension verringert (Abb. 2.11-13).

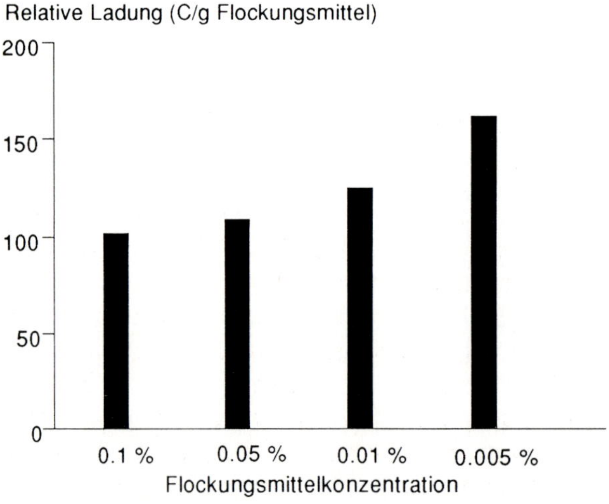

Abb. 2.11-13: Einfluß der Konzentration der Flockungsmittellösung auf die wirksame Ladung eines kationischen Flockungsmittels nach Richter [2.11-4]

Prinzipiell sollte das verwendete Flockungsmittel in regelmäßigen Abständen, spätestens bei Erhalt einer neuen Charge, auf den Ladungsgehalt überprüft werden und dementsprechend eine Korrektur in der notwendigen Zugabemenge vorgenommen werden. Zur titrimetrischen Quantifizierung der Ladungsmenge sollte als Titrationsmittel ein anionisches bzw. kationisches Polymer mittleren Molekulargewichtes verwendet werden, dessen Ladungsdichte weitgehend pH-Wert unabhängig ist. Bei anionischen Proben empfiehlt sich eine kationische Poly-Diallydimethylammoniumchlorid-Lösung (PDDAC) oder MGCH und bei einer kationischen Vorlage eine anionische Natrium-Polyethylensulfat-Lösung (PES-Na) oder KPVS.

Abbildung 2.11-14 zeigt die Quantifizierung von einigen kationischen polymeren Flockungsmitteln hinsichtlich ihrer Ladungsdichte. Die Proben wurden mit deionisiertem Wasser auf 0,01% verdünnt und mit 0,001 N PES-Na-Lösung titriert.

Produkt Nr.	Beschreibung	spezif. Ladungsdichte (μeq/g)
1	Polydadmac, niedermolekular	+ 6 175
2	Polydadmac, höhermolekular	+ 5 485
3	Copolymerisat Dadmac / modif. Acrylamid	+ 5 233
4	Quaterniertes Polyaminoacrylat	+ 5 066
5	Copolymer auf Acrylatbasis	+ 4 661

Abb. 2.11-14: Verschiedene Flockungsmittel bezüglich ihrer Ladungsdichte im Vergleich

2.11.4 Charakterisierung von Schlamm

In ähnlicher Weise ist auch eine Charakterisierung der Ladungsmenge des Schlammes möglich. Die Titration erfolgt auch hier mit einer Standard-Polyelektrolytlösung direkt auf den zu flockenden Schlamm (Abb. 2.11-15).

Durch diese Art der Messung kann auch eine Flockungsmittel-Zugabemenge ermittelt werden, da sich durch die Erhöhung der Schlammladung entsprechend auch der Flockungsmittelbedarf erhöht. Besonders sinnvoll hat sich diese Art der Analyse bei der Überprüfung der Dosierung anorganischer Flockungsmittel herausgestellt, da überdosiertes, anorganisches Flockungsmittel nur schwer im Klarlauf detektierbar ist. Ähnlich ist die Situation bei diskontinuierlich betriebenen Anlagen, wie z.B. Kammerfilterpressen, in der eine Messung im Klarlauf zeitlich zu spät erfolgt und somit eine rechtzeitige Reaktion nicht möglich ist.

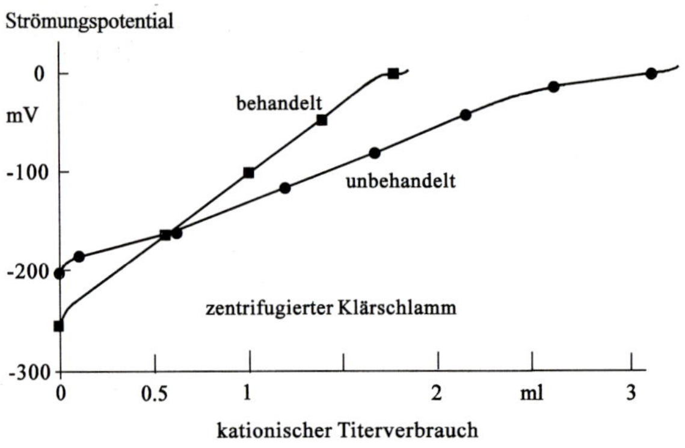

Abb. 2.11-15: Titrationskurve eines Schlammes mit Standard-Polyelektrolyten

2.11.5 Auswahl des Flockungsmittels/Vorabbestimmung des Flockungsmittelbedarfs

Die Ermittlung des wirksamsten Flockungsmittels kann ohne Laborversuche nicht erfolgen. Sie gibt wichtige Hinweise für die in der Praxis relevanten Parameter, wie z. B. Entwässerbarkeit, Absetzgeschwindigkeit, Dosierrate und Klarheit des Filtrats (Klarlauf). Eine starke Vereinfachung von Reihenuntersuchungen mit unterschiedlichen Flockungsmitteln, kann eine einmalige Vorabtitration mit dem Ladungsdetektor PCD 02 bringen, durch den man die erforderliche Flockungsmittelmenge bestimmen kann.

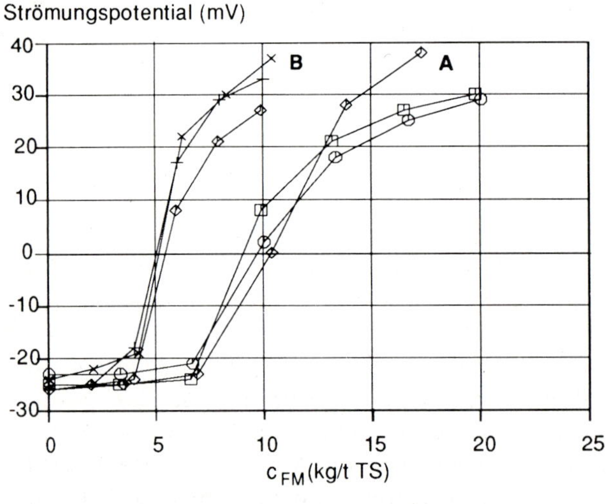

Abb. 2.11-16: Strömungspotential einer Schlammsuspension in Abhängigkeit von der zugegebenen Flockungsmittelmenge c_{FM} nach Richter [2.11-4].
(A) Flockungsmittel mit relativer Ladung 264 C/g
(B) Flockungsmittel mit relativer Ladung 382 C/g

Abbildung 2.11-16 zeigt Beispiele für die Abhängigkeit des Strömungspotentials von der zugegebenen Flockungsmittelmenge.

Wie bereits erwähnt, kann aus der Höhe des Potentials nicht auf die Ladungsmenge geschlossen werden. Aus den Strömungspotentialkurven, in Abhängigkeit von der Flockungsmittelzugabe, läßt sich jedoch unmittelbar die Flockungsmittelmenge ablesen, die notwendig ist, um unter den gegebenen Meßbedingungen die Oberflächenladung zu neutralisieren [2.11-4].

Weiterführende Versuche haben gezeigt, daß zusätzlich eine Vorauswahl der Flockungsmittel über die Höhe des Titrationsverbrauches möglich ist [2.11-10]. Interessanterweise führen Flockungsmittel mit geringer Ladungsmenge nicht unbedingt zu einem hohen Flockungsmittelbedarf. Eine Vorauswahl der effektivsten Flockungsmittel für einen Schlamm kann deshalb nur durch direkte Titration mit dem Flockungsmittel selbst erfolgen.

2.11.6 Prozeßkontrolle und Flockungsoptimierung vor Ort

Überdosierungen führen neben den überhöhten Flockungsmittelkosten auch zu einem größeren Schlammvolumen, da die Flockungswirkung verschlechtert wird. Für eine Optimierung der kontinuierlichen Flockungsmittelzugabe reicht eine täglich zweimalige Probennahme des Klarlaufes nach der Phasentrennanlage vollkommen aus. Aus dem Ladungsvorzeichen des anfänglichen Potentialwertes beim Klarlauf kann sofort auf eine Über- bzw. Unterdosierung rückgeschlossen werden. Die Titrationsverbräuche an Standard-Polyelektrolytlösungen PES-Na bzw. PDDAC quantifizieren die vorangegangene Aussage und sollten so gering wie möglich sein (ca. 0,1–0,5 mL PDDAC). Ein Bedarf an kationischem Polyelektrolyt weist auf negative Restladungen hin, der aus nicht neutralisierten bzw. nicht geflockten, anionischen Restschlammpartikeln resultiert. Eine Überdosierung an kationischen Flockungsmittel wird durch einen Verbrauch an anionischem Polyelektrolyt angezeigt. Das heißt, daß das Filtrat (Zentrat) in diesem Fall kationisch geladen ist.

Generell gilt, je höher die Ladungsmenge (bzw. Titrationsvolumen) im Klarlauf, um so weiter ist man von einer optimalen Flockungsmittelzugabe entfernt. Der höchstmögliche Trockengehalt im Schlamm wird deshalb nur dann erreicht, wenn der Verbrauch an Standard-Polyelektrolyt im Klarlauf nahe Null ist. Abbildung 2.11-17 zeigt die Ergebnisse von Klarlauftitrationen nach der Entwässerung eines Klärschlammes mit Hilfe einer Zentrifuge. Deutlich erkennt man, wie beim geringsten kationischen Verbrauch (das Zentrat ist noch leicht anionisch geladen) der höchste Feststoffgehalt erzielt wird.

Die Beurteilung der Ergebnisse der Ladungstitrationen sind unabhängig davon, ob zur Flockung ein ladungskompensierendes Flockungsmittel verwendet wurde oder nicht, da auch in diesem Fall der Klarlauf bei optimaler Dosierung eine geringstmögliche Ladung aufweist.

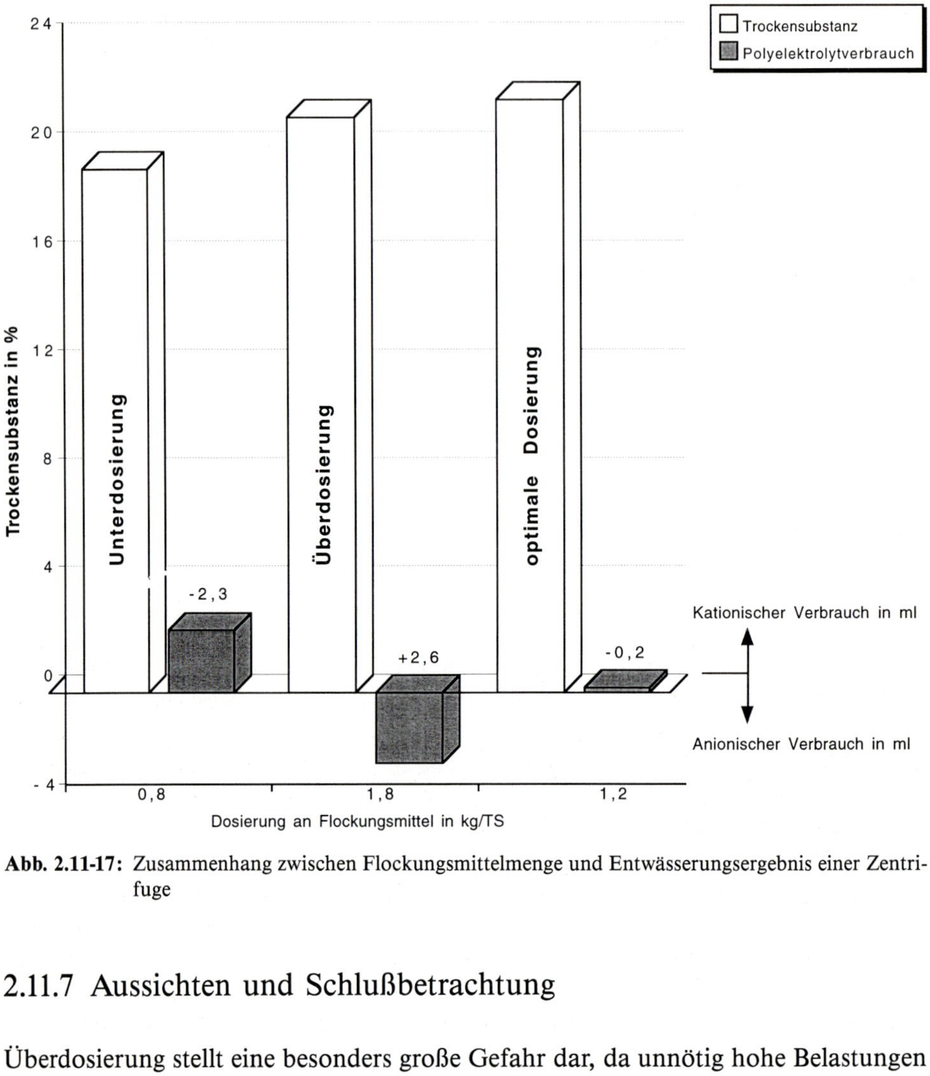

Abb. 2.11-17: Zusammenhang zwischen Flockungsmittelmenge und Entwässerungsergebnis einer Zentrifuge

2.11.7 Aussichten und Schlußbetrachtung

Überdosierung stellt eine besonders große Gefahr dar, da unnötig hohe Belastungen des Rücklaufwassers durch CSB-Erhöhung auftreten können. Außerdem kann es neben den erhöhten Flockungsmittelkosten bei vielen Suspensionen zu einer Restabilisierung kommen, die irreversibel ist. Bei jedem Phasentrennverfahren erhöht sich durch Annäherung an den Ladungsneutralpunkt die Austragsleistung, so z. B. auch die Filtratleistung. Eine überhöhte Flockungsmittelzugabe bewirkt eine Verschlechterung des Ergebnisses. Dieses Verhalten läßt sich mit dem Überschreiten des Ladungsneutralpunktes der Suspension erklären. Der Effekt tritt sowohl bei anionischen als auch bei kationischen Flockungsmittel auf.

Für die Ladungsmengenbestimmung mit dem Partikelladungsdetektor PCD 02, sind zusammenfassend vier Anwendungsmöglichkeiten in der Abwassertechnik zu sehen (Abb. 2.11-18). Alle diese Ergebnisse dienen letztendlich dazu, Aussagen zur optimalen Flockungsmittelauswahl und -dosierung zu erhalten.

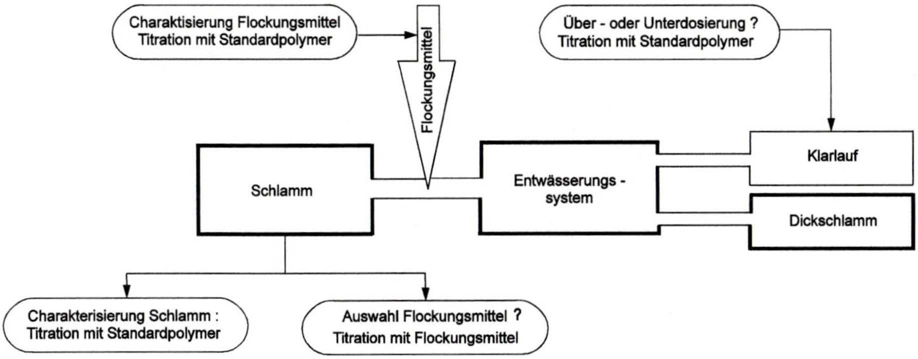

Abb. 2.11-18: Zusammenfassung der Anwendungsmöglichkeiten des Partikelladungsdetektors

Literatur

[2.11-1] Hahn, H. H., *Wassertechnologie: Fällung, Flockung, Separation,* Heidelberg: Springer, 1987.

[2.11-2] Weigl, J., *Elektrokinetische Grenzflächenvorgänge,* Weinheim: Verlag Chemie, 1977.

[2.11-3] Grundlagen der Chemie für Papieringenieure, *Seminar der Papiertechnischen Stiftung,* München, 1991.

[2.11-4] Richter, H.J., Jobst, K., Friedrich H. et. al., *Aufbereitungs-Technik* **1993**, *34 (5),* 257-262.

[2.11-5] DVGW Deutscher Verein des Gas- und Wasserfaches e.V., Flockung in der Wasseraufbereitung, Teil 1, *Technisches Merkblatt W 217,* Eschborn, 1987.

[2.11-6] Shaw, D. J., *Introduction to Colloidal and Surface Chemistry,* London: Butterworth & Co. Ltd., 1966.

[2.11-7] Burkert, H., Horacek, H., *Chem.-Ing.-Technik* **1986**, *58 (4),* 279-286.

[2.11-8] Kröning, H., *Aufbereitungs-Technik* **1991**, 32 (8), 299-48.

[2.11-9] Shin, B.S., *Sludge Conditioning, Manual of Practice FD 14,* Alexandria VA, Water Pollution Control Federation, 1988.

[2.11-10] Schmidt, Hr., Bericht der Universität Kassel, Institut für Siedlungswasserwirtschaft, 1994.

2.12 Bestimmung der Säurekapazität

Barbara Cybulski

Stadt Pforzheim, Amt für Stadtentsorgung

Helmut Kapp

Fachhochschule Biberach

Das zentrale Puffersystem in häuslichem Abwasser ist das Hydrogencarbonat/Kohlendioxid-Puffersystem entsprechend eines im Abwasser üblicherweise anzutreffenden pH-Wertes zwischen pH = 6 und pH = 8. Bei der Nitrifikation hoher Stickstoffgehalte im Abwasser und geringer Carbonathärte kommt es zu einer starken Abnahme der Säurekapazität bis auf Werte $K_{S4,3} < 1$ mmol/L und dadurch zu einer Begrenzung der Nitrifikation selbst aufgrund eines Mangels an Hydrogencarbonationen (Abb. 2.12-1) [2.12-1].

Da gemäß

$$pH = pK_S + \log ([HCO_3^-]/[CO_2])$$
(mit $pK_S = 6{,}38$ bei 20 °C)

für $HCO_3^- \rightarrow 0$ der pH-Wert im biologischen System stark absinkt, findet darüber hinaus eine Flockenauflösung statt. Dies macht sich an einer Trübung des Ablaufes bemerkbar [2.12-1, 2.12-2].

In technischen Anlagen ist daher eine unmittelbare Minderung des Reinigungsergebnisses und eine mittelbare Verschlechterung der Reinigungswirkung aufgrund der Schlammasseverminderung durch Schlammabtrieb zu befürchten.

2.12.1 Definition

Die Säurekapazität eines Wassers ist die in mmol ausgedrückte Menge an Salzsäure, die erforderlich ist, um 1 Liter des Wassers auf den pH-Wert 4,3 einzustellen. Die Säurekapazität eines Wassers ist somit ein Maß für seine Fähigkeit, organische und anorganische Säuren zu binden, d. h. sie abzupuffern. Eine ausreichend hohe Säurekapazität hat zur Folge, daß bei Einwirken von Säuren der pH-Wert nur geringfügig

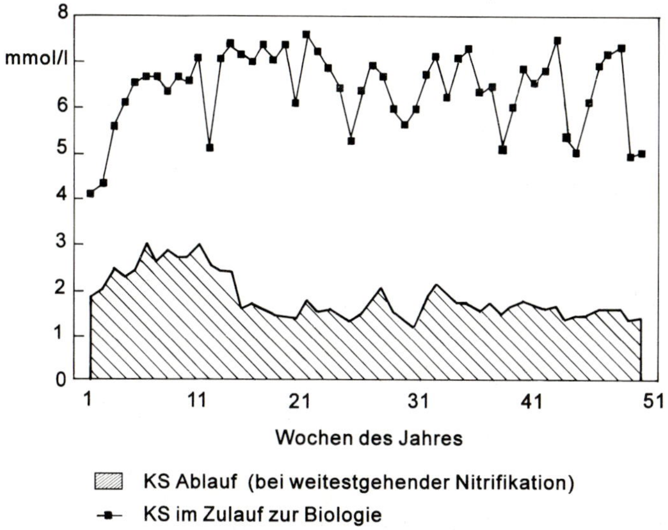

Abb. 2.12-1: Darstellung der Säurekapazitätsabnahme in einer Belebungsanlage mit einer hohen Stickstofffracht im Zulauf (Wochenmittelwerte) [2.12-3]

absinkt, was für natürliche Systeme (u. a. im belebten Schlamm einer biologischen Anlage) wichtig ist.

Die Bestimmung der Säurekapazität $K_{S4,3}$ eines Wassers erfolgt nach DIN 38049 (H7).

2.12.2 Bedeutung der Säurekapazität bei der biologischen Abwasserbehandlung

Die Säurekapazität eines Abwassers hat vor allem im Hinblick auf die in schwachbelasteten biologischen Reinigungsanlagen erfolgende Nitrifikation eine besondere Bedeutung. Bei der Nitrifikation erfolgt die Bildung von Säuren im System des belebten Schlammes selbst gemäß

$$NH_4^+ + 2\,O_2 \longrightarrow NO_3^- + H_2O + 2\,H^+$$

Die entstehenden Wasserstoffionen senken die Säurekapazität eines Abwassers (Abb. 2.12-1).

Da der in einem biologischen System sich einstellende pH-Wert auch vom CO_2-Gehalt im Reaktor beeinflußt wird, spielt biogen entstandenes CO_2 in Verbindung mit dem Belüftungssystem (Strippeffekt) eine große Rolle: Bei tiefen Belebungsbecken, bei Flächenbelüftungssystemen mit hoher Sauerstoffausnutzung, aber auch bei „Reinsauerstoffanlagen“ und „Druckanlagen“ [2.12-4] ist der CO_2-Austrag gering und der pH-Wert bei gegebenem HCO_3^--Gehalt niedriger als bei hohem Luftdurchsatz im biologischen Reaktor [2.12-2, 2.12-5] (Abb. 2.12-2).

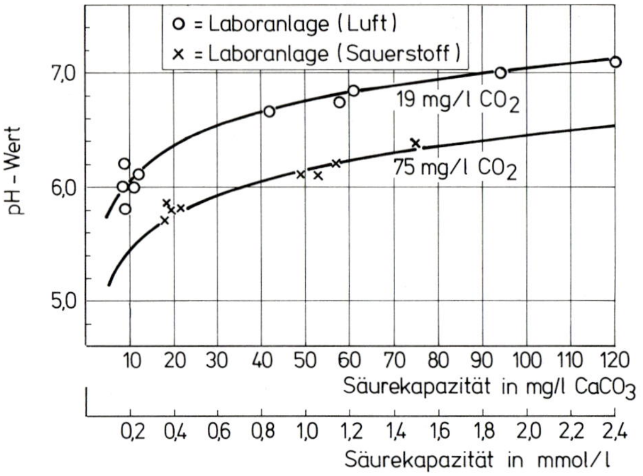

Abb. 2.12-2: pH-Wert im Belebungsbecken in Abhängigkeit vom Belüftungssystem

Werden im biologischen Reaktor pH-Werte >6,5 angestrebt, so ist bei durchschnittlichen CO_2-Gehalten von 0,5–1,0 mmol/L in Belebungsbecken eine minimale Säurekapaziät insbesondere auch unter Berücksichtigung von Regenwetterereignissen („weiches Wasser") von 1,5 bis 2,0 mmol/L einzuhalten [2.12-6].

2.12.3 Die Komponenten der Säurekapazität und die Veränderung während der biologischen Reinigung

Carbonathärte

Die Säurekapazität im vorgeklärten Abwasser wird im wesentlichen durch zwei Komponenten beeinflußt:

1. die mittlere Carbonathärte des Trinkwassers im Einzugsgebiet der Kläranlage (bei Vernachlässigung des Fremdwasseranteils und der geringfügigen Aufhärtung durch die mit der Nahrung zunächst aufgenommenen und anschließend wieder ausgeschiedenen Mineralsalze, v. a. Ca-Verbindungen),
2. die Carbonathärte des Abwassers, die an die Existenz der Ammoniumionen geknüpft ist.

Das Puffersystem bilden zunächst die im Trinkwasser enthaltenen Hydrogencarbonationen. Stöchiometrisch ergibt sich die Abhängigkeit der Säurekapazität des Trinkwassers von der Carbonathärte (KH_T) zu

$$K_{S4,3T} = KH_T\ (°dH)/2{,}8\ (\text{in mmol/L})$$

Beim biologischen Abbau von Eiweißsubstanzen und bei pH-Werten <8 werden NH_4^+ und HCO_3^--Ionen frei. Bei der Aufnahme von Stickstoff in körpereigene Substanz der Mikroorganismen hingegen wird mit jedem NH_4^+-Ion gleichzeitig ein HCO_3^--Ion aus dem Abwasser entfernt, d.h. die Säurekapazität verringert sich.

Stöchiometrisch heißt dies:

- 1 mg N/L-Einbau in den Schlamm entspricht einer Abnahme um 1/14 mmol/L der Säurekapazität.
- Bei der Oxidation von 1 mg N/L (Nitrifikation) wird dagegen 1/7 mmol/L Säurekapaziät verbraucht.
- Bei Abwesenheit von gelöstem Sauerstoff und gleichzeitigem Angebot biologisch abbaubaren organischen Wasserinhaltsstoffen wird Nitrat zu molekularem Stickstoff reduziert. Die Säurekapazität des Abwassers steigt bei der Denitrifikation pro 1 mg N_{DN}/L um 1/14 mmol/L an.

Würde der TKN-Stickstoff vollständig aus dem Wasser eliminiert werden, würde keine Veränderung der Säurekapazität festzustellen sein (Abb. 2.12-3).

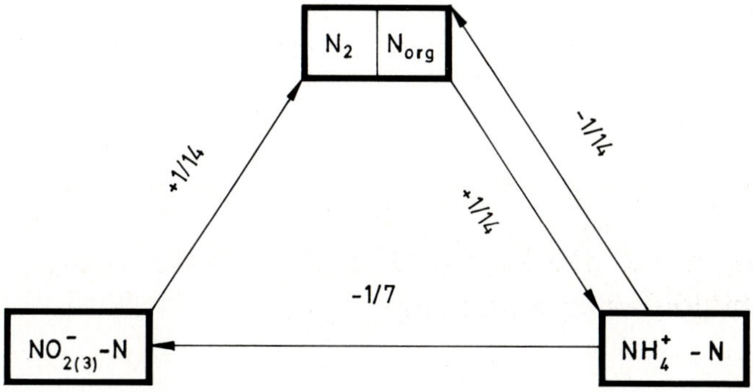

Abb. 2.12-3: Veränderung der Säurekapazität des Abwassers in mmol pro 1 mg N in Abhängigkeit von der Bindungsform des Stickstoffs

Die Säurekapazität in mmol/L im Ablauf der Kläranlage läßt sich also nach folgender Gleichung berechnen (vorzeichengerecht):

$$K_{S4,3AB} =$$
$$K_{S4,3T} + 1/14\, NH_4^+ - N_{ZU} - 1/7\, N_{ox,AB} - 1/14\, (NH_4^+\text{-}N_{ZU} - NH_4^+\text{-}N_{AB} - N_{ox,AB})$$

Für die erforderliche Carbonathärte (KH_T) folgt somit:

$$KH_T \geq 5{,}6 + 1/5\, N_{ox,AB} \quad (°dH)$$

$N_{ox,AB}$ bezeichnet die Menge des oxidierbaren Stickstoffs, d.h. NH_4^+-N_{ZU} + $N_{org,ZU}$ abzüglich des in den Überschußschlamm eingebauten Stickstoffs (geschätzt ca. 3,5–5,5% bezogen auf den BSB_5) und abzüglich des organischen Stickstoffs im Kläranlagenablauf $N_{org,AB}$. Daraus erkennt man, daß für jeweils 5 mg $N_{ox,AB}$ 1 °dH (KH_T) zur Verfügung stehen muß [2.12-7].

Phosphate

Der Beitrag der Phosphate zur Säurekapazität im Abwasser ist wegen den relativ niedrigen P-Gehalten im Zulauf von ca. 5–8 mg/L von untergeordneter Bedeutung.

Bei der P-Elimination mit Hilfe 3-wertiger Eisen- oder Aluminiumsalze bzw. 2-wertiger Eisensalze verringert sich die Säurekapazität des Zulaufs bei einem Molverhältnis von Fällmittel zu gefälltem P = 1,0 (β-Wert) um ca. 0,4 mmol/L (3-wertige Fe- bzw. Al-Salze) bzw. um ca. 0,2 mmol/L (2-wertige Fe-Salze) bei o. g. P-Gehalten von 5–8 mg/L im Zulauf. Für β = 1,5 erhöht sich der Verlust an Säurekapazität im Abwasser um weitere ca. 0,3 mmol/L (Me^{3+}) bzw. um ca. 0,2 mmol/L (Me^{2+}) (Abb. 2.12-4).

Da die meisten Fällmittel zusätzlich freie Säuren- aber auch Laugenanteile enthalten, müssen diese bei der Auswirkung auf die Säurekapazität gesondert berücksichtigt werden. Alkalische Fällmittel werden heute bereits gezielt bei weichem Abwasser eingesetzt.

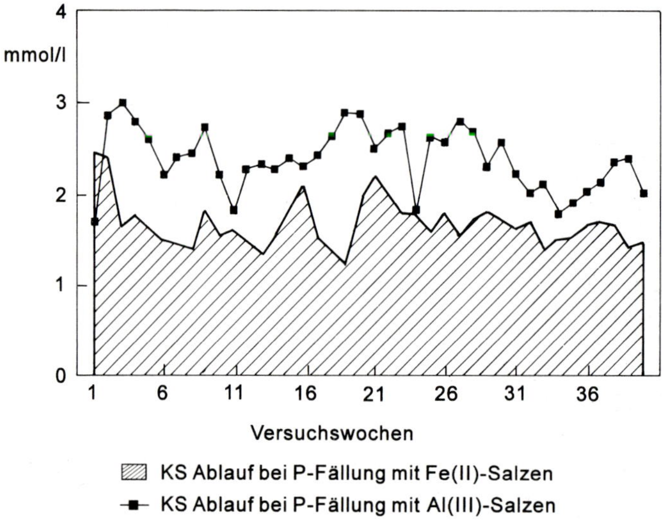

Abb. 2.12-4: Einfluß verschiedener Fällmittel auf die Säurekapazität im Ablauf einer Kläranlage [2.12-3]

Säurekapazität im Schlammwasser

Vornehmlich im Schlammwasser von Faulschlämmen treten sehr hohe Säurekapazitäten auf. Da beim anaeroben Abbau von Eiweißverbindungen NH_4^+ freigesetzt wird, kann vereinfacht gesetzt werden

$$[NH_4^+] = [HCO_3^-],$$

wenn der Gehalt an organischen Säuren im Schlammwasser klein ist. Damit ergibt sich die Möglichkeit, mit Hilfe der Säurekapazität im Schlammwasser dessen NH_4^+-N-Gehalt für die Praxis hinreichend genau zu bestimmen.

Es gilt:

$NH_4^+\text{-N} = 14 \cdot K_{S4,3}$ (mg/L).

2.12.4 Bestimmung der Säurekapazität nach DIN 38409

Die Bestimmung der Säurekapazität erfolgt titrimetrisch unter Verwendung der elektrometrischen Messung bis zum Erreichen eines bestimmten pH-Wertes. Weil der End-pH-Wert (pH = 4,3) aus dem Puffersystem Kohlensäure/Hydrogencarbonat resultiert, muß die Probenahme so erfolgen, daß möglichst kein Kohlenstoffdioxid entweicht. Die Säurekapaziätsbestimmung wird entweder kontinuierlich vor Ort (Abb. 2.12-5) oder im Labor (Abb. 2.12-6) durchgeführt.

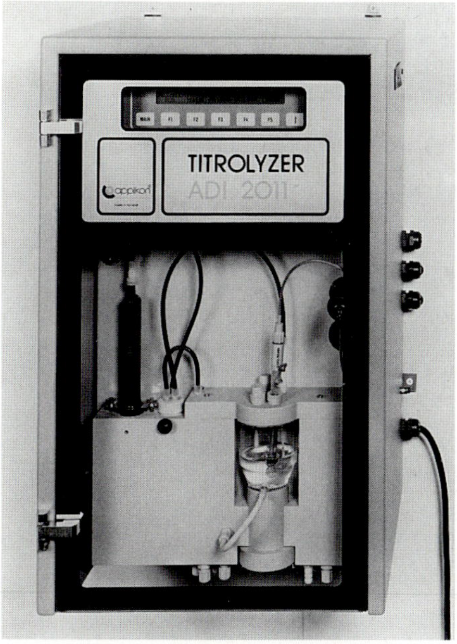

Abb. 2.12-5: Gerät zur kontinuierlichen Säurekapazitätsmessung [2.12-8]

Durchführung der Methode

Zur Bestimmung der Säurekapazität werden 100 mL Wasserprobe in das Titriergefäß pipettiert (Abb. 2.12-6). Die pH-Elektrode wird eingesetzt und der Rührer eingeschaltet. Die Probe wird mit Salzsäure titriert, bis der pH-Wert 4,3 erreicht wird. Werden weniger als 2 mL Salzsäure (C_{HCl} = 0,1 mol/L) verbraucht, wird die Titration mit Salzsäure geringerer Konzentration (C_{HCl} = 0,02 mol/L) wiederholt.

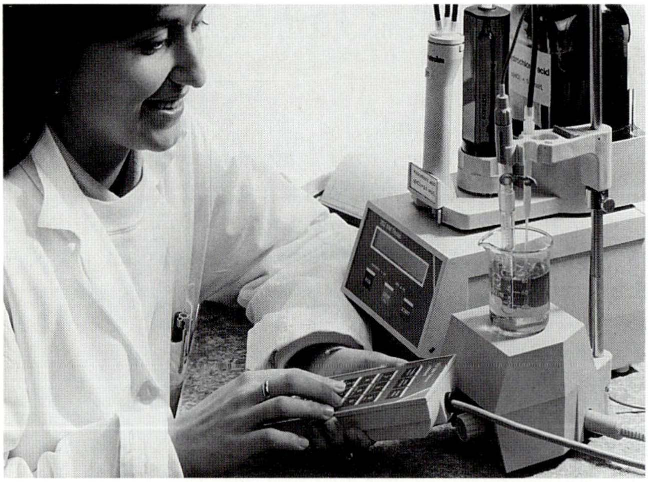

Abb. 2.12-6: Titrierstand für die Bestimmung der Säurekapazität im Labor [2.12-8]

Gerätezusammenstellung

- Titriergefäß (200 mL)
- Magnetrührer mit Rührstäbchen
- pH-Meßgerät mit Glaselektrodenkette, Genauigkeit ±0,02 pH-Wert-Einheiten
- Vollpipette (100 mL)
- Bürette oder Titrator (Abb. 2.12-5)

Reagenzienzusammenstellung

- Salzsäure C_{HCl} = 0,10 mol/L
- Salzsäure C_{HCl} = 0,02 mol/L

Auswertung

Die Säurekapazität wird nach folgender Gleichung berechnet:

$K_{S4,3} = V \cdot C \cdot f$ (mmol/L)

$K_{S4,3}$ = Säurekapazität (mmol/L) bis zum pH-Wert 4,3 (bei der Temperatur zum Zeitpunkt der Titration)
C = Konzentration der Salzsäure (C_{HCl} in mol/L)
f = Umrechnungsfaktor (10 mmol/mol × L bei Anwendung von 100 mL Probe)
V = Verbrauch der Säure für die Titration (mL)

Für C_{HCl} = 0,1 mol/L und 100 mL Probe gilt:

$K_{S4,3} = V$ (mmol/L)

Die Ergebnisse werden auf zwei Stellen hinter dem Komma gerundet.

2.12.5 Störungen und Anwendungsbereich der Methode

Obwohl die Säurekapazitätsbestimmung zu den schnellen und leicht durchführbaren Methoden gehört, müssen diverse Randbedingungen eingehalten werden, um mögliche Fehler zu eliminieren.

- Bei unsachgemäßer Probenahme wird **Kohlenstoffdioxid** gestrippt. Deshalb sollten die Proben nicht homogenisiert und nur bei Bedarf filtriert werden (z. B. Belebtschlamm).
- Die **Rührgeschwindigkeit** soll mäßig sein (Stufe 1–2), weil das Meßergebnis durch Kohlenstoffdioxid aus der Luft verfälscht wird.
- Der **pH-Wert 4,3** am Ende der Titration muß bei abgeschaltetem Magnetrührer **länger als zwei Minuten** bestehen bleiben.
- Die **Temperatur der Wasserprobe** muß am Ende der Titration gemessen und angegeben werden. Sie ist von Bedeutung für die Vergleichbarkeit der Meßergebnisse.
- Die Säurekapazität $K_{S4,3}$ kann selbstverständlich nicht bei einem Wasser ermittelt werden, dessen pH-Wert unter 4,3 liegt.

2.12.6 Zusammenfassung

Die Säurekapazität beeinflußt die Reinigungswirkung bezüglich Nitrifikation/Denitrifikation und die Prozeßstabilität. Die regelmäßige Bestimmung hilft, den Zustand des Klärprozesses zu beurteilen, insbesondere wenn die Säurekapazität im Bereich 1,5–2 mmol/L im Ablauf liegt.

Die Messung der Säurekapazität im Schlammwasser von Faulschlämmen erlaubt eine hinreichend genaue Aussage über dessen NH_4^+-N-Gehalt im Hinblick auf die Rückbelastung der Kläranlage mit Ammoniumstickstoff.

Literatur

[2.12-1] Kapp, H., *Wasserwirtschaft* **1984,** *74,* 319–326.

[2.12-2] Teichgräber, B., *Zur Nitrifikation von Abwässern mit geringer Säurekapazität,* Veröffentlichungen des Instituts für Siedlungswasserwirtschaft Heft 45, Technische Universität Braunschweig, 1988.

[2.12-3] Betriebstagebuch der Kläranlage Pforzheim, 1992/93.

[2.12-4] Staab, K.F., Krauth, Kh.: *Forschungsbericht 02-WA 621 (BMFT),* Institut für Siedlungswasserbau, Wassergüte- und Abfallwirtschaft, Universität Stuttgart 1980, unveröffentlicht.

[2.12-5] Lue-Hing, C. et al., *J. WPCF* **1976,** *48,* 25–46.

[2.12-6] *Arbeitsblatt A 131,* Gesellschaft zur Förderung der Abwassertechnik e.V., St. Augustin, 1991.

[2.12-7] Kapp, H., *gwf-wasser/abwasser* **1983,** *124,* 127–130.

[2.12-8] Metrohm Information 20. Jahrgang Nr. 2/91.

2.13 Biologische Analysen

Walter Hermann Gebhardt

Deutsche Bahn AG
Heizkraftwerk, Frankfurt/Main

2.13.1 Mikrobiologische Analysentechniken

In der mikrobiologischen Grundlagenforschung wurden in den letzten Jahren beachtliche Fortschritte erzielt, deren Ergebnisse zunehmend in der Wasser- und Abwasserüberwachung Eingang finden.

Die bisher üblichen Untersuchungsverfahren beruhen entweder auf der Anzucht und physiologischen Bestimmung der gesuchten Mikroorganismen oder auf deren mikroskopischen Detektion. Neben der persönlich geprägten Einschätzung und Erfahrung des Auswerters dieser Verfahren kommt der mehrtägige Zeitaufwand für die kulturelle Voranreicherung und die gesamte Versuchsdurchführung hinzu. Dagegen verwenden enzymatische, immunologische und gentechnische Analysenverfahren vorwiegend schnell durchzuführende und analytisch-objektive, spektrometrische Methoden, wie die Photometrie, Fluorimetrie und Luminometrie, zur Detektion.

Die enzymatischen Reaktionen bestehen aus der Verbindung katalytischer Proteine, der Enzyme, mit anorganischen oder organischen Stoffen, die als Substrate im Stoffwechsel eine Rolle spielen [2.13-1]. Aus meß- und entsorgungstechnischen Gründen setzten sich in den letzten Jahren Markierungen mit Farbstoffen oder Fluoreszenzfarbstoffen durch. Immunologische Methoden, die vorwiegend in der Laboratoriumsmedizin üblich waren, beruhen – wie die enzymatischen Methoden – auf einer molekularen Kopplung mit Antikörpern und Antigenen. Für die Gewässer- und Abwasserüberwachung ist von Interesse, daß auch niedermolekulare Verbindungen als „Haptene" von Antikörpern erkannt werden können. Unter Haptenen versteht man Verbindungen, die erst durch Ankoppeln an ein Trägerprotein miterkannt werden, indem sowohl gegen das Trägerprotein als auch gegen das kleinere Hapten Antikörper gebildet werden [2.13-2].

Um den Nachweis zu verbessern, werden neuerdings auch Verbindungen verwendet, die Chemo- oder Biolumineszenz hervorrufen. Will man die Empfindlichkeit noch weiter steigern, so erfolgt die Markierung mit einer komplexen biochemischen Reaktion, wobei mehrere Produkte freigesetzt werden und somit das Meßsignal ausgelöst wird.

2.13.2 Mikrotiter-Verfahren

Die an anderer Stelle beschriebenen Küvetten-Spektrometer-Verfahren (s. Abschn. 2.8 und 2.9) sind in der Praxis gängige Untersuchungsverfahren. Verschiedene Stoffe können aber auch über Mikrotiter-Verfahren nachgewiesen werden. Bei diesem Verfahren können in einem einzigen Arbeitsgang eine große Probenanzahl beurteilt werden. Allerdings erfordert das Mikrotiter-Verfahren zusätzliche Meßgeräte und Zubehör; die Empfindlichkeit der herkömmlichen Küvetten-Test-Verfahren wird noch nicht erreicht.

2.13.3 Enzymatische Verfahren

Grundsätzlich werden zwei Möglichkeiten unterschieden:

- Bei den Enzymaktivitätstests in vivo (d.h. in der belebten Natur) werden Stoffwechselaktivitäten in aquatischen Lebewesen nachgewiesen, um über den Einfluß von Schadstoffen auf die Organismen eine Aussage zu treffen.
- Dagegen werden bei den Enzymhemmtests in vitro (d.h. stellvertretend für Organismen) isolierte Enzympräparate verwendet, die die Schadwirkung verdächtiger Wässer auf deren Umsatzaktivität testen.

Ein bereits halb automatisiertes Beispiel eines Enzymaktivitätstests in vivo ist die „Fließanalyse mikrobieller Enzymaktivitäten“ (FAME) [2.13-1, 2.13-3]. Eine kurze Säule, die mit einer auf inertem Material immobilisierten Mikroflora gefüllt ist, wird von dem zu untersuchenden Abwasser durchflossen, so daß die Inhaltsstoffe auf die Mikroorganismen wirken können. Die enzymatischen Aktivitäten der immobilisierten Mikroorganismen werden durch Einspritzen eines Chromogens, das an ein Substrat gebunden ist und durch Enzymwirkung freigesetzt werden kann, im Durchfluß bestimmt. Mittels eines Fluorimeters erhält man eine Kurve mit einem Peak. Die Höhe des Peaks und der Verlauf der Kurve wird zum einen von den Prozeßparametern, wie Menge der angesiedelten Mikroorganismen, Durchflußgeschwindigkeit und Substratmenge, und zum anderen durch mögliche Störsubstanzen bestimmt. Bei einer auftretenden Schädigung der immobilisierten Mikroorganismen ist sowohl die Umsatzgeschwindigkeit als auch der absolute Substratumsatz verringert. Steigung und Höhe des Kurvenpeaks nehmen ebenfalls ab. Mit dieser Methode kann auch eine Schädigung der Zellmembran nachgewiesen werden. Dieses FAME-System kann sowohl als Frühwarnsystem für Stoßbelastungen als auch zur Überwachung von Dauerbelastungen vor biologischen Aufbereitungsanlagen eingesetzt werden.

Bei den Enzymhemmtests in vitro wird das Präparat, das eine bestimmte Aktivität und Sensitivität aufweisen muß, der verdächtigen Wasserprobe zugegeben. Die spektrometrisch vermessene Enzymaktivität in der belasteten Probe wird im Verhältnis zur Aktivität in einer unbelasteten Probe berechnet; der Grad der Enzymhemmung wird angegeben.

Da selbst hemmstoffspezifische Enzymreaktionen in einem sich ständig ändernden Abwasser Störreaktionen vortäuschen können, die nicht auf den gesuchten Schadstoff zurückzuführen sind, dürfen die Ergebnisse nicht überinterpretiert werden [2.13-4].

Als Indikatoren für die Anwesenheit von Mikroorganismen werden zunehmend anstelle der Organismen nur noch einzelne Zellbestandteile nachgewiesen. So kann nach einer Ultraschall-Extraktion aus einer Zelle verhältnismäßig einfach die DNA von Mikroorganismen mit einem Nukleotid-spezifischen Fluoreszenzfarbstoff bestimmt werden. Die Spezien-Bestimmung ist erforderlich, da die Höhe der gemessenen enzymatischen Aktivitäten nicht nur dem Einfluß toxischer Substanzen unterliegt, sondern auch vom Nährstoffangebot und dem Biomassegehalt bestimmt wird.

2.13.4 Biosensoren

Die in den letzten Jahren entwickelten Biosensoren beruhen auf der Messung der Stoffwechselaktivität der Zellen oder von Zellbestandteilen (Enzymen). Die der Prozeßüberwachung dienenden Sensoren, bei denen Mikroorganismen unmittelbar vor einer Sauerstoffelektrode immobilisiert sind, ermöglichen ein Meßergebnis nach nur wenigen Sekunden bzw. Minuten. Die Ergebnisse können nicht den BSB_5-Wert ersetzen, sie zeigen aber in vielen Fällen eine durchaus enge Korrelation mit den BSB_5-Werten [2.13-2].

Neuere Geräte zur BSB-Bestimmung auf Sensorbasis werden beispielsweise vom Prüfgeräte-Werk Medingen (Freital) oder von Aucoteam (Berlin) angeboten. Die Vorteile der Biosensoren liegen meist im Rahmen von Screening-Methoden, wodurch ein rasches und empfindliches Monitoring umfangreicher Probenserien auf einzelne Schadstoffe oder Summenparameter möglich wird.

2.13.5 Biotestverfahren

In den bisher gängigen Verfahren wurde die Aktivität des Enzyms Urease in Gegenwart einer Wasserprobe anhand von pH-Wert-Veränderungen bestimmt. Wegen der unterschiedlichen Pufferkapazitäten, die zu erheblichen Fehlern führen können, waren aufwendige Rücktitrationen notwendig, die nicht auf der Mikrotiterplatte durchzuführen sind.

Ein neues Verfahren aus dem Fachgebiet „Aquatische Ökotoxikologie" der TU Berlin ermöglicht auf der Mikrotiterplatte eine weitgehende Automatisierung. Ein Zellkulturtest, der auf der Mikrotiterplatte durchgeführt wird, soll den Fischtest nach DIN 38412 Teil 31 ablösen. Dem chemosensorischen Biotest liegt das Vermeidungs- und Fluchtverhalten des Einzellers Tetrahymena zugrunde. Die Stärke der Fluchtreaktion ist von der jeweiligen Konzentration des Stoffes abhängig und wird als Maß des Gefährdungspotentials chemischer Belastungen herangezogen.

Bei dem Protoplasten-Biotest von OXYTEC (Bochum) wird die Zellwand beseitigt, um eine möglichst hohe Empfindlichkeit zu erreichen. Diesem Test liegt die äußerst sensitive physiologische Reaktion der Sauerstoffbildung durch Photosynthese zugrunde. Diese Reaktion wird durch die meisten Herbizide selektiv gehemmt. In Alginat immobilisiert, sind die Protoplasten als Meßfühler über einen Zeitraum von ungefähr einer Woche als Bioindikator einsetzbar.

Der Enviro Gard® Enzym-Immunoassay von Millipore (Eschborn) stellt eine Alternative zu den zeitaufwendigen Methoden HPLC und GC dar, mit denen dieser Test eine hohe Korrelation aufweist.

Neu ist der Test ELISA-System Enterobacteriaceae (ECA) von Riedel-de Haën (Seelze), der das Enterobacterial Common Antigen sicher nachweist. Gegenüber den bisherigen molekularbiologischen Nachweismethoden, bei denen das Ergebnis erst nach 2–5 Tagen vorliegt, hat der Mikrotiterplatten-Enzymimmunoassay den Vorteil, daß schon nach 24 Stunden eine Kontamination des Wassers durch E. coli und coliforme Keime zu erkennen ist. Die Methode des Tests ist als Vornorm im Rahmen der DIN 38411 T9 veröffentlicht.

Literatur

[2.13-1] Obst, U., *GIT* **1991**, *35 (11)*, 1202–1210.
[2.13-2] Wittmann, Ch. et al., *Nachrichten aus Chemie, Technik und Labor*, **1992**, *40 (11)*, 1250–1254.
[2.13-3] Obst, U., *GIT* **1992**, *36 (4)*, 365–370.
[2.13-4] Wessler, U., Vortrag 16381/10.073 Technische Akademie Esslingen, 1./2. Februar 1994.

3 On line-Überwachung von Abwasserreinigungsanlagen

In der Vergangenheit wurden nur wenige on line-Meßgeräte eingesetzt, wie z. B. Abwasserzufluß-Meßeinrichtungen und in der Folge der sogenannten Ölkrise Gelöst-Sauerstoffmeßgeräte, mit denen die Energiekosten gemildert werden sollten. Außerdem wurden teilweise pH-Sonden und im Bereich der Schlammfaulung Meßblenden für die Gasmengenmessung eingesetzt. Mit der Abwasserabgabe und im Zuge der Verschärfung der Grenzwerte bezüglich CSB, Stickstoff und Phosphor haben sich die Verhältnisse jedoch grundlegend geändert. Auch überzeugten Gegnern der Prozeßsteuerung in Abwasserreinigungsanlagen ist inzwischen klar, daß nur auf Basis prozeßcharakterisierender Größen und natürlich vorhandener Stellmöglichkeiten in den Prozeß so eingegriffen werden kann, daß ein gutes Prozeßergebnis mit hoher Stabilität erzielt wird.

Eine effiziente Steuerung von Klärprozessen setzt voraus, daß die Meßwerte, die das Automatisierungssystem zu verarbeiten hat, auch – unter Beachtung des oben Erwähnten – korrekt sind. Bemerkenswert ist, daß es in den Anfängen der Prozeßsteuerung in Kläranlagen kein einziges Programm gegeben hat, das überprüfte, ob die ankommenden Meßwerte überhaupt stimmten. Weitere Aspekte sind:

- die Kenntnis prozeßcharakterisierender Größen (Führungsgrößen) und die Verfügbarkeit von Meßwertaufnehmern (Sensoren),
- adäquate Stellmöglichkeiten (Aktoren/Stellglieder), um die Stoff- und Energieströme so lenken zu können, daß die verfahrenstechnisch vorgegebenen Sollwerte erreicht und gehalten werden können,
- variable und zuverlässige mathematisch-technische Einrichtungen (Regler), um Informationen im Sinne technischer und wirtschaftlicher Optimierung verknüpfen zu können,
- geeignete Steuerungsprinzipien und Regelkonzepte.

Abbildung 3.0-1 zeigt, daß mittlerweile die Möglichkeiten der on line-Prozeßkontrolle weit fortgeschritten sind. Die nachstehenden Abschnitte zeigen Grenzen und Möglichkeiten im Detail auf. Der Einsatz von Prozeßmeßgeräten führt zu einer höheren Transparenz der Betriebsabläufe und ermöglicht ein Eingreifen, um die Prozeßstabilität der Anlage sicherzustellen – aber nur unter der Voraussetzung, daß die Meßgeräte das richtige „Meßfenster“ aufmachen und das Meßfenster bildlich gesprochen nicht „beschlagen“ ist. Die Überprüfung der Meßsignale, die Kontrolle im laufenden Betrieb – auch zwischen den vorgegebenen Wartungs- und Kalibrierintervallen – sind das A und O der Prozeßautomatisierung. Die nachstehenden Ausführungen machen deutlich, worauf im Detail zu achten ist.

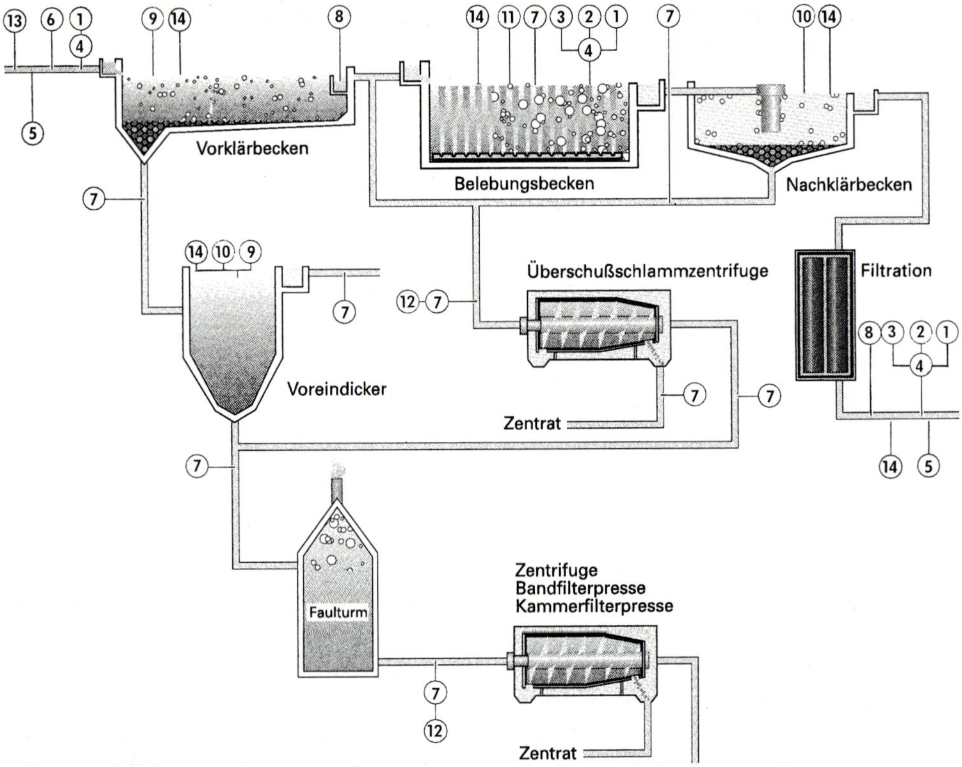

Abb 3.0-1: Meßstellen-Übersicht für on line-Meßgeräte in Kläranlagen (BTG, Bochum)

1 Ammonium-Messung
2 Nitrat-Messung
3 Phosphat-Messung
4 Ultrafiltration zur Probenaufbereitung
5 TOC (bzw. BSB, CSB)-Messung
6 Toximeter
7 Feststoffgehaltsmessung
8 Trübungsmessung
9 Schlammspiegel-Messung (fix)
10 Schlammspiegel-Messung (kontinuierlich)
11 Schlammvolumen-Messung
12 Flockungsmittel-Kontrollmessung
13 Öl-auf-Wasser-Messung
14 Handmeßgerät für die Trübungskontrolle, für Feststoff- und Schlammspiegelkontrolle

3.1 Grundzüge kontinuierlicher Meßverfahren in der Abwassertechnik

Einführende Bemerkungen

Manfred Köhne

Institut für Mechanik und Regelungstechnik
und Zentrum für Sensorsysteme
Universität-Gesamthochschule Siegen

Unter Siedlungswasserwirtschaftlern, Kläranlagenplanern und -betreibern ist heute wohl unbestritten, daß zur laufenden (lückenlosen) *Überwachung* der Funktion von Kläranlagen und zur *Automatisierung* der Abwasserreinigungs- und Schlammbehandlungsprozesse *kontinuierliche* Messungen der wichtigsten Prozeßgrößen erforderlich sind. Wie in Abschn. 1.2 bereits dargelegt wurde, stehen für diese Aufgaben einfache *Standardmeßgeräte* und aufwendigere *Prozeßanalysatoren* zur Verfügung. Beide Gerätetypen sind *on line* mit dem Abwasserreinigungsprozeß verbunden. Im Idealfall wird der Sensor (bzw. die Sonde oder die Elektrode) *direkt* in Kontakt mit dem Abwasserstrom oder dem Abwasser-Belebtschlamm-Gemisch gebracht. Dies ist z. B. bei der *on line-Messung* physikalischer und elektrochemischer Größen der Fall: Füllstand, Druck, Trübung, Konzentration des im Wasser gelösten Sauerstoffs, Temperatur, Leitfähigkeit, pH-Wert und Redox-Potential. Bei *on line-Analysatoren* für organische Summenparameter, wie BSB, CSB oder TOC, und für anorganische Abwasserinhaltsstoffe, wie Ammonium, Nitrat oder Phosphat, wird dagegen ein *kontinuierlicher Abwasserprobenstrom* zum Gerät geführt, eventuell gefiltert und aufbereitet und dann automatisch analysiert.

Der Gesetzgeber (z. B. das Land NRW) schreibt als *Mindestumfang* der Selbstüberwachung von Abwasserbehandlungsanlagen nach § 61 LWG für Anlagen mit mehr als 5.000 EW bisher nur sehr wenige *kontinuierliche* Messungen vor (Abwasserdurchfluß, pH-Wert, Leitfähigkeit, O_2-Konzentration). Bei Kläranlagen mit mehr als 50.000 EW kommen lediglich kontinuierliche Messungen der Temperatur und des pH-Wertes im Bereich der Schlammfaulung hinzu [3.1-1]. Bei allen anderen Größen begnügt man sich mit täglich, wöchentlich oder monatlich genommenen Stich- und Mischproben, die dann *off line* im Labor ausgewertet werden. Selbst einfache und preiswerte kontinuierliche Messungen, wie z. B. Trübungsmessungen im Kläranlagenablauf, werden nicht verlangt, obwohl sie mit relativ geringem Aufwand wichtige Informationen über organische Abwasserinhaltsstoffe und über die Funktion der Nachklärung liefern würden.

Die vom Gesetzgeber vorgeschriebene kontinuierliche pH-Messung im Bereich der Schlammfaulung erscheint dagegen unsinnig, weil sie einen erheblichen Aufwand hinsichtlich Wartung und Betrieb verursacht und die Aussagekraft des Meßergebnisses äußerst gering ist [3.1-2]. Die vorgenommene *Klassifizierung* der Messungen im Bereich der Schlammbehandlung und Faulgasnutzung gilt sinngemäß auch für die Abwasserbehandlung, die hier vorwiegend betrachtet werden soll. Nach [3.1-2] können Messungen

- vom Gesetzgeber gefordert,
- verfahrenstechnisch notwendig,
- wirtschaftlich sinnvoll,
- erkenntnisorientiert und deswegen wünschenswert oder
- unsinnig sein.

Die Selbstüberwachungs-Verordnung (SüwV) enthält die vom Gesetzgeber geforderten Messungen, darunter auch eine in [3.1-2] als unsinnig eingestufte Messung. Erkenntnisorientierte Messungen sind im Rahmen von Forschungsprojekten erforderlich oder bei der Entwicklung und Erprobung neuer Meßverfahren und Geräte von Bedeutung [3.1-3, 3.1-4]. Hier interessieren vor allem verfahrenstechnisch notwendige Messungen zur Steuerung und Regelung von Abwasserbehandlungsprozessen sowie wirtschaftlich sinnvolle Messungen zur Prozeß- und Betriebsoptimierung.

3.1.1 Kontinuierliche Messungen aus regelungstechnischer Sicht

Wir betrachten beispielhaft das *Grundfließbild* und das *RI-Schema* des Belebungsverfahrens einer Kläranlage mit Nitrifikation und Denitrifikation, einem zusätzlichen Becken zum Frachtausgleich im Zulauf und eine Filtration im Ablauf (Abb. 3.1-1). Aus regelungstechnischer Sicht sollten folgende Größen kontinuierlich gemessen werden:

- Größen, die den Reinigungsprozeß *stören (Störgrößen)* und u. U. für eine *Steuerung* verwendet werden können (Störgrößenaufschaltung gemäß Abb. 1.2-1),
- zu *regelnde* Größen *(Regelgrößen),* und wenn dies nicht unmittelbar möglich oder gerätetechnisch zu aufwendig ist,
- *Ersatz-* oder *Hilfsregelgrößen.*

Für die Anwendung geeigneter Steuerungs- und Regelungsstrategien ist es auch wichtig, die möglichen *Stellgrößen* zur gezielten Beeinflussung des Prozesses zu kennen. Für genaue Dosierungen, zur Überwachung oder zur Betriebsoptimierung müssen diese in bestimmten Situationen ebenfalls kontinuierlich gemessen werden. Anhand der Abb. 3.1-1 sollen für die beispielhaft gewählte Kläranlage die aus regelungstechnischer Sicht wichtigen Größen kurz zusammenstellt werden.

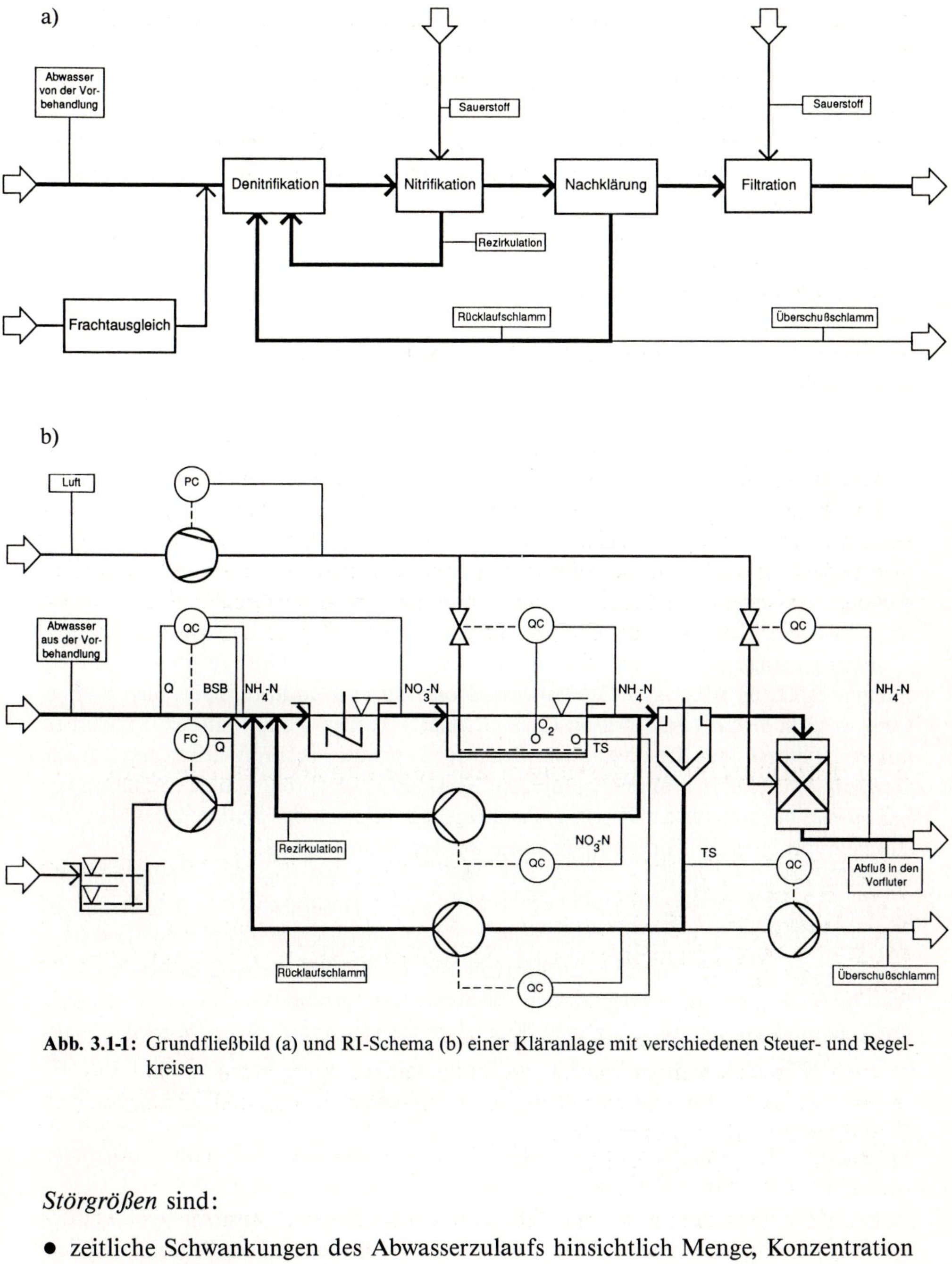

Abb. 3.1-1: Grundfließbild (a) und RI-Schema (b) einer Kläranlage mit verschiedenen Steuer- und Regelkreisen

Störgrößen sind:

- zeitliche Schwankungen des Abwasserzulaufs hinsichtlich Menge, Konzentration und Zusammensetzung (Volumenströme, Schmutzfrachten, Einzelstoffe und Summenparameter),
- Schwankungen der Temperatur und des pH-Wertes,
- auftretende toxische Belastungen.

Regel- und Hilfsregelgrößen können sein:

- Durchfluß (Volumenstrom, Massenstrom, Menge),
- Konzentration des im Wasser gelösten Sauerstoffs (O_2-Konzentration),
- Trübung, Belebtschlammkonzentration (Trockensubstanz *TS*),
- Schlammspiegel, -profil, -volumen, -index, -alter,
- Leitfähigkeit, pH-Wert, Redox-Potential,
- Ammonium-, Nitrat-, Phosphatkonzentration,
- BSB, CSB, TOC.

Stellgrößen und *Stellmöglichkeiten* sind:

- Sauerstoffeintrag durch Belüfter,
- Rücklaufschlammvolumenstrom,
- Überschußschlammabzug,
- Rezirkulationsvolumenstrom,
- Verhältnis von De- und Nitrifikationsvolumen (V_D: V_N),
- Fällmitteldosierung (bei chemischer P-Eliminination),
- Flockungsmitteldosierung (bei Schlammentwässerung),
- Frachtausgleich (Regenbecken- und Kanalnetzbewirtschaftung).

Bis auf wenige Ausnahmen lassen sich die interessierenden und für den Abwasserreinigungsprozeß wichtigen Größen direkt *on line* und *kontinuierlich* oder wenigstens *quasikontinuierlich* messen (d. h. in relativ kurzen Zeitabständen, verglichen mit der Dynamik des Prozesses). Ein Beispiel für ein quasikontinuierlich arbeitendes Gerät ist der Schlammvolumenanalysator SVA 4000 [3.1-5] mit dem das Schlammvolumen und bei bekanntem Trockensubstanzgehalt *TS* auch der Schlammindex in Abständen von etwa 30 Minuten bestimmt werden kann (Abb. 3.1-2).

Der Schlammindex ist gleichzeitig ein Beispiel für eine *indirekte* Meßgröße, die aus anderen, direkt gemessenen Größen berechnet werden muß. Ähnlich verhält es sich mit Frachten, z. B. BSB-, CSB- oder Ammoniumfrachten, die aus den gemessenen Konzentrationen und den zugehörigen Volumenströmen errechnet werden. Abbildung 3.1-3 zeigt als Beispiel den Volumenstrom, den Ammonium-Stickstoff (NH_4-N) und die daraus berechnete Fracht, gemessen über 7 Tage (Wochenganglinien). Wegen der relativ geringen Schwankungen des Volumenstroms wird der Frachtverlauf in erster Linie durch den Verlauf der NH4-N-Konzentration bestimmt. Abbildung 3.1-4 zeigt die im gleichen Zeitraum kontinuierlich im Ablauf gemessenen Verläufe von NH_4-N, NO_3-N und PO_4-P. Auf die Darstellung der daraus berechenbaren Frachten wird hier verzichtet.

a)

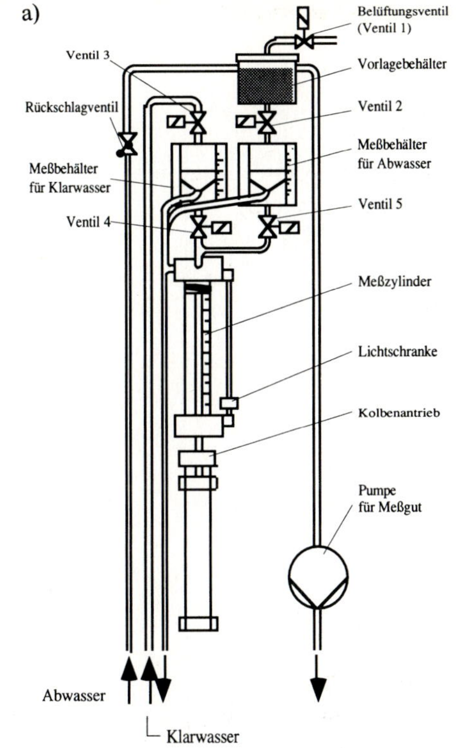

Abb. 3.1-2:
Quasikontinuierlich arbeitender Schlammvolumenanalysator SVA 4000 und damit erzielte Meßergebnisse. (Der Nachdruck dieser Abbildung erfolgt mit freundlicher Genehmigung der GFA)

b)

Zeitraum vom 25.-27.8.92

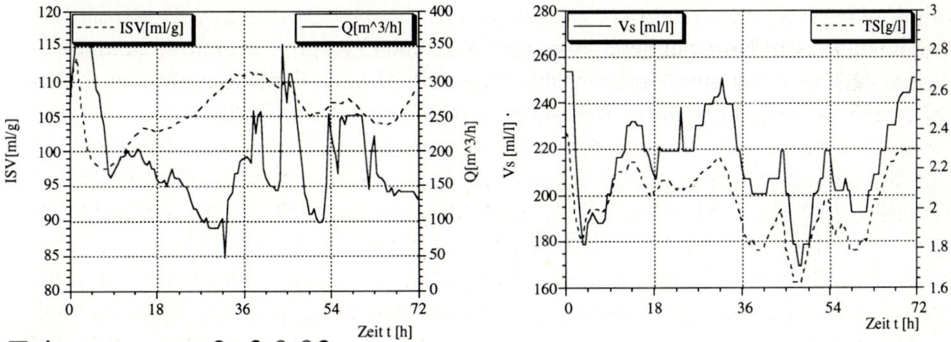

Zeitraum vom 2.-3.9.92

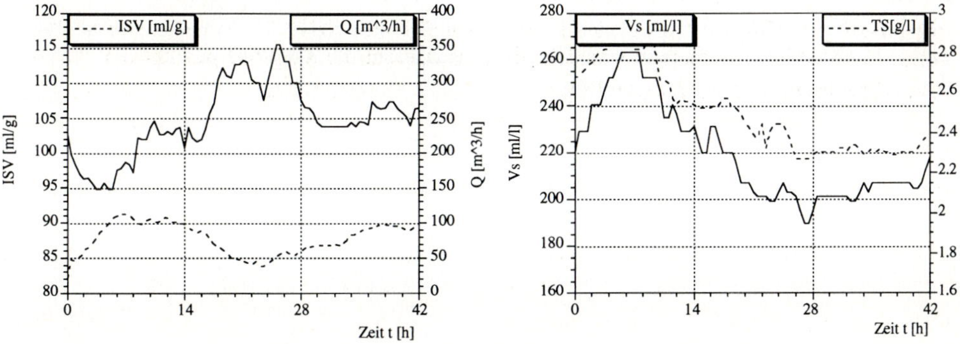

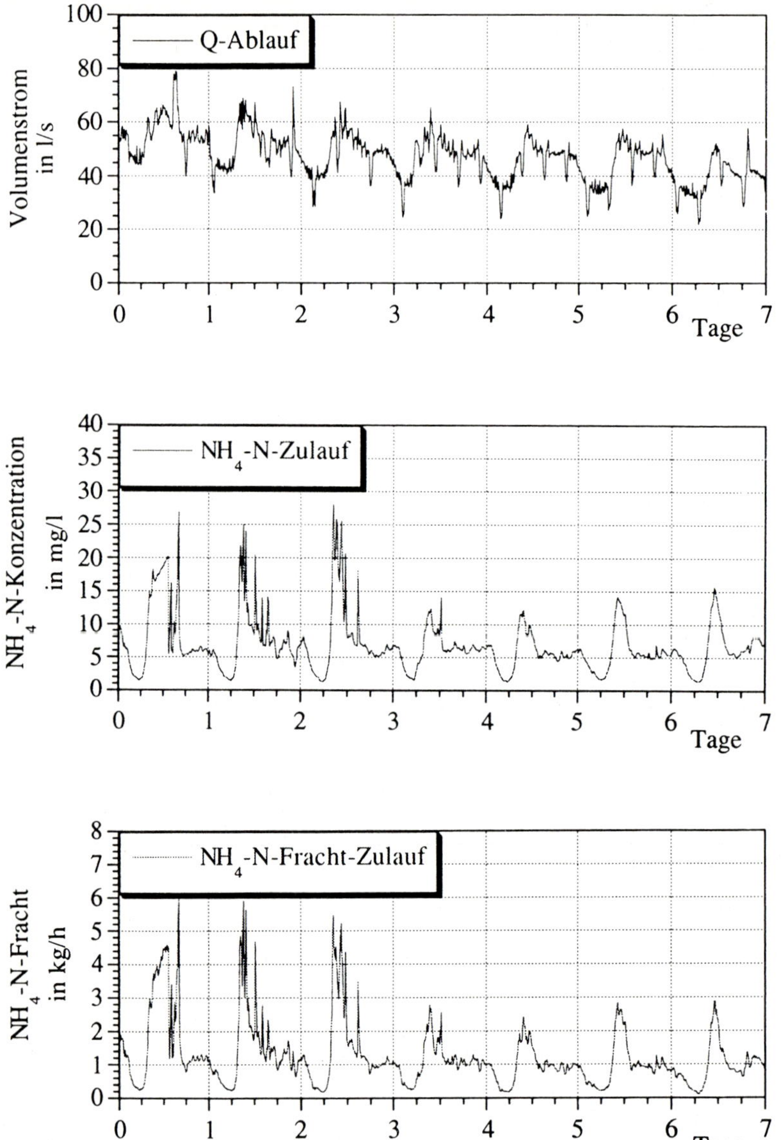

Abb. 3.1-3: Volumenstrom Q, Ammonium-Stickstoff-Konzentration NH4-N und Ammonium-Fracht im Zulauf einer kleineren Kläranlage (Wochenganglinien, 17. KW 1994)

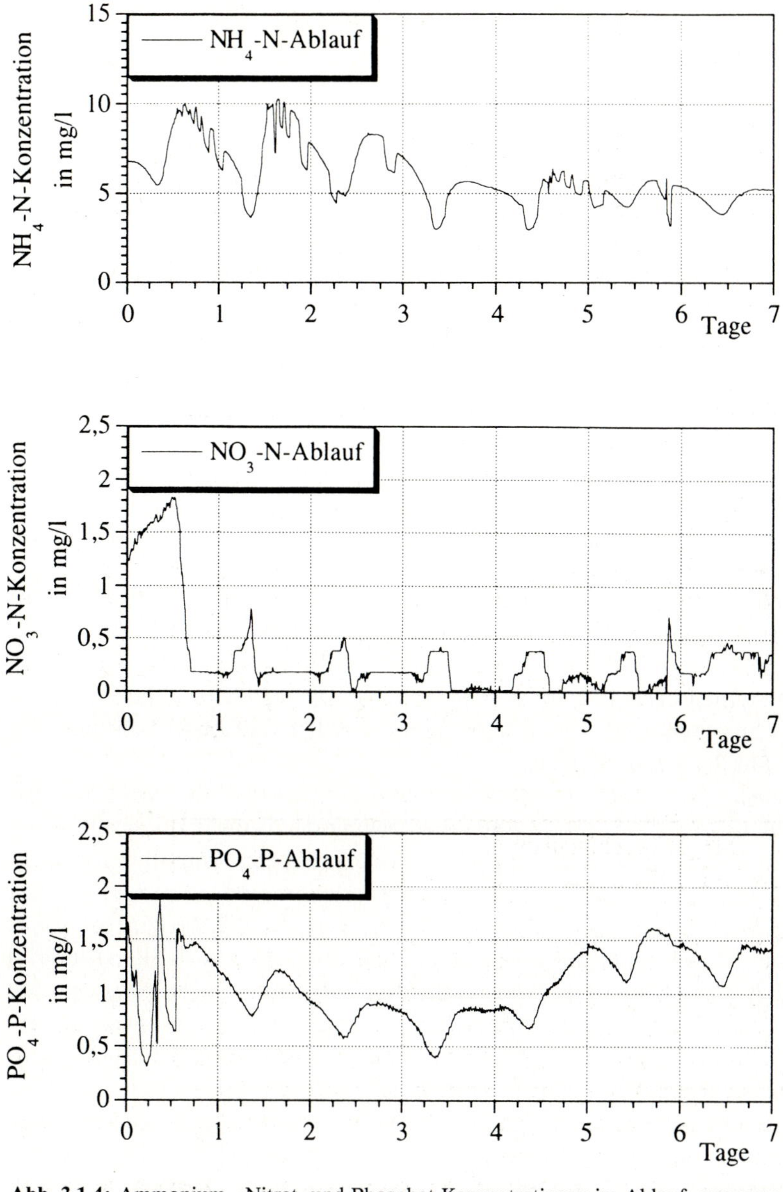

Abb. 3.1-4: Ammonium-, Nitrat- und Phosphat-Konzentrationen im Ablauf, gemessen im gleichen Zeitraum wie Abb. 3.1-3

3.1.2 Nutzung kontinuierlicher Meßinformationen für die Steuerung und Regelung

Nachdem gezeigt wurde, daß kontinuierliche Messungen im Abwasserbereich sinnvoll sind und welche Messungen aus regelungstechnischer Sicht notwendig (oder wünschenswert) sind, soll die Frage diskutiert werden, wie diese Meßinformationen zweckmäßigerweise für Steuerungs- und Regelungsaufgaben genutzt werden können. Dazu wird das RI-Schema der Abb. 3.1-1 herangezogen, das beispielhaft einige Steuer- und Regelkreise enthält.

Zuvor jedoch noch einige Bemerkungen zur Verwendung von RI-Schemata: Sie sind in der Chemietechnik und in der Verfahrenstechnik weit verbreitet und setzen sich auch in der Abwassertechnik immer mehr durch, denn sie gehören zu den wenigen Werkzeugen, mit denen gleichzeitig *Massenströme* (*dicke* Linien für Abwasser-, Schlamm- und Luftströme), *Energieströme* (Energieversorgung der Pumpen und Belüfter hier *nicht* eingezeichnet) und *Informationsströme* (*dünne ausgezogene* Linien für Meßsignale und *dünne gestrichelte* Linien für Stellsignale) in einem Diagramm dargestellt und unterschieden werden können. Das Grundfließbild zeigt dagegen nur die Massenströme; elektrische Verdrahtungs- und Schaltpläne berücksichtigen nur den elektrischen Strom- oder Energiefluß, und regelungstechnische Blockschaltbilder oder Wirkschemata konzentrieren sich auf den Informations- oder Signalfluß. Wirkschemata werden deshalb auch *Signalflußbilder* genannt. Zur Erklärung typischer Meß-, Steuerungs- und Regelungsaufgaben werden sowohl RI-Schemata als auch Signalflußbilder herangezogen.

Für die gezielte Sauerstoffversorgung der Mikroorganismen im Nitrifikationsbecken ist im RI-Schema der Abb. 3.1-1 eine Regelung der Sauerstoffkonzentration (O_2) vorgesehen, deren Sollwert abhängig von der gemessenen Ammoniumkonzentration (NH4-N) im Sinne einer Kaskadenregelung verändert werden kann (Regelung von Qualitätsgrößen, Quality Control QC). Details dieses Regelungskonzeptes läßt das RI-Schema jedoch nicht erkennen. Dazu benötigt man das Signalflußbild (Abb. 3.1-5). Die gemessene NH_4-N-Konzentration wird mit einem vorgegebenen Ammoniumsollwert verglichen, bei Abweichungen wird daraus ein zusätzlicher dynamischer Anteil zum konstant vorgegebenen (minimalen) Sauerstoffsollwert gebildet und für die Regelung der Sauerstoffkonzentrationn verwendet.

Für die Funktion der Druckbelüfter ist es wichtig, eine möglichst gleichmäßige Druckverteilung im Luftversorgungsnetz zu haben, diese Aufgabe erfüllt die eingezeichnete Druckregelung (Pressure Control PC). Um die genaue Menge der eingetragenen Luft zu bestimmen und gezielt einzustellen, sind Durchflußmessungen und -regelungen in den einzelnen Belüftungsleitungen erforderlich (unterlagerte Regelkreise zur sicheren Funktion der Stellglieder). Zur Förderung des vorübergehend gespeicherten Abwassers aus dem Frachtausgleichsbehälter ist beispielhaft eine solche Durchflußmessung und -regelung eingezeichnet (Flow Control FC).

Anhand dieser wenigen Beispiele ist erkennbar, daß es eine ganze Reihe von unter- und übergeordneten Regelkreisen, Hilfs- und Hauptregelkreisen gibt, die sich zu einem hierarchischen Gesamtsteuer- und -regelkonzept integrieren lassen (Abb. 3.1-6).

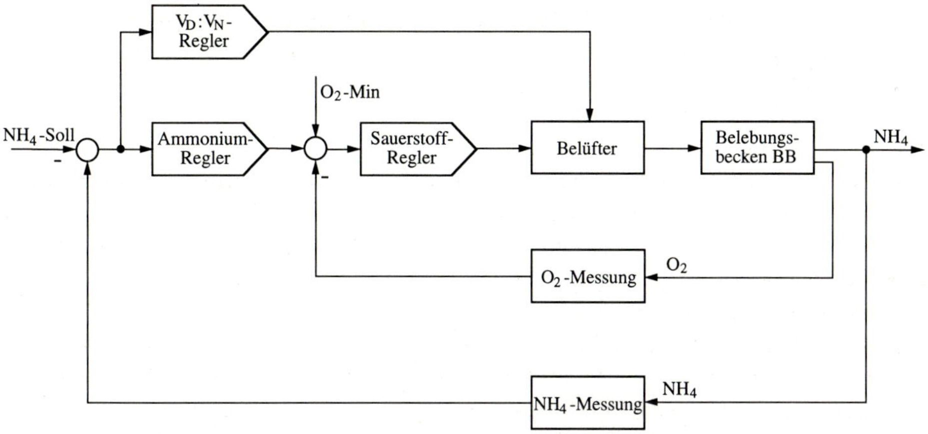

Abb. 3.1-5: Kaskadenregelung der Ammonium- und Sauerstoffkonzentration

Auf jeder Hierarchieebene sind kontinuierliche Messungen zur Realisierung der einzelnen Regelkreise notwendig oder wünschenswert. Ein Beispiel soll dies erläutern: Eine Durchfluß- oder Drehzahlmessung und -regelung ist Voraussetzung für eine übergeordnete Fällmitteldosierung, und diese kann wiederum zur Phosphatfällung eingesetzt werden.

Auch die Rücklaufschlammförderung und der Überschußschlammabzug sind Bestandteile dieses Konzeptes. Sie erfolgen auf der Grundlage von Durchflußmessun-

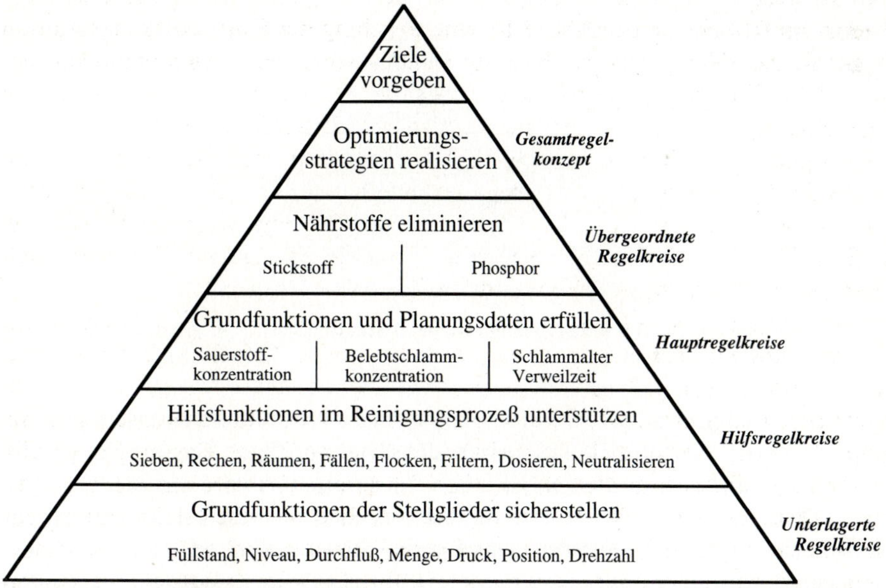

Abb. 3.1-6: Hierarchie der verschiedenen Steuerungs- und Regelungsaufgaben zur Optimierung der Abwasserreinigungsprozesse

gen (Volumenströme) und Trübungsmessungen (Schlammkonzentration, Trockensubstanzgehalt *TS*), weil die daraus berechenbaren Schlamm*frachten* (Massenströme) für die Beeinflussung der *Belebtschlammkonzentration* im Belebungsbecken und des (bei der Bemessung von Kläranlagen wichtigen) *Schlammalters* von Bedeutung sind [3.1-4].

Hoen [3.1-6] hat ein neues Regelungskonzept zur vollautomatischen Bewirtschaftung des Trockensubstanzgehaltes TS_{BB} im Belebungsbecken vorgestellt, das hier anhand seines Signalflußbildes kurz erläutert werden soll (Abb. 3.1-7). Der einzustellende Rücklaufvolumenstrom Q_{RS} wird (wie üblich) aus dem gewünschten Rücklaufverhältnis RV_{Soll} durch Multiplikation berechnet. Der Ausgang des Multiplizierers wird durch einen Proportional-Integral-Regler (PI-Regler mit Stellgrößenbegrenzung) so korrigiert, daß sich in der Belebung die vorgegebene *TS*-Konzentration TS_{BBSoll} einstellt (Trübungsmessung bzw. *TS*-Messung im Belebungsbecken vorausgesetzt). Das tatsächliche Rücklaufverhältnis $RV_{ist} = Q_{RS} : Q$ variiert somit gegenüber dem gewünschten RV_{soll} in Abhängigkeit vom Schlammzuwachs und vom Überschußschlammabzug $Q_{ÜS}$. Mit Hilfe eines weiteren PI-Reglers wird $Q_{ÜS}$ so beeinflußt, daß sich das gewünschte Rücklaufverhältnis RV_{soll} einstellt. Die Belebtschlamm- und Rücklaufverhältnisregler benötigen also kontinuierliche Messungen der *TS*-Konzentration im Belebungsbecken und der Volumenströme Q und Q_{RS}.

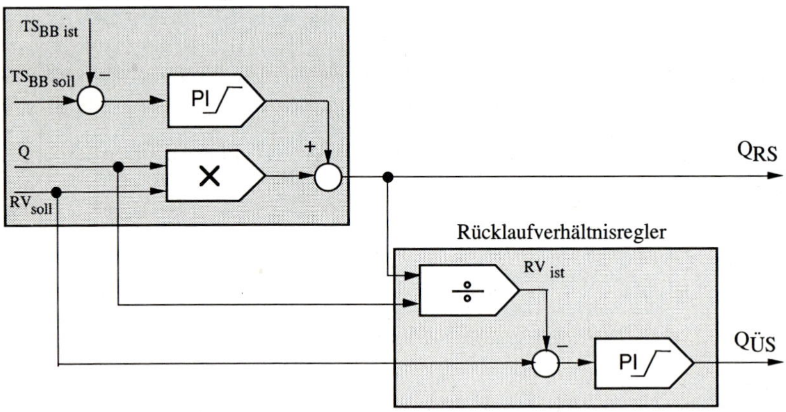

Abb. 3.1-7: Regelungskonzept zur vollautomatischen Bewirtschaftung des Trockensubstanzgehaltes im Belebungsbecken

Anlagen mit vorgeschalteter Denitrifikationsstufe werden üblicherweise mit Rezirkulation betrieben. Der Rezirkulationsvolumenstrom Q_{RZ} kann konstant eingestellt oder abhängig von der gemessenen Nitratkonzentration im Ablauf der Belebung verändert werden. Für die Denitrifikation muß ausreichend organischer Kohlenstoff zur Verfügung stehen. Er wird mit dem Abwasserzulauf zugeführt oder kann aus dem Frachtausgleichsbehälter zugegeben werden. BSB-, CSB- oder TOC-Messungen erlauben zusammen mit der Durchflußmessung die Berechnung der jeweiligen organischen Fracht. Ammoniummessungen im Zulauf gestatten, Belastungsspitzen in der

Ammoniumfracht zu erkennen und evtl. durch Frachtausgleich zu mindern. Die Nitrifikation hat wegen der Fischgiftigkeit von Nitrit und der Toxizität von Ammoniak (beides kann bei unvollständiger Nitrifikation abhängig von Temperatur und pH-Wert ungewollt entstehen) immer Vorrang vor der Denitrifikation. Daraus ergibt sich als weitere „Sicherheitsmaßnahme“ der Einsatz *belüfteter* Filter im Ablauf und die Variation von Nitrifikations- und Denitrifikationsvolumina als zusätzliche Stellmöglichkeit.

Die biologische P-Elimination läßt sich meß- und regelungstechnisch nur wenig beeinflussen. Für die meist zusätzlich vorgesehene chemische Phosphatfällung sind PO_4-Analysatoren zur optimalen Fällmitteldosierung vorteilhaft, weil sich die Kosten des Analysators durch die eingesparten Fällmittel in relativ kurzer Zeit amortisieren.

Diese wenigen Beispiele zeigen noch einmal die Notwendigkeit und die Möglichkeiten kontinuierlicher Meß- und Analyseverfahren. Die wichtigsten Meßverfahren und Geräte werden in den folgenden Abschnitten dieses Buches behandelt. Hier sollen nur noch einige Merkmale und Eigenschaften heutiger und zukünftiger on line-Meßgeräte angesprochen werden.

3.1.3 Forderungen an das „ideale“ Meßgerät für die Abwassertechnik

Aus dem bisher Gesagten und aus der täglichen Abwasserpraxis ergeben sich einige Forderungen an das „*ideale*“ Meßgerät für die Abwassertechnik:

- Messung direkt im Abwasser oder im unbehandelten Abwasserprobenstrom (in line oder on line),
- zeitlich kontinuierliche Arbeitsweise,
- keine Totzeit, Verzögerungszeit oder sonstige Eigendynamik,
- lineare statische Kennlinie ohne Nullpunkt- und Steigungsfehler, driftfrei, selbstkalibrierend,
- preiswert, verschleiß- und wartungsfrei, immer verfügbar,
- vielseitig einsetzbar, multifunktional,
- intelligent, d. h. selbstüberwachend, automatisch Fehler kompensierend oder meldend,
- definierte Meßbereiche mit bekannten Fehlergrenzen,
- reagenzien- und verbrauchsmittelfreier Betrieb,
- analoge und digitale Ausgänge (genormte Strom- und Spannungssignale, Alarm- und Schaltausgänge), Rechnerschnittstelle, busfähig,
- kompatibel mit anderen MSR-Geräten (Speicherprogrammierbare Steuerungen SPS, Prozeßleitsysteme PLS),
- leicht bedienbar, übersichtliche und selbsterklärende Bedienoberfläche.

Natürlich erfüllen die heute am Markt erhältlichen on line-Meßgeräte und Prozeßanalysatoren nicht diese Idealforderungen. Zum Teil sind diese Forderungen auch widersprüchlich oder sie würden zu sehr teuren und vermutlich auch komplizierten Geräten führen, wenn man sie exakt erfüllen wollte. Geeignete Kompromisse sind deshalb erforderlich. Der Katalog der Ideal- oder Maximalforderungen kann aber als Orientierung bei der Beurteilung der in den folgenden Beiträgen vorgestellten Meßverfahren und -geräte dienen.

Manche Geräte erfüllen schon sehr viele der aufgestellten Forderungen und kommen dem Ideal recht nahe. Dazu gehören z. B. die in Abschn. 1.2 wegen ihrer Einsatzfähigkeit (siehe dort Tab. 1.2-1) aber auch wegen des bereits erreichten hohen Standards (im Sinne der Maximalforderungen) als *Standardmeßgeräte* bezeichneten Geräte zur Messung von Druck, Flüssigkeitsstand, Durchfluß, Trübung, Gelöstsauerstoffkonzentration, Leitfähigkeit, pH-Wert oder Redox-Potential. Aber auch die neuesten Generationen der Prozeßanalysatoren für BSB, CSB und TOC oder für Ammonium, Nitrat und Phosphat erfüllen die wichtigsten Forderungen in ausreichendem Maße. Sie sind zum Teil sehr intelligent, selbstüberwachend und selbstkalibrierend; nicht wartungsfrei, aber wartungsarm und reparaturfreundlich. Automatische Kompensationen unerwünschter Temperatur- oder pH-Wert-Einflüsse sind bei vielen Geräten schon realisiert. Der Reagenzienverbrauch läßt sich nicht ganz vermeiden, aber minimieren. Auf eine Probenstromaufbereitung durch Ultrafiltration kann teilweise schon verzichtet werden [3.1-10]. Beim Preis herrschen naturgemäß unterschiedliche Vorstellungen. Wenn jedoch nicht nur die Anschaffungskosten, sondern auch die Unterhalts- und Betriebskosten berücksichtigt werden, relativieren sich manche Aussagen.

3.1.4 Aktuelle Trends und zukünftige Entwicklungen

Aus Kostengründen werden oft einfachere Geräte bzw. Ersatzgrößen anstelle der schwer oder nur mit einem größeren Aufwand zu messenden, aber eigentlich interessierenden Größen verwendet. Ein typisches Beispiel ist die Messung des Redox-Potentials anstelle einer aufwendigeren Nitratmessung und deren Verwendung als Hilfsregelgröße zur Variation der Denitrifikationszeiten bei der intermittierenden Belüftung. Bei dieser Regelung wird ausgenutzt, daß am Verlauf des Redox-Potentials erkennbar ist, wann das Nitrat infolge der Denitrifikation verbraucht ist (signifikannte Änderung der Steigung des Redox-Potentials, sog. „Redoxknick"). Im Grunde ist auch die Gelöstsauerstoffkonzentration im Belebungsbecken eine solche Ersatzgröße, denn eigentlich ist der substrat- oder nährstoffabhängige Sauerstoffverbrauch der Mikroorganismen interessant. Eine solche Messung der Respiration (Atmung) ist jedoch aufwendiger zu realisieren.

Inzwischen werden auch erste Geräte zur Kurzzeit-BSB-Messung mit *Biosensoren* angeboten [3.1-7]. Da es offensichtlich noch Probleme mit der Stabilität und der Lebensdauer derartiger Sensoren gibt, sind sie für den Dauereinsatz im geschlossenen Regelkreis noch nicht geeignet, wohl aber zur vorübergehenden Überwachung. Japanische Wissenschaftler und Firmen arbeiten jedoch sehr intensiv an langzeitstabilen Biosensoren, die zur kontinuierlichen BSB-Messung im Kläranlagenablauf eingesetzt werden können, wie auf der IAWQ Konferenz „Water Quality International '94" in Budapest bekannt wurde.

Einfache und preiswerte Sensoren in Form von *Sensorarrays* oder *Multisensorsystemen* werden in Zukunft den in der Abwasserpraxis bewährten Prozeßanalysatoren Konkurrenz machen. Sie erlauben, aus den gewonnenen Sensorsignalen andere, sonst aufwendiger zu messende Signale zu ermitteln. In [3.1-8] wird beispielsweise über Versuche berichtet, aus den Parametern Leitfähigkeit, Trübung und Redoxpotential aufgrund der beobachteten direkten bzw. umgekehrten Proportionalität zum BSB_5, diesen mit Hilfe neuronaler Netze zu ermitteln. Dazu wird ein Teil der Messungen zum Trainieren des neuronalen Netzes benutzt. Nach der Trainingsphase wird der BSB_5 direkt aus den gemessenen Sensorsignalen ermittelt. Die Übereinstimmung zwischen dem gemessenen BSB_5 und dem vom neuronalen Netz ermittelten BSB_5 ist für einen (unverständlicherweise) nicht näher spezifizierten Zeitraum (vermutlich 2 Tage) zufriedenstellend. Allerdings werden in [3.1-8] Abwasserbehandlungsanlagen mit neuronalen Netzen weder simuliert, noch überwacht oder gesteuert. In dieser Hinsicht ist der Titel stark übertrieben oder schlicht irreführend.

Ob die beobachteten Korrelationen zwischen Leitfähigkeit, Trübung, Redox-Potential und dem BSB_5 generell, d. h. auch für andere Abwässer gelten, ist nicht untersucht worden bzw. nicht bekannt. Von Bergmann [3.1-9] ist jedoch für die Kläranlage Duderstadt seit Jahren eine gute Korrelation zwischen der Leitfähigkeit und dem CSB beobachtet worden.

Am Zentrum für Sensorsysteme der Universität Siegen (ZESS) werden Multisensorsysteme und neuronale Netze im Rahmen eines Forschungsprojektes eingesetzt, um verschiedene Sensoren und unterschiedliche Trainingsalgorithmen für neuronale Netze zu erproben. Mit handelsüblichen Sensoren werden die Leitfähigkeit, der pH-Wert und das Redoxpotential gemessen. Ein trainiertes neuronales Netz ermittelt daraus die Ammoniumkonzentration. In Abb. 3.1-8 a ist ein repräsentativer Zeitraum von 336 Stunden = 14 Tagen dargestellt, als Trainingszeitraum wurden aber nur 72 Stunden = 3 Tage gewählt. Auffallend ist die gute Korrelation zwischen der Leitfähigkeit und der Ammonium-Konzentration, die bei der Sensorsignalauswertung vorrangig genutzt wird (Abb. 3.1-8 b). Es ist zu erwarten, daß auch andere, sonst nur mit on line-Prozeßanalysatoren zu messende Größen (z. B. Nitrat- und Phosphatkonzentration, CSB oder TOC) mit Multisensorsystemen und neuronalen Netzen relativ einfach und preiswert ermittelt werden können, insbesondere wenn weitere Sensorsignale (z. B. O_2-Konzentration und Trübung) hinzugenommen werden [3.1-11].

In einem großangelegten Forschungsverbundprojekt der Firmen VW, Siemens und Endress & Hauser will man u. a. eine *Multisensorplattform* entwickeln und erproben, deren Signale mit Fuzzy-Control-Methoden ausgewertet werden sollen. Man erwartet ähnlich gute und preiswerte Lösungen, wie sie mit Hilfe neuronaler Netze erzielt worden sind. Die hier geschilderten Entwicklungen stecken allerdings noch in den Anfängen. Sie könnten jedoch zukünftig wachsende Bedeutung für die Abwassermeßtechnik erlangen, deshalb sollte man solche Forschungs- und Entwicklungsrichtungen aufmerksam verfolgen.

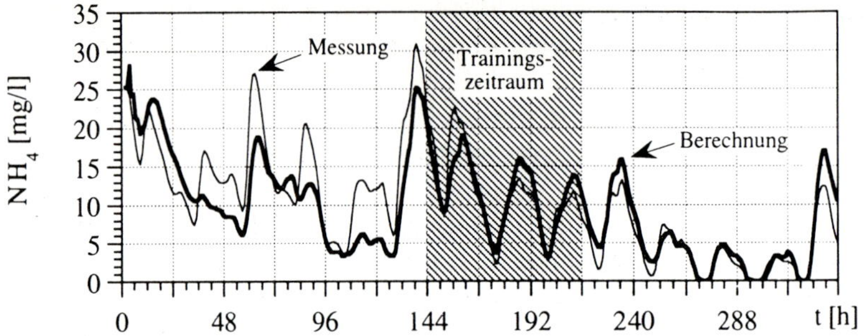

Abb. 3.1-8 a: Vergleich der mit neuronalen Netzen ermittelten und der mit einem Prozeßanalysator gemessenen Ammoniumkonzentration

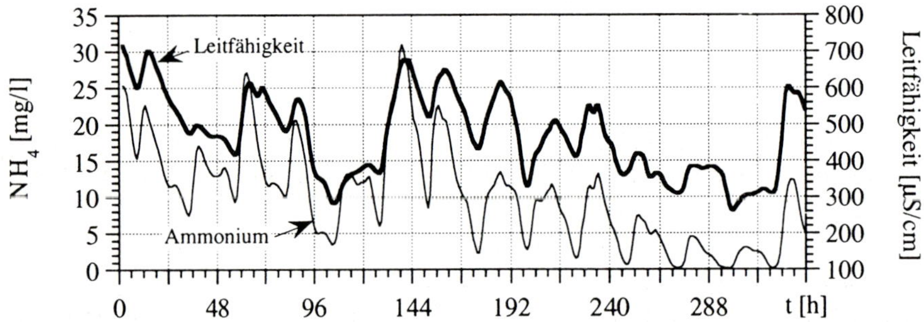

Abb. 3.1-8 b: Gemessene Leitfähigkeit und deren Korrelation mit der Ammoniumkonzentration

Literatur

[3.1-1] Engelhardt, D., Senger, G., Spillecke, H., Treunert, E., *Abwasserrecht, Abwassertechnik,* Düsseldorf: VDI-Verlag, 1993.

[3.1-2] Bellinghausen, G., Dichtl, N., Kaatz, D., *Abwassertechnik* **1991**, *8*, 6–12.

[3.1-3] Köhne, M., Seibert, G., *Abschlußbericht zum Forschungsvorhaben 5/84–76 Ar, IMR-Bericht 15–90,* Universität-Gesamthochschule Siegen, 1990.

[3.1-4] Seibert, G., *VDI-Fortschrittsberichte Reihe 15, Nr. 100,* Düsseldorf: VDI-Verlag, 1992.

[3.1-5] Köhne, M., *Korrespondenz Abwasser* **1993**, *40*, 1628–1638.

[3.1-6] Hoen, K., *Erfahrungen mit der Trübungsmessung in Abwasserreinigungsanlagen*, Beitrag zum 2. Symposium „Erfahrungen mit Analysen- und Prozeßmeßgeräten in Abwasserreinigungsanlagen", Technische Akademie Esslingen, 1993.

[3.1-7] Riedel, K., *Vom Wasser* **1993**, *81*, 243–256.

[3.1-8] Becher, Th., Winkler, U., *EntsorgungsPraxis* **1994**, *12* (5), 84–90.

[3.1-9] Bergmann, F., Persönliche Mitteilung über langjährige Messungen auf der Kläranlge Duderstadt, 1994.

[3.1-10] Häck, M., Köhne, M., *Korrespondenz Abwasser* **1995**, *42*, 588–596.

[3.1-11] Häck, M., Rahrbach, B., Köhne, M., *Korrespondenz Abwasser* **1995**, *42*, erscheint demnächst.

3.2 Probenaufbereitung für die on line-Prozeßanalytik

Detlef Bruszies

Institut für Siedlungswasserwirtschaft, RWTH Aachen

Ali Montazem

Landesumweltamt NRW, Düsseldorf

Die ständig steigenden Anforderungen des Gesetzgebers an die Leistungsfähigkeit von Kläranlagen erfordert von den Betreibern sowohl eine ständige Überwachung sowohl der Kläranlagenabläufe als auch der Prozesse innerhalb der Anlage. Viele Überwachungsgeräte benötigen eine vorgeschaltete Probenaufbereitung, um eine korrekte und zuverlässige Messung zu ermöglichen.

Derzeit werden eine Vielzahl von unterschiedlichen Probenaufbereitungssystemen von der einfachen Grobsiebung bis hin zur ultrafeinen Membranfiltration angeboten. Die Auswahl der richtigen Probenaufbereitung ist im wesentlichen abhängig vom nachgeschalteten on line-Meßgerät, dem zu bestimmenden Abwasserparameter, dem vorgesehenen Einsatzort und dem Einsatzzweck.

3.2.1 Anforderungen an die Probenaufbereitung

Neben den bekannten Prozeßsonden zur kontinuierlichen Erfassung der Sauerstoffkonzentration, des Trockensubstanzgehaltes der Belebung oder des pH-Wertes werden heute zur Prozeßkontrolle vor allem on line-Analysatoren zur Ammonium-, Nitrat-, Phosphat-, BSB- oder TOC-Bestimmung eingesetzt.

Die on line-Messung der Parameter Ammonium, Nitrat und Phosphat erfolgt entweder photometrisch (Prozeßphotometer) oder mittels ionenselektiver Elektroden (s. Abschn. 3.11). Die on line-TOC-Messung erfordert im allgemeinen die tropfenweise Verdampfung der Probe in einem Ofen. Da in diesen Geräten zumeist sehr kleine Schlauchdurchmesser verwendet werden, wird ein weitgehend suspensafreier Probenstrom und damit eine Probenaufbereitung benötigt. Die Messung des BSB hingegen kommt in den meisten Anwendungsfällen ohne eine aufwendige Probenaufbereitung aus, es wird allenfalls ein Grobsiebung erforderlich, um grobe Verunreinigungen zurückzuhalten.

On line-Meßgeräte werden häufig zur Steuerung und Regelung von Klärprozessen eingesetzt. Die hierbei erhaltenen Meßdaten sind als Regelgröße von entscheidender Bedeutung für die Regel- und Steuerkreise einer Abwasserreinigungsanlage und somit für deren Leistungsfähigkeit. Ein Ausfall dieser Geräte oder fehlerhafte Meßergebnisse können zu einer erheblichen Verschlechterung der Reinigungswirkung und somit Grenzwertüberschreitungen führen. Deshalb sind an die Probenaufbereitung folgende Anforderungen zu stellen:

- Es ist ein unterbrechungsfreier, repräsentativer und unverfälschter Probenstrom zu gewährleisten.
- Es muß jederzeit eine ausreichende Probenmenge zur Verfügung gestellt werden.
- Eventuell verwendete Reinigungsmittel aus der Probenaufbereitung dürfen nicht in die nachgeschalteten on line-Meßgeräte gelangen (Meßwertverfälschung und/ oder Beschädigung der angeschlossenen Geräte).

Durch jede Probenvorbereitung (gleichgültig ob mittels Filtration oder Siebung) wird die Zusammensetzung der Probe verändert (s. Abschn. 2.2). Bei der Messung gelöster Abwasserinhaltsstoffe (Ammonium, Nitrat, ortho-Phosphat) ist diese Veränderung jedoch vernachlässigbar gering. Sollen jedoch gelöste und ungelöste Stoffe (Gesamt-Phosphat, TOC, BSB_5) analysiert werden, so kann durch die Probenvorbereitung eine mehr oder minder große Verfälschung der Meßergebnisse erfolgen. Besonders deutlich wird dies bei der Messung des Parameters TOC (gesamter organischer Kohlenstoff). Eine „echte" on line-Messung dieses Parameters ist mit den im Moment erhältlichen Geräten nicht möglich, da sie alle eine Probenaufbereitung benötigen, die einen Teil der Probe separiert. Je nach dem Grad der Probenaufbereitung wird ein Wert gemessen, der zwischen dem eigentlichen TOC und dem DOC (gelöster organischer Kohlenstoff) liegt. Ob nun dieser Wert näher am TOC oder näher am DOC liegt, hängt im wesentlichen von der Art der verwendeten Probenvorbereitung ab. Ähnliches gilt sowohl für den BSB als auch für das Gesamt-Phosphat.

3.2.2 Probenaufbereitungssysteme

Die hier betrachteten Probenaufbereitungssysteme können grob in zwei Gruppen gegliedert werden: zum einem in Siebe und zum anderen in Filter, wobei hier noch zwischen den herkömmlichen Filtern und den Membranfiltern zu unterscheiden ist. Die Siebe besitzen eine größere Poren- oder Spaltweite als die Membranfilter und halten somit einen geringeren Feststoffanteil zurück. Dies führt bei der Messung gelöster und ungelöster Abwasserinhaltsstoffe zu „richtigeren" Ergebnissen, kann aber bei einigen on line-Meßgeräten auch zu falschen Ausschnitten aus dem Probenfenster und damit zu Meßwertverfälschungen führen.

3.2.2.1 Trommelsieb

Die Abscheidung der in der Probe vorhandenen ungelösten Grobstoffe erfolgt bei einem Trommelsieb durch einen horizontal liegenden, langsam drehenden Zylinder (Abb. 3.2-1). Der Zylinder besteht aus einem spiralförmig gewickelten Draht mit einem dreieckigen Querschnitt, wobei die Dreiecksspitze nach innen weist. Der lichte Abstand zwischen den einzelnen Windungen ist die sogenannte Spaltweite. Sie sollte zum Zweck der Probenaufbereitung, je nach Einsatzort und -zweck, zwischen 20 und 200 µm betragen. Der Siebzylinder wird von der verunreinigten Probe tangential angeströmt, wobei die gereinigte Probe durch die Spalten in das Innere der Trommel eindringen kann. Die enthaltenen Feststoffpartikel werden von der rotierenden Siebtrommel zurückgehalten. Die aufbereitete Probe wird entweder innerhalb der Siebtrommel aufgefangen und abgeführt oder sie tritt an der Unterseite der Trommel wieder aus, gelangt in den Probensammelraum und wird von dort zu den angeschlossenen Meßgeräten geführt.

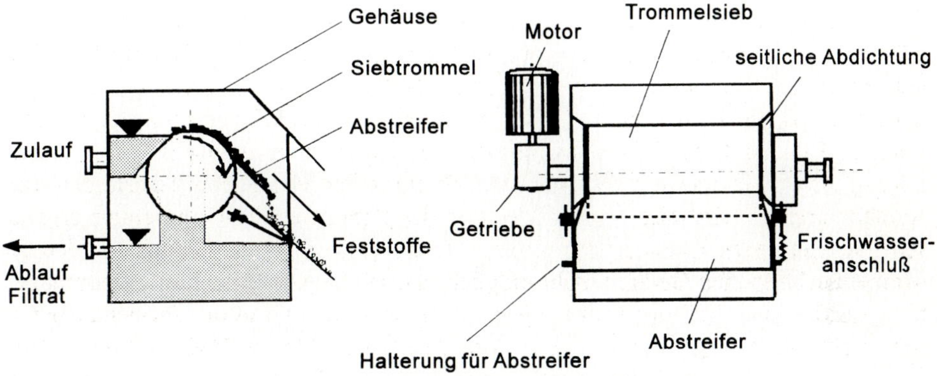

Abb. 3.2-1: Schematischer Aufbau eines Trommelsiebes (AKO GmbH)

Auf der Rückseite der Trommel befindet sich ein Abstreifer, welcher die anhaftenden Feststoffpartikel entfernt. Dieser Abstreifer ist so ausgelegt, daß die Feststoffe von dort direkt in einen seperaten Auffangbehälter gelangen können. Zusätzlich ist noch eine Rückspülung der Siebtrommel mittels Frischwasser durch innen angeordnete Düsen möglich. Zur Spülung kann Leitungswasser verwendet werden, der Druck sollte jedoch mindestens 3 bar betragen.

Im Zuge von Versuchen mit unterschiedlichen Probenaufbereitungssystemen auf der halbtechnischen Versuchskläranlage des Landesumweltamtes in Neuss wurden die Abscheideraten dieser Systeme bezüglich der relevanten Abwasserinhaltsstoffe untersucht [3.2-1]. Stellvertretend seien an dieser Stelle die Abscheideraten für den CSB dargestellt. Qualitativ gelten ähnliche Werte jedoch auch für den TOC, den BSB oder das Gesamt-Phosphat. Abhängig von der verwendeten Spaltweite werden von einem Trommelsiebsystem CSB-Abscheideraten zwischen 7,5 und 9,6% erreicht, d. h. es erfolgt nur eine geringe Verfälschung der gereinigten Probe (Tab. 3.2-1).

Tab. 3.2-1: CSB-Abscheideraten eines Trommelsiebes [3.2-1]

Probenahmestelle	Spaltweite	CSB-Zulauf (mg/L)	CSB-Permeat (mg/L)	abs. Abscheidung (mg/L)	proz. Abscheidung (%)
KA-Zulauf	20 µm	728	658	70	9,63
KA-Zulauf	50 µm	762	704	58	7,65
KA-Zulauf	100 µm	921	853	68	7,45

Betriebserfahrungen und Einsatzmöglichkeiten

Trommelsiebe sind für die Aufbereitung von Rohabwasser bzw. mechanisch vorgereinigtem Abwasser gut geeignet; daher sollten sie primär im Zulauf einer Kläranlage verwendet werden. Der Einsatz von Trommelsieben bei schlammhaltigen Abwasserproben (z.B. aus der Belebung) ist nicht sinnvoll, da feinere Belebtschlammanteile nicht entfernt werden können, was zu Meßwertverfälschungen oder Meßgeräteausfällen führen kann. Ebensowenig sinnvoll ist der Einsatz dieser Geräte bei Proben aus dem Ablauf der Nachklärung einer Abwasserreinigungsanlage, da die hier eventuell noch enthaltenen ungelösten Trübstoffe aufgrund ihrer geringen Größe die Siebtrommel ungehindert passieren würden.

Trommelsiebe können als Probenaufbereitung für photometrisch arbeitende on line-Meßgeräte nicht zum Einsatz kommen, da in der aufbereiteten Probe in der Regel noch ein zu hoher Feststoffanteil enthalten ist. Sinnvoll hingegen ist der Einsatz als Probenaufbereitung für TOC-Meßgeräte. Sofern die Bauart der on line TOC-Meßgeräte dies zuläßt, sollten hierfür Trommeln mit einer großen Spaltweite (ca. 100 bis 200 µm) verwendet werden. In diesem Fall sollte es möglich sein, eine gute Korrelation zwischen dem unfiltrierten TOC nach DIN und dem on line gemessenen TOC zu finden.

Problematisch ist die Probenaufbereitung mittels Trommelsieb bei stark faserhaltigen Abwässern (hoher Zellstoffanteil, Haare). Diese setzen sich in den Spalten der Siebtrommel fest und sind weder durch das Abstreifblech noch durch die Rückspülung wieder zu entfernen. Sie führen somit zu Verstopfungen und damit verbunden zu einem Überlaufen des Trommelsiebes, wobei in der Folge unbehandelte Probenströme in den Probensammelraum gelangen können. Entfernt werden können diese Verstopfungen nur durch eine mechanische Reinigung mittels Kratzer oder Ähnlichem.

Ein weiterer Schwachpunkt der Trommelsiebung ist die Abdichtung zwischen verunreinigter Probe, Siebtrommel und gereinigter Probe. Hier befindet sich ein Spalt der gegen die rotierenden Siebtrommel hin nur mittels einer Gummilippe abgedichtet ist. Hier kann es zu Undichtigkeiten kommen, so daß ungereinigte Probe in den Probensammelraum gelangen kann.

3.2.2.2 Bandfilter

Bei der Bandfiltration über Papier-Bandfilter wird ein Streifen Filterpapier durch eine durchströmte Kammer transportiert, wobei die durch das Papierfilter hindurchtretende gereinigte Probe an der Oberseite der Durchflußkammer abgezogen wird (Abb. 3.2-2). Während des Betriebs wird der Wasserstand in der Durchflußkammer stets so eingeregelt, daß ein kleiner Teil des Rohwasserstroms durch einen Überlauf abfließt. Der Wasserpegel kann durch ein Schauglas kontrolliert werden. Zu hoch oder zu niedrig eingestellte Wasserstände führen zu Betriebsstörungen.

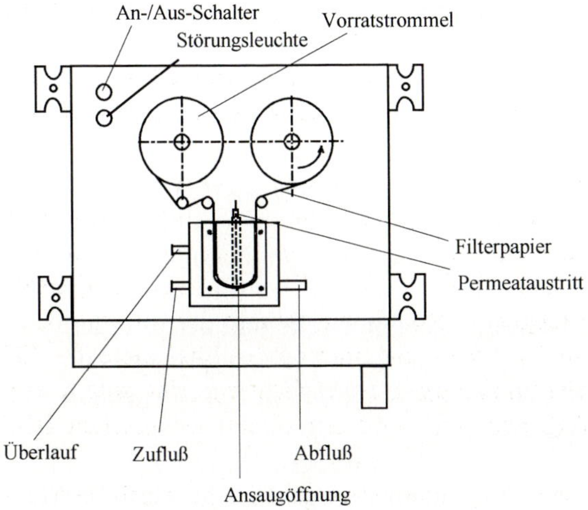

Abb. 3.2-2: Schematischer Aufbau eines Bandfilters (Maihak AG)

Die eingesetzten Papierrollen haben eine Länge von ca. 40 m und sind serienmäßig mit Porengrößen zwischen 20 und 100 µm erhältlich. Sie werden auf einer Seite des Gerätes montiert, durch die Durchflußkammer geführt und auf einer motorgetriebenen Rolle auf der anderen Seite des Gerätes aufgewickelt. Der Vorschub des Papierfilters erfolgt schubweise in einstellbaren Zeitintervallen mit variabler Geschwindigkeit. Dadurch wird gewährleistet, daß sich das Filterpapier nicht zusetzen kann und somit ständig eine ausreichende Filtratmenge zur Verfügung steht.

Durch die Einstellmöglichkeit von sowohl Zeitintervall als auch Vorschubgeschwindigkeit ist eine optimale Anpassung an die Probenzusammensetzung (Feststoffgehalt, Öl-, Fettanteil) möglich. Weiterhin besteht damit die Möglichkeit, den Vorschub an den verwendeten Porenduchmesser des Filterpapiers anzupassen.

Die CSB-Abscheideraten eines Papier-Bandfilters liegen zwischen 36 und 60% der zufließenden CSB-Konzentration, die Werte für den BSB, TOC und das Gesamt-Phosphat liegen qualitativ gleich (Tab. 3.2-2).

Tab. 3.2-2: CSB-Abscheideraten eines Bandfilters [3.2-1]

Probenahmestelle	Porenweite	CSB-Zulauf (mg/L)	CSB-Permeat (mg/L)	abs. Abscheidung (mg/L)	proz. Abscheidung (%)
KA-Zulauf	1–3 µm	721	393	328	45,5
KA-Zulauf	20 µm	897	569	328	36,5
KA-Ablauf	1–3 µm	127	64	63	49,7
KA-Ablauf	20 µm	102	40	62	60,7

Betriebserfahrungen und Einsatzmöglichkeiten

Der Einsatz eines Bandfilters zur Probenaufbereitung ist sowohl im Zulauf als auch im Ablauf einer Abwasserreinigungsanlage möglich. Ein Einsatz zur Aufbereitung von Schlamm-Wasser Gemischen (z. B. Belebtschlamm) ist zwar möglich, jedoch nicht empfehlenswert, da durch die hierfür erforderliche hohe Vorschubgeschwindigkeit ein unverhältnismäßig hoher Verbrauch von Filterpapier auftritt.

Die meisten on line-Analysatoren können mit einem Bandfilter als Probenaufbereitung beschickt werden. Es ist jedoch bei der Auswahl des Papierbandfilters (Porengröße) auf den Einsatzzweck zu achten. So wird für die Versorgung eines photometrisch arbeitenden on line-Analysators die Verwendung einer Porenweite von 20 µm empfohlen [3.2-1].

Die erforderliche Vorschubgeschwindigkeit und das Vorschubintervall sind für den jeweiligen Einsatzzweck durch Versuche zu ermitteln. Sie sind im wesentlichen abhängig von der Probenzusammensetzung, der Porenweite und der erforderlichen Filtratmenge. Werden Vorschubgeschwindigkeit und -intervall zu gering gewählt, besteht die Gefahr einer Verstopfung des Papierfilters. Werden sie zu hoch gewählt, entsteht ein unnötig hoher Papierverbrauch.

Das Einsetzen einer neuen Papierrolle in das Bandfiltergerät bedarf einer gewissen Übung und Fingerfertigkeit, da das feuchte Papierband während des Einlegens in die Durchflußkammer leicht zerreißt.

3.2.2.3 Ultraschallfiltration

Die Ultraschallfiltration besteht im wesentlichen aus zwei Teilen. Zum einen aus dem eigentlichen Filter und zum anderen aus einer Ultraschallgenerator/Steuereinheit (Abb. 3.2-3). Das Filter besteht aus einem Durchflußgefäß aus Edelstahl, in welchem ein sogenannter PZT-Schwinger und ein Spaltsieb untergebracht sind. Dieses Spaltsieb ist etwa markstückgroß und so angeordnet, daß der zu filternde Probenstrom an ihm vorbeiströmt und nur ein kleiner Teil durch das Spaltsieb hindurchtreten kann. Um einen kontinuierlichen, unterbrechungsfreien Probenstrom zu gewährleisten, ist eine Schlauchpumpe anzuschließen, welche die Probe von der Ultraschallfiltrationseinheit zum nachgeschalteten Meßgerät fördert. Die Edelstahlspaltsiebe sind erhältlich in Spaltweiten von 25–200 µm, weiterhin ist statt des Spaltsiebes auch der Einsatz von monofilen Geweben mit Porengrößen zwischen 1 und 20 µm möglich.

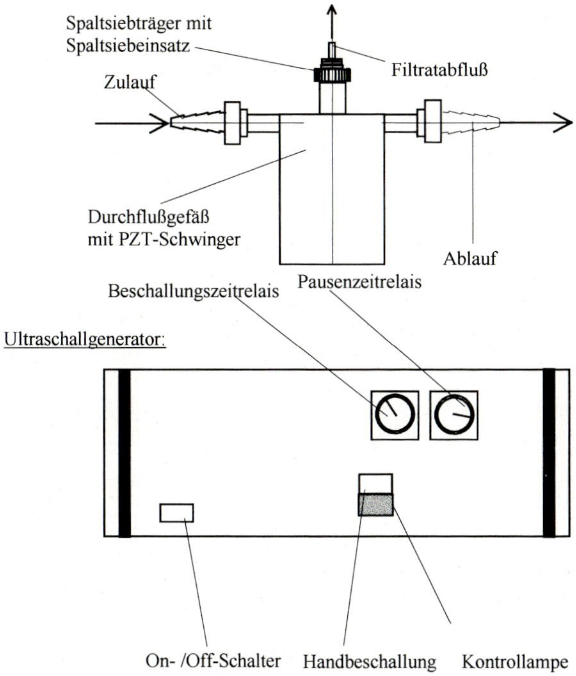

Abb. 3.2-3: Schematischer Aufbau einer Ultraschallfiltration (IPU)

Die untersuchte Ultraschallgenerator/Steuereinheit ist in einen 19″-Einschub montiert, an seiner Frontseite sind die Bedienelemente untergebracht, die eine Einstellung von Beschallungszeit und -pause ermöglichen.

Der eingesetzte Ultraschall mit einer Frequenz von 40 kHz dient nicht der Filtration/Siebung, sondern lediglich der Reinigung des eingesetzten Filters/Siebes. Der Reinigungseffekt beruht darauf, daß die durch das Koppelmedium Wasser auf die Filter-/Sieboberfläche übertragenen Schallwellen dort starke Druckspitzen und -senken hervorrufen. Durch diese mit hoher Frequenz ausgelösten Druckwechsel treten Kavitationseffekte auf, wodurch sich anhaftende Verschmutzungen lösen.

Die ermittelten CSB-Abscheideraten liegen mit Werten zwischen 18 und 23% deutlich unter denen der Papier-Bandfiltration [3.2-1].

Tab. 3.2-3: CSB-Abscheideraten eines Ultraschallfilters [3.2-1]

Probenahmestelle	Spaltweite	CSB-Zulauf (mg/L)	CSB-Permeat (mg/L)	abs. Abscheidung (mg/L)	proz. Abscheidung (%)
KA-Zulauf	20 µm	859	656	203	23,6
KA-Zulauf	25 µm	954	786	168	17,7
KA-Ablauf	20 µm	96,7	65,9	30,8	31,9

Betriebserfahrungen und Einsatzmöglichkeiten

Die Ultraschallfiltration kann als Probenaufbereitung sowohl im Zulauf als auch im Ablauf einer Kläranlage zum Einsatz kommen; die Aufbereitung eines Schlamm-Wasser Gemisches kann wegen Verstopfungsgefahr nicht empfohlen werden.

Bei entsprechender Auswahl des einzusetzenden Filtergewebes bzw. Spaltsiebes können die meisten auf dem Markt befindlichen on line-Analysatoren mit diesem Probenaufbereitungssystem beschickt werden.

Die Beschallung kann Partikel und Schlammbestandteile soweit zerschlagen, daß sie das Filter/Sieb passieren und damit in das nachgeschaltete Meßgerät gelangen können. Durch eine individuell mögliche Einstellung der Beschallungszeit und -pause ist zwar eine Adaption an die vorliegende Probenzusammensetzung möglich, ein Durchschlagen der Partikel kann jedoch nicht völlig ausgeschlossen werden.

Der Filtratmenge ist im wesentlichen abhängig von der Probenzusammensetzung, der gewählten Porengröße/Spaltweite, der Beschallungsdauer und dem Betriebsalter des Filters/Siebes. Besonders beim Einsatz eines Metallsiebes konnten bei länger andauerndem Betrieb starke Ablagerungen in den Spalten beobachtet werden, die auch durch die Ultraschallreinigung nicht zu entfernen waren. Hierdurch kommt es zu einer starken Verminderung der erzielbaren Filtratmenge. Diese Ablagerungen sind nur durch Reinigung des Filters/Siebes mit einer Bürste zu entfernen.

3.2.2.4 Ultrafiltration

Bei der Ultrafiltration wird eine unter geringer Druckdifferenz ablaufende mechanische Abscheidung von suspendierten und kolloidal gelösten Stoffen sowie von Materialien mit hohem Molekulargewicht aus Flüssigkeiten über eine quer angeströmte, selektive, semipermeable Membran erreicht, die nur für Materialien mit geringem Molekulargewicht und Wasser durchlässig ist. Im Gegensatz zur kuchenbildenden Filtration wird bei einer Ultrafiltration der Schmutzwasserstrom parallel zur Membranoberfläche geführt (Cross-Flow-Filtration; Abb. 3.2-4), so daß nicht die gesamte Probe den Filter passieren muß, sondern nur ein Teilstrom. Dieses Verfahren ermöglicht einen Abtransport der zurückgehaltenen Schmutzstoffe mit dem ständig flie-

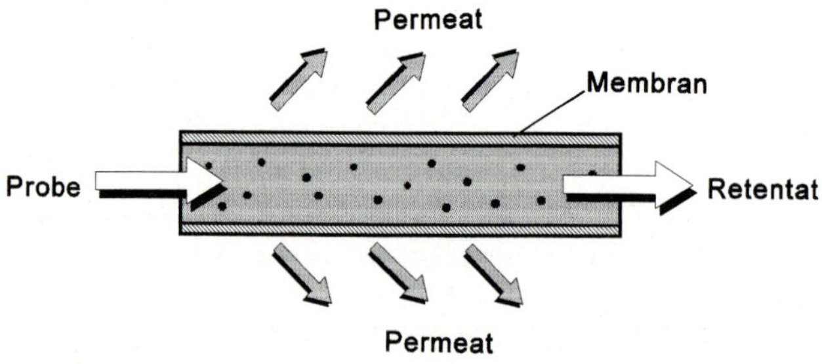

Abb. 3.2-4: Funktionsschema einer Ultrafiltrationsmembran

ßenden Schmutzwasserstrom und verhindert so den Aufbau eines Filterkuchens auf der Membran, womit die Gefahr einer Verstopfung des Filters wesentlich verringert wird. Das hierbei erhaltene Filtrat, das sogenannte Permeat, ist nahezu frei von suspendierten Stoffen und kann direkt als analysefähiger Probenstrom an die Prozeßphotometer weitergeleitet werden. Die Filtrationsrückstände, das Retentat, werden verworfen.

Im Bereich der Abwasserreinigung kommen Ultrafiltrationen zur Probenaufbereitung zumeist in Form von Rohrmodulen aus Kunststoff und/oder Edelstahl zum Einsatz. Die innenliegende, semipermeable Membran wird beispielsweise durch ein Stützrohr aus porösem Keramikmaterial stabilisiert. Dieses Membranstützrohr dient aufgrund seiner Materialbeschaffenheit gleichzeitig als Probensammelraum. Nach außen hin wird dieses Keramikrohr durch eine Hülle aus Glasfaserkunststoff oder Edelstahl abgedichtet.

Obwohl das Verfahren der Cross-Flow-Filtration das Risiko der Verstopfung und Verschmutzung der Ultrafiltrationsmembran erheblich vermindert, ist eine regelmäßige Wartung und Reinigung der betreffenden Filter notwendig, um ständig über einen ausreichend großen Probenstrom zu verfügen. Da eine unterbrechungsfreie Versorgung mit einem suspensafreien Probenstrom unverzichtbar ist, müssen in der Regel Einheiten von zumindest zwei Modulen, die im Wechsel betrieben werden können, vorgesehen werden. Auf diese Weise wird eine Unterbrechung des Probenstromes während der Reinigung und Wartung eines Rohrmodules vermieden. Die Zeitintervalle für Reinigung und Wartung eines Rohrmodules sind entscheidend vom Einsatzort der Filtration (Zulauf/Ablauf, Belebung, Schlammbehandlung) und der Abwasserzusammensetzung abhängig. Der jeweils erforderliche Zeitaufwand für eine Wartung oder Reinigung ist im Gegensatz dazu weitestgehend unabhängig vom Einsatzort und allein von der Bauart der verwendeten Ultrafiltrationseinheit abhängig. Hier ist zu unterscheiden zwischen Einheiten, bei denen zur Spülung und Reinigung ein Ausbau des betreffenden Rohrmoduls erforderlich wird, und Einheiten, bei denen die Module in der Einheit verbleiben können. Bei letztgenannter Bauart ist noch zwischen handbedienter und vollautomatisierter Einheit zu unterscheiden.

Im folgenden soll kurz die Funktionsweise einer Einheit, bei der die Module im System verbleiben, erläutert werden (Abb. 3.2-5). Die Probenaufbereitung erfolgt mit einem der beiden Rohrmodule, wobei das andere Modul in Bereitschaft gehalten wird. Wird keine ausreichende Permeatmenge mehr erhalten, wird auf das in Bereitschaft gehaltene zweite Modul umgeschaltet. Das erschöpfte Modul wird anschließend zunächst mit Wasser gespült, dann mit einer im Kreislauf geführten Reinigungslösung (Chlorbleichlauge, Ameisensäure o. ä.) gereinigt und wiederum mit Frischwasser gespült, um so Reste der Reinigungslösung aus dem Probensammelraum zu entfernen. Das auf diese Weise gereinigte Modul ist dann bereit für eine erneute Umschaltung.

Eine Ultrafiltrationseinheit scheidet fast alle ungelöst vorliegenden Stoffe ab, so daß eine vollständig suspensafreie Probe zur Verfügung steht. Sollen jedoch Meßgeräte zur Erfassung von Summenparametern gelöster und ungelöster Stoffe angeschlossen werden, führt dies zu großen Minderbefunden. Dies wird durch die hohe erreichbare CSB-Abscheideleistung von bis zu 80% deutlich (Tab. 3.2-4).

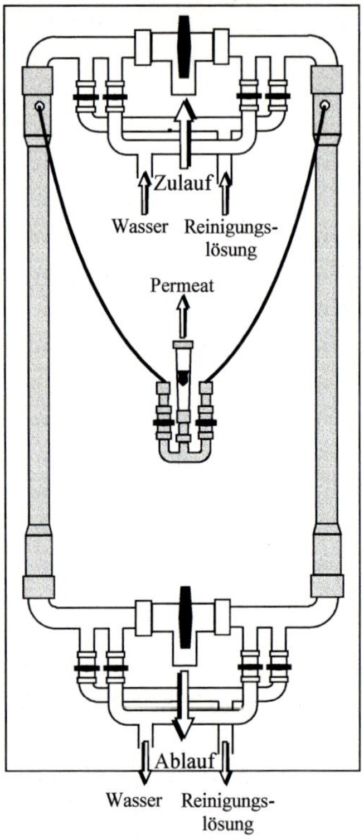

Abb. 3.2-5: Schematischer Aufbau einer Ultrafiltrationseinheit (ZÜLLIG AG)

Tab. 3.2-4: CSB-Abscheideraten einer Ultrafiltration [3.2-1]

Probenahmestelle	Porenweite	CSB-Zulauf (mg/L)	CSB-Permeat (mg/L)	abs. Abscheidung (mg/L)	proz. Abscheidung (%)
KA-Zulauf	0,09	956	335	621	65,0
KA-Ablauf	0,09	100,3	21,9	78,4	78,1

Betriebserfahrungen und Einsatzmöglichkeiten

Eine Probenaufbereitung mittels Ultrafiltration ist sowohl im Zulauf und Ablauf einer Kläranlage als auch direkt in der Belebung möglich. Es ist jedoch zu berücksichtigen, daß aufgrund der geringen Porengröße eine Messung von ungelösten Abwasserinhaltsstoffen in der aufbereiteten Probe nicht möglich ist. Dies ist insbesonders im Falle der TOC-Messung und der Messung von Gesamt-Phosphat von Bedeutung.

Abwässer mit hohen Fett- bzw. Ölanteilen führen zu einer schnellen Verstopfung der Membran und erfordern eine häufige Reinigung. Es ist darauf zu achten, daß im Anschluß an die Reinigung eine gründliche Spülung der betreffenden Filter mit Frischwasser durchgeführt wird. Das bei Reinigung und Spülung anfallende Permeat ist dabei so abzuführen, daß es nicht in die angeschlossenen on line-Meßgeräte gelangen kann, da es zu Beschädigungen dieser Geräte führen könnte.

Wird zur Spülung der Filtrationseinheit Trinkwasser verwendet, so ist aus wasserrechtlichen Gründen ein Leitungstrenner vorzusehen, um eine Verschleppung der Reinigungslösung in die Trinkwasserleitung auszuschließen.

Ist aufgrund der Probenentnahmestelle (z. B. Zulaufabwasser, Belebtschlamm) eine häufige Reinigung der Filter erforderlich, kann die Anschaffung einer automatischen Ultrafiltrationseinheit mit Umschaltung und Reinigung trotz des wesentlich höheren Anschaffungspreises gegenüber einer einfachen Einheit mit Handumschaltung von Vorteil sein, da der erforderliche Wartungsaufwand und somit die anfallenden Personalkosten deutlich geringer sind.

3.2.3 Zusammenfassung

Aufgrund der hohen Anforderungen an die Ablaufqualität von Kläranlagen wird die on line-Meßtechnik in Zukunft an Bedeutung gewinnen. Die Qualität dieser Messungen wird entscheidend von der vorgeschalteten Probenaufbereitung beeinflußt. Allgemeingültige Empfehlungen zum Einsatz bestimmter Probenaufbereitungssysteme können nicht gegeben werden, da für jeden Einzelfall eine Abstimmung der Probenaufbereitung auf die Anforderungen der Meßstelle und der nachgeschalteten Meßgeräte zu erfolgen hat. Es sollten dabei die folgenden Kriterien berücksichtigt werden:

- Probenbeschaffenheit (Zulauf/Ablauf, schlammhaltige Wässer),
- erforderliche Probenmenge,
- erforderlicher Reinheitsgrad der aufbereiteten Probe,
- Veränderung der Probenzusammensetzung,
- Wartungsaufwand,
- Betriebskosten.

Literatur

[3.2-1] Escher, M., Diplomarbeit Fachhochschule Aachen, 1994.

3.3 Messung der Volumenströme in Abwasser- und Schlammleitungen

Winfried Geisel

Für Durchflußmeßeinrichtungen in Kläranlagen existieren wichtige Vorschriften, Richtlinien und Empfehlungen:

- DIN 19559 Teil 1 und 2 [3.3-1]
- ATV Merkblatt M 256 (Blatt 2 und 5) [3.3-2]
- VDI/VDE Richtlinien 2641 [3.3-3]
- DIN 19200 (Referenzbedingungen IDM) [3.3-4]
- ATV-Arbeitsgruppenbericht 1.2.5 [3.3-5]
- Merkblatt des Bayrischen Landesamtes [3.3-6]

Die DIN 19559, Teil 1 und 2, beschreibt ausführlich die verschiedenen Meßverfahren, vor allem Einsatz- und Einbaubedingungen, Fehlerquellen und Genauigkeitsanforderungen.

Die folgenden Ausführungen konzentrieren sich deshalb anhand von Vor- und Nachteilen auf die Hilfestellung für den Anwender bei der Auswahl oder Überprüfung bzw. Verbesserung von Durchflußmeßeinrichtungen.

Die Ergebnisse der Durchflußmessung gehen direkt in die Wassermengen- und Schlammbilanzierung einer Kläranlagen ein, Frachtbetrachtungen hängen somit direkt proportional vom Volumenstrom ab.

Da die Durchflußmessung bereits seit Jahrzehnten zu den Standardparametern der Abwassertechnik gehört und auch zur on line Erfassung genügend Erfahrungen vorliegen, ist es unverständlich, daß dieser Parameter bei Kontrollen mit hohen Fehlerraten von zum Teil mehr als ±20% aus dem Rahmen fällt [3.3-7]. Ein Fehler in der Mengenmessung wirkt sich zum Beispiel bei der Abwasserabgabe durch mehr oder weniger zu zahlende Beiträge aus oder führt bei Planungen für Kläranlagenumbauten oder Neubaumaßnahmen zu entsprechenden Fehlansätzen.

Die wesentlichen Fehlerquellen liegen oftmals in der mangelhaften Beachtung der baulichen und hydraulischen Randbedingungen und in der Überschätzung der Genauigkeit der gewählten Meßeinrichtung. Zuverlässigkeit und Genauigkeit einer Durchflußmessung dürfen nicht aus den Prospektangaben abgeleitet, sondern können nur meßstellenspezifisch dargestellt werden.

Die Notwendigkeit der Messung von Volumenströmen resultiert aus *rechtlichen* (Abwasserabgabe [3.3-8], wasserrechtlicher Genehmigungsbescheid nach WHG § 7 [3.3-9], den verschiedenen landesspezifischen Selbstüberwachungsverordnungen [3.3-10, 3.3-11]) und *betriebstechnischen* Aspekten (Input- und Output-Vergleich, Steuerungs- und Regelungszwecke, ...) [3.3-12].

3.3.1 Grundlagen und Meßverfahren

Dem Meßverfahren der Durchflußmessung liegt folgende Beziehung zugrunde:

(1) Q (Durchfluß bzw. Volumenstrom) $= A \cdot v$ in m^3/s bzw. L/s

Q = Durchfluß bzw. Volumenstrom
A = durchflossener Querschnitt in m^2
v = Fließgeschwindigkeit in m/s

(2) bzw. Q = Menge pro Zeiteinheit

Die Durchflußbestimmung auf Basis von:

- Kontrollmessung eines kleinen Volumenstroms in ein Gefäß/Behälter („Ausliterung"),
- Kippen oder Wippen mit mechanischer oder elektrischer Zähleinrichtung (Behältermessung),
- Flügelrad-Wasserzähler für feststofffreies bzw. -armes Abwasser

ist für die Messungen in Kläranlagen von geringer Bedeutung, weil eine genaue kontinuierliche und automatische Mengenmessung nur begrenzt möglich ist.

Abbildung 3.3-1 gibt eine Übersicht zu den gebräuchlichsten Meßverfahren in Kläranlagen und deren Einsatzspektrum. Eine wichtige Einteilung ist die Messung im Teilfüllungs- und Vollfüllungsquerschnitt, weil die baulichen Gestaltung und die unterschiedlichen hydraulischen Randbedingungen das Meßverfahren mitbestimmen. Das in der DIN 19559 beschriebene Verdünnungsverfahren mit einem Tracer wird im Kläranlagenbetrieb nur in Sonderfällen angewendet.

Durchflußmessungen auf der Basis von Querschnitt und Fließgeschwindigkeit
Für die Ermittlung des Durchflusses ist die Bestimmung des maßgeblichen Durchflußquerschnittes und der Fließgeschwindigkeit erforderlich. Je nach Ausbildung der Meßstrecke bzw. des Meßbauwerkes und somit des gewählten hydraulischen Verfahrens kann die Durchflußmessung auf die Ermittlung *einer* variablen Meßgröße, der Füllstand- oder Geschwindigkeitsmessung, reduziert werden.

Das „Hydraulische Verfahren" ist dadurch gekennzeichnet, daß einerseits eine definierte Querschnittseinengung herbeigeführt wird, andererseits durch Anwendung des Extremalprinzips die Meßgröße mittlere Fließgeschwindigkeit eliminiert wird

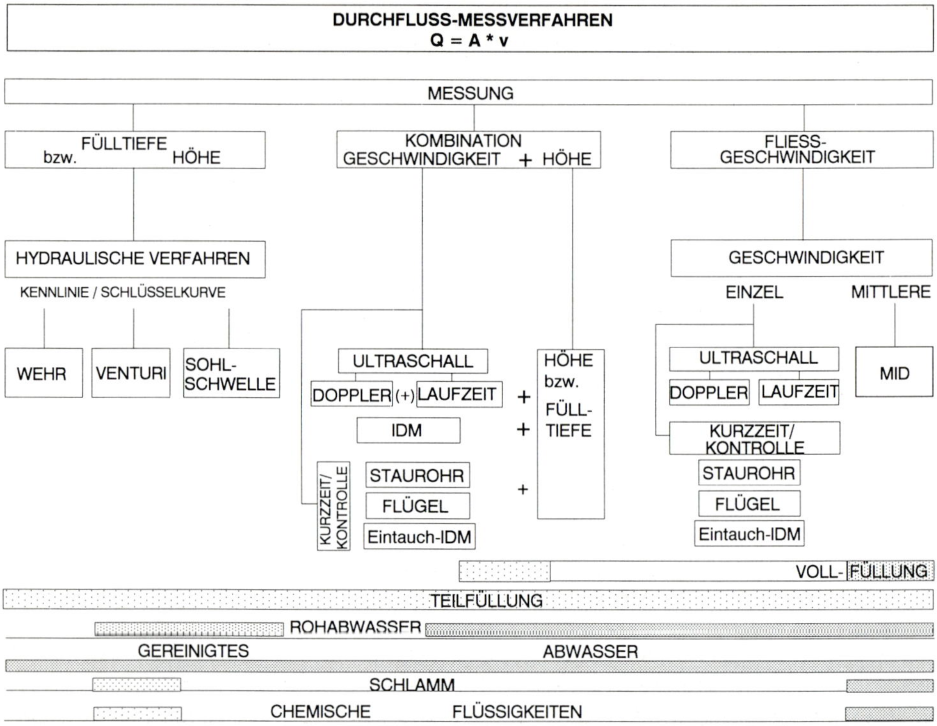

Abb. 3.3-1: Einteilung der Durchfluß-Meßverfahren

und über die bekannte geometrische Form des Profils nur noch die Variable Füllstand zu bestimmen ist [3.3-13]. Eine Kennlinie ermöglicht über die Messung des Füllstandes h die zugehörige Durchflußmenge Q abzuleiten.

Meßbauwerke hierzu sind:

- bei seitlicher symmetrischer Einengung des Querschnitts
  - das Venturi-Gerinne
- bei Anhebung der Sohle über einen definierten Abschnitt
  - die Sohlschwelle
- und bei Verwendung einer Stauplatte mit unterschiedlicher Durchflußöffnung
  - das Meßwehr (z. B. Thomson-Wehr, ...)

Abbildung 3.3-2 verdeutlicht am Beispiel der Kennlinie des Thomson-Wehres die hohe Genauigkeit der Messung bei kleinem Durchfluß bzw. geringer Überfallhöhe. Für zahlreiche Meßpunkte in Kläranlagen, für die nicht die Notwendigkeit einer dauernden Durchflußmessung vorliegt, können beim Entwurf und Bau der Kläranlage Vorrichtungen für den nur zeitweiligen Einsatz eines Meßwehres vorgesehen werden. Diese nur kurzzeitig zu betreibenden Meßstellen sind dann auch für feststoffhaltige Abwässer geeignet. Insbesondere wird die Möglichkeit geschaffen, vorhandene Durchflußeinrichtungen überprüfen zu können.

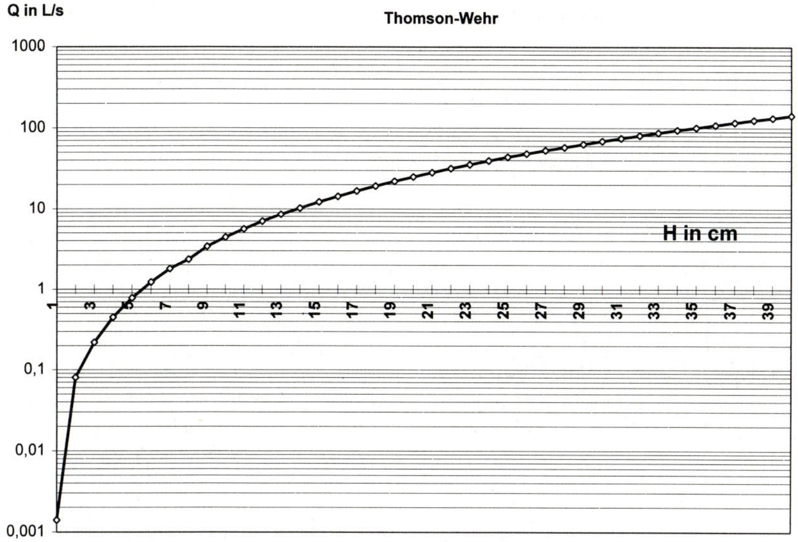

Abb. 3.3-2: Darstellung der Schlüsselkurve für ein Thomson-Wehr

Meßstellen in einem Querschnitt *ohne bauliche Verengung* erfordern die genaue Einhaltung von hydraulischen Randbedingungen, um nach den Formeln von de Chèzy und Manning-Strickler bzw. genauer Kenntnis der Rauhigkeitsbeiwerte und des Energiehöhengefälles den Durchfluß annähernd genau über die Füllstandsmessung feststellen zu können (s. auch DIN 19559).

Bei Messung des Durchflusses in einem vollgefüllten Rohrquerschnitt bei bekannter durchflossener Querschnittsfläche kann mit dem Einsatz einer magnetisch induktiven Durchflußmessung (IDM) allein über die mittlere Fließgeschwindigkeit der Durchfluß ermittelt werden. Eine Weiterentwicklung der IDM-Messung ermöglicht neuerdings auch eine Durchflußbestimmung in Teilfüllungsquerschnitten [3.3-14].

Für alle anderen Arten der Durchflußmessungen müssen die Parameter Füllstand und Geschwindigkeit ermittelt werden.

3.3.2 Auswahlkriterien

Bevor eine Durchflußmeßeinrichtung eingerichtet wird, sollten vorab die Auswahlkriterien geklärt werden:

- Zweck,
- Ort,
- Meßmedium,
- Meßbereich,
- Meßgenauigkeit,

- kontinuierliche Meßeinrichtung oder Kontrollmeßpunkt,
- Zuverlässigkeit,
- Preis-/Leistungsverhältnis.

Die Durchflußmessung besteht jedoch nicht nur aus einem Meßwertaufnehmer (obwohl diesem eine zum Teil entscheidende Bedeutung zukommt), sondern ist als Einheit aus der baulichen Gestaltung des Einlauf-, Meß- und Auslaufbereiches sowie der betrieblichen Wartung, Betreuung und Kontrolle aufzufassen.

Die Auswahl des Meßwertaufnehmers sollte sich an den Vorgaben, aber auch an den betrieblichen Aspekten orientieren [3.3-2]. Darunter fallen unter anderem:

- eine leichte Durchführbarkeit von Wartung und Reinigungsarbeiten,
- einfache Kalibrierungsmöglichkeiten,
- Möglichkeiten zur Kontrolle der Genauigkeit bzw. Plausibilitätskontrolle der angezeigten Werte.

3.3.3 Meßwertaufnehmer

„Der ideale Meßwertaufnehmer ist robust und wartungsarm, mißt ohne" Veränderung „des freien Fließquerschnittes mit hoher Langzeitkonstanz unbeeinflußt von extremen Witterungseinflüssen" und vom Meßmedium „mit guter Genauigkeit in einem relativ großen Meßbereich" [3.3-1].

Füllstandsmessung

Als Grundausstattung aller Meßstellen sollte auch bei on line Messungen auf einen exakt am Meßort justierten *Meßstab* nicht verzichtet werden [3.3-13], da mit dieser einfachen Meßweise in offenen Systemen eine schnelle Plausibilitätsüberprüfung der kontinuierlich arbeitenden Meßwertaufnehmer vorgenommen werden kann.
Eine Klassifizierung der Meßaufnehmer kann hinsichtlich

- berührungsfreier Messung,
- im Medium eingetaucht,
- Häufigkeit und der damit verbundenen Auflösung,
- Genauigkeit

gemacht werden.

Alle nachstehend vorgestellten Füllstands-Meßwertaufnehmer verursachen Einrichtungskosten, die (natürlich Hersteller abhängig) mehr von der erforderlichen Genauigkeit, des Wartungs- und Kontrollaufwandes, des Bedienungskomforts als von der Durchflußmenge abhängen.

Die mechanischen *Schwimmer* sind noch recht häufig in älteren, insbesondere kleineren Kläranlagen anzutreffen. Bei hohen Feststoff- oder Fettanteil im Abwasser neigen Schwimmer zu Fehlmessungen, da sie sich festsetzen. Auch in Kombination mit einer Schwimmerkammer im Bypass ist die Zuverlässigkeit und Genauigkeit nur mäßig. Die Schwimmer mit angeschlossenem Schreiber, wie sie auch bei Gewässer-Pegelaufzeichnung eingesetzt werden, liefern auch bei Stromausfall oder Meßgerätestörung infolge Überspannungen noch eine fortlaufende Protokollierung des Füllstandes.

Die indirekte Messung des hydrostatischen Druckes über die *Einperlung von Luft* in ein Tauchrohr ist ebenfalls in kleineren Abwasserreinigungsanlagen weit verbreitet. Abb. 3.3-3 zeigt eine Meßstelle mit Trapezwehr und Füllstandsmessung mittels Lufteinperl-Verfahren. Der Vorteil dieses Meßprinzipes liegt in der Verlagerung der hydrostatischen Druckmessung vom Abwasser (für Schlamm ungeeignet) zur eingeperlten Luft [3.3-13]. Der Druck wird auf einen Waagebalken übertragen, der durch ein elektrisches Nachlaufgewicht ständig austariert wird [3.3-15]. Problematisch ist die hohe Empfindlichkeit der Lufteinperlungsöffnung und des Einperlrohres gegen eingespülten Sand, Aufwuchs von Algen und Mikroorganismen so wie Kondenswasser. Deshalb muß häufig manuell gereinigt oder eine automatische Hochdruckspülung vorgenommen werden [3.3-2, 3.3-15].

Abb. 3.3-3: Ablaufdurchflußmeßstelle einer kleineren Kläranlage, Trapez-Wehr, Füllstandsmessung mittels Einperlverfahren

Außerdem sollte die Einperlung nicht durch ungünstige Strömungseinflüsse, Druck- oder Sogerscheinungen beinträchtigt werden.

Die *Druckmeßdosen* gehören ebenfalls zu der Gruppe der hydrostatischen Drucksensoren. Sie werden an der Gerinnesohle befestigt. Die Druckmeßdosen enthalten Sensoren, deren Verformung eine Meßgröße für den Füllstand liefert. Die Dosen sind mit Sensorelementen, wie z. B. Dehnmeßstreifensensoren, kapazitive oder induktiven Sensoren, belegt. Bei den heutigen Dehnmeßstreifensensoren mit Halbleiter (früher metallisch) wird der piezoresitive Effekt genutzt. Die Sensoren weisen gegenüber der ältereren Druckdosengeneration eine bessere Kontrollierbarkeit gegen Temperaturschwankungen und Langzeitdriften auf und sind unempfindlicher bei Stoßbelastungen. Die Kalibrierung sollte im Abstand von mindestens drei Monaten erfolgen. Im

Klärwärter-Taschenbuch wird eine wöchentliche Reinigung der Druckdose (mit Spülmittel und Zahnbürste) empfohlen [3.3-16].

Das Meßprinzip des *Ultraschallecholotes* beruht auf der Laufzeitmessung von ausgesendeten Ultraschallsignalen, die von der Schlamm-/Wasser- oder Gerinnesohle reflektiert werden. Die Dauer zwischen ausgesendetem und empfangenem Signal in bezug auf die fest vorgegeben maximale Laufzeit korreliert mit dem Füllstand. Die berührungsfreie Meßmethode weist gegenüber allen genannten Füllstandsaufnehmern die größte Meßgenauigkeit auf, benötigt den geringsten Wartungsaufwand, wobei Kalibrierungs- und Kontrollarbeiten mit einer horizontal untergestellten und einnivellierten Kalibrierlatte exakt durchgeführt werden können [3.3-7]. Hervorzuheben ist auch das günstige Preisleistungsverhältnis dieses Meßaufnehmers. Allerdings kann die berührungsfreie Messung des Zwischenraums die entscheidende Schwäche des System sein, wenn z. B. Schaum, Schwimmschlamm oder schwimmende Materialien die Messung verfälschen.

Geschwindigkeitsmessung – lokal

Lokale Fließgeschwindigkeiten können über Flügelrad, Staurohr oder Eintauch-IDM gemessen werden. Bei der *Flügelradmethode* wird ein Meßflügel an einer Haltestange in das Medium eingetaucht und die lokale Geschwindigkeit über die Drehbewegung erfaßt. Die Flügelmessung findet in klaren Medium (Wasseruhr, Stadt- und Betriebswasserzähler) Anwendung. In der Kläranlage wird die Flügelmessung aufgrund des feststoffhaltigen Abwassers nur zu Kontrollmessungen genutzt.

Auch das über eine Haltestange in das Medium eingetauchten Staurohr wird nur zu Kontroll- und Kurzzeitmessungen eingesetzt. Prinzip des Staurohres ist, daß die Geschwindigkeit in eine Druckkomponente umgesetzt wird, weshalb mit dieser Meßgröße die lokale Geschwindkeit abgeleitet werden kann.

Als weitere Meßmethode zur Ermittlung von lokalen Geschwindigkeiten ist über das *Eintauch-IDM* möglich, das sich durch hohe Genauigkeit und einfache Handhabung auszeichnet.

Dem Meßprinzip des Eintauch-IDMs wie auch der nachfolgend beschriebenen IDM-Messung ist das Faradaysche Induktionsgesetz zugrunde gelegt [3.3-17].

Im Gegensatz zu den oben angeführten Ultraschallecholot-Verfahren zur Messung des Luftzwischenraums werden beim *Ultraschall-Doppler*-Verfahren die Ultraschallwellen im Medium Wasser ausgesendet, von Inhaltstoffen reflektiert und die Frequenzverschiebung, die proportional zur Geschwindigkeit ist, gemessen. Der Wahl bzw. Ausrichtung des Senders auf den repräsentativen Bereich des durchflossenen Querschnitts kommt hierbei besondere Bedeutung zu. Da über die Einzelgeschwindigkeit der reflektierenden Partikelteilchen auf eine mittlere Geschwindigkeit und somit auf den Durchfluß geschlossen wird, kann es bei ungleichförmigen Geschwindigkeitsprofilen zu erheblichen Fehlmessungen kommen. Die Fehler lassen sich verringern bei Beachtung der Meß- und Einbaubedingungen. Vergleichende Untersuchungen [3.3-13] zu dieser Meßmethode belegen die generelle Unsicherheit des Verfahrens, somit sollte eine Anwendung des Ultraschall-Doppler-Effekts nur dann empfohlen werden, wenn keine andere Möglichkeit besteht.

Beim *Ultraschall-Laufzeit*verfahren wird die Geschwindigkeit längs einer Meßgeraden bestimmt. Anders als beim Ultraschall-Dopplereffekt wird das gesamte Medium von einen Ultraschallstrahl mit und gegen die Fließrichtung durchkreuzt und aus der Laufzeitdifferenz die Fließgeschwindigkeit ermittelt.

Die einschränkenden Aussagen zum Ultraschall-Doppler-Verfahren gelten auch für die Ultraschall-Laufzeitverfahren.

Geschwindigkeitsmessung – über den Querschnitt

Die mittlerweile größte Verbreitung bei neuen Meßstellen und bei Meßstellen in Kläranlagen haben die *magnetisch induktiv arbeitenden Meßwertaufnehmer (IDM)* für Vollfüllungsmessungen erlangt. Insbesondere die sehr hohe Meßgenauigkeit auch bei Rückstau haben diesem Verfahren, das nach dem Faradayschen Induktionsgesetz arbeitet, zu seiner Verbreitung verholfen. Dieses Verfahren setzt eine Mindestleitfähigkeit voraus, die im Abwasser immer gegeben ist. In einem Magnetfeld wird durch die Strömung eine Meßspannung induziert, die über Elektroden abgriffen und einer mittleren Geschwindigkeit zugeordnet werden kann. Voraussetzung für die geringe Fehlerabweichung von unter 1% ist in jedem Fall die Einhaltung der Einbaubedingungen mit ausreichend großer Einlauf- und Auslaufstrecke und der Sicherstellung einer Vollfüllung des Querschnittes.

Die Kosten des Meßwertgebers, IDMs, steigen im Gegensatz zu den vorgenannten Systemen mit der maximal zu messenden Durchflußmenge bzw. mit dem gewähltem Durchmesser. Problematisch ist die Überprüfung dieser Meßstellen, da normalerweise eine Genauigkeitsüberprüfung mit einem höherwertigen Verfahren durchgeführt wird, das IDM-Verfahren aber die größte Genauigkeit besitzt. Eine Lösung dieses Problems kann mit Einrichtung einer zweiten eichfähigen IDM-Kontrollmeßstelle erzielt werden.

Fehler bei der IDM-Meßstelle, die bei Untersuchungen vereinzelt ungewöhlich groß ausfielen [3.3-7], rühren aus der Mißachtung der Einbauvorschriften und meist von verschmutzten Elektroden, z.B. bei Schlammleitungen für fällmittelhaltigen Schlamm [3.3-18].

Eine in jüngerer Zeit erfolgreiche eingesetzte Weiterentwicklung des IDM-Prinzipes ist das Teilfüllungs-IDM (z.B. PARTIMAG der Fa. Fischer & Porter). Beim Teilfüllungs-IDM wird durch Umschaltung der Magnetfeldstruktur und durch den Meßsignalabgriff über drei Elektrodenpaare die Teilfüllung berücksichtigt. Diese Sonderform des IDMs ist noch nicht in der DIN 19559 berücksichtigt worden. Mit dieser Entwicklung ist ein nachträglicher Einbau, wie in Abb. 3.3-4 beispielhaft dargestellt, ohne großen baulichen Aufwand (gedükerte Meßstrecke) möglich. Auch können Messungen bei geringen Abflüssen, für die bei der gedükerten Variante eine Verstopfungs- und Fehlmessungsgefahr besteht, einfacher durchgeführt werden. Weitere bauliche Kostenvorteile ergeben sich für den Einsatz in Drosselbauwerken, bei denen nur die genaue Messung des Regelungsgrenzwertes wichtig ist. Nachteilig ist die Voraussetzung einer Mindestfülltiefe und somit Mindestdurchflußes im Querschnitt und der Einhaltung von strömenden Abfluß im Teilfüllungsfall (Anforderung an I_s) [3.3-14].

Abb. 3.3-4: Drosselmeßstrecke mit Teilfüllungs-IDM, nachträglicher Einbau (zu kurze Einlaufmeßstrecke) mit Nennweitenreduzierung

Kombinationsverfahren

Die beschriebenen Unsicherheiten bei der reinen Geschwindigkeitsmessung bei den Ultraschallverfahren haben zur Entwicklung von kombinierten Meßwertaufnehmern geführt. Dabei werden meist eine lokale Geschwindigkeitsmessung nach den Doppler-/Laufzeit- oder induktiven Verfahren mit der Füllstandmessung über Druckdose kombiniert. Aber auch diese Kombinationsgeräte haben systembedingte Schwächen [3.3-13, 3.3-19] bei der Erfassung der mittleren Durchflußgeschwindigkeit. Bei Einhaltung optimaler Einbaubedingungen (lange Zulauf-Beruhigungsstrecke von ca. 20–50 × DN bzw. Gerinnebreite, geradlinig ohne Einbauten mit konstantem Gefälle und Durchmesser, ohne weitere Zuleitungen) werden vereinfachte hydraulische Bedingungen geschaffen. Die Kalibrierung der Geräte an diese Randbedingungen (günstig ist auch ein wenig schwankender Durchfluß) ermöglicht auch Ergebnisse mit geringerer Gesamtfehlerrate (<5–10%).

Eine Möglichkeit der Messung bei Teilfüllung, Vollfüllung und auch im Rückstau bietet ein Ultraschall-Doppler-Verfahren, bei dem zusätzlich mittels Ultraschallecholot der Teilfüllungsstand und mittels Druckfühler eine Messung bei Vollfüllung vorgenommen wird [Fa. ADS, 3.3-13, 3.3-19]. Hervorzuheben ist der vom Anbieter große Aufwand einer einbauspezifischen Anpassung.

Ein spezielles Kombinationsmeßverfahren [Fa. Badger Meter 3.3-20], bei dem die mittlere Geschwindigkeit errechnet wird aus den Messungen einer Doppler-Sonde am Gerinneboden und zwei seitlichen Laufzeitsensoren, leitet den Durchfluß aus der bekannten Geometrie des durchflossenen Querschnittes auf Basis einer Füllstandsmessung ab. Für den Kläranlagenbetrieb ergibt sich die Schwierigkeit der Überprüfbarkeit [3.3-21]. Die vom Hersteller angegebene Fehlerquote wird in der Praxis bei weitem nicht erreicht [3.3-13].

Eine weitere Variante (OCM) ist die gepulste Sendung und speziell darauf abgestimmte Auswertung der Ultraschallsignale. Über eine Integration der ermittelten

Geschwindigkeitsprofile wird die mittleren Geschwindigkeit abgeleitet [Fa. Nivus 3.3-22]. Ein weiteres Kombinationsgerät ermöglicht Durchflußbestimmungen über eine induktive Geschwindigkeitsmessung (lokale Einzelgeschwindigkeit, direkt über den Sensor gemessen, ca. Tennisball großes Meßfenster) und eine Druckmeßdose (piezoresistives Druckmeßverfahren). Eine einmalige Kalibrierung vor Ort wird vom Anbieter durchgeführt [Fa. GWU 3.3-17]. Vergleichende Untersuchungen zu diesem System, das sowohl stationär als auch mobil angeboten wird, liegen noch nicht vor. Erste Anwender in Deutschland bescheinigen dem System eine relativ große Genauigkeit (ca. ±5% vom Meßwert).

Allen Kombinationsverfahren haftet eine nicht genau nachvollziehbare und kontrollierbare Ermittlung der Durchflußmenge bzw. mittleren Geschwindigkeit an [3.3-13]. Mit dem Einsatz dieser wie auch der reinen Ultraschall-Geschwindigkeitsverfahren können je nach Meßstelle durchaus sehr zufriedenstellende Ergebnisse erzielt werden, zumal bei bestimmten Meßstellen ohne erheblichen bautechnischen Aufwand andere Verfahren ausscheiden.

Tab. 3.3-1: Übersichtstabelle zu den wichtigsten Einbaubedingungen und Besonderheiten der zur Zeit aktuellen Durchflußmeßeinrichtungen

Verfahren	Vorlaufstrecke	Nachlaufstrecke	V_{min}	Q_{max}/Q_{min}
Venturi	für alle Bauformen:	für alle Bauformen:		für die Bauformen
Bauformen:			Rohabw.	
	≥ 20 DN bzw. b_0	kein Rückstau!	0,5 m/s	
– Rechteck	kein Wechsel-			$\leq 11:1$
– Trapez	sprung			$\leq 17:1$
– U-Rinne mit	≥ 10 DN bzw. b_0			$\leq 14:1$
Trapez	strömender Abfluß			
– Kreisprofil	geradlinig			$\leq 10:1$
mit Trapez	keine Einbauten			
	keine Zuläufe			
	konst. Gefälle			
	konst. Profil			
	Füllhöhe			
	Meßpunkt.:			
	$h_{min} \geq 3$ cm			
	Rohabwasser/			
	Schlamm			
	$Q \geq 5$ l/s			
	Feststofffreies			
	Abwasser			
	$Q \geq 0{,}5$ l/s			

Anmerkungen:

- Verziehung strömungsgünstig ausbilden
- l_s im Bereich der Verziehung $\leq l_s$ Vorlaufstrecke, aber nie negativ
- Aufstau beim Venturi kleiner als bei der Sohlschwelle oder bei Meßwehren
- problematisch: die genaue Messung von geringem Durchfluß (Nachtzulauf)
- Kreisprofil: $h_{max} \leq 0{,}8$ DN

Tab. 3.3-1: (Fortsetzung)

Verfahren	Vorlaufstrecke	Nachlaufstrecke	V_{min}	Q_{max}/Q_{min}
Wehr Bauformen:	für alle Bauformen: geringer Platzbedarf	für alle Bauformen: kein Rückstau!		
– Rechteck (Poncelet)	$\geq 3\ b_0$			$\leq 20:1$
– Dreieck (Thomson)	keine Zuläufe direkt vor Wehr			$\leq 100:1$
– Trapez				$\leq 20:1$
Anmerkungen: – Mindestwehrhöhe und Mindestüberfallhöhe ist zu beachten – Rechteckwehr für die Messung kleiner Q ungeeignet – Dreieckwehr besonders gut für die genaue Messung von kleinen Q				
IDM, Vollfüllung	ideal 10 DN sonst ≥ 3 DN Schieber, T-Stück: → ≥ 3 DN Reduzierung Nennweite, Pumpe: → ≥ 5 DN	ideal 5 DN leichter Anstieg sonst ≥ 2 DN Schieber, Schütz: → ≥ 2 DN	Rohabw. $\geq 0{,}5$ m/s	Rohabw. $\leq 20:1$ bzw. bei $v \leq 0{,}5$ m/s auch größere Verhältnisse
Anmerkungen: zu vermeiden: – Teilfüllungszustände – Absperrorgane, Klappen direkt vor IDM – Reduzierung der Nennweite nach IDM – tangentiale Anströmung des IDM – Raumkrümmer vor IDM – IDM an der Saugseite einer Pumpe Rückstaumessung möglich				
IDM, Teilfüllung	≥ 10 DN bei Beckeneinläufen: ≥ 15 DN oder mit Trompeteneinl. ≥ 10 DN ohne Einbauten, Stoßkanten, geradlinig strömender Abfluß, $I_s \leq 3$‰ $\mathrm{Fr} \leq 1$ Übergang von Rechteck- zu Kreisprofil →	≥ 5 DN Flachschieber ≥ 3 DN	Rohabw. $\geq 0{,}5$ m/s	wie bei Vollfüllungs-IDM

Tab. 3.3-1: (Fortsetzung)

Verfahren	Vorlaufstrecke	Nachlaufstrecke	V_{min}	Q_{max}/Q_{min}
	Angleichung bei Halbschale ≥7 DN bzw. ≥3 DN für Rohrstrecke			

Anmerkungen:

zu vermeiden:
- Absperrorgane, Klappen direkt vor IDM
- Reduzierung Nennw. nach IDM
- tangentiale Anströmung IDM
- Raumkrümmer vor IDM
- IDM an der Saugseite einer Pumpe

Vollfüllungs- und Rückstaumessung möglich!

Verfahren	Vorlaufstrecke	Nachlaufstrecke	V_{min}	Q_{max}/Q_{min}
Kombinationsverfahren	wie Venturi, besser: noch größere, beruhigte Vorlaufstrecke	Rückstau z. Teil unempfindlich		
z. B.: ADS	40 DN bzw. b_0 geradlinig, ...	20 DN bzw. b_0 Rückstau mögl.	ab 0,15 m/s ohne Feststoffe	
FLO-TOTE CANALFLO	8–10 DN geradlinig, ... $h_{min} \geq 40$ mm	Rückstau mögl.		

Anmerkungen:

Eine optimale hydraulische Ausbildung der Einlaufstrecke ist entscheidend für die Qualität der Messung.
Bei den Ultraschallmessungen stören Luftblasen und zu große Feststoffkonzentrationen.
Das System von ADS wird ortsspezifisch genau für alle Q kalibriert.
Das System FLO-TOTE kann auch auf Rechteckprofile angepaßt werden.

Einbaubedingungen

Für die Einbaubedingungen der Meßaufnehmer – die wichtigsten zeigt die Tab. 3.3-1 – [3.3-1, 3.3-2, 3.3-14, 3.3-19, 3.3-22 bis 3.3-24] müssen unbedingt die Vorschriften der Hersteller eingehalten werden.

3.3.4 Kosten für komplette Durchflußmeßstellen

Kosten dürfen jeweils nur für gleiche Anforderungen an die Meßaufgabe direkt verglichen werden, wobei die gesamte Meßstelle mit allen Randbedingungen und mit Meßwertweiterverarbeitung betrachtet werden muß. Entsprechend den Auswahlkriterien für die Einrichtung einer Durchflußmeßeinrichtung ergeben sich je nach Gewichtung der Prioritäten sehr unterschiedliche Kosten für eine Meßstelle, die an dieser Stelle im Einzelnen nicht dargestellt werden können. In Form einer groben Abschätzung lassen sich derzeitig für die bedeutendsten und gängigsten Meßeinrichtungen folgende Aussagen formulieren:

Messungen in voll- oder teilgefüllten Rohren

Eine gedükerte *IDM*-Meßstelle ist bei Messungen von Abwasserströmen im Freigefälle die genaueste aber auch teuerste Lösung.

Die Kosten für den Meßschacht mit Dükerungsstrecke sind abhängig von der Schachttiefe und dem IDM-Durchmesser und sollten mit 15.000–100.000 DM kalkuliert werden. Zwischen den einzelnen Verfahrenstufen einer Kläranlage können die baulichen Gegebenheiten ausgenutzt werden, so daß hier zum Teil nur der IDM-Meßschacht bzw. der Arbeitsraum um das IDM gebaut werden muß. Die Kosten reduzieren sich entsprechend um 20–90%. Die Kosten für die IDM-Meßwertgeber incl. Meßumformer sind im wesentlichen vom Nennweitenmaß abhängig, desweiteren von der Auskleidungsweise, den Elektrodentypen, der Bauweise und der Genauigkeit (und natürlich vom Hersteller); für eine Festflanschausführung DN 200 (optimaler Meßbereich zwischen 15 und 300 L/s) muß mit etwa 6000 DM gerechnet werden. Desweiteren müssen Kosten für Rohrverbindungen, Ausbaustücke, Absperrschieber etc. hinzugerechnet werden. Für eine on line gerechte Datenerfassung oder Einbindung in die Prozeßleittechnik entstehen weitere Kosten für einen Vorort-Schaltschrank, eine Verkabelung zur Betriebswarte oder/und die Einbindung in andere Datenverarbeitungssysteme.

Für kontinuierliche Schlamm-Durchflußmessungen kommen bei den meist verwendeten Druckleitungssystemen nur IDM-Messungen in Frage. Der bauliche und somit Kostenaufwand ist nur gering, allerdings sollten IDMs mit wechselbaren Elektroden und/oder eine Bypass-Strecke für den Ausbau der Einrichtung vorgesehen werden.

Die Kosten für das Teilfüllungs-IDM inklusive Meßumformer sind etwa doppelt so hoch wie die der Vollfüllungsvariante. Dennoch ergeben sich bei frühzeitiger Einbindung dieses Meßsystems in die Entwurfsplanung zukünftig erhebliche Kostenvorteile wegen der einfacheren baulichen Gestaltung.

Messungen im Gerinne

Die baulichen Kosten für eine Venturimeßeinrichtung sind bei strikter Einhaltung der Einbauvorgaben in Abhängigkeit vom Gerinnetyp und Durchmesser zwar geringer als beim IDM, aber die Sekundärkosten für den Platzbedarf incl. Zu -und Ablaufstrecke müssen mit einkalkuliert werden, so daß zum Teil die Kosten mit der IDM-Meßstelle vergleichbar sind. Die Ausrüstung mit Ultraschallecholoten als Meßwertaufnehmer mit Meßumformer (Linearisierung, Ausgabe des Durchflusses) ist mit ca. 3000–5000 DM zu kalkulieren. Rücklaufschlamm- oder Überschußschlammströme können bei offener Führung in einem Gerinne auch mit Venturi-Meßstrecken erfaßt werden.

Meßwehre stellen in der Regel die kostengünstigste Variante dar. Sie ermöglichen relativ genaue Messungen auch bei kleinen Volumenströmen (Thomson-Wehr). Die baulichen Kosten sind auch hier von der Größe der Meßstelle und den örtlichen Gegebenheiten abhängig; sie liegen näherungsweise in der Größenordnung der Kosten für den Meßaufnehmer. Auch bei Wehren empfielt sich der Einsatz von Ultraschallecholoten (Kosten s. Seite 214).

Kombinationsverfahren

Eine baulich, hydraulisch optimale Ausbildung der Einlaufmeßstrecke sollte insbesondere bei neu einzurichtenden Meßstellen durchgeführt werden. Die dafür anfallenden Kosten bewegen sich dann schnell in der gleichen Größenordnung wie für Venturi-Messungen. Die Kostenspanne für die meßtechnische Ausrüstung zuzüglich einer Kalibrierung vor Ort bewegen sich zwischen 16.000 und 80.000 DM. Die Fa. Endress + Hauser bietet seit 9/93 ein dem System der Fa. GWU (FLO-TOTE, FLO-MATE) vergleichbares System an (System Canalflo KDS/KDR mit Prosonic FDU oder Deltapilot DB, reine Ausrüstungskosten unter 10.000 DM, geignet für „jeden" Querschnitt) [3.3-25]. Das System der Fa. ADS ist aufgrund der mehrtägigen Kalibrierung mit 70.000-90.000 mit Abstand die teuerste Lösung.

Literatur

[3.3-1] DIN 19559 Teil 1 und 2, Berlin-Köln: Beuth Verlag, 1983.

[3.3-2] ATV-Merkblatt M 256 Blatt 2 und 5, Hennef: GFA, 7/1989.

[3.3-3] VDI/DVE 2641, Berlin-Köln: Beuth Verlag, 1985.

[3.3-4] DIN 19200, Berlin-Köln: Beuth Verlag, 1989.

[3.3-5] ATV Arbeitsgruppenbericht 1.2.5, *Korrespondenz Abwasser* **1987**, *34*, 1205-1214.

[3.3-6] Bayerisches Landesamt für Wasserwirtschaft Merkblatt Nr. II.7-21, München, 14.3.1984.

[3.3-7] Hassinger, R., *Wasser-Abwasser-Abfall* **1992**,.*8*, 107-112.

[3.3-8] Abwasserabgabengesetz vom 10.11.1990, BGBl I, 2433-2438.

[3.3-9] Wasserhaushaltsgesetz vom 23.9.1986, BGBl.III, 753-1.

[3.3-10] Verordnung über Art und Häufigkeit der Selbstüberwachung von Abwasserbehandlungsanlagen und Abwassereinleitungen (Selbstüberwachungsverordnung -SüwV) vom 18.8.1989 gem. LWG § 60,61 NW, gültig ab 1.1.1990.

[3.3-11] Schleypen, P., *Wasser-Abwasser-Abfall* **1992**, *8*, 3-16.

[3.3-12] Ermel,G., *Wasser-Abwasser-Abfall* **1992**, *8*, 17-44.

[3.3-13] Valentin,F., *Wasser-Abwasser-Abfall* **1992**, *8*, 53-70.

[3.3-14] Thöne, Induktive Durchflußmessung im teilgefüllten Rohr. Vortragsskript (unveröffentlicht) der Fa.Fischer & Porter, Göttingen, 1994.

[3.3-15] *ATV Lehr- und Handbuch der Abwassertechnik Bd. 2*, Berlin-München: Verlag W.Ernst & Sohn, 1982.

[3.3-16] Stier,E., Fischer, M., *Klärwärter-Taschenbuch*, München: Hirthammer Verlag, 1993.

[3.3-17] FLO-MATE, Firmenprospekt der Fa. GWU-Umwelttechnik, Erftstadt, 1994.

[3.3-18] Geisel, W., Betriebserfahrungen mit Standardmeßgeräten bei der Betriebsüberwachung und -regelung und zu Grundlagenermittlungen bei Um-/Neubauplanungen, Beitrag zum 1. Symposium „Erfahrungen mit Analysen- und Prozeßmeßgeräten in Abwasserreinigungsanlagen", Technische Akademie Esslingen, 2.-4.12.92.

[3.3-19] Valentin, F., *Korrespondenz Abwasser* **1990**, *37*, 696-699.

[3.3-20] Gras, H., in: *WAR Bd. 75:* Verein zur Förderung des Institutes für Wasserversorgung Abwasserbeseitigung und Raumplanung der TH Darmstadt, 1994.

[3.3-21] Abendt, R., Überblick und Betriebserfahrungen zum Stand der MSR-Technik der Nürnberger Klärwerke, *9. Bochumer Workshop*, Gesellschaft zur Förderung des Lehrstuhls für Siedlungswasserwirtschaft und Umwelttechnik, 117–198.

[3.3-22] Benz, K., in: *WAR Bd. 75:* Verein zur Förderung des Institutes für Wasserversorgung Abwasserbeseitigung und Raumplanung der TH Darmstadt, 1994.

[3.3-23] Farner, H., Meßtechnik in Kanälen und Regenbecken, Beitrag zum 1.Symposium "Erfahrungen mit Analysen- und Prozeßmeßgeräten in Abwasserreinigungsanlagen", Technische Akademie Esslingen, 2.–4. 12. 92.

[3.3-24] Marchewka, W., *Wasser-Abwasser-Abfall* **1992**, *8*, 71–16.

[3.3-25] Canalflo KDS/KDR, Firmenprospekt der Fa. Endress+Hauser, Maulburg, 9/93.

3.4 Messung der Sauerstoffkonzentrationen und Regelungen

Herbert Schroth

Landeshauptstadt Stuttgart Tiefbauamt,
Abt. Klärwerke, Stuttgart

Die Messung der Sauerstoffkonzentration ist in Abwasserreinigungsanlagen zur Steuerung und Überwachung der Sauerstoffzufuhr in Belebungsanlagen erforderlich. Vom Gesetzgeber [3.4-1] ist hierfür eine kontinuierliche Messung mit Registrierung vorgeschrieben.

3.4.1 Meßverfahren

Das Verfahren der automatischen Sauerstoffmessung in Abwasser erfolgt heute fast ausschließlich chemisch/physikalisch. Zwischen zwei unterschiedlich edlen Metallen (Anode und Kathode), die in einen Elektrolyten eingebettet sind, wird eine konstante Gleichspannung von 800–1000 mV angelegt. Das Elektrolyt stellt die leitende Verbindung zwischen Anode und Kathode her. Je mehr Sauerstoffmoleküle auf die Kathode auftreffen, desto größer wird der Strom zwischen Anode und Kathode. Diese Größe ist dem vorhandenem Sauerstoffpartialdruck proportional. Über die Erfassung des Sauerstoffpartialdruckes im Verhältnis zum Sättigungsdruck wird temperaturabhängig die Sauerstoffkonzentration ermittelt. Da in der Praxis nur dieser aktuelle Wert interessiert, ist die Umrechnungsformel in den Meßwertumformern einprogrammiert, so daß die aktuelle Sauerstoffkonzentration in mg/L angezeigt wird.

3.4.2 Sondenarten

Man unterscheidet zwei Sondenarten, die offene (Abb. 3.4-1) und die membranbedeckte Bauart (Abb. 3.4-2).

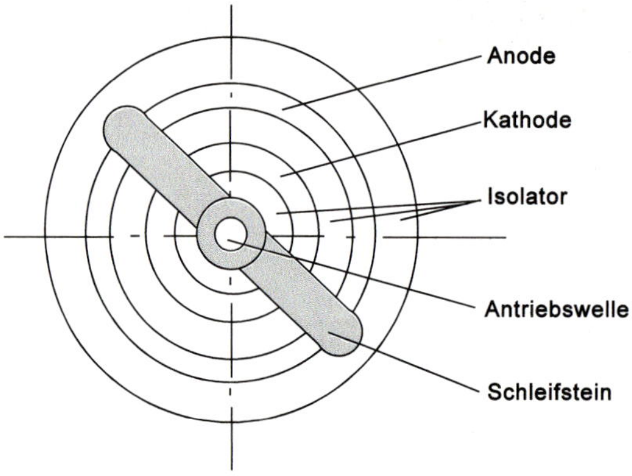

Abb. 3.4-1: Offene Sonde (Schema)

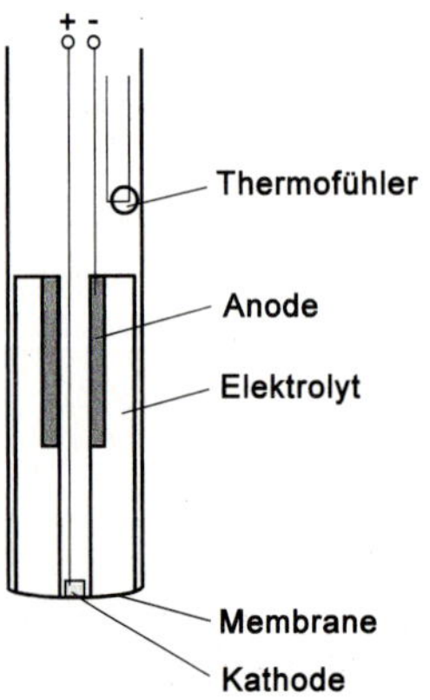

Abb. 3.4-2: Membranbedeckte Sonde (Schema)

Offene Sondenbauart

Bei dieser Sondenbauform [3.4-2] sind die beiden Elektroden dem Abwasser direkt ausgesetzt (Abb. 3.4-3). Die Elektroden befinden sich innerhalb einer Kammer, um sie vor direktem Kontakt mit Sauerstoffblasen und gröberem suspendiertem Material zu schützen. Die Kammer wird in vertikaler Richtung bewegt. Sie wirkt so gleichzeitig als Pumpe, die das Abwasser kontinuierlich ansaugt und verdrängt. Da in diesem Fall die Elektroden direkt dem Abwasser als Elektrolyt ausgesetzt sind und daher verschmutzen, müssen sie kontinuierlich gereinigt werden. Die Reinigung erfolgt durch einen motorbetriebenen Schleifstein, der kontinuierlich die Elektroden hauchdünn abschleift und diese dabei reinigt. Durch den Pumpeffekt der Kammer wird gleichzeitig die benötigte Anströmgeschwindigkeit erzielt.

Membranbedeckte Sonden

Bei dieser Sondenbauform [3.4-3] werden die in einem Elektrolyt eingebetteten Elektroden von einer Kunststoffmembran spezifischer Qualität überzogen (Abb. 3.4-4).

Abb. 3.4-3: Offene Sonde

Abb. 3.4-4: Membranbedeckte Sonde

Diese Membran muß eine gute Durchlässigkeit für Sauerstoff besitzen, aber undurchlässig für Wassermoleküle und andere Ionen sein, die an der Kathode reduziert werden könnten. Wenn nun die Membran mit einem Medium in Kontakt kommt, welches Sauerstoff enthält, diffundieren Sauerstoffmoleküle hindurch, die im Elektrolyten gelöst werden, was eine Spannungsänderung bewirkt.

Eine genaue Messung kann nur dann erfolgen, wenn die Sonde einer bestimmten Anströmung vom Medium ausgesetzt ist. Diese Anströmgeschwindigkeit ist je nach Sondentyp unterschiedlich und liegt zwischen 0,5 cm/s und 35 cm/s.

Bei einer Regelung muß darauf geachtet werden, daß die einzelnen Sondentypen ein unterschiedliches Ansprechverhalten haben. Die Regelung muß auf dieses Ansprechverhalten ausgelegt werden.

3.4.3 Meßstellen

Sauerstoffsonden werden vorwiegend in den Belebungsbecken montiert.

In Kläranlagen ist es sinnvoll, jedes einzelne Becken für sich zu messen, da dadurch die Zufuhr von Sauerstoff optimiert werden kann. In kleineren Anlagen wird man aus Kostengründen nur den Ablauf der Gesamtanlage messen, allerdings verliert man hierdurch Informationen über die Sauerstoffkonzentrationen in den einzelnen Becken, was zu einem erhöhten Energiebedarf führen kann.

Der günstigste Einbauort für eine Messung kann erst durch eine Mehrfachmessung bei unterschiedlichen Zuflüssen in Abhängigkeit der Beckenlänge oder Beckengröße erfolgen. Abbildung 3.4-5 zeigt den Verlauf der Sauerstoffkonzentration in einem längsdurchströmten Becken mit feinblasiger Belüftung. Anhand dieser Verlaufskurve kann man den vorläufigen Meßort festlegen, welcher in weiteren Betriebsversuchen optimiert werden muß. In der gemessenen Anlage liegt dieser in der Mitte zwischen Anfang der N-Zone und Auslauf. Dieser Meßort wurde nach mehrwöchigen Versuchen ermittelt. Er brachte die besten Voraussetzungen für die nachgeschaltete Regelung.

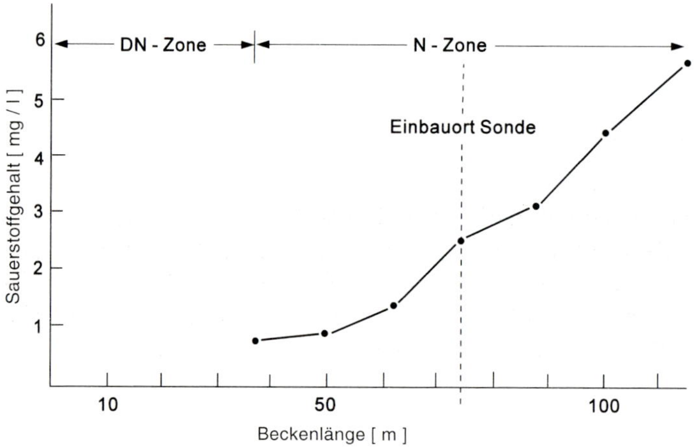

Abb. 3.4-5: Sauerstoffgehaltsverteilung im Längsbecken

Die Installation der Sonde kann über verschiedene Sondenhalterungen erfolgen, die robust und wartungsfreundlich sein müssen. Hier hat das Betriebspersonal schon oft in Eigenkonstruktionen vorbildliche und einfache Halterungen entwickelt. Die Sonde sollte ca. 0,5–1 m Abstand zur Beckenwand haben, so daß man sie noch gut erreichen kann. Eine Eintauchtiefe von 0,5–1 m ist ausreichend. Auf die Einhaltung der notwendigen Anströmgeschwindigkeit ist zu achten. Der zugehörige Meßumformer sollte in unmittelbarer Nähe in einem witterungsgeschütztem Gehäuse untergebracht sein (Abb. 3.4-6). Durch die unmittelbare Nähe zum Einbauort kann die Sonde besser kontrolliert werden, elektrische Leistungsverluste werden gemindert. Für die Handhabung der Sonde ist es günstig, das Kabel zwischen Sonde und Meß-

Abb. 3.4-6: Einbauort einer Sauerstoffsonde

verstärker großzügig zu wählen. Die einzelnen Steckverbindungen müssen vor Feuchtigkeit geschützt werden, da es sonst zu Fehlmessungen infolge von Kondensatbildung kommt. Die Anzahl der Steckverbindungen sollte auf ein Minimum reduziert werden.

3.4.4 Wartung und Pflege

Wie bei jedem Meßgerät hängt die Funktion und Zuverlässigkeit von Wartung und Pflege ab. Die Sauerstoffsonden sind im Vergleich zu anderen Meßgeräten jedoch relativ pflegeleicht. Durch eine Vergleichsmessung mit einem Handmeßgerät kann der Zustand der Sonde einfach überprüft werden. Werden Abweichungen festgestellt, muß eine Überprüfung der Sonde erfolgen. In den meisten Fällen genügt eine einfache Reinigung.

Reinigung
Zum Reinigen genügt es oft, daß man mit Wasser und einer weichen Bürste die Membrane vorsichtig säubert (Abb. 3.4-7). Optisch überprüft man den Zustand der Sonde auf Beschädigungen. Stellt man keine fest, setzt man die Sonde wieder ein und kontrolliert diese mit dem Handmeßgerät. Werden immer noch keine brauchbaren Meßwerte angezeigt, müssen die Elektroden gereinigt werden. Je nach Sondentyp ist die Reinigung etwas anders. Als Beispiel wird der Arbeitsgang für die membranbedeckte Sonde erläutert [3.4-3]:

Der Membrankopf wird abgeschraubt, die Silberelektrode in ein Becherglas mit Silberreinigungslösung eingetaucht, wobei die Goldelektrode mit dieser Lösung nicht in Berührung kommen darf. Nach dem Einwirken (ca. 2 Stunden) wird die Elektrode mit entionisiertem Wasser klar gespült. Anschließend bürstet man die Goldelektrode mit einem Glasfaserstift ab und baut die Sonde wieder zusammen. Als Abschluß

Abb. 3.4-7: Reinigen der Membran

überprüft man die Menge Elektrolyt und füllt eventuell nach. Vor dem Wiedereinsatz muß die Sonde geeicht werden. Die sich selbst reinigende offene Sonde sollte wöchentlich angesehen und auf Beschädigungen und Funktion des Schleifsteins überprüft werden.

Kalibrierung

Sämtliche mit einem Elektrolyt gefüllten Sonden haben eine gewisse Standzeit, die vom Drift des einzelnen Sondentyps abhängt. Mit diesem Driftwert kann die theoretische Standzeit der Sonde errechnet werden. Spätestens nach dieser Zeit muß die Sonde neu geeicht werden. Die Eichung erfolgt bei Sonden mit dem Dreielektrodensystem als Einpunkteichung. Je nach Typ kann die Eichung des Endpunktes entweder in Luft oder in luftgesättigtem Wasser erfolgen. Die Lufteichung ist wesentlich einfacher und wird daher auch öfter vorgenommen (Abb. 3.4-8). Bei der Eichung in

Abb. 3.4-8: Eichung der Sonde in Luft

Luft wird die Sonde ins Freie gelegt und der Eichvorgang am Schalter des Meßgerätes eingeleitet. Für die Eichung in luftgesättigtem Wasser wird ein Gefäß mit Druckluft bis zur Sättigung angereichert und die Sonde darin eingetaucht. Nach dem Eichen muß die Polerisationszeit von 30–60 Minuten abgewartet werden. Danach sollte die geeichte Sonde mit dem Handmeßgerät auf korrekte Funktion überprüft werden. Die Eichung muß mindestens alle 2 Wochen erfolgen (je nach Driftwert und Einbauort).

3.4.5 Regelung mit Sauerstoffsonden

Zur Energieeinsparung und zum Betrieb einer Nitrifikations-/Denitrifikationsstufe ist eine sauerstoffabhängige Regelung jedes einzelnen Belebungsbeckens notwendig. Ein optimaler Betrieb ist abhängig von einer korrekten Anpassung der einzelnen Regelstrecken, bestehend aus Sauerstoffsonde, Druckmessung, Luftmengensteuerung und Gebläse.

Ein Beispiel für eine Regelung ist in Abb. 3.4-9 gezeigt. Die Regelung besteht aus zwei Regelkreisen. Der erste Regelkreis hält den vorgegebenen Druck über eine

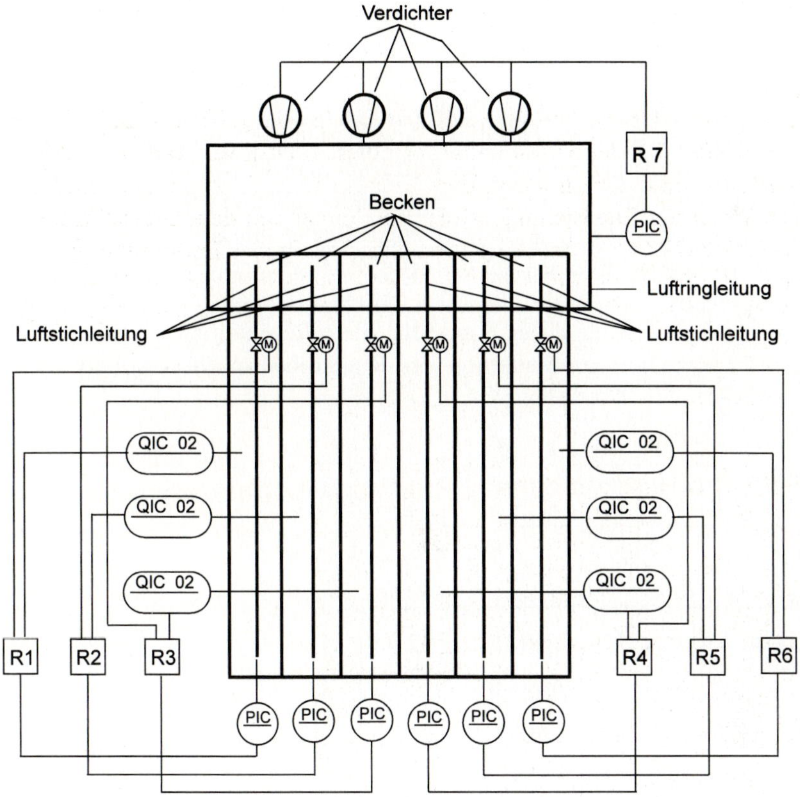

Abb. 3.4-9: Regelung einer Belebungsanlage

Abb. 3.4-10: Druckmessung in der Stichleitung

Drucksonde in einer Ringleitung, aus der die einzelnen Belebungsbecken über Stichleitungen mit Sauerstoff versorgt werden. Die benötigte Luft wird in Turbogebläsen verdichtet. Die Anpassung der Luftmenge erfolgt über die Verstellung des Diffusors oder über das Zu- und Abschalten einzelner Gebläse.

Der zweite Regelkreis steuert die Sauerstoffkonzentration in den einzelnen Becken. Dem Regler wird ein Sollwert für den Luftdruck in der Stichleitung vorgegeben sowie ein Sollwert für die Sauerstoffkonzentration. Ändert sich die Sauerstoffkonzentration, so verändert der Regler den Sollwert des Luftdruckes in der Stichleitung, welcher am Ende der Stichleitung (Abb. 3.4-10) mit Druckmeßdosen erfaßt wird. Bei einer Differenz zwischen Soll- und Istwert wird über einen Regler ein Ringkolbenschieber schrittweise geöffnet bzw. geschlossen, bis der neue Drucksollwert erreicht ist. Die anfängliche Steuerung der Luftzufuhr über den Sauerstoffgehalt ergab sehr starke Schwankungen, da das Meßsignal der Sonde für diese Regelung zu träge war. Die Festlegung der Regelgrößen zur Steuerung des Ringkolbenschiebers konnte nach

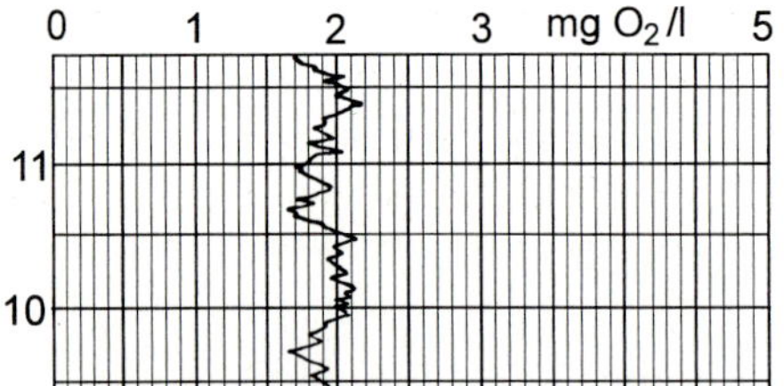

Abb. 3.4-11: Sauerstoffgangkurve bei automatischer Regelung

mehrwöchigen Anpassungsarbeiten ermittelt werden (Abb. 3.4-11). Die zeitraubende Arbeit ergab sich durch die komplizierte Anpassung der einzelnen Geräte.

In Abb. 3.4-12 ist die Stromaufnahme der Gebläse in Abhängigkeit der Sauerstoffkonzentration aufgetragen. Daraus ersieht man, daß die Anpassung der elektrischen Leistung sehr träge erfolgt. Berücksichtigen muß man bei diesem Diagramm, daß die Sauerstoffkonzentration nur bei einem von sechs Becken aufgezeichnet wurde.

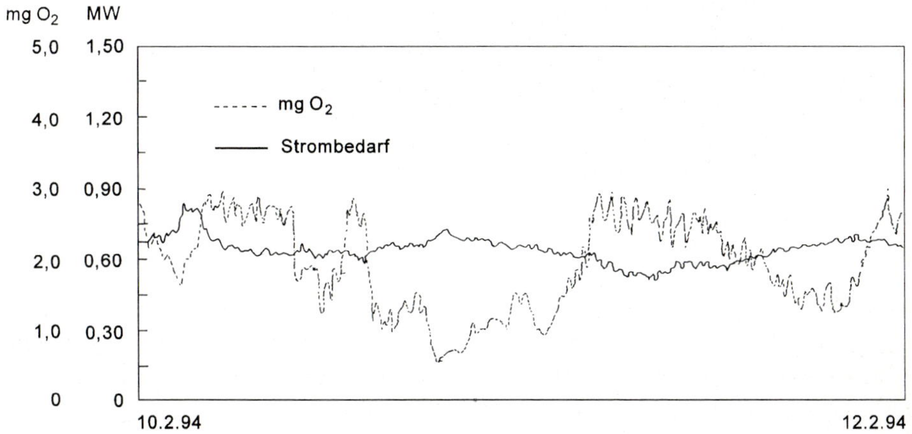

Abb. 3.4-12: Stromaufnahme bei Sauerstoffregelung

3.4.6 Zusammenfassung

Die Messung der Sauerstoffkonzentration im Abwasser ist mit den heute angebotenen Meßsonden unter Beachtung der Wartung und Pflege problemlos. Unter den vielen Anbietern kann das Betriebspersonal die Sonde aussuchen, die ihren Wünschen entspricht. Vorteilhaft ist der Kauf einer Sonde eines Herstellers mit gutem Service. Bei der Regelung mit den Sonden ist es unbedingt erforderlich, die einzelnen Charakteristiken der Regelkomponenten aufeinander abzustimmen. Wichtig ist es bei der Regelung, die Grundlast der Sauerstoffeintragung so zu wählen, daß dabei keine zu hohen Sauerstoffkonzentrationen in den Becken vorkommen können, sonst ist die Regelung nur bei hoher Belastung in Funktion.

Literatur

[3.4-1] Verordnung des Umweltministeriums über die Eigenkontrolle von Abwasseranlagen (Eigenkontroll VO), Gesetzblatt für Baden-Württemberg Nr. 16 vom 28.8.89.

[3.4-2] Prospektmaterial der Fa. Züllig, Rheinfelden, Schweiz.

[3.4-3] Schuler, P., *OXI Fibel*, Wissenschaftlich-Technische Werkstätten GmbH, Weilheim, 1987.

3.5 Redox-Messung zur Überwachung und Steuerung

Jürgen Weber und Stefan Welcz

Abwasserzweckverband Heidelberg

Aufgrund veschärfter Vorschriften sind die Kläranlagenbetreiber gezwungen, neben den organischen Abwasserinhaltsstoffen nunmehr auch die Nährstoffe Stickstoff und Phosphor aus dem Abwasser zu entfernen. Während die Phosphorelimination noch größtenteils chemisch erfolgt, sind zur gezielten Nitrifikation und Denitrifikation oftmals erhebliche und kostenintensive Klärnanlagenerweiterungen erforderlich. In der Kläranlage des Abwasserzweckverbandes Heidelberg wurde die den gesetzlichen Anforderungen entsprechende Stickstoffelimination durch den Einbau von anoxischen Zonen in die Vorklärbecken erreicht [3.5-1]. In diesen anoxischen Zonen ist neben der Denitrifikation auch eine simultane biologische P-Elimination eingetreten. Im Rahmen eines BMFT Forschungsvorhabens wurde zusammen mit der Fa. ProMinent, Heidelberg, diese biologische P-Elimination untersucht und über die Messung des Redoxpotentials eine Steuerungsmöglichkeit für den Zusatz organischer Säuren gefunden, durch die der Prozeß stabilisiert werden konnte.

Ein Fließschema des ursprünglichen Zustandes der Anlage zeigt Abb. 3.5-1; Abb. 3.5-2 zeigt die Situation nach dem Einbau der anoxischen Zonen durch Einsetzen von Betonfertigteilelementen in die Vorklärbecken. Hierdurch entstand eine verkürzte Vorklärung und eine Denitrifikationszone. Mit zwei Rührwerken pro Becken werden die erforderlichen Turbulenzen erzeugt, um das Absetzen des Belebtschlammes zu verhindern [3.5-2]. Die Rückführung des nitrifizierten Abwassers erfolgt über den Rücklaufschlamm. Nach der in Abb. 3.5-2 dargestellten Verfahrensumstellung wurde festgestellt, daß in den anoxischen Zonen neben der Denitrifikation auch eine simultane biologische P-Elimination erfolgt. Während die Denitrifikation prozeßstabil ablief und die Mindestanforderungen gemäß Rahmen-Abwasser Verwaltungsvorschrift, Anhang 1, von 18 mg/L Gesamtstickstoff (anorganisch) eingehalten werden konnte, war die biologische P-Elimination z. T. sehr starken Schwankungen unterworfen, die hauptsächlich auf das ungünstige Nährstoffverhältnis an Wochenenden und Feiertagen zurückzuführen waren. Diese Belastungsschwankungen haben teilweise Phosphorrücklösungen verursacht, so daß die P-Ablaufwerte teilweise höher als die Zulaufwerte waren [3.5-3]. Über die Messung des Redoxpotentiales wurde eine Steuerungsmöglichkeit gefunden, wie diese Belastungsswankungen durch die Zugabe externer C-Quellen ausgeglichen werden können, wodurch für die biologische P-Elimination ein prozeßstabiler Betrieb ermöglicht wurde.

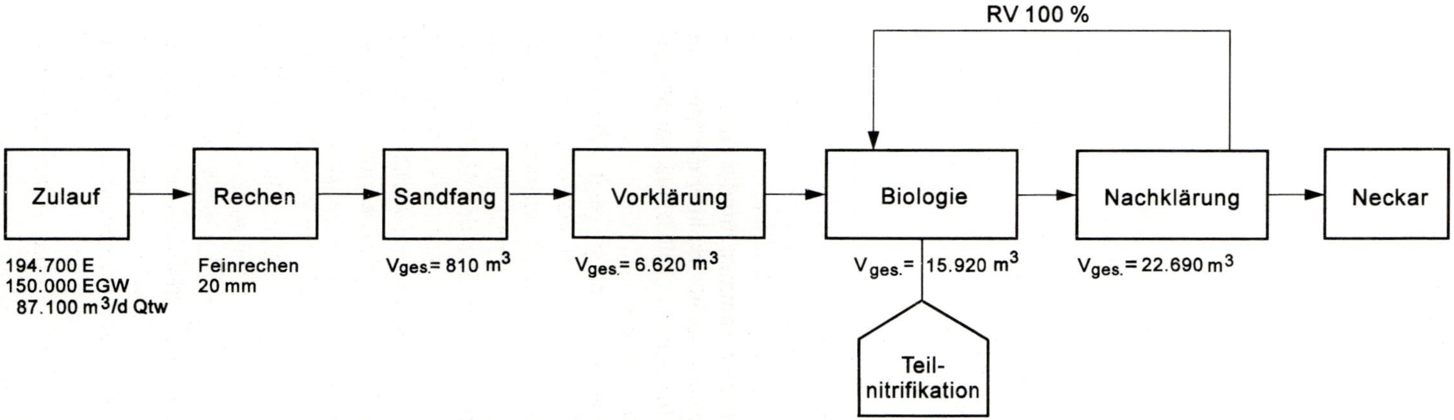

Abb. 3.5-1: Fließschema der Kläranlage des AZV Heidelberg vor der Verfahrensumrüstung

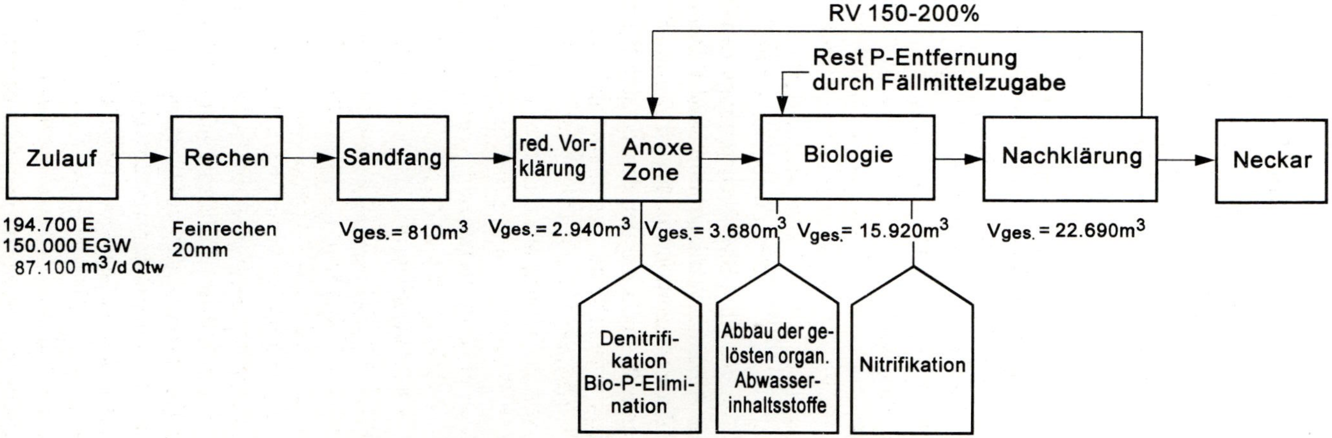

Abb. 3.5-2: Fließschema der Kläranlage des AZV Heidelberg nach der Verfahrensumrüstung

3.5.1 Prinzip der Redox-Messung

Der Begriff „Redox“ steht für nebeneinander vorliegende Reduktions- und Oxidationsvorgänge in wässrigen Lösungen. Während im Normalfall bei einer Oxidation Elektronen entzogen werden und ein Oxidationsmittel als Elektronenacceptor fungiert, werden bei einer Reduktion Elektronen aufgenommen, wobei ein Reduktionsmittel als Elektronendonator wirkt. Weil aber Elektronen praktisch nie frei auftreten, laufen Reduktions- und Oxidationsreaktionen nur gekoppelt ab, indem eine Reaktion genausoviel Elektronen liefert, wie die andere verbraucht. Analog zur pH-Messung, bei der Angaben wie „sauer, neutral oder alkalisch“ durch genaue Zahlenwerte ersetzt werden, können die Aussagen „oxidierend oder reduzierend“ durch den Wert der Redoxspannung ersetzt werden. Gemessen wird die Redoxspannung mit Edelmetallelektroden, in der Regel mit Platinelektroden. Die Redoxspannung ist vom Medium, in dem gemessen wird, abhängig. Oxidationsmittelhaltige Flüssigkeiten (z. B. Kaliumpermanganat) ergeben positive, reduktionsmittelhaltige Flüssigkeiten (z. B. Natriumsulfit) ergeben negative Redoxspannungen. Die Höhe der Redoxspannung liefert demnach eine Aussage darüber, wie stark eine Lösung oxidierend bzw. reduzierend wirkt [3.5-4].

3.5.2 Erfahrungen mit dem Einsatz der Redoxelektrode

Beim Abwasserzweckverband Heidelberg wurde eine Redoxsonde der Fa. Ingold Typ RH-Ex-Pt-Se mit einem speziell von der Fa. ProMinent entwickelten Meßwertumfor-

Abb. 3.5-3: Redoxsonde mit Meßwertumformer

mer eingesetzt. Der Meßumformer wandelt das Ausgangssignal der Redoxpotentialsonde (−500 bis +500 mV) in ein Stromsignal (0/4–20 mA) um, das als Steuersignal für eine Nährstoffdosierpumpe dient. Der Sensor wurde am Ende der vorgeschalteten anoxischen Zone an einer unbelüfteten, turbulenten Stelle installiert. Der Anschluß erfolgte über den aufgesetzten Meßwertumformer, der mit Kabelbinder am Schaft einer Eintaucharmatur fixiert und vor Witterungseinflüssen mit einer Haube geschützt wurde. Abbildung 3.5-3 zeigt die Redoxpotentialsonde mit Meßwertumformer. Der Einsatzort der Meßsonde hat sich bewährt. Der Wartungsaufwand konnte vom Kläranlagenpersonal mit den üblichen Routinearbeiten erledigt werden. Außer der täglichen Meßwertkontrolle wurde die Sonde regelmäßig, d.h. alle 2 Wochen, einer Sichtprüfung unterzogen, gereinigt und mittels Redoxpufferlösungen überprüft. Der Zeitaufwand für einen Reinigungs-und Kalibriervorgang beträgt ca. 30–45 Minuten.

3.5.3 Ergebnisse

Wie bekannt, schafft die biologische P-Freisetzung in der anoxischen Zone die Grundvoraussetzung für eine erhöhte P-Aufnahme in der Belebung, d.h. je intensiver die P-Rücklösung in der anoxischen Zone, desto intensiver die P-Aufnahme im oxischen Bereich. Die Messungen im Rahmen des eingangs erwähnten BMFT Forschungsvorhabens haben gezeigt, daß dieser Prozeß nicht konstant verläuft und insbesondere an und nach Wochenenden Einbrüche bei der biologischen P-Elimination zu verzeichnen sind, die mit den konventionellen Steuerungs- und Regeltechniken nicht in den Griff zu bekommen sind. Auf der Suche nach einem geeigneten Parameter, der die sich verschlechternde biologische P-Elimination rechtzeitig anzeigt und der für ein Steuer- oder Regelkonzept geeignet ist, wurde bei der Auswertung der Daten festgestellt, daß das Signal der Redoxpotentialsonde in der anoxischen Zone an den Wochenenden und Feiertagen regelmäßig um bis zu 150 mV gegenüber den Werktagen höher lag. Da die Redoxspannung definitionsgemäß den logarithmischen Zusammenhang der Verhältnisse der Konzentration oxidierender zu reduzierender Zustände darstellt, wurde mit Hilfe der täglichen Betriebsdaten eine Sauerstoffbilanz für die anoxische Zone über einen Zeitraum von vier Monaten erstellt. Abbildung 3.5-4 zeigt den Vergleich der Redoxspannung mit dem natürlichen Logarithmus der Konstante K unter Berücksichtigung der Abwassermenge und der Abwassertemperatur. Es wird deutlich, daß beide Kurven eine gute Parallelität aufweisen. Gegenläufige Tendenzen sind auf niederschlagbedingte Sauerstoffeinträge durch den Kläranlagenzulauf zurückzuführen. Die regelmäßige Nährstoffmangelsituation an den Wochenenden und Feiertagen in Verbindung mit dem erhöhten Nitrateintrag über den Rücklaufschlamm ist klar zu erkennen. Darauf aufbauend wurde eine Steuerung über die Redoxspannung entwickelt und in der Kläranlage umgesetzt.

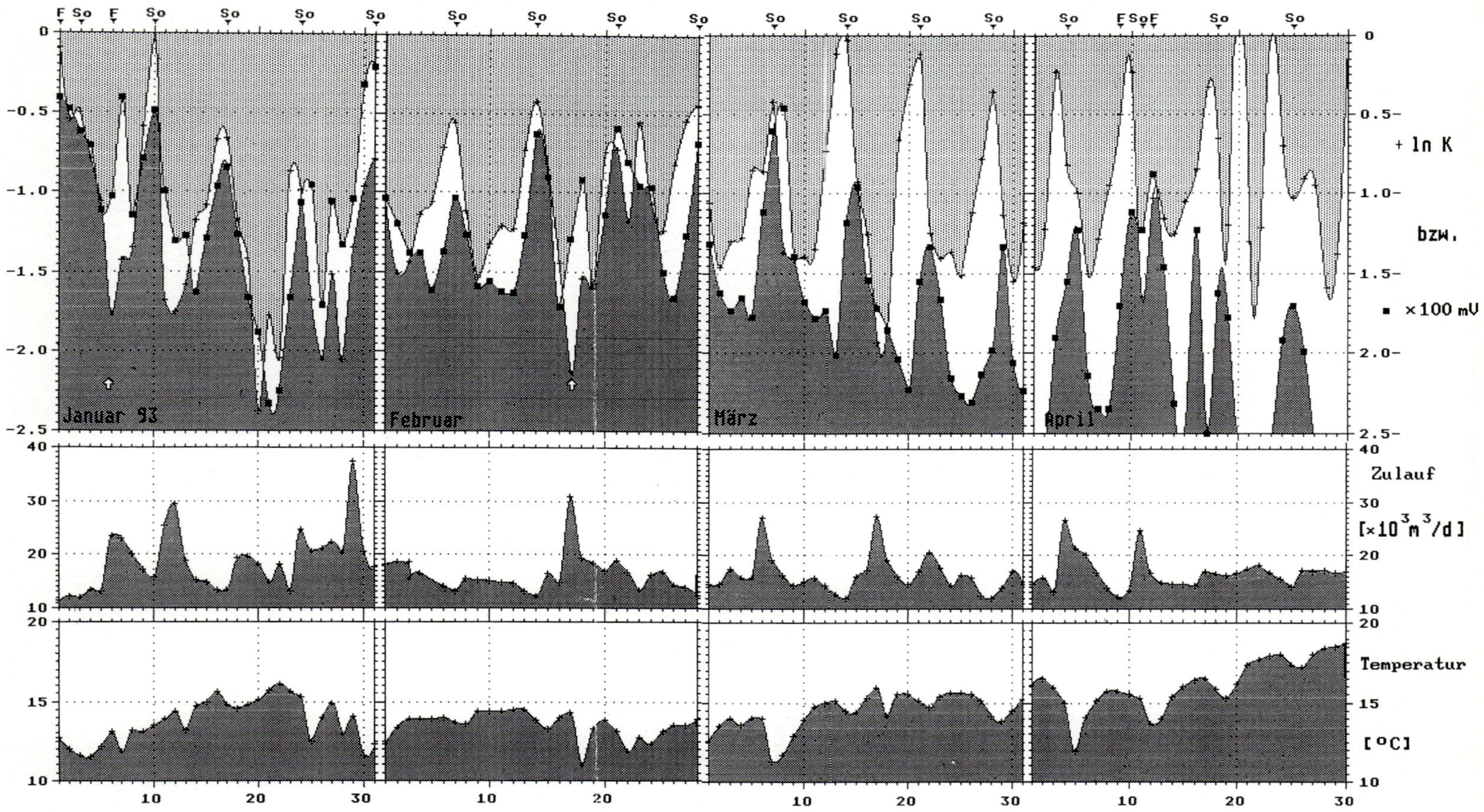
Januar 93
Februar
März
April
+ ln K
bzw.
■ ×100 mV
Zulauf
[×10³ m³/d]
Temperatur
[°C]
F
So

Abb. 3.5-4

3.5.4 Implementation in eine Steuerung und deren Ergebnisse

Die Messung der Redoxspannung liefert über die Korrelation mit der Konstante K eine Aussage über den Nitratgehalt und somit auch über die Denitrifikationsleistung der anoxischen Zone. Da die biologische P-Rücklösung mit zunehmendem Nitratgehalt zurück geht, ist über die Denitrifikationsleistung, d.h. über den Nitratgehalt in Verbindung mit der Redoxspannung indirekt auch die biologische P-Elimination steuerbar. Beim Abwasserzweckverband Heidelberg konnte durch Zusatz von Essigsäure an Wochenenden und Feiertagen die Denitrifikationsleistung und somit auch die biologische P-Elimination so gesteigert werden, daß die vom Gesetzgeber geforderten Grenzwerte für Phosphor und Stickstoff prozeßstabil eingehalten werden. Die Essigsäurezugabe wurde über die Redoxspannung gesteuert. Abbildung 3.5-5 zeigt die Wirkungsweise dieser redoxabhängigen Steuerung. Als Referenzstraße wurde eine Beckenstraße ohne diese Steuerung und damit ohne Zugabe von Essigsäure betrieben. Es wird deutlich, daß die ungesteuerte Beckenstraße eine höhere Redoxspannung aufweist, was einen höheren Nitratgehalt bedeutet und zu höheren P-Ablaufwerten geführt hat. Die redoxgesteuerte Zugabe der Essigsäure hat die Denitrifikationsleistung gesteigert und gleichzeitig bei der biologischen P-Elimination einen stabilen Ablaufwert von <1 mg/L bewirkt. Sowohl die Beckenstraße 3 als auch die Beckenstraße 4 wurde während dieser Betriebsweise nur mit einer Grundlast an Eisen-III-chlorid-sulfat von ca. 0,3 Mol betrieben. Den Aufbau der Steuerung zeigt Abb. 3.5-6. Neben der eigentlichen Steuerung der Nährstoffzugabe über die Redoxspannung in der anoxischen Zone wurde zusätzlich über eine on line-Messung ständig der P-Ablaufwert kontrolliert und gegebenenfalls die Fällmitteldosierung angepaßt, um sicher zu gehen, daß ein P-Ablauf von <1 mg/L eingehalten wird. Ab einem festgelegten Schwellenwert der Redoxspannung wurde Essigsäure zugegeben.

◀ **Abb. 3.5-4:** Vergleich des Redoxpotentials mit der Sauerstoffbilanz K in der anoxischen/anaeroben Zone des Klärwerkes Nord, Heidelberg

$$K = \frac{\dfrac{\text{Zulauf} \times (NO_2-O + NO_3-O) + \text{Rücklauf} \times (NO_2-O + NO_3-O)}{\text{Zulauf} + \text{Rücklauf}}}{\dfrac{\text{Zulauf} \times BSB_{5\text{-Zulauf}}\ ^{*)}}{\text{Zulauf} + \text{Rücklauf}}}$$

$$= \frac{\text{Zulauf} \times (NO_2-O + NO_3-O) + \text{Rücklauf} \times (NO_2-O + NO_3-O) \left[\dfrac{g\,O_2}{d}\right]}{\text{Zulauf} \times BSB_{5\text{-Zulauf}}\ ^{*)} \left[\dfrac{g\,O_2}{d}\right]}$$

K wurde aus den Betriebsdaten des Klärwerks ermittelt.

*) Annahme: Rücklauf enthält keine niederen Fettsäuren

1 g NO_2-N = 1,7 g NO_2-O
1 g NO_3-N = 2,9 g NO_3-O

Mit steigendem Potential wurde die Dosierung erhöht, mit sinkendem entsprechend reduziert. Bei Unterschreitung des Schwellenwertes wurde die Zugabe unterbrochen bzw. gestoppt.

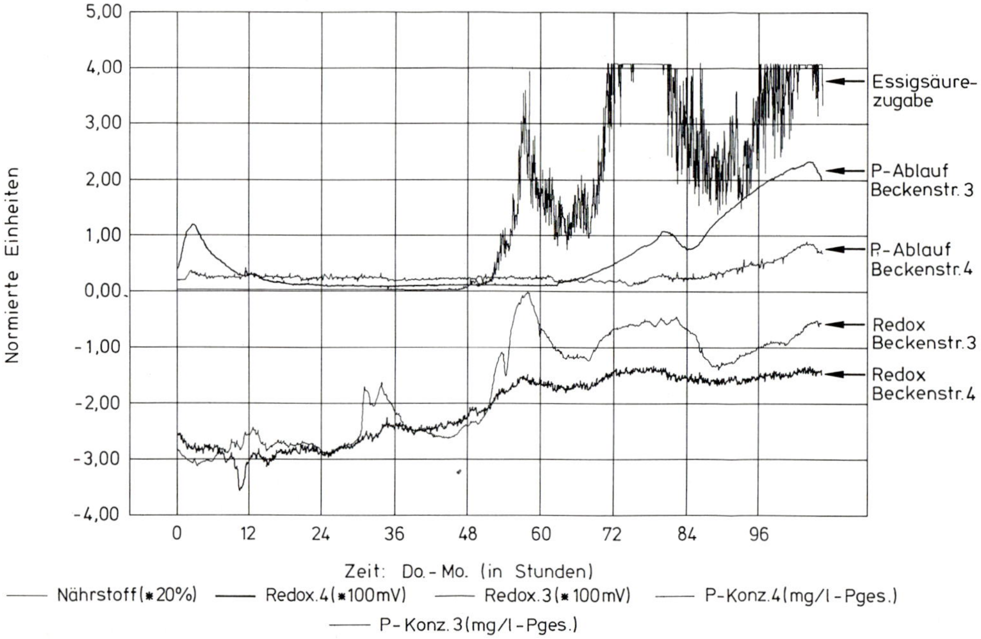

Abb. 3.5-5: Ergebnis der Nährstoffdosierung

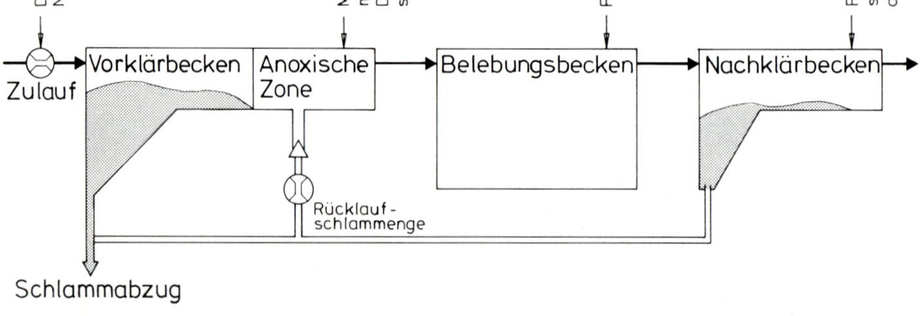

Abb. 3.5-6: Messung und Steuerung der Nährstoffelimination auf der Kläranlage des AZV Heidelberg

Literatur

[3.5-1] Weber, J., Welcz, S., Nitrifikation und Denitrifikation auf der Kläranlage des Abwasserzweckverbandes Heidelberg, Vortrag 6, Abwassertechnisches Seminar der SÜD-Chemie AG; Freising, Juni 1993.

[3.5-2] Weber, J., Ausbau einer Kläranlage auf Denitrifikation am Beispiel Heidelberg, Vortrag Weiterbildung Abwasser und Gewässerschutz des Umweltministeriums Baden-Württemberg, 22. und 23. Juni 1994.

[3.5-3] Weber, J., Phosphorelimination auf der Kläranlage des Abwasserzweckverbandes Heidelberg; Vortrag 7, Karlsruher Flockungstage, *Schriftenreihe ISWW Universität Karlsruhe* **1993**, *68*, 165–182.

[3.5-4] Bühler, H., Baumann, R.,: Redoxmessung, Grundlagen und Probleme, Fa. Ingold Messtechnik AG, 1982.

[3.5-5] Hou, R., Welcz, S., Lauer, L., *Abschlußbericht zum BMFT-Forschungsvorhaben 02 WA 9029/1*, Fa. ProMinent Dosiertechnik GmbH und Abwasserzweckverband, Heidelberg, 1994.

3.6 Einsatz von Prozeßphotometern

Markus Frost

Sigrist Photometer AG, Ennetbürgen

3.6.1 Grundlagen optischer Meßverfahren

Optische Methoden basieren auf der Veränderung von eingestrahltem Licht durch die zu untersuchende Probe. Eines der gängigsten Verfahren ist die Photometrie. Sie wurde von der Laboranalytik zur Prozeßanalytik weiterentwickelt. Im folgenden werden die Grundlagen der Photometrie [3.6-1, 3.6-2] sowie die Besonderheiten der kontinuierlichen Messung [3.6-3] etwas ausführlicher dargestellt.

Am häufigsten wird beim Einsatz von Photometern die Lichtabsorption gemessen. Dies geschieht über die Messung des Intensitätsverlusts eines Lichtstrahls beim Durchgang durch ein Medium. Das Ausmaß der Absorption ist im allgemeinen von der Wellenlänge des eingestrahlten Lichts abhängig: das gesamte Spektrum der Absorption ist charakteristisch für das betreffende Medium.

Der Lichtverlust ist photometrisch nicht direkt meßbar. Meßbar ist jedoch die Transmission T. Diese ist das Verhältnis der Intensität des aus der Probe austretenden Lichts zur Intensität des in die Probe eingestrahlten Lichts. Die Absorbanz A ist ist der negative dekadische Logarithmus der gemessenen Transmission T und ist das Maß für die Absorption:

$$A = -\log_{10} T$$

Bei Verwendung von monochromatischem Licht ist die Absorbanz proportional zur Konzentration c und zur Schichtdicke d der Probe:

$$A = \varepsilon \cdot c \cdot d$$

Die beiden Gleichungen stellen das bekannte Lambert-Beersche Gesetz dar. Der Proportionalitätsfaktor ε heißt Extinktionskoeffizient. Er ist im allgemeinen von der Wellenlänge abhängig, sein Spektrum ist charakteristisch für das betreffende Medium. Durch Messung der Transmission T bei einer festen Wellenlänge kann die Konzentration der Probe bestimmt werden.

Die in der Photometrie verwendeten Meßwellenlängen reichen vom Infraroten (IR) über das Sichtbare (VIS) bis zum Ultravioletten (UV). Wellenlängen im Infraroten sind für die Messung vieler Substanzen hervorragend geeignet. Da jedoch Wasser in diesem Bereich selber sehr stark absorbiert, ist die direkte photometrische Messung von Wasserinhaltsstoffen in der Regel nicht möglich. In Abb. 3.6-1 ist ein IR-Transmissionsspektrum von Luft, bei 20 m Schicht, dargestellt, die Realisierung so großer Probeschichtlängen wird in der Literatur beschrieben, z. B. [3.6-1]. Deutlich zu sehen ist hier eine starke Absorptionsbande zwischen 5000 und 8000 nm sowie eine weitere bei ca. 2600 nm. Beide Banden sind auf die Absorption des in der Luft befindlichen Wasserdampfes zurückzuführen.

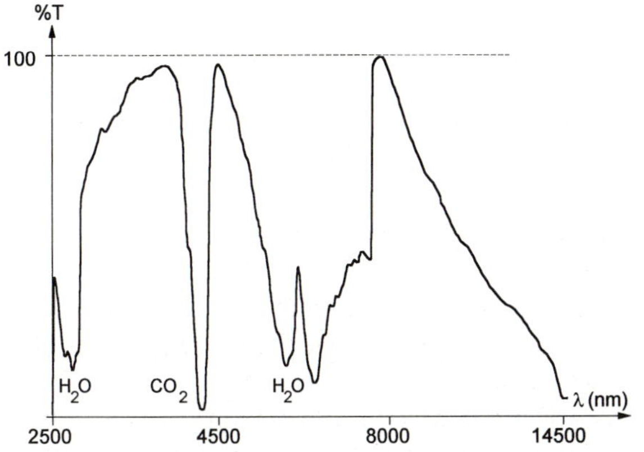

Abb. 3.6-1: IR-Transmissionsspektrum von Umgebungsluft [3.6-4]

Neben der Bestimmung gelöster Stoffe lassen sich auch ungelöste Stoffe messen. Da suspendierte Teilchen das Wasser trübe erscheinen lassen, wird hier von Trübungsmessung gesprochen. Diese läßt sich ebenfalls durch Messung der Absorption ermitteln. Eine wesentlich empfindlichere und daher weit verbreitete Methode ist die Messung des durch die Partikel verursachten Streulichts. Die umfassendste Beschreibung der Lichtstreuvorgänge erfolgt durch die äußerst komplexe „Mie-Theorie". Mit der fortschreitenden Entwicklung der Computertechnologie ist es möglich geworden, quantitative Aussagen über das Streulichtverhalten, entsprechend dieser Theorie zu machen. Ein Beispiel ist die Winkelabhängigkeit der Streulichtintensität, wie sie in Abb. 3.6-2 für kleine und große Partikel dargestellt ist [3.6-3]. Das Diagramm wurde für zwei polydisperse Suspensionen mit der gleichen Massenkonzentration (und nicht Partikelkonzentration) und den Teilchengrößen von 0.05 µm und 5 µm berechnet, genauer gesagt wurden zwei Korngrößen*verteilungen* verwendet, deren Maxima bei 0.05 µm und 5 µm liegen. Für die Wellenlänge wurde 550 nm verwendet.

Wie aus dem Diagramm ersichtlich, variiert die Winkelabhängigkeit der Streulichtintensität mit der Korngröße. Für sehr kleine Teilchen mit einem Durchmesser kleiner 0.1 µm ist diese nahezu gleichverteilt, wohingegen für größere Partikel (>1 µm) Vorwärtsstreuung dominant ist. In keinem Fall jedoch ist die Rückwärtsstreuung größer als die Vorwärtsstreuung. Daraus läßt sich der Schluß ziehen, daß in den vielen Fällen, wo Vorwärtsstreuung dominiert, die Empfindlichkeit über den Meßwinkel beeinflußt werden kann. Weiterhin ist die Streulichtintensität abhängig

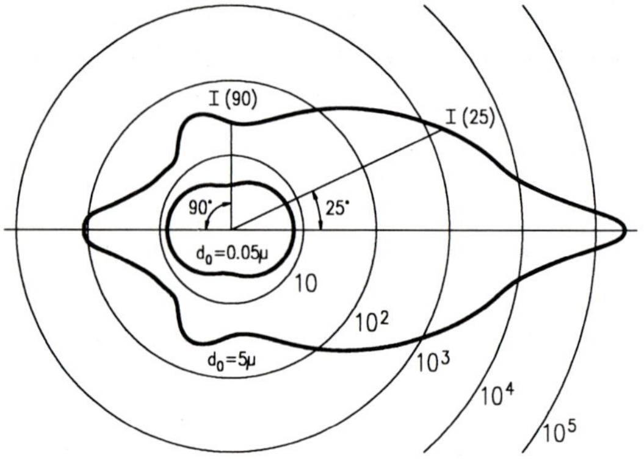

Abb. 3.6-2: Winkelabhängigkeit der Lichtstreuung, berechnet nach der Mie-Theorie

von der Wellenlänge des Meßlichts, von den Brechungsindizes der streuenden Partikel und vom umgebenden Medium, von den Korngrößen und den Formen der Partikel. Für ein vertieftes Studium sei auf die Literatur [3.6-5] verwiesen. Eine leicht verständliche Einführung findet man in [3.6-6].

Beim Streuvorgang wird das Licht vom streuenden Medium aufgenommen und mit im wesentlichen unveränderter Wellenlänge wieder abgegeben. Es gibt jedoch auch Stoffe, die eingestrahltes Licht mit veränderter (größerer) Wellenlänge wieder abgeben. Dieser Vorgang wird als Fluoreszenz bezeichnet. Er beruht darauf, daß in fluoreszierenden Molekülen der Übergang der Elektronen von einem angeregten Zustand in den Grundzustand unter Abgabe von Strahlung anstatt durch die üblichen Stöße stattfindet. Ein generelle Vorhersage, welche Substanzen fluoreszieren, läßt sich nicht machen. Es läßt sich jedoch feststellen, daß das betreffende Molekül leicht anregbare Elektronen besitzen muß, wie dies in ausgedehnten π-Elektronensystemen der Fall ist. Ein Beispiel ist das in Abb. 3.6-3 dargestellte Fluorescein, das von Geologen als Tracermaterial zur Untersuchung von Flußläufen verwendet wird. Wird Licht der Erregerwellenlänge 490 nm eingestrahlt, so resultiert Fluoreszenzlicht der Wellenlänge 515 nm.

Photometrische Methoden lassen sich grundsätzlich für kontinuierliche Messungen nutzen. Die entscheidende Anforderung hierfür ist die sofortige (oder nur unwe-

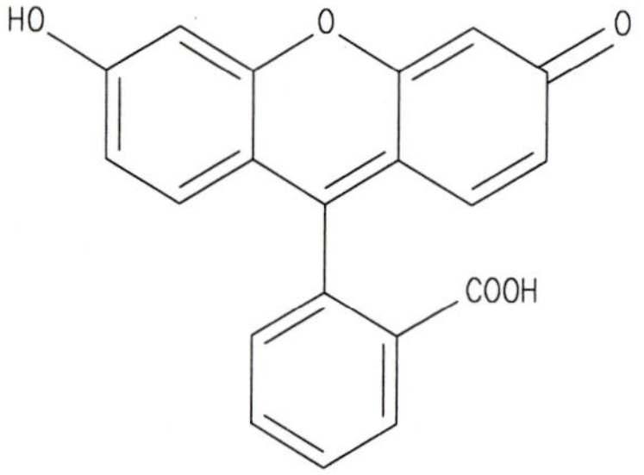

Abb. 3.6-3: Fluorescein

sentlich verzögerte) Verfügbarkeit der Meßresultate mit einem dem Ergebnis proportionalen Ausgangssignal. Die wesentlichen Abgrenzungen zur Laboranalytik (s. Abschn. 2.8) sind die folgenden: Im Labor lassen sich, durch die (theoretisch) beliebig verfügbare Zeit, aber auch durch die größere Anzahl der vorhandenen Methoden, viele oder alle Komponenten analysieren. Bei der kontinuierlichen Messung hingegen muß man sich in der Regel auf eine Komponente oder einen Parameter pro Gerät beschränken, hat dafür aber den Vorteil des permanent verfügbaren Meßwertes. Die beiden Methoden konkurrieren nicht, sondern ergänzen sich gegenseitig.

Wichtige Voraussetzungen für kontinuierliche Messungen sind die Langzeitstabilität sowie die Robustheit des Meßgerätes. Diese beiden Anforderungen lassen sich am besten durch den Einsatz einer Zweistrahloptik erfüllen. Diese sei anhand des Beispiels Streulichtmessung (Abb. 3.6-4) dargestellt. Das wesentliche Merkmal dieser Anordnung ist, daß eine Vergleichsmessung durchgeführt wird. Das Licht von ein und derselben Lampe wird in einen Meß- und einen Vergleichsstrahl geteilt. Beide Strahlen treffen auf denselben Detektor. Dieser ist im gezeigten Beispiel so angeordnet, daß das zum Meßstrahl senkrecht aus der Probe austretende Streulicht erfaßt wird. Da das Streulicht um mehrere Größenordnungen weniger intensiv ist als das eingestrahlte, wird das direkt von der Lampe kommende Licht im Referenz-Zweig so abgeschwächt, daß es dieselbe Größenordnung wie das Streulicht aufweist. Die das Streulicht verursachenden suspendierten Teilchen absorbieren bei nicht allzu hoher Trübung praktisch kein Referenzlicht. Die Intensität des Streulichts verändert sich in Abhängigkeit von den Eigenschaften der suspendierten Teilchen. Die Intensität des Referenzlichtes ist relativ zum eingestrahlten Meßlicht immer gleich, so daß durch Quotientenbildung aus den Intensitäten des Streuliches und des Referenzlichts der Meßwert richtig dargestellt wird. Nimmt nun die Intensität der Lampe oder die Empfindlichkeit des Detektors durch Alterung ab, ist dieser Effekt in beiden Strahlengängen gleich groß, so daß sich am Quotienten, d.h. dem Meßwert, hierdurch nichts

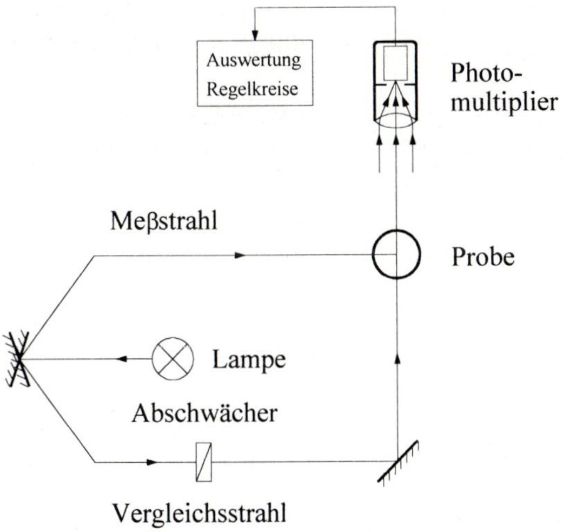

Abb. 3.6-4: Optisches Schema der 90°-Streulichtmessung, Zweistrahlanordnung [3.6-3]

ändert. Das Zweistrahlverfahren verhindert die ansonsten aus der Alterung der Lichtquelle und aller anderer im gemeinsamen Lichtstrahl auftretenden Veränderungen resultierende Drift. Damit ist die Forderung nach der Langzeitstabilität der Messung erfüllt.

3.6.2 Anwendungen: Absorption – Trübung – Fluoreszenz

Absorption

Photometrische Methoden zur Messung der Lichtabsorption werden im Labor schon seit langer Zeit verwendet. Man unterscheidet hierbei zwischen Kolorimetrie, der eigentlichen Photometrie und der Spektralphotometrie.

Bei der *Spektralphotometrie* wird die Absorption einer Probe bei jeder Wellenlänge im interessierenden Bereich gemessen. Unter Zuhilfenahme der Absorptionsspektren läßt sich die für die gewünschte Messung jeweils günstigste Meßwellenlänge festlegen. Eine Behandlung der Spektralphotometrie würde den Rahmen des vorliegenden Abschnitts sprengen. Es steht jedoch vielfältige Literatur zur Verfügung [3.6-1, 3.6-2].

Die einfachste Bestimmung der Farbintensität ist der visuelle Vergleich zwischen der zu bestimmenden Probe und eigens hierfür hergestellten Farbvergleichslösungen. Ein Beispiel hierfür ist die APHA- oder HAZEN-Skala für gelbe Flüssigkeiten [3.6-7]. Die Standardlösung wird auf viele Stufen verdünnt, mit denen die zu überprüfende Probe visuell verglichen wird. Ein visueller Vergleich kann sehr subjektiv ausfallen. Daher ist eine instrumentelle Farbmessung wünschenswert. Die einfachste Methode ist die *Kolorimetrie*. Hierbei wird die Probe in eine Küvette definierter Schichtlänge gefüllt und mit Meßlicht einer geeigneten Farbe durchstrahlt. Der Intensitätsverlust austretenden Lichts gegenüber dem eintretenden ist ein Maß für die Farbintensität.

Streng genommen ist nach der HAZEN-Norm das visuelle Empfinden und nicht das spektrale Verhalten ausschlaggebend. Trotz dieser Restriktion durch das normgebende Institut finden Photometer zur Messung der „HAZEN"-Zahl eine weite Verbreitung. Es gibt zwei wesentliche Gründe hierfür: Zum einen können Photometer über die Küvettenschicht so empfindlich gemacht werden, daß sie die Farbe detektieren können, bevor sie für das menschliche Auge sichtbar wird, zum anderen wird eine Automatisierung erst durch instrumentelle Messung möglich. Auch die Konzentrationen farbloser Proben sind kolorimetrisch bedingt meßbar. Voraussetzung hierfür ist allerdings, daß die farblose Probe in eine farbige Probe umgewandelt werden kann. Dies geschieht üblicherweise über chemische Reaktionen. Nitrat, beispielsweise, läßt sich, nach Reduktion zu Nitrit, mit verschiedenen aromatischen Aminen in rote Azofarbstoffe überführen. Diese Reaktionen sind für das Nitrat bzw. Nitrit spezifisch (s. a. Abschn. 2.8). Eine Fülle spezifischer Farbreaktionen findet sich in der Literatur [3.6-8].

Während sich die Kolorimetrie auf gefärbte Lösungen beschränkt, ermöglicht die *Photometrie* die Festlegung von Meßwellenlängen auch außerhalb des sichtbaren Bereichs. So wird es überflüssig, das Nitrat in einen Farbstoff zu überführen. Das NO_3^--Ion hat eine starke UV-Bande, die in Abb. 3.6-5 dargestellt ist. Die Meßwellenlänge wird üblicherweise in der Umgebung von 225 nm festgelegt, da die Absorption am Maximum zu hoch ist. Weiterhin abgebildet sind die Spektren von Huminsäure und Nitrit. Alle Spektren wurden bei einer Konzentration von 10 mg/L und einer Küvettenschicht von 1 cm aufgenommen. Es ist ersichtlich, daß die Spezies Nitrit und Huminsäure im relevanten Wellenlängenbereich (um 225 nm) ebenfalls absorbieren und die Messungen beeinträchtigen können. Die Ionen Chlorid, Phosphat, Sulfat und Ammonium absorbieren in diesem Bereich nicht [3.6-9]. Die möglichen Beeinträchtigungen der Nitratmessung durch Nitrit ist minimal. Aufgrund der mikrobiologischen Prozesse bei der Nitrifikation ($N_{ges} \rightarrow NO_2^- \rightarrow NO_3^-$, geschwindigkeitsbestimmender Schritt ist die Nitritbildung und nicht die Nitratbildung) sind die Nitritkonzentrationen in der Regel sehr gering. (Eine ausführliche Beschreibung der Stickstoffentfernung in Abwasserreinigungsanlagen befindet sich z. B. in [3.6-10]). Anders liegen die Verhältnisse bei den Huminsäuren. In vielen Fällen sind sie neben Nitrat vorhanden und erhöhen die Extinktion. Ohne Korrektur würden hier höhere Nitratkonzentrationen angezeigt werden, als tatsächlich vorliegen. In Abb. 3.6-5 ist zu erkennen, daß bei Wellenlängen gröer 250 nm Huminsäuren absorbieren, nicht jedoch das Nitrat. Die Korrektur wird üblicherweise so durchgeführt, daß hier zusätzlich die Absorption gemessen wird, die dann vom Wert (der Summe) bei 225 nm subtrahiert wird. Es resultiert ein ausschließlich auf Nitrat zurückzuführender Extinktionswert.

Neben der Unterdrückung von Querempfindlichkeiten durch gelöste Stoffe müssen Feststoffe entfernt werden. Dies kann, nach vorherigem groben Entfernen der Hauptmenge an Feststoffen mittels Sieben, durch Ultrafilter erfolgen (s. Abschn. 3.2).

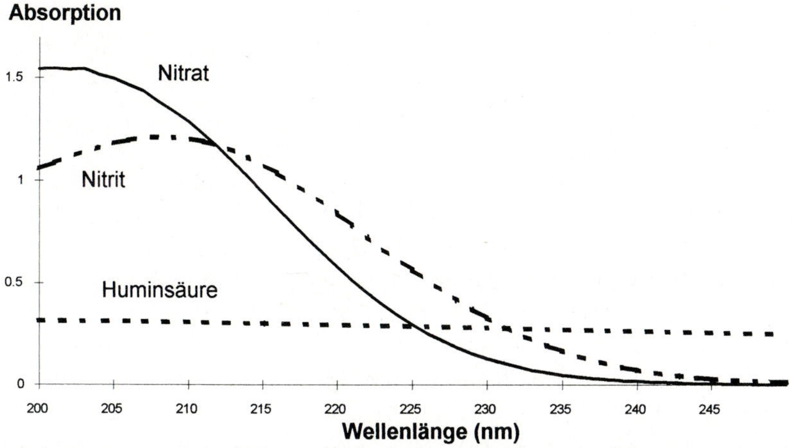

Abb. 3.6-5: Spektren der wichtigsten im UV absorbierenden Proben im Klärwerk

Selbst wenn jedoch klare, trübungsfreie Proben anstehen, wachsen darin Mikroorganismen und Kristalle. Dies führt im Laufe der Zeit zur Bildung einer Feststoffschicht auf den Meßzellenfenstern, die die Messungen verfälschen kann. Die Belagbildung läßt sich durch periodisches Reinigen mit Salzsäure eindämmen. Eine andere Lösung des Problems läßt sich unter Ausnutzung der Zweistrahlphotometrie erzielen. Sie ermöglicht eine Differenzmessung. Hierbei wird dieselbe Probe sowohl durch eine Küvette im Meß- als auch eine kürzere Küvette im Vergleichsstrahl geleitet. Bei der Differenzbildung entfällt die gesamte Absorption, die bei beiden Küvetten gleichermaßen auftritt, inklusive der Lichtverluste durch die Fensterverschmutzung. Lediglich die Absorption, die in der längeren Küvette zusätzlich auftritt, wird registriert. Die Differenz der beiden Schichten ist somit die effektive Schichtlänge, für die die zugehörige Absorption den eigentlichen Meßwert ergibt.

Die Möglichkeit, genau definierte Verbindungen einzeln zu messen, bildet eher die Ausnahme. Die meisten Systeme sind so komplex, da auf die Bestimmung von Summenparametern ausgewichen werden muß. Als Beispiel soll hier die Absorption bei 254 nm diskutiert werden. Die gemessene Größe wird in Extinktion pro Meter (E/m) angegeben und als spektraler Absorptionskoeffizient (SAK) bezeichnet. Sehr viele organische Verbindungen absorbieren bei 254 nm, so daß das Resultat dieser Messung als Summenparameter für die gelösten organischen Stoffe angesehen werden kann (s. Abschn. 3.9). Ein Vergleich dieses Parameters mit dem DOC-Wert (dissolved organic carbon) ist in Abb. 3.6-6 dargestellt. Beide Kurven verlaufen praktisch parallel, so daß der eine Parameter aus dem anderen durch einfache Skalierung ermittelt werden kann. Jedoch zeigen andere Untersuchungen (Abb. 3.6-7) praktisch keine Korrelation.

Für jede Bestimmung eines Summenparameters wird eine andere Meßgröße zugrundegelegt. Diese ändert sich mit der Zusammensetzung auf unterschiedliche

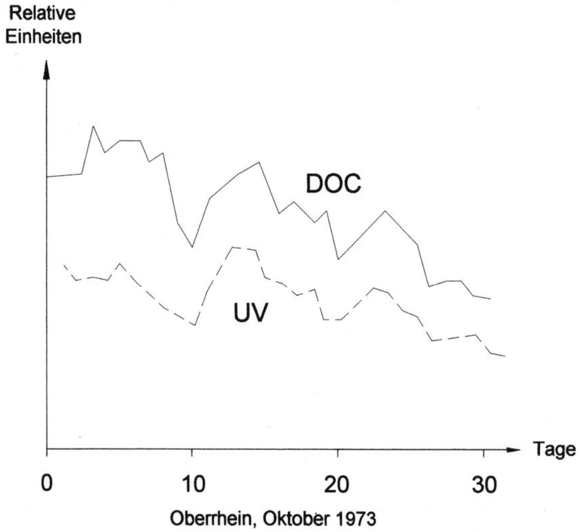

Abb. 3.6-6: Vergleichsmessungen DOC und UV (SAK) am Oberrhein [3.6-11]

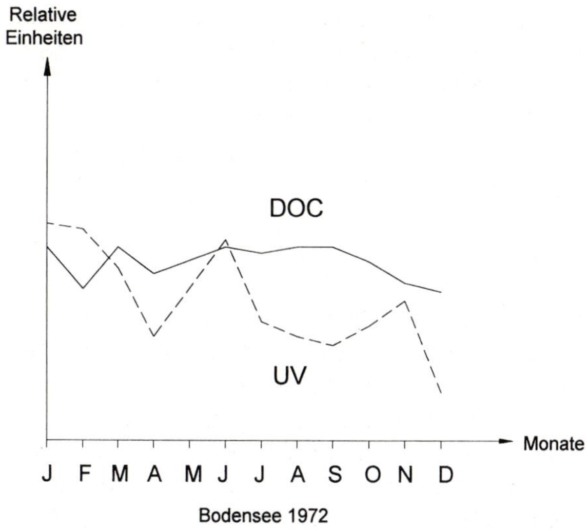

Abb. 3.6-7: Vergleichsmessungen DOC und UV (SAK) am Bodensee [3.6-11]

Weise. Es besteht z. B. kein triftiger Grund, daß, wenn sich, infolge einer Änderung der Zusammensetzung, die Oxidierbarkeit verändert, die Extinktion sich auf die gleiche Weise verändert. Daraus läßt sich schließen, daß korrelierte Konzentrationsverläufe wie in Abb. 3.6-6 nur bei relativ konstanter Zusammensetzung auftreten.

Um eine Vorstellung davon zu geben, wie stark der Einfluß der Änderung der Zusammensetzung auf den Summenparameter ist, sind in Abb. 3.6-8 die Absorptionsspektren verschiedener organischer Verbindungen dargestellt. Die Konzentration ist jeweils 10 mg/L und die Küvettenschicht 10 cm. Aus den Absorptionswerten bei 254 nm läßt sich ablesen, daß sich bei den Huminsäuren dieselbe Konzentrationsänderung ca. 35mal stärker auf den SAK-Wert auswirkt als beim Toluol. Gegenüber

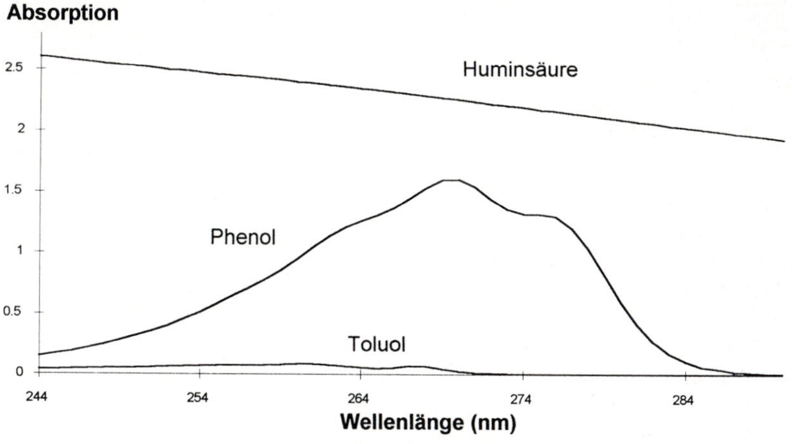

Abb. 3.6-8: UV-Spektren organischer Stoffe gleicher Konzentration und gleicher Schicht

dem Phenol ist es immerhin noch der Faktor 5. Dies belegt, daß ein Summenparameter am repräsentativsten ist, wenn sich an der Zusammensetzung so wenig wie möglich ändert. In vielen gesteuerten Prozeßabläufen ist dies der Fall.

Trübung

Da die Einflüsse auf das Streulicht sehr komplex sind, ist der Trübungswert ebenfalls wie ein Summenparameter zu behandeln. Er ist zur gemessenen Feststoffkonzentration nur dann proportional, wenn die anderen Eigenschaften (Art der Feststoffe, Partikelgrößenverteilung etc.) konstant bleiben. Eine Filtration kommt bei der Trübungsmessung grundsätzlich nicht in Betracht. Bei den im Abwasser zu messenden Trübungen ist es unvermeidlich, daß die Meßzellenfenster innerhalb kurzer Zeit so stark verschmutzen, daß die Messung unmöglich wird. Als Ausweg haben sich Messungen mit fensterlosen Küvetten bewährt: Das Meßlicht wird durch einen frei fallenden Wasserstrahl geführt (Abb. 3.6-9). Da keine Fenster vorhanden sind, gibt es auch keine Berührung von Fenstern und somit keine Verschmutzung. Es muß natürlich die Bildung von Luftblasen, die ebenfalls Streulicht erzeugen würden, verhindert werden. Ein konstanter Vordruck muß, zur Beibehaltung eines konstanten Durchmessers des Wasserstrahls, ebenfalls gewährleistet sein. Um grobe Verschmutzungen zu verhindern, ist es ratsam, eine V-förmige Umlenkvorrichtung (Abb. 3.6-10) vor der Ansaugstelle im Kanal einzubauen [3.6-12]. Sie dient dazu, die groben Teile abzulenken. Mit dieser einfachen Maßnahme entfällt die häufige Reinigung des Ansaugkorbes.

Abb. 3.6-9: Fensterlose Küvette für die Trübungsmessung

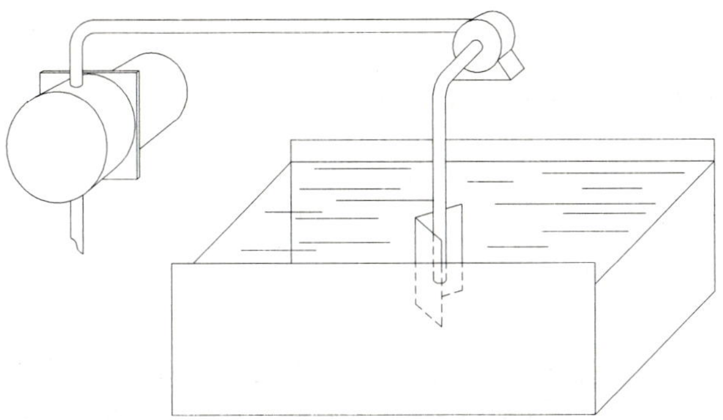

Abb. 3.6-10: Umlenkvorrichtung bei der Probenahme zur Trübungsmessung

Fluoreszenz

Verläßt in eine Probe eingestrahltes Licht diese in alle Richtungen, kann die Ursache hierfür, wie beschrieben, Lichtstreuung oder Fluoreszenz sein. Beim Streulicht wird normalerweise dieselbe Wellenlänge wie beim eingestrahlten Licht gemessen, wohingegen das gemessene Fluoreszenzlicht üblicherweise längerwellig ist als das eingestrahlte Licht.

Dies läßt sich ausnutzen, um Fluoreszenzlicht selektiv gegenüber Streulicht zu messen. Viele Mineralöle zeigen bereits in Spuren Fluoreszenzverhalten. Ihre Erregerwellenlängen liegen üblicherweise im UV, und ihr Fluoreszenzlicht im Sichtbaren. Für die Messung kann im Prinzip dieselbe optische Anordnung wie in Abb. 3.6-4 verwendet werden, wenn man geringfügige Modifikationen vornimmt. Wird direkt nach der (UV-) Lampe alles sichtbare Licht gefiltert, so kann das auf den Detektor treffende sichtbare Licht nur Fluoreszenzlicht sein. Um zu verhindern, daß Erregerlicht auf den Detektor trifft, wird dieses unmittelbar vor dem Detektor herausgefiltert. Folglich ist das einzige Licht, das den Detektor erreicht, das gesuchte Fluoreszenzlicht; Selektivität gegenüber der Lichtstreuung ist erreicht.

Kontinuierliche Fluoreszenzmessungen werden nur in wenigen Fällen durchgeführt. Dies ist darauf zurückzuführen, daß Fluoreszenz sehr viel seltener auftritt als Lichtabsorption oder Streulicht. Daher rührt andererseits die hohe Selektivität der Fluoreszenzmessung. Da die gegenüber der Absorption wesentlich höhere Empfindlichkeit ebenfalls ein Charakteristikum der Fluoreszenzmessung ist, lohnt es sich grundsätzlich, die Durchführbarkeit einer Meßaufgabe auch auf diese Methode hin zu überprüfen.

3.6.3 Zusammenfassung

Die kontinuierliche photometrische Trübungsmessung wird in den Wasserversorgungsbetrieben bereits seit Jahren erfolgreich praktiziert. Weitere Verfahren (Farbmessung, Nitratmessung) kamen im Laufe der Zeit hinzu. Eine Übersicht über die Anwendungen der Photometrie in der Wasserversorgung findet sich in der Literatur [3.6-13].

Im Zuge der fortschreitenden Automatisierung ist auch in der Abwasserreinigung seit einiger Zeit die kontinuierliche Messung mehr als bisher ins Interesse gerückt, und dies, obwohl hier die Prozeßbedingungen sehr anspruchsvoll sind. Dieses verstärkte Interesse dokumentiert sich in der Vergabe von Forschungsaufträgen des BMFT [3.6-14], aber auch in der Veranstaltung entsprechender Fachtagungen [3.6-12]. Die genannten Erfahrungsberichte zeigen den vorteilhaften Einsatz von Prozeßphotometern auf.

Besonders im Zuge des Einsatzes von kompletten Prozeßleitsystemen wird die Zuverlässigkeit von Prozeßmeßgeräten zusehends bedeutender.

Literatur

[3.6-1] Skoog, D. A., *Principles of Instrumental Analysis*, London: Saunders College Publishing, 1985.

[3.6-2] Kortüm, G., *Kolorimetrie, Photometrie und Spektrometrie*, Heidelberg: Springer, 1962.

[3.6-3] Frost, M., Christen, R., Huber, E., *Process Control and Quality* **1992**, *3*, 65–74.

[3.6-4] Foxboro, East Bridgewater, MA, USA, Firmenschrift.

[3.6-5] Bohren, C.F., Huffman, D.R., *Absorption and Scattering of Light by Small Particles*, New York: John Wiley & Sons, 1983.

[3.6-6] Huber, E., *Die Trübungsmessung: Grundlagen, Anwendungen und Grenzen, European Brewery Convention Proceedings of the 22nd Congress, Zürich*, Oxford: Oxford University Press, 1989.

[3.6-7] ISO 6271, 1. Ausgabe, 1981-02-01, *Clear liquids; Estimation of colour by the platinum-cobalt scale,* 1981.

[3.6-8] Schwedt, G., *Photometrische Analysenverfahren*, Stuttgart: Wissenschaftliche Verlagsgesellschaft mbH, 1989.

[3.6-9] Frost, M., Huber, E., Hillenbrand, T., *Abwassertechnik* **1991**, *6*, 28–30.

[3.6-10] Kunz, P., *Behandlung von Abwasser*, Würzburg: Vogel Buchverlag, 1990.

[3.6-11] Sontheimer, H., Weindel, W., *Hydrochem. hydrogeol Mitt.* **1974**, *1*, 55–70.

[3.6-12] Rhyn, H., *Wasser. Abwasser. Abfall* **1992**, *8*, 129–147.

[3.6-13] Frost, M., *IWSA Year Book,* 1993, 291–294.

[3.6-14] Böhm, E., Hillenbrand, T., Kunz, P., Corley, M., in: Fraunhofer-Institut für Systemtechnik und Innovationsforschung (Hrsg.*), Endbericht zum BMFT-Forschungsvorhaben 02-WA 8816, Teil 1,* Karlsruhe, 1991.

3.7 On line-Schlammspiegelmessung

Norbert Bäuml

BTG Anlagentechnik GmbH, Gersthofen

Die Schlammspiegelmessung in Sedimentern dient der Erfassung der Sedimentationsgrenze zur

- Vermeidung von Schlammabtrieb und
- Berechnung der vorhandenen Schlammenge im System.

Im allgemeinen wird der Schlammspiegel heute mangels bisher fehlender Meßtechnik noch nicht erfaßt.

Der Einsatz von Handmeßgeräten ist nur vereinzelt anzutreffen. Im Grunde machen auch nur on line-Erfassungen einen Sinn, weil der Schlammspiegel in den Sedimentern in der Höhe differiert.

Die on line-Schlammspiegelmessungen werden hauptsächlich auf Räumerbrücken von Nachklärbecken und Eindickern montiert, um kontinuierlich die Trennzone zwischen Wasser und Schlamm über den gesamten Sedimentationsraum zu detektieren.

Die stetige Erfassung der Sedimentationsgrenze ist aufgrund der dynamischen Belastung des Nachklärbeckens, insbesondere um frühzeitig auf eventuellen Schlammabtrieb reagieren zu können, notwendig (Abb. 3.7-1).

Das Ausgangssignal der on line-Schlammspiegelmessung kann für eine Steuerung bzw. Regelung verwendet werden (z. B. Überschußschlammabzug oder Rücklaufschlammenge).

3.7.1 Prinzip der Schlammspiegelmessung

Meßprinzip ist die Dichtebestimmung. Für eine vorgegebene Konzentration (= Dichte in diesem Fall) wird die jeweilige Höhenlage im Sedimenter bestimmt und als Schlammspiegel definiert. Der Anwender kann beispielsweise eine Schlammkonzentration von 1,8 oder 2,4 g/L wählen und erhält als Ergebnis der Messung die Spiegellage für den jeweiligen Konzentrationsbereich. Die Messung der Eintauchtiefe der Meßsonde erfolgt über ein an der Kabeltrommelwelle angebrachtes Präzisionspotentiometer. Die Stellung der Kabeltrommel gibt die Länge des abgerollten Kabels und damit die von der Meßsonde erreichte Schlammspiegellage an.

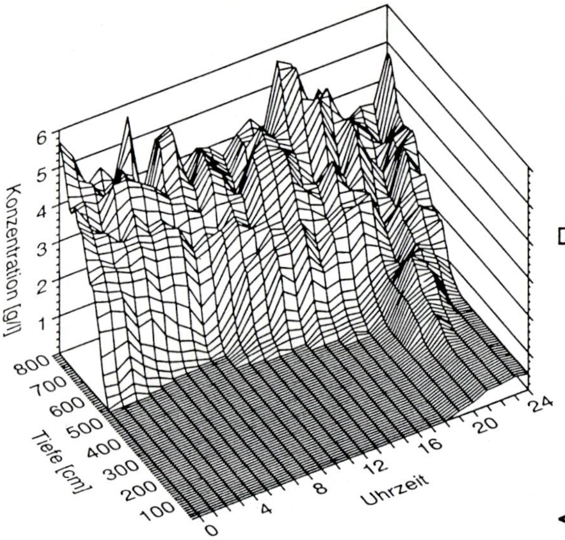

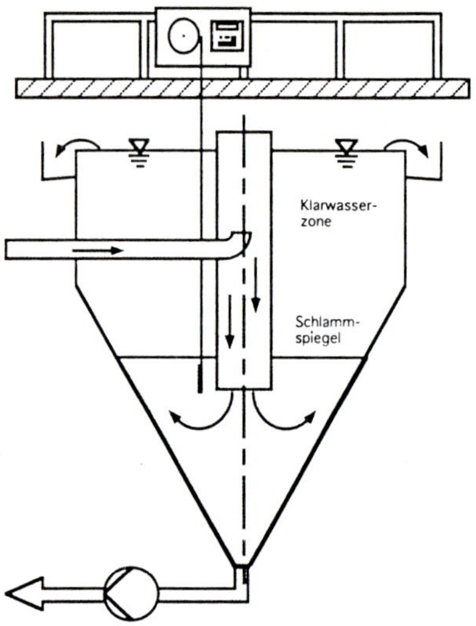

Abb. 3.7-1: Messung eines Schlammkonzentrationsprofils mit Trübungssensoren, entwickelt in Kooperation mit dem Institut für Mechanik und Regelungstechnik (Prof. Dr. -Ing. M. Köhne), Universität-GH Siegen

3.7.2 Gerätetechnische Umsetzung

Die on line-Schlammspiegelmessung besteht aus einer Steuereinheit, einer Nachfahreinrichtung mit Kabeltrommel und der eigentlichen Meßsonde (Abb. 3.7-2). Die Meßsonde wird dabei so in den Sedimenter eingetaucht, daß sie sich jeweils an der Trenngrenze befindet. Die Meßsonde wird gemäß der eingestellten Konzentrations-Vorgabe (z. B. 2 g/L Belebtschlamm) nachgefahren.

Abb. 3.7-2: Bausteine des Meßgerätes

Das Kabel der Meßsonde ist auf einer durch einen Gleichstrom-Getriebemotor angetriebenen Kabeltrommel aufgerollt. Die Steuerschaltung kann den Motor in beliebiger Geschwindigkeit drehen lassen. Im automatischen Betrieb ist die Drehgeschwindigkeit des Motors abhängig von der Nähe der Meßsonde am gesuchten Konzentrationswert (Unterschied Sollwert/Istwert). Je weiter die Sonde vom gesuchten Niveau entfernt ist, desto schneller wird das Kabel ab- bzw. aufgerollt. Bei Annäherung der Sonde an den Sollwert dreht auch der Motor langsamer. Ist die Meßsonde bei der gesuchten Konzentration angelangt, so steht der Motor oder „pendelt" langsam um die Tiefe der Sollkonzentration. In den Abb. 3.7-3 bis 3.7-5 ist das Prinzip veranschaulicht. Die on line-Schlammspiegelmeßeinrichtungen sind mit Sicherheitsschaltungen ausgerüstet, um die Meßsonde beim Durchgang von Räumern oder Abstreifern mit großer Geschwindigkeit aus dem Becken zu heben und sie nach dem Durchgang des Räumergerätes wieder in die zuletzt gemessene Tiefe zurückzuführen. Während des Ausweichvorganges wird das zuletzt gemessene Signal gehalten.

Beispiel: Start einer on line-Schlammspiegelmessung auf der Räumerbrücke eines Nachklärbeckens. Die Sonde befindet sich in Ausgangsstellung (Abb. 3.7-3). Nun wird das Kabel abgerollt, und die Sonde fährt somit aus, bis die eingestellte Konzentration erreicht ist (Abb. 3.7-4). Bei einer Änderung der Schlammspiegellage fährt die Sonde auf/ab bis sie den Sollwert wiederfindet (Abb. 3.7-5).

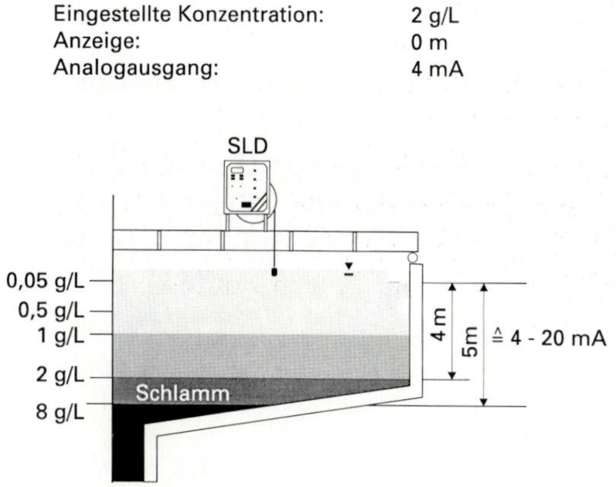

Abb. 3.7-3: Prinzip der Schlammspiegelmessung, Sonde oben

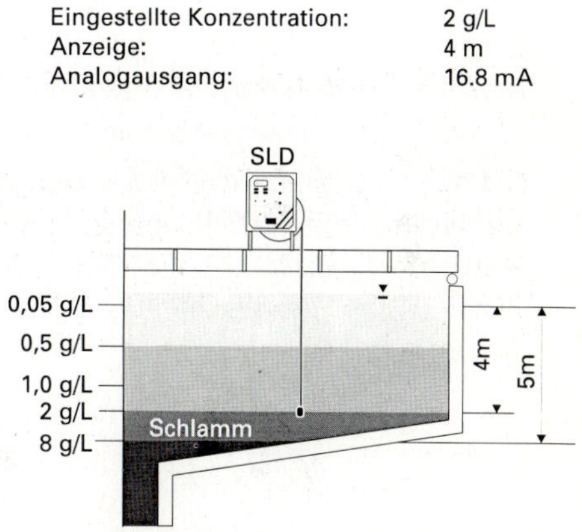

Abb. 3.7-4: Sonde bei 2 g/L

3.7.3 Meßverfahren

In der Praxis haben sich zwei Meßverfahren bewährt. Das optische Vierstrahlwechsellicht-Verfahren und die Ultraschallmessung. Die optische Vierstrahlwechsellicht-Sonde (Abb. 3.7-6) kompensiert durch ihre Bauart Verschmutzungen, Alterung der Dioden und Spannungsschwankungen.

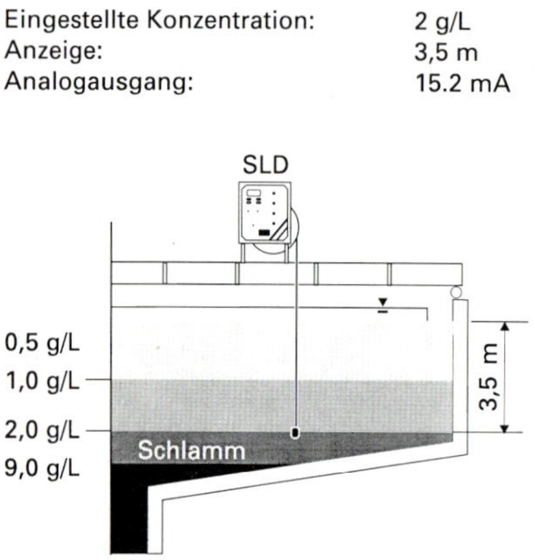

Abb. 3.7-5: Sonde pendelt

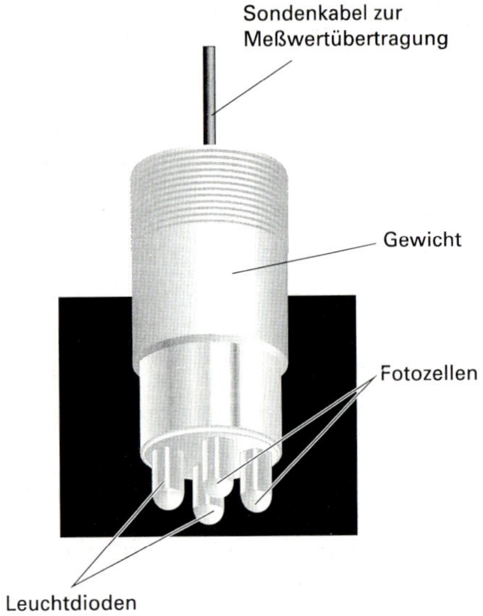

Abb. 3.7-6: Vierstrahlwechsellicht- Sonde

Abbildung 3.7-7 zeigt den Meßvorgang: Im Abstand von Bruchteilen von Sekunden senden Leuchtdiode 1 oder Leuchtdiode 2 mit einer festen monochromatischen Wellenlänge Infrarotlicht durch das Meßmedium hindurch. Je höher die Feststoffkonzentration im Abwasser-Schlamm-Gemisch ist, desto mehr Infrarotlicht wird absorbiert; entsprechend weniger Energie kommt bei den Empfängern (E_1 und E_2) an.

Bei längerem Einsatz der Sonde bilden sich Verschmutzungen an Sendern und Empfängern. Bis zu einem gewissen Verschmutzungsgrad hat dies keinen Einfluß auf die Messung, weil die Relationen gleichbleiben.

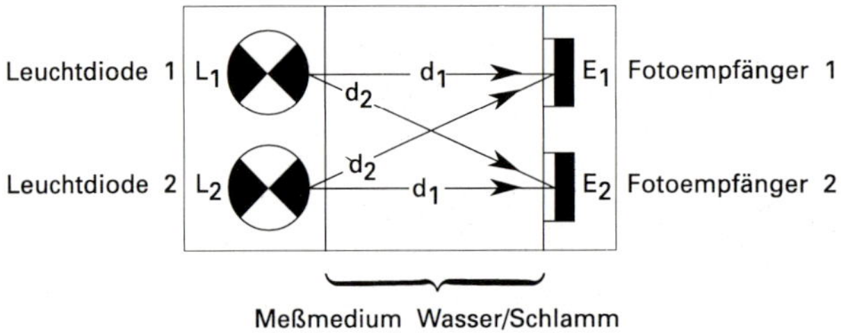

Abb. 3.7-7: Funktionsweise des Vierstrahlwechsellichtverfahrens

3.7.4 Einsatzbeispiele

Im *Nachklärbecken* wird die Schlammspiegelmessung so installiert, daß die Sonde frei nach unten zur Sedimentationsgrenze fahren kann. Eventuelle Behinderungen durch Räumer und Schwimmschlammabzugseinrichtungen müssen schon in der Planungsphase mit berücksichtigt werden. Der Installationsort der Schlammspiegelmessung auf der Räumerbrücke hängt von der geometrischen Bauart des Nachklärbeckens ab. In der Regel wird sie im ersten Drittel von Außen bei runden Nachklärbecken installiert (Abb. 3.7-8).

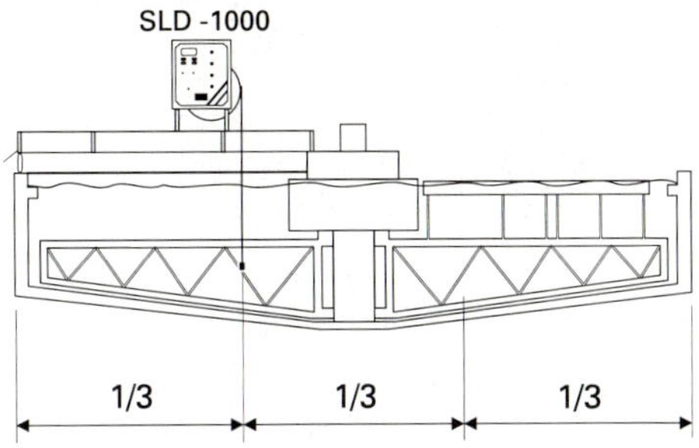

Abb. 3.7-8: Installation in runden Nachklärbecken

Bei *Eindickern* sind Krälwerke und Räumer dergestalt zu berücksichtigen, daß hier die Geräte meistens an einer eigens dafür vorgesehenen Halterung fest installiert sind (Abb. 3.7-9).

Abb. 3.7-9: Einbaubeispiel bei Eindickern

Neben der kontinuierlichen Schlammspiegelmessung werden auch Fixpunktschlammspiegelmessungen verwendet. Hierbei werden in bestimmten Tiefen der Becken Sonden fest installiert. Die Signale der Meßsonden werden dann mit dem eingestellten Sollwert verglichen. Steigt nun der Schlammspiegel bis zur fest angebrachten Meßsonde, spricht diese an, und das Relais wird geschaltet (Abb. 3.7-10).

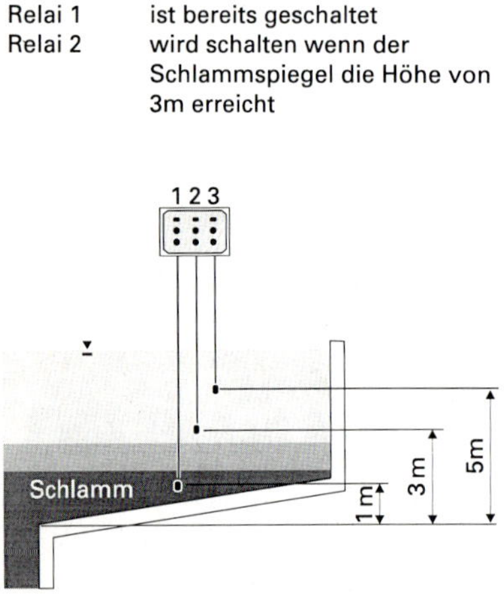

Abb. 3.7-10: Fixpunkt-Messungen

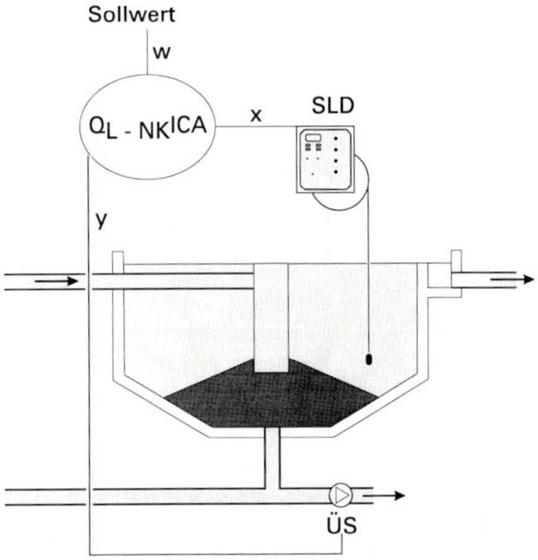

Abb. 3.7-11:
Steuerung des Überschußschlammabzuges. QL-NK = Quality level Nachklärbecken, ICA = Indecater Control Alarm, ÜS = Überschußschlamm, SLD = Sludge Level Detector

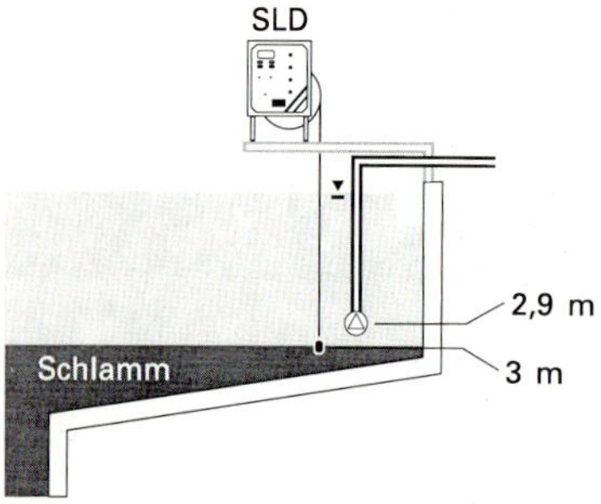

Abb. 3.7-12:
Steuerung des Überstandswasserabzuges

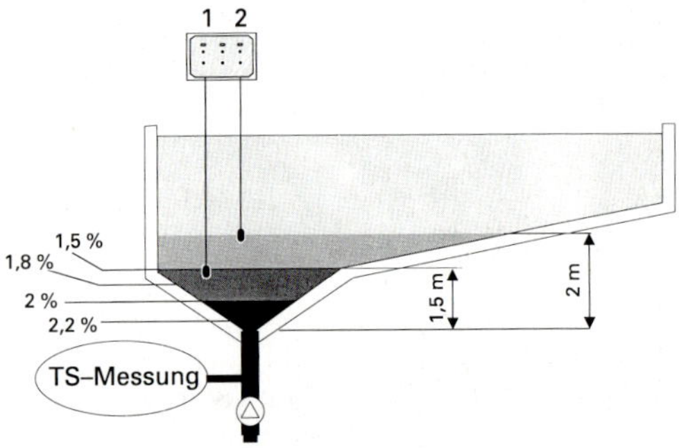

Abb. 3.7-13:
Steuerung des Primärschlammabzuges

3.7.5 Verwendung der Schlammspiegelmessung für Steuer- und Regelaufgaben

Basierend auf dem Meßsignal kann automatisch Überschußschlamm abgezogen werden, wenn z. B. im Nachklärbecken der Schlammspiegel eine Höhe von einem Meter übersteigt. Die Steuerung ist gekoppelt mit einer Volumenstrommessung, die diese Regelung außer Betrieb nimmt, wenn Regenwasser zufließt. Man kann auch das Rücklaufschlammverhältnis verändern, wenn eine Unter-/oder Überschreitung des Sollwertes der Schlammspiegellage im Nachklärbecken erfaßt wird (Abb. 3.7-11). Die Steuerung des Schlammabzugs im Eindicker mit einer fest installierten Sonde erfolgt über einen festen Schaltpunkt- beispielsweise 2 m über dem Boden des Eindickers. Bei einem Batch betriebenen Eindicker kann die on line-Schlammspiegelmessung die Höhe des Überstandswassers messen. Nach der Messung fährt eine Tauchpumpe bis zur Sedimentationsgrenze und fördert dann das Überstandswasser ab (Abb. 3.7-12).

Der *Primärschlammabzug* kann in der Weise erfolgen, daß in den Trichter des Vorklärbeckens in z. B. 1,5 m Höhe vom Boden aus die Sonde fest installiert und der Schaltpunkt auf 1,5% eingestellt wird. Beträgt die Schlammkonzentration in Höhe der Sonde 1,5%, wird der Schlammabzug eingeleitet. Der automatische Vorklärschlammabzug wird über eine Zeitsteuerung oder über eine *TS*-Messung in der Rohrleitung beendet. Eine zweite Sonde dient der Sicherheit (Abb. 3.7-13).

Abb. 3.7-14: Spülvorrichtung

3.7.6 Erfahrungen

Von den über 300 Anwendern in Deutschland wird berichtet, daß die zuverlässige Funktion der Schlammspiegelmessung gegeben ist. Beeinträchtigungen durch eventuelle Verschmutzungen der Sonden wurden durch Spülvorrichtungen beseitigt. So wurde z. B. bei der AZV Ampergruppe eine Spülvorrichtung installiert, um alle fünf Stunden die Sonde aus dem Becken in die Spülvorrichtung zu fahren und unter Druck die Sonde mit Spülwasser zu reinigen (Abb. 3.7-14).

Beeinträchtigungen durch Schwimmschlammbildung können durch den einfachen Einsatz eines Rohres (beispielsweise >DN 100) vermieden werden.

3.7.7 Perspektiven

Wie in der Einführung bereits erwähnt, hat die Schlammkonzentration in den verschiedenen Lagen der Becken große Bedeutung. In Zukunft wird eine Profilmessung in den verschiedenen Tiefen in Nachklärbecken und Eindickern ermöglicht, indem die Konzentration zusätzlich zur Tiefe gemessen wird (s. Abb. 3.7-1).

3.8 Prinzipien der on line-CSB-Analytik

Ulrich Pilz

LAR Analytik & Umwelt Meßtechnik GmbH, Berlin

Die Diskussion um die Prozeßführung von Kläranlagen hat sich in jüngster Zeit stark auf die Frage der Eliminierung der Stickstoffverbindungen und die Verringerung des Phosphateintrags in die Vorfluter verlagert. Oberflächlich betrachtet könnte man daraus den Schluß ziehen, die Frage der organischen Kohlenstoffverbindungen im Klärprozeß sei angesichts der üblicherweise erzielten sehr hohen Abbaugrade in den Hintergrund getreten. Diese Betrachtung greift jedoch zu kurz, denn tatsächlich spielen die Kohlenstoffverbindungen bei zahlreichen biochemischen Prozessen in einer Kläranlage eine zentrale Rolle (s. Abschn. 2.5).

Historisch betrachtet lag es nahe, zur Beurteilung der Qualität eines Abwassers nicht die Vielzahl möglicher organischer Verbindungen einzeln zu analysieren, sondern einen Sauerstoffbedarf zu definieren, der den Gehalt an oxidierbaren Stoffen als Summenparameter erfaßt. Der zunächst auf die biologischen Vorgänge des bakteriellen Stoffabbaus bezogene Biochemische Sauerstoffbedarf hat mit üblicherweise 5 Tagen eine relativ lange Meßzeit und unterliegt als biochemischer Parameter zuweilen auch schwer kalkulierbaren Einflüssen der für einen Meßansatz eingesetzten Biomasse. Aus diesem Grunde wurde nach Wegen gesucht, den Sauerstoffbedarf auf chemischem Weg als CSB zu erfassen.

3.8.1 Technische Konzepte kontinuierlicher CSB-Meßgeräte für die Abwassertechnik

Aufgrund der Bedeutung für Abwassermeßtechnik und Prozeßführung in Abwasserreinigungsanlagen ist es wünschenswert, den CSB kontinuierlich zu erfassen. Dabei ist sowohl die lückenlose zeitliche Dokumentation (z. B. Erfassung der Zulaufbelastung der Kläranlage), als auch die Nutzung der Meßdaten für den Prozeßrechner (z. B. Umleitung von Belastungsstößen in Rückhaltebecken, Steuerung der Denitrifikation) von Interesse.

Die Dauer von etwa 2–3 Stunden für die Laboranalyse des CSB ist sicherlich aus der Sicht der Prozeßsteuerung das Hauptproblem; daher wurden Schnelltests eingeführt, die zwar grundsätzlich an das Normverfahren angelehnt sind (s. Abschn. 2.8), jedoch in zwei Details von ihm abweichen:

- Die Reaktion findet bei 150 °C in einem Thermoblock statt; die Reaktionszeit wird auf 15–20 Minuten verkürzt.
- Anstelle der Rücktitration des in der Reaktion nicht verbrauchten Kaliumdichromats wird das als Reduktionsprodukt entstandene Cr^{3+}-Ion photometrisch bestimmt.

Diese auch in der Laborpraxis häufig angewandten Schnelltests bilden die Grundlage für einen ersten Typ von on line-CSB-Meßgeräten, die das geschilderte photometrische Verfahren über Reagenzien- und Probenpumpen, Durchflußofen und Durchflußphotometer automatisieren.

Nicht nur die Zeitdauer des Analysegangs, auch die Gefährlichkeit der Reagenzien und die Entsorgung der Analyserückstände (silber- und quecksilberhaltige Chromschwefelsäure) sind bei der Anwendung der CSB-Analytik entsprechend der DIN-Norm problematisch. Daher gehen verschiedene Hersteller kontinuierlicher CSB-Analysatoren dazu über, andere Oxidationsmittel einzusetzen, z. B. Wasserstoffperoxid, Ozon oder OH-Radikale, die den Vorteil haben, sehr stark oxidativ zu wirken und dabei keine gefährlichen Analyserückstände zu hinterlassen.

3.8.2 Flow-Injection- und Titratortechnik zur Automatisierung der konventionellen CSB-Meßtechnik

Unter gewissen Einschränkungen – beispielsweise im Hinblick auf die Reaktionszeit und die Reaktionstemperatur – kann die CSB-Analytik entsprechend der DIN-Norm 38409 von automatischen Analyseautomaten durchgeführt werden, wobei sowohl automatische Titratoren mit Redoxendpunkttitration als auch Flow-Injection-Systeme zum Einsatz kommen. Ein Beispiel für ein FIA-System, das mit photometrischer Bestimmung des Cr3+als Maß für das umgesetzte Oxidationsmittel arbeitet, ist in Abb. 3.8-1 wiedergegeben. Das Meßgerät arbeitet folgendermaßen:

- Eine mehrkanalige Schlauchpumpe fördert kontinuierlich die Reagenzien und die zu untersuchende Wasserprobe (zur Kalibrierung kann auf einen Standard umgeschaltet werden). Die Probe bzw. die Kaliumdichromatlösung werden zunächst mit Schwefelsäure gemischt, wobei für das Oxidationsmittel eine eigene Mischstrecke vorgesehen ist. Entsprechend der DIN-Vorschrift sind auch Silber- bzw. Quecksilbersulfat in den Reagenzienansätzen enthalten.
- Der Zusammenführung des Oxidationsmittels und der angesäuerten Probe folgt eine Misch- und Reaktionsstrecke, die sich in einem Ofen befindet. Das Volumen der Reaktionsstrecke und die Förderrate der Mehrkanalpumpe sind so abgestimmt, daß dicht unter dem Siedepunkt des Gemischs eine Reaktionszeit von 10 Minuten eingehalten wird.

- Eine Segmentierung mit Luft ist in der FIA-Technik eigentlich unüblich und allenfalls auf technische Sonderfälle beschränkt. Hier liegt ein solcher Sonderfall vor, denn bei der starken Erhitzung des Reaktionsgemischs können Siedeverzüge nicht ausgeschlossen werden, denen durch die Luftsegmentierung vorgebeugt wird.
- Nach der Reaktion durchläuft das Reaktionsgemisch ein Durchflußphotometer; wie bei luftsegmentierten FIA-Systemen üblich, verfügt die Küvette des Photometers über eine Vorrichtung, die die Gasblasen von der Flüssigkeit trennt.

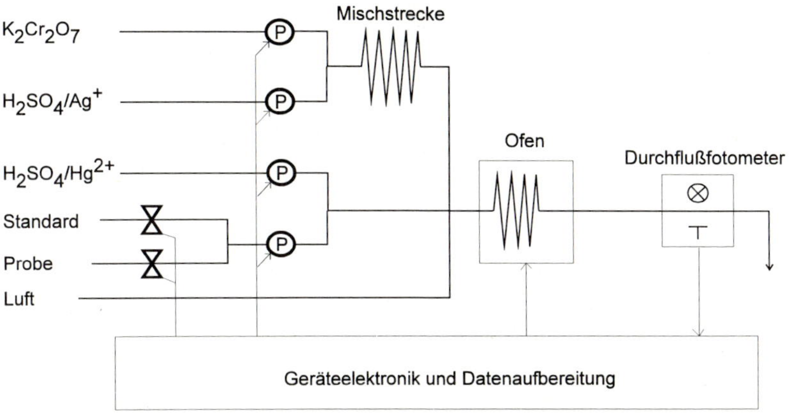

Abb. 3.8-1: Prinzip eines on line-CSB-Meßgeräts als flow-injection-System (nach Unterlagen der Firma Anasys, Albergen/Niederlande)

3.8.3 On line-Messung des CSB durch elektrochemisch gebildete OH-Radikale

OH-Radikale zählen zu den reaktivsten Oxidantien in wässrigen Lösungen; sie sind imstande, schwer oxidierbare organische Verbindungen, wie Pyridin, anzugreifen und sogar gelösten Sauerstoff zu Ozon zu oxidieren. OH-Radikale können in wässriger Lösung durch Photolyse von Wasserstoffperoxid oder unmittelbar elektrochemisch erzeugt werden.

Die nachfolgend erläuterte Messung des Chemischen Sauerstoffbedarfs durch elektrochemisch gebildete OH-Radikale ist eine sehr elegante Meßmethode, da sie den Oxidationsmittelbedarf unmittelbar als elektrischen Strom erfaßt und ohne umweltschädliche oder gefährliche Reagenzien auskommt [3.8-1, 3.8-2]. Die Funktionsweise eines solchen Geräts ist in Abb. 3.8-2 schematisch dargestellt:

- In eine Meßzelle wird die Probe – im Fall einer Kalibrierung ein Standard – gemischt mit einem Kaliumsulfatelektrolyten gepumpt.
- In die Flüssigkeit tauchen eine Anode, eine Kathode und, um stabile elektrochemische Verhältnisse sicherzustellen, eine Referenzelektrode ein.

- Für den Meßprozeß entscheidend ist, daß die Anode mit Bleidioxid beschichtet ist und sich an ihr OH-Radikale bilden, und nicht – wie an üblichen Metallelektroden zu beobachten – Sauerstoffgas entsteht.
- Durch die Stoffe, die den CSB der Meßflüssigkeit bedingen, verliert die Bleidioxidanode die von ihr gebildeten OH-Radikale (Depolarisation). Dieser durch die Oxidationsreaktion hervorgerufene Verlust wird durch eine gesteigerte Entwicklung dieser Oxidantien, die mit einem erhöhten elektrische Stromfluß einhergeht, ausgeglichen. Der Strom durch die Anode kennzeichnet die aktuelle Oxidationsleistung und ist damit der Konzentration an CSB verursachenden Stoffen in der Meßlösung proportional.

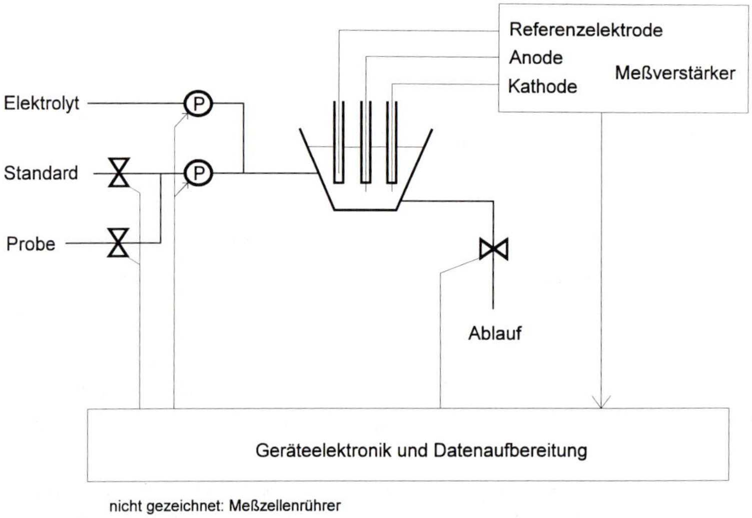

Abb. 3.8-2: Prinzip eines on line-CSB-Meßgeräts mit elektrochemisch erzeugten OH-Radikalen als Oxidationsmittel (nach Unterlagen der Firma LAR, Berlin)

Das vorstehend beschriebene Meßgerät arbeitet nicht in einem kontinuierlichen Durchflußverfahren sondern sequentiell, wobei die Meßhäufigkeit den Erfordernissen des Prozesses angepaßt werden kann und bis zu 20 Messungen pro Stunde möglich sind. Das Prinzip der sequentiellen Messung, das auch für andere Arten kontinuierlicher Meßgeräte verschiedentlich angewandt wird, bedingt zwar eine aufwendigere Gerätesteuerung, hat aber gegenüber der im strengen Sinne kontinuierlichen Messung eine Reihe von Vorteilen:

- Vor einer Messung kann der Weg der Wasserprobe im Gerät intensiv gespült werden, so daß für den Meßprozeß das aktuelle Probenwasser vorgelegt werden kann. Die üblicherweise bei kontinuierlichen Meßsystemen zu beobachtende „Totzeit", die auf die Laufzeiten der Flüssigkeiten im Gerät zurückzuführen sind, entfällt.
- Durch das Spülen des Probenwegs liegt bei der Messung immer das aktuelle Probengut vor. Der Effekt der Probenlängsvermischung im Fließsystem wird mini-

miert, das stetige Einmischen frischer Probe in einen Reaktionsraum entfällt. Dies bedeutet, daß auch der stetig nacheilende Meßverlauf, der für kontinuierliche Meßsysteme ansonsten typisch ist (meßtechnisch als t_{90} oder t_{95} beschrieben), bei sequentiellen Systemen nicht auftritt.

- Der Reagenzienverbrauch eines sequentiell arbeitenden Meßsystems ist proportional zur Meßfrequenz. Erlaubt es die Dynamik der zu erfassenden Veränderungen des Probenguts, kann die Meßhäufigkeit herabgesetzt werden, was zu einer Ersparnis von Reagenzien führt. Wird die Meßhäufigkeit zu stark abgesenkt, kann dies bei sehr schnellen Veränderungen des Probenguts jedoch ein Nachteil sein. Ein kurzfristiges Ereignis, das bei einem streng kontinuierlichen Meßverfahren bei vorliegen einer hinreichenden Ansprechgeschwindigkeit zumindest als „Delle“ in der Meßwertregistrierung zutage tritt, kann „verpaßt“ werden.

3.8.4 On line-Messung des CSB durch Erfassung des Ozonverbrauchs

Ozon kann als starkes Oxidationsmittel ebenfalls zur kontinuierlichen und schnellen Erfassung des CSB herangezogen werden. Abbildung 3.8-3 zeigt die Ausführung eines solchen Meßgeräts [3.8-3], dessen Funktionsprinzip nachfolgend erläutert werden soll:

- Im Gerät wird als Oxidationsmittel mit Ozon angereichertes Wasser ständig bereitgehalten. Zur Ozonproduktion dient Sauerstoffgas, das für das Gerät bereitzustellen ist.
- Das Abwasser wird über ein als Querstromfilter arbeitendes Siebrohr von Grobstoffen befreit; es gelangt über eine Pumpe in das Gerät, wo ihm das ozonhaltige Wasser zugeführt wird.

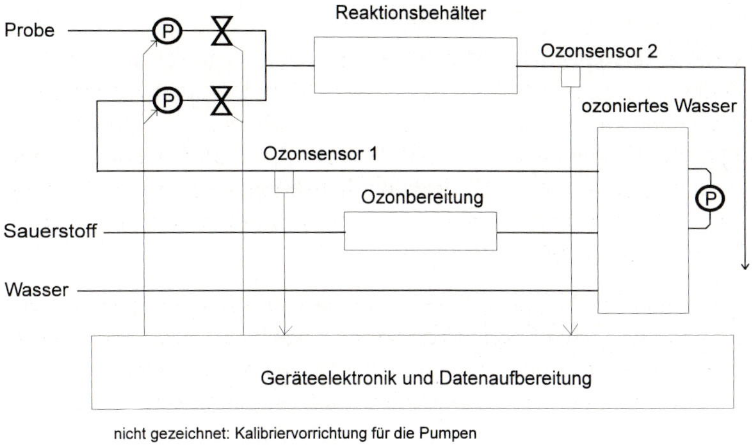

Abb. 3.8-3: Prinzip eines on line-CSB-Meßgeräts mit Ozon als Oxidationsmittel (nach Unterlagen der Firma STIP, Groß-Umstadt)

- Das Gemisch aus Abwasser und ozoniertem Wasser durchläuft einen Reaktionsbehälter, der zur Unterstützung der Oxidation beheizt wird. Im Ablauf des Reaktors wird über einen weiteren Ozonsensor der Restozongehalt des Wassers bestimmt.
- Der Rechner des Geräts steuert die Pumpen für das Abwasser und das ozonierte Wasser so an, daß der Ozonverbrauch im Reaktor – also die Differenz der beiden Ozonsensoren – konstant bei einem geringen Wert gehalten wird. Das Verhältnis der Förderraten der Pumpen ist damit proportional zum Gehalt des Abwassers an den durch das Ozon oxidierbaren Stoffen. Denn bei einem höher belasteten Wasser ist ein stärkeres Verdünnen des Abwassers erforderlich, um den Reaktor an seinem Arbeitspunkt zu halten.

Das vorgestellte Meßgerät bietet technisch insofern eine Besonderheit, als von der üblichen Methodik kontinuierlicher Meßverfahren – konstante Förderbedingungen und Beobachten eines sich ändernden Meßwerts – abgewichen wird. Bei dem Verfahren wird der Ozonverbrauch über die Reaktionsstrecke konstant gehalten und, um dies zu erreichen, das Mischungsverhältnis zwischen Probe und Reagens variiert. Diese Vorgehensweise erfordert zwar eine rasche Ausregelung von Abweichungen der angestrebten konstanten Bedingungen der Reaktionsstrecke, führt andererseits aber zu einem stabilen Verhalten, da die Randbedingungen der chemischen Umsetzung immer konstant bleiben.

Da die Förderraten von Probe und Reagens in der geschilderten Weise variiert werden, hängt die Durchlaufzeit der Probe durch das Meßgerät allerdings von der Höhe des Meßwerts ab. Das dynamische Verhalten – zum Beispiel die Reaktion des Analysators auf Konzentrationsschwankungen in der Probe – ist damit ebenfalls variabel, was allerdings nur bei wenigen Anwendungen problematisch sein wird.

3.8.5 On line-Messung des CSB durch Erfassung des Wasserstoffperoxidverbrauchs

Ein weiterer kontinuierlich arbeitender CSB-Analysator, bei dem H_2O_2 als Oxidationsmittel zur Anwendung kommt, wird in Abb. 3.8-4 vorgestellt:

- Die Wasserprobe – im Fall der Kalibrierung eine Standardlösung – wird mit der Wasserstoffperoxid-Lösung vermischt und in eine Reaktionsstrecke gefördert.
- Im Reaktionsraum wird das Gemisch mit ultraviolettem Licht bestrahlt, um die Oxidation der organischen Wasserinhaltsstoffe zu beschleunigen und möglichst vollständig zu erhalten.
- Der Verbrauch des Oxidationsmittels wird über zwei Sensoren erfaßt, die sich vor bzw. hinter der Reaktionsstrecke befinden.
- Die Geräteelektronik steuert die Pumpen des Geräts und berechnet aus der Differenz der Sensorsignale den Verbrauch des Oxidationsmittels bzw. den CSB.

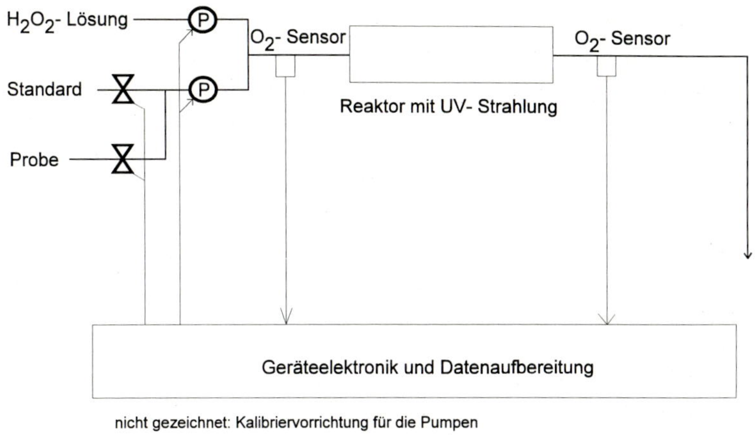

Abb. 3.8-4: Prinzip eines on line-CSB-Meßgeräts mit Wasserstoffperoxid als Oxidationsmittel (nach Unterlagen der Firma Gimat, Polling)

3.8.6 Praxisrelevante technische Merkmale von Meßgeräten für die on line-CSB-Analytik

Wie das in Abb. 3.8-5 gezeigte Beispiel des EloxMonitor der Fa. LAR, Berlin, haben on line CSB-Analysatoren den für kontinuierliche Abwassermeßgeräte typischen Aufbau:

- In der obersten Geräteebene befindet sich die Elektronik für die Steuerung des Meßprozesses und die Verwaltung der Meßdaten. Durch Verwendung von Mikroprozessoren oder von Industrie-PCs ist es heute möglich, über einfache Tastatureingaben, Zeitverläufe von Daten grafisch darzustellen, das Meßgerät zu parametrieren (Art der Messung, Meßbereichswahl) oder Wartungsabfragen durchzuführen.
- Unterhalb der Geräteelektronik befindet sich die Prozeßebene, in der der Analysator die Messung vornimmt. In der Prozeßebene befinden sich neben den Reaktionsgefäßen auch Pumpen für Reagenzien und Magnetventile zum Umschalten von Flüssigkeitsströmen.
- Die Probenaufbereitung und die für den Meßprozeß benötigten Reagenzien befinden sich in der Regel außerhalb des Meßgeräts.

Sicherlich sind eine Reihe technischer Merkmale von on line-Meßgeräten mittlerweile allgemeiner Standard der Prozeßmeßtechnik, dem auch kontinuierlich bzw. sequentiell arbeitende CSB-Analysatoren genügen. Als Grundausstattung oder gegebenenfalls als Sonderausrüstung zählen hierzu:

- Einfache Probenaufbereitungsvorrichtung, die entweder über eine grobe Vorfilterung (Siebfilter) oder über die Massenträgheit gröbere Partikel aus dem Testwasser entfernt.

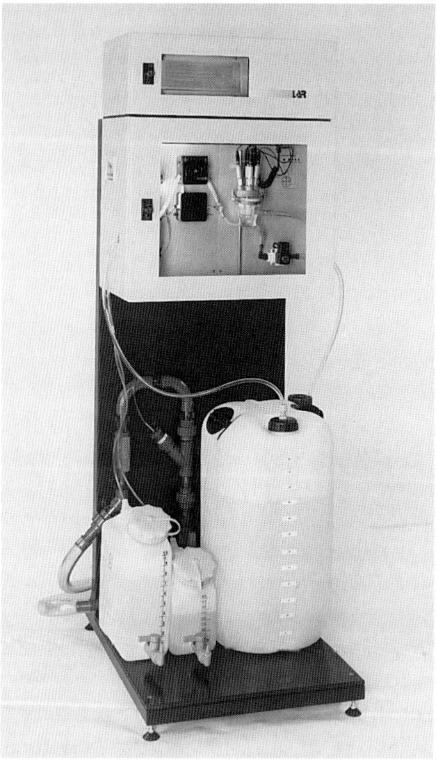

Abb. 3.8-5: Beispiel des on line CSB-Analysators EloxMonitor (Foto: LAR GmbH, Berlin)

- Korrosionsbeständiges Edelstahl- oder Aluminiumgehäuse.
- 0/4–20 mA- Ausgang zur Meßwertübertragung.
- Serielle Schnittstelle zur Datenübertragung oder zur Fernsteuerung des Geräts von einer Prozeßrechnerwarte aus.
- Tabellarische und graphische Ausgabe der Meßdaten, zum Beispiel als Tagesgang über einen Matrixdrucker.
- Überwachung wichtiger Gerätefunktionen und Ausgabe eines Sammelalarms bei Gerätestörungen.

Steht man vor der Situation, ein bestimmtes Gerät für eine on line-CSB-Messung auszuwählen, können die technischen Auswahlkriterien durchaus vielfältig sein; denn die Meßaufgabe und die Voraussetzungen vor Ort sind von Fall zu Fall oftmals sehr unterschiedlich. Die nachfolgend genannten Kriterien können daher je nach Sachlage eine mehr oder weniger große Bedeutung haben, sollten aber auf jeden Fall gründlich erwogen werden:

- Betriebskosten durch benötigte Reagenzien, Energieversorgung des Meßgeräts und ggf. Entsorgung von Analyserückständen.
- Bedienungskomfort und Unterstützung des Betriebspersonals bei der Wartung.

- Benötigte Anschlüsse für Hilfsenergie, Trinkwasser, etc.
- Mögliche Mobilität des Meßgeräts, wenn ein Wechsel des Aufstellungsorts möglich sein soll.
- Wartungshäufigkeit und Wartungsaufwand für die Probenaufbereitung/Grobstoffreinigung.

3.8.7 Vergleichbarkeit der on line-CSB-Analytik mit der Laboranalytik nach DEV/DIN

On line-CSB-Meßverfahren modifizieren den Analysegang der DIN-Norm 38409 oder arbeiten mit gänzlich anderen Oxidantien, so daß sich die Frage nach der Vergleichbarkeit der Meßergebnisse erhebt. Generell läßt sich dazu sagen, daß die Gefahr von Meßwertabweichungen oft stark überschätzt wird und diese in der Regel im Bereich der Parallelansätze für im Labor ermittelte CSB-Werte liegen.

Es wird häufig übersehen, daß der CSB ein Summenparameter ist, der aufgrund des inhomogenen Probenmaterials bei Mehrfachbestimmungen im Labor üblicherweise einen großen Schwankungsbereich erkennen läßt. Eine korrekte CSB- Analytik setzt daher mindestens drei – besser fünf – Parallelansätze voraus und sollte mit der genormten Methode nach DIN durchgeführt werden.

Wird im chemisch-analytischen Labor der CSB bestimmt, ist es oft der Feststoffanteil, der zu starken Abweichungen der Resultate von Parallelansätzen führen kann. Häufig sind aber auch geringfügig erscheinende „Nachlässigkeiten" im Umgang mit dem Probenmaterial zu beobachten, die bei on line- Meßgeräten nicht vorkommen, die Laboranalytik jedoch nachteilig beeinflussen:

- Am Ort der Probennahme variiert die Durchmischung; der Feststoffgehalt schwankt.
- Die Probe steht längere Zeit am Probenahmeort oder im Labor. Bei kommunalem Abwasser kann ein Zeitraum zwischen Probenahme und Analysengang von nur einer Stunde einen Minderbefund von bis zu 30% bedingen.
- Die Probe wird vor der Verteilung in die Parallelansätze ungenügend homogenisiert. Der auf die Ansätze entfallende Feststoffanteil ist damit variabel bzw. bei nur einem Ansatz zufällig.

3.8.8 Perspektiven der on line-CSB-Analytik

Aufgrund der zentralen Bedeutung, die der Sauerstoffbedarf für die Beurteilung von Abwässern und die Prozeßführung von Kläranlagen hat, spielt der CSB in der Abwassermeßtechnik nach wie vor eine große Rolle. Die im Labor angewandte Meßmethode nach DEV/DIN wurde den Anforderungen, die Prozeßsteuerung und Umweltschutz an einen wichtigen Summenparameter stellen, jedoch in zunehmendem Maße nicht mehr gerecht. Die Analysedauer dieser Methodik genügt nicht mehr den aktuellen Ansprüchen und die Entsorgung der Analyserückstände wirft Probleme auf.

Die Verfahren der on line-CSB-Analytik haben hier entscheidende Abhilfe geschaffen, weil sie die Meßdauer bis auf wenige Minuten abkürzen und das Problem der Entsorgung von Rückständen vollständig lösen bzw. bei Analysatoren, die Chromschwefelsäure als Oxidationsmittel verwenden, durch geringe Reagenzienmengen erheblich verringern. Damit besteht für den Parameter CSB die Möglichkeit, auch in der on line-Analytik die ihm gebührende zentrale Position einzunehmen. Die Anwendungsgebiete sind dabei vielfältig und reichen von einfachen Dokumentationsaufgaben bis zur Steuerung schwieriger Prozesse. Die Dokumentation von CSB-Konzentration oder Fracht am Zulauf und Ablauf von Kläranlagen, die Überwachung von Indirekteinleitern auf ihren Beitrag zu Belastungsspitzen oder die Prozeßoptimierung von Industriekläranlagen durch die Charakterisierung der Abwässer aus der Produktion sind Beispiele für Bereiche, in denen sich der on line-CSB-Analytik attraktive Perspektiven bieten.

Literatur

[3.8-1] Werner, M., Pilz, U., Arts, W., *Entsorgungspraxis* **1989**, 10, 502–55.
[3.8-2] Pilz, U., *Chemie – Anlagen und Verfahren* **1993**, *8*, 14–15.
[3.8-3] Kalte, P., *Chemie – Anlagen und Verfahren* **1990**, *5*, 52–60.

3.9 UV-Messung zur Bilanzierung der organischen Frachten

Gerhard Nowack und Otto Ueberbach

Dr. Bruno Lange GmbH, Düsseldorf

Jedes Wasser, ob Quell-, Oberflächen-, oder Abwasser enthält eine Fülle von natürlichen und – heute häufig – synthetischen Inhaltsstoffen. Diese Stoffvielfalt ist nur mit einem enormen analytischen Aufwand exakt zu bestimmen. In vielen Fällen ist dies jedoch nicht notwendig, denn Summenparameter, wie CSB, BSB, TOC und DOC sind etablierte Größen, die, jede für sich genommen, eine ganz bestimmte Teilmenge der Wasserfracht erfassen. Ihre Aussagekraft ist daher zu interpretieren.

Für alle Analysenparameter ist die Vorgeschichte einer Probe von entscheidender Bedeutung. Ort und Art der Probennahme bedingen die größten Abweichungen vom wahren Wert. Die für die kontinuierlichen Messungen üblichen Ultrafiltrationsmodule lassen z. B. nur bestimmte Teilchengrößen durch und von den gelösten Stoffen wiederum nur die, die eine ganz bestimmte Struktur besitzen. Nach Ewald [3.9-1] werden z. B. Benzolverbindungen in Abhängigkeit von der Zweitsubstitution am aromatischen Kern entweder durchgelassen oder zurückgehalten. Meßverfahren ohne Probenvorbehandlungen können daher dem gesuchten Parameter näherkommen, als die mit Probenaufbereitung. Gleichzeitig ist es aus ökonomischen Gründen wünschenswert, preiswerte Verfahren einzusetzen [3.9-2].

3.9.1 Das Prinzip der UV-Messung oder wie werden Wasserinhaltsstoffe sichtbar?

Das Licht läßt sich als Ausbreitung von Feldern beschreiben [3.9-3], bei denen die schwingenden, elektrischen ***E*** und magnetischen ***B*** Feldvektoren aufeinander senkrecht stehen. Abbildung 3.9-1 gibt auf der Abszisse die Richtung der Lichtwelle an. Auf beiden Seiten dieser Achse kann man sich den elektrischen Feldvektor ***E*** als Zeiger denken, der im Rhythmus des Wellenzuges größer und kleiner wird. Das Gleiche gilt für den magnetischen Feldvektor ***B***, nur liegt dieser um 90° gedreht in der Ebene. Das so dargestellte System gibt die Verhältnisse für linear polarisiertes Licht wieder; natürliches Licht ist zirkular polarisiert, d. h. beide Wellenzüge drehen sich in Ausbreitungsrichtung um die Achse.

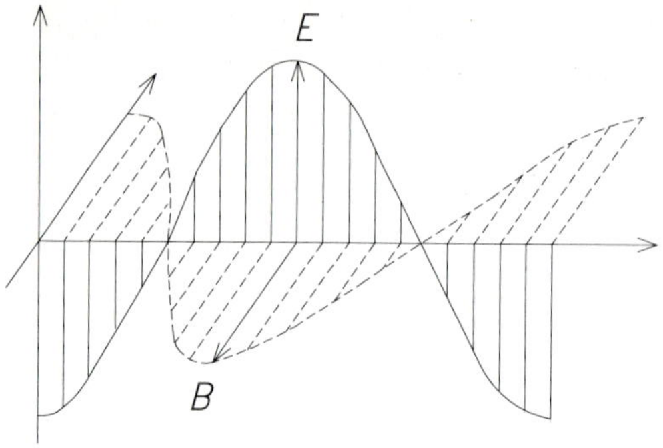

Abb. 3.9-1: Das Licht als elektromagnetische Strahlung

Über die Wellenlänge ist damit noch nichts ausgesagt. In der Abb. 3.9-2 ist das gesamte elektromagnetische Spektrum zu sehen. Zur Orientierung sind die Größenordnungen der Wellenlängen auf der linken Seite der Abb. angegeben, während die Bezeichnungen der jeweiligen Wellenlängenbereiche in der Mitte zu finden sind: UKW, IR, VIS, UV, Röntgen- und Gammastrahlung sind Begriffe, die geläufig sind und nicht erläutert werden müssen. Abbildung 3.9-2 zeigt deutlich, daß der sichtbare Teil der elektromagnetischen Strahlung nur ein vergleichsweise kleiner Teil des elektromagnetischen Spektrums ist. Die für den Menschen sichtbaren Farben sind daher im rechten Teil noch einmal detailliert aufgeführt: Das Licht der Wellenlänge 700 nm erzeugt in unserem Gehirn den Farbeindruck „rot“, während Licht der Wellenlänge 500 nm von uns als grünes Licht angesehen wird. Die Farbe ist demnach

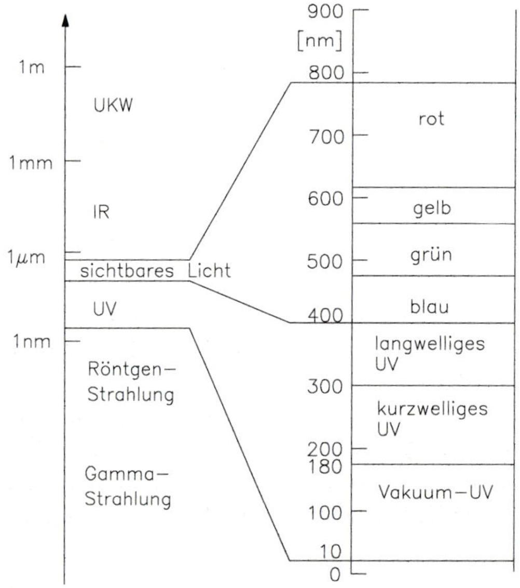

Abb. 3.9-2: Das elektromagnetische Spektrum

keine physikalische Eigenschaft, wie z. B. das Volumen, die Masse oder die Temperatur, sie ist vielmehr eine subjektive Sinnesempfindung, die durch selbstleuchtende oder beleuchtete Körper in unserem Gehirn bewußt gemacht wird. Der Begriff „Vakuum-UV“ kommt durch die Tatsache zustande, daß in diesem Wellenlängenbereich bereits Bestandteile der Luft absorbieren (z. B. Kohlendioxid, Stickstoff, Sauerstoff) und daher entfernt werden müssen [3.9-4].

Sind Substanzen im Wasser gelöst, spricht man von einer Lösung. Diese kann, geeigneten Molekülaufbau der gelösten Substanzen vorausgesetzt, einfallendes Licht absorbieren. Dabei sucht sich das absorbierende Molekül genau die Wellenlänge des Lichtes aus, die es für seine photophysikalischen Prozesse braucht. Eine derartige Absorption von Licht kann nur dann erfolgen, wenn das Molekül Bauelemente enthält, die in der Lage sind, Bereiche des sichtbaren Lichtes zu absorbieren. Man nennt derartige Bauelemente, die einer Verbindung Farbe verleihen, „chromophore Gruppen“.

Ein solcher Chromophor ist in der Abb. 3.9-3 dargestellt. Als Beispiel dient eine C=O-Gruppe; sie kommt in organischen Säuren (z. B. den Huminsäuren), aber auch in Ketonen und Aldehyden vor und wird Carbonylgruppe genannt. Bedingt durch die energetische Lage der Elektronen wird Licht einer bestimmten Wellenlänge absorbiert und das Molekül geht in einen „angeregten“ Zustand über. Dieser Vorgang wird durch den eingezeichneten Pfeil symbolisiert.

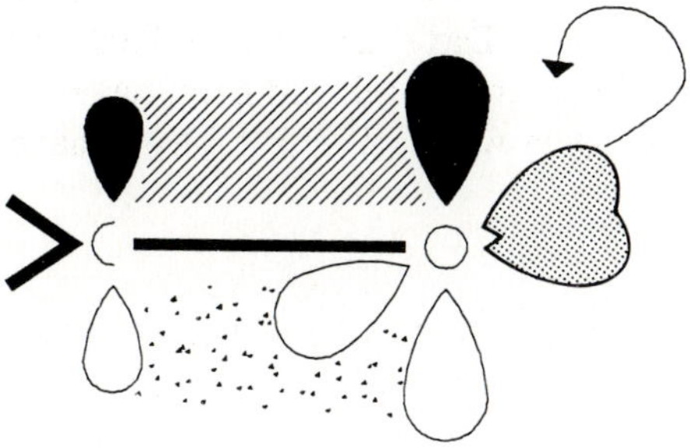

Abb. 3.9-3: Der Chromophor

Eine Lösung, z. B. eine Abwasserprobe, kann viele Moleküle mit verschiedenen chromophoren Gruppen enthalten. Die einzelnen Absorptionen setzen sich dann zu ganzen Banden zusammen. Die wellenlängenabhängige Aufzeichnung der Absorptionen einer Probe über den gesamten sichtbaren und ultravioletten Bereich wird als UV/VIS-Spektrum bezeichnet. Wasserinhaltsstoffe werden somit sichtbar.

Um derartige Phänomene auch quantitativ zu beschreiben, ist es sinnvoll, nicht mehr vom polychromatischen (vielfarbigen) Licht auszugehen, sondern sich auf eine Wellenlänge λ (monochromatisches Licht) zu beschränken. Die Abhängigkeit der Absorption von der Konzentration und der Schichtdicke wird durch das Lambert-Beer'sche Gesetz beschrieben:

$$\varepsilon(\lambda) = \lg I_0/I = \varepsilon(\lambda)\, c\, d$$

$\varepsilon(\lambda)$ ist der molare dekadische Absorptionskoeffizient und $\varepsilon(\lambda)$ ist die gemessene Extinktion. Für die Dimension des molaren dekadischen Extinktionskoeffizienten gilt:

$$\varepsilon(\lambda) = \varepsilon(\lambda)\,[1000\ \mathrm{cm^2\ mol^{-1}}]\,c\,[\mathrm{mol}\ 10^{-3}\ \mathrm{cm^{-3}}]\,d\,[\mathrm{cm}]$$

oder

$$\varepsilon(\lambda) = \varepsilon(\lambda)\ [1\ \mathrm{cm^{-1}\ mol^{-1}}]\,c\,[\mathrm{mol\ l^{-1}}]\,d\,[\mathrm{cm}]$$

oder

$$\varepsilon(\lambda) = \kappa\ [\mathrm{m^2\ mol^{-1}}]\,c\,[\mathrm{mol\ m^{-3}}]\,d\,[\mathrm{m}]$$

Wobei 1/10 Zahlenwert von $\varepsilon(\lambda)$ = Zahlenwert von $\kappa(\lambda)$ gilt.

Aus diesem Gesetz leitet sich der spektrale Absorptionskoeffizient SAK oder kurz $\alpha(\lambda)$ gemäß DIN 38404 [3.9-5] wie folgt ab:

$$A(\lambda) = \varepsilon(\lambda) = \lg I_0/I = \varepsilon(\lambda)\,c\,d$$

$$\alpha(\lambda) = A(\lambda)/d = \varepsilon(\lambda)/d = \varepsilon(\lambda)\,c$$

und

$$\alpha(\lambda) = (A(\lambda)/d)\,f$$

In den Gleichungen bedeuten:

$\alpha(\lambda)$ Spektraler Absorptionskoeffizient, in 1/m (SI-System) bzw. in 1/cm (cgs System)

$A(\lambda)$ Extinktion der Wasserprobe bei der Wellenlänge λ; der Buchstabe A als Abkürzung für die Extinktion ist dem englischen Ausdruck „absorbance" entnommen. In der physikalischen oder chemischen Literatur ist der Buchstabe E üblich.

d Schichtendicke der Küvette in mm

f Faktor, hier $f = 1000$ mm/m, dient der Umrechnung von mm in m

Die Wellenlängenabhängigkeit und/oder die Absorptionsstärke lassen konkrete Rückschlüsse auf die untersuchte Probe zu [3.9-6 bis 3.9-9].

Die UV/VIS-Spektroskopie ist somit eine bewährte wissenschaftliche Methode zur Messung organischer Wasserinhaltsstoffe. Bereits Ende der 50er Jahre war es üblich, über die Messung der UV-Extinktion auf Wasserinhaltsstoffe zu schließen. Auf dem Gebiet der Oberflächen- und Trinkwasseranalytik verfeinerten Sontheimer [3.9-10 bis 3.9-12] in Deutschland und Mrkva [3.9-13 bis 3.9-17] im heutigen Tschechien in den 60er und 70er Jahren diese Vorgehensweise. Ihre Arbeiten gipfelten in der Formulierung der DIN 38404: Messung des Spektralen Absorptionskoeffizienten SAK zur Bestimmung der organischen Belastung eines Gewässers (s. a. Abschn. 3.6). Als Meßwellenlänge wurde aus praktischen Gründen die gut isolier- und reproduzierbare Linie bei 254 nm einer Quecksilberdampflampe gewählt. Sontheimer [3.9-10] hat in vielen Fällen gezeigt, daß trotz unterschiedlicher Zusammensetzung der organischen Belastung von Oberflächenwässern ein zufriedenstellender Zusammenhang zwischen dem Summenparameter DOC und dem SAK besteht. Somit kann die Messung der UV-Absorption als einfache und schnell durchführbare Charakterisierungsmethode zur laufenden Kontrolle von Veränderungen in der Wasserqualität sowie zur Erfassung der Wirksamkeit bestimmter Aufbereitungsmaßnahmen eingesetzt werden.

Vor allem Matsché [3.9-18] erarbeitete in den 80er Jahren diesbezügliche abwasserrelevante Grundlagen. Gute Zusammenhänge zwischen der UV-Absorption und dem CSB waren das Resultat.

3.9.2 Meßbare Stoffe

An Kläranlagenabläufe wird die Anforderung gestellt, daß der CSB-Wert ≤ 75 mg O_2/L [3.9-19] betragen soll, bei empfindlichen Vorflutern sollte CSB < 25 mg O_2/L gelten [3.9-20]. Nach Rebhun, Manka und Bunch [3.9-21, 3.9-22] setzt sich der Rest-CSB einer Kläranlage gemäß der Tab. 3.9-1 zusammen.

Tab. 3.9-1: Quantitative Zusammensetzung verschiedener organischer Stoffklassen in Kläranlagenabläufen

Stoffklasse	Rebhun 1971	Manka 1974	Bunch 1961	Quantitativer Anteil (mg/L)
Huminstoffe	18–25	31–48	–	10–34
Proteine	17	19–25	10	5–15
Anionische Detergentien	6– 8	13–21	10	2– 7
Tannine und Lignine	1	1– 2	5	1– 3
etherextr. Stoffe	4– 6	10–20	10	3–17
Kohlenhydrate	8	4– 8	5	2– 4

Huminsäuren sind Zersetzungsprodukte von Pflanzenresten, Humus, etc. Aminosäuren und Carbonsäuren bilden über Peptidgruppen –CONH– lange, unterschiedlich strukturierte Polypeptidketten: die Proteine (Eiweiße). Anionische Detergentien sind anionaktive Waschrohstoffe, unter denen die Alkylbenzolsulfonate die erste Stelle einnehmen. Tannine sind Derivate der Gallussäure (3,4,5, Trihydroxybenzoesäure). Lignin kann als Oxidationsprodukt des Coniferylalkohols angesehen werden und ist zu ca. 30% Bestandteil des Holzes [3.9-23]. Etherextrahierbare Stoffe gehören keiner einheitlichen Stoffklasse an. Kohlenhydrate sind im klassischen Sinne Verbindungen, die der Summenformel $C_nH_{2n}O_n$ genügen.

Tab. 3.9-2: Absorptionsbereiche

Baustein bzw. Substanz	Absorptionen (in nm)
Benzol	268, 261, 254, 249, 243, 239, 234
Anthracen	250, 220, 218 und langwellige Banden
Pyridin	262, 256, 250
Benzolsulfonat	270, 264, 260, 253, 248
Phenol	277, 270, 264
Hydrozimtaldehyd	285, 268, 264, 261, 258, 253, 248, 242, 208
Benzaldhyd	288, 279, 241, 215 und langw. Banden
Zimtsäure	272
Isolierte p-Bindungen (–C=C–)	180–260
Konjugierte p-Bindungen (–C=C–C=C–)	210 – langwelliger Bereich
Diene	210–290
isolierte n __ p* (z.B. C=O)	240–310
konjugierte n __ p* (z.B. –C=C–C=O)	250 – langwelliger Bereich

Die genannten Substanzen und Substanzklassen sind der UV-Spektroskopie zugänglich, wie die Bereiche der Absorptionen in der Tab. 3.9-2 zeigen. Somit werden Verbindungen mit C=C- oder C=O-Doppelbindungen, daraus gebildeten konjugierten Systemen oder ähnlichen chomophoren (farbgebenden) Bausteinen erfaßt. Wenn auch nicht alle Abwasserinhaltsstoffe in diesem Bereich absorbieren – Untersuchungen von Krückels, Weyl und Buchholz [3.9-24] gehen von einem Anteil von ca. 80% aus – zeigen die experimentellen Spektren in der Abb. 3.9-4 eindeutig, daß die statistische Vielfalt der Wasserinhaltsstoffe und deren Absorptionseigenschaften offensichtlich für ein Maximum (bzw. einen Haltepunkt) im Bereich von 254 nm sor-

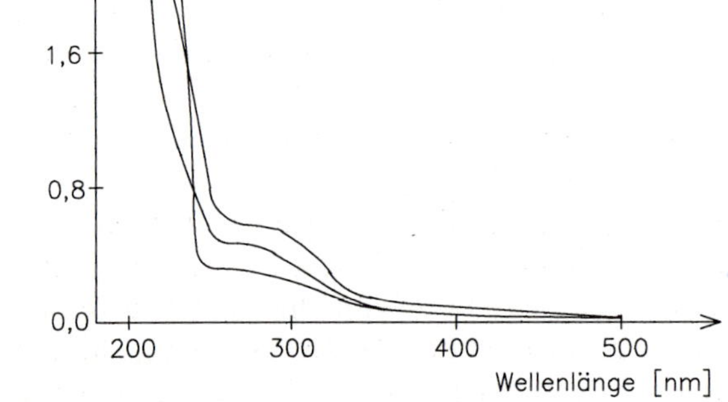

Abb. 3.9-4: Abwasserspektren nach Hinkamp [3.9-25]

gen. Dieses Maximum kann spektroskopisch untersucht und meßtechnisch gemäß DIN 38404 ausgewertet werden. Trübungen, verursacht durch wasserunlösliche Partikel, können weitestgehend durch eine Vierstrahltechnik eliminiert werden. Trotz der Kompensation steht der Meßwert unmittelbar nach der Messung zur Verfügung.

3.9.3 Statistischer Vergleich mit anderen Summenparametern

Die Einheit 1/m ist im Bereich der Abwasserbehandlung weitgehend unbekannt, und die Frage nach der Vergleichbarkeit mit anderen Belastungsparametern wie DOC oder CSB wird häufig gestellt. Die ersten diesbezüglichen Untersuchungen lieferten Korrelationen mit mehr oder minder starken Streuungen. Die Ursachen für die Streuungen konnten durch systematische Arbeiten eingegrenzt werden:

- Betrachtet man die Belastung eines Abwassers als Summe aller Einzelstoffe, so wird durch jeden Parameter (DOC, TOC, BSB, CSB, UV-Extinktion etc.) nur eine Teilsumme dieser Stoffe erfaßt. Diese Teilsummen sind aber nicht identisch: während der DOC nur die gelösten organischen Bestandteile erfaßt, registriert der TOC jegliche organische Belastung; werden bei der UV-Extinktion die Stoffe registriert, die das Licht absorbieren, repräsentiert der CSB die Substanzen, die einer Oxidation zugänglich sind. Überraschenderweise werden viele Huminsäuren, primäre und sekundäre Amine als Abbauprodukte der Proteine und Harnstoff vom CSB nicht erfaßt [3.9-26].
- Es werden unterschiedliche physikalische Meßprinzipien genutzt, so daß z. B. Peakhöhen unterschiedlich sind.
- Jedes Verfahren und jedes Gerät besitzt einen bestimmten Verfahrensvariationskoeffizienten bzw. Gerätefehler.
- Die Fehler der Probennahme führen zu Streuungen; die Korrelationen werden wesentlich besser, wenn die verschiedenen Methoden auch tatsächlich gleiche Proben untersuchen und nicht z. B. Daten einer qualifizierten Stichprobe mit gemittelten Resultaten einer kontinuierlichen Messung verglichen werden.

Ergänzend hierzu hat Achterath [3.9-27] die relativen Verfahrensstandardabweichungen der CSB- (gemäß DEV), DOC- und UV-Meßmethoden für verschiedene CSB-, DOC- und UV-relevante Substanzen untersucht. Er definiert einen Vertrauensbereich VB, der durch Abb. 3.9-5 verdeutlicht wird (auf die formelmäßigen Zusammenhänge wird hier verzichtet). Die höchste Präzision ist im mittleren Arbeitsbereich zu finden, da dort der Fehleranteil der Regression am geringsten ist.

Jedes Summenbestimmungsverfahren weist zu jedem untersuchten Stoff eine veränderte Empfindlichkeit auf. Daher ist es notwendig, die Verfahren in ihrer Genauigkeit einzuschätzen. Dies ist möglich, wenn es Substanzen gibt, die durch alle Verfahren analysierbar sind. Kaliumhydrogenphthalat ist eine derartige Substanz, die von den entsprechenden Herstellern zur Kalibrierung der DOC- und TOC-Geräte angeboten wird (s. Abb. 3.9-6). Sie besitzt folgende Vorzüge:

- definierte Substanzkonzentration,
- geringstmöglicher Fehler bei der Herstellung von Standardlösungen,
- Anwendbarkeit auf alle oxidativ wirkenden Meßverfahren,
- chemisch neutrales Verhalten.

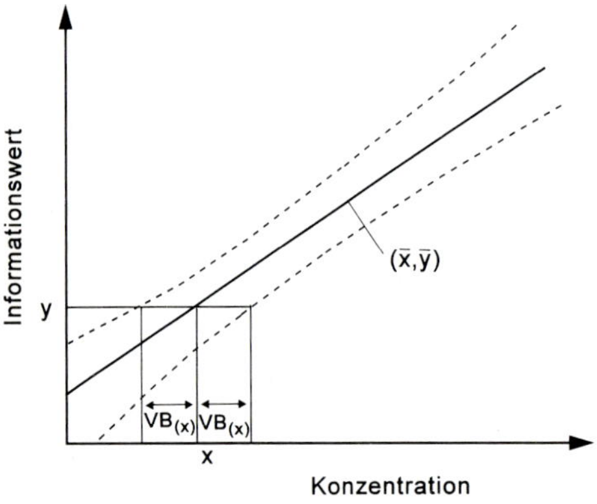

Abb. 3.9-5: Der Vertrauensbereich VB

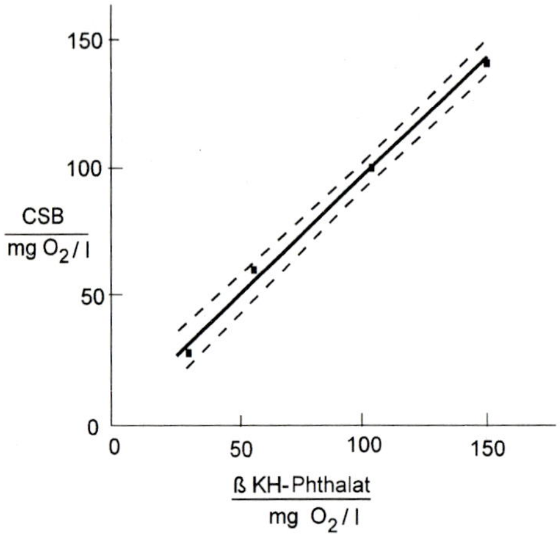

Abb. 3.9-6: CSB-Arbeits- und Vertrauensbereich für Kaliumhydrogenphthalat VB($x = 60$) = 9,64 mgO_2/L

Zunächst wird dieser Vetrauensbereich für die CSB-, DOC- und UV-Verfahren bestimmt, wobei der Arbeitsbereich sich auf die vorgeschriebenen Werte für die Kläranlagenabläufe bezieht.

Die Diagramme sind so zu interpretieren, daß z. B. beim CSB die Unsicherheit an der Stelle $x = 60 \pm 9{,}53$ mg/L beträgt und sich dieser Fehler über den gesamten Arbeitsbereich nicht wesentlich ändert. Bei der UV-Extinktion bleibt der Fehler von $\pm 0{,}29$ mg/L über den Meßbereich von 3–15 mg/L annähernd konstant (Abb. 3.9-7).

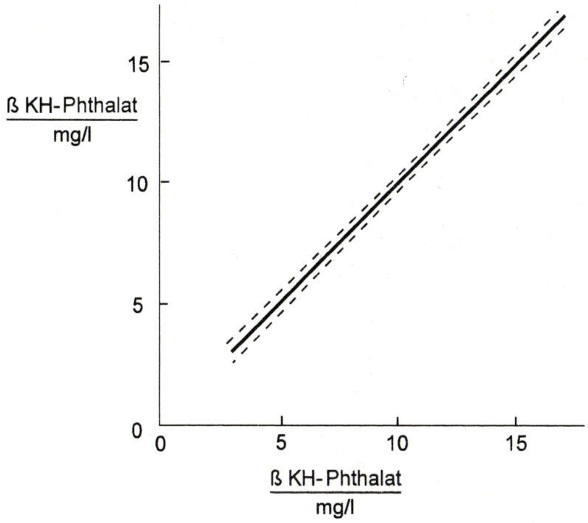

Abb. 3.9-7: UV-Arbeits- und Vertrauensbereich für Kaliumhydrogenphthalat VB(x = 3) = 0,29 mg/L

Das Resultat der genannten Arbeit ist in der Tab. 3.9-3 zusammengefaßt. Sie zeigt, daß die relative Verfahrensstandardabweichung und die relative analytische Unpräzision der UV-Extinktionsmessung für die untersuchten Substanzen eine Zehnerpotenz niedriger liegt als die der beiden anderen untersuchten Verfahren.

Tab. 3.9-3: Verfahren und relative Verfahrensstandardabweichungen

Repräsentantenstoff	Verfahren	Relative Verfahrensstandardabweichung [%]	Relative analytische Unpräzision [%]
Huminsäure	–	–	–
	DOC	3,2	21,6
	UV (254)	0,2	1,3
Hämoglobin	CSB	1,5	10,1
	DOC	4,2	29,1
	UV (214)*	0,4	1,6
Tannin	CSB	3,5	23,7
	DOC	1,8	12,1
	UV (254)	0,4	1,6
Alkylbenzolsulfonat	CSB	1,9	17,1
	DOC	0,9	10
	UV (223)*	0,2	1,2

* Im jeweiligen Maximum der Bande gemessen

3.9.4 Erfahrungen mit kontinuierlich arbeitenden UV-Sonden

Einsatzort einer kontinuierlich arbeitenden Sonde ist u. a. der Auslauf der Kläranlage Mödling bei Wien. Die Anlage arbeitet sehr effizient. Die Extinktionen der Auslaufwerte liegen zwischen 4 und 14 m^{-1}, was in diesem Fall ungefähr dem Zahlenwert des CSBs in mg/L entspricht. Abbildung 3.9-8 zeigt eine typische Ganglinie der

UV-Extinktion für ein Starkregenereignis nach einer Trockenperiode. Deutlich ist ein starker Anstieg der Konzentration zu erkennen. TOC-Messungen waren nicht mehr in der Lage, die hier gemessenen Feinheiten zu differenzieren. Dies hängt unmittelbar mit den oben aufgezeigten statistischen Präzisionen der Verfahren zusammen.

Da der Auslauf konstant gute Ergebnisse liefert, simulierte Matsché einen Störfall: sukzessive wurde Wasser aus dem Zulauf zum Ablauf hinzugemischt. Das Resultat (Abb. 3.9-9) zeigt eine optimale Korrelation zwischen den Extinktionswerten bei 254 nm und dem CSB (hier als Chemical Oxygen Demand COD bezeichnet).

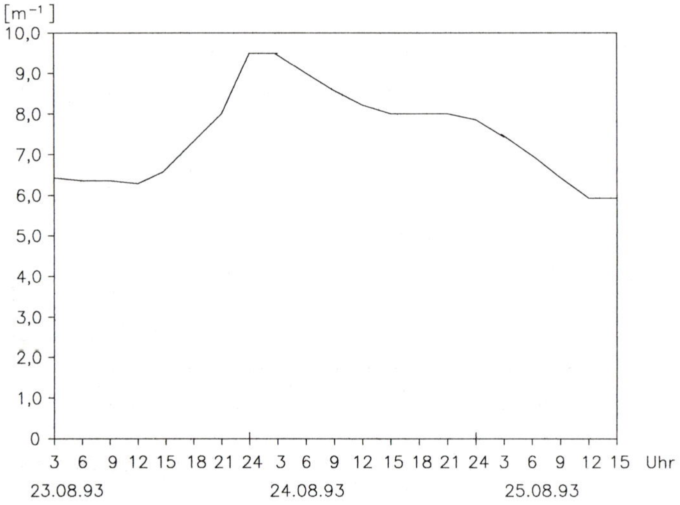

Abb. 3.9-8: UV-Extinktion des Auslaufes in 1/m einer Kläranlage in der Nähe von Wien; Starkregen nach einer Trochenperiode

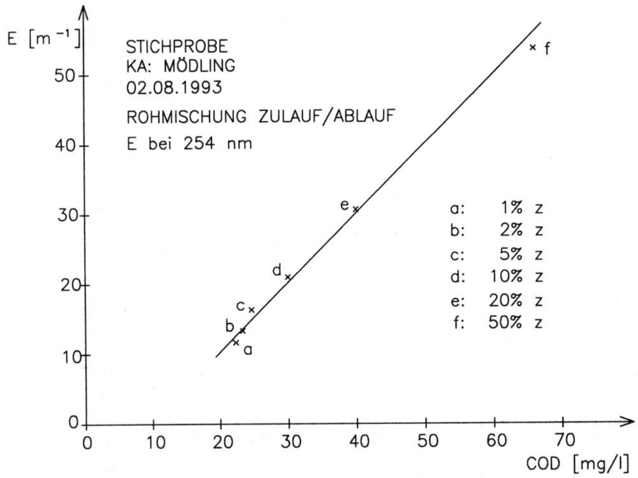

Abb. 3.9-9: Simulation eines Störfalls: Korrelation der UV-Extinktion und des CSB von verschiedenen Zu- und Ablaufmischungen

Die Einsatzmöglichkeiten der UV-Extinktionsmessung sind aber nicht auf den Auslauf beschränkt. In der Vorklärung sind naturgemäß größere Ereignisse zu sehen. Die Abb. 3.9-10 bis 3.9-12 zeigen Ganglinien von kontinuierlich gemessenen CSB-, TOC-, DOC- und UV-Daten. Meßorte sind die jeweiligen Ausläufe der Vorklärungen von Kläranlagen in NRW und Bayern. Sowohl die Tagesganglinien als auch die

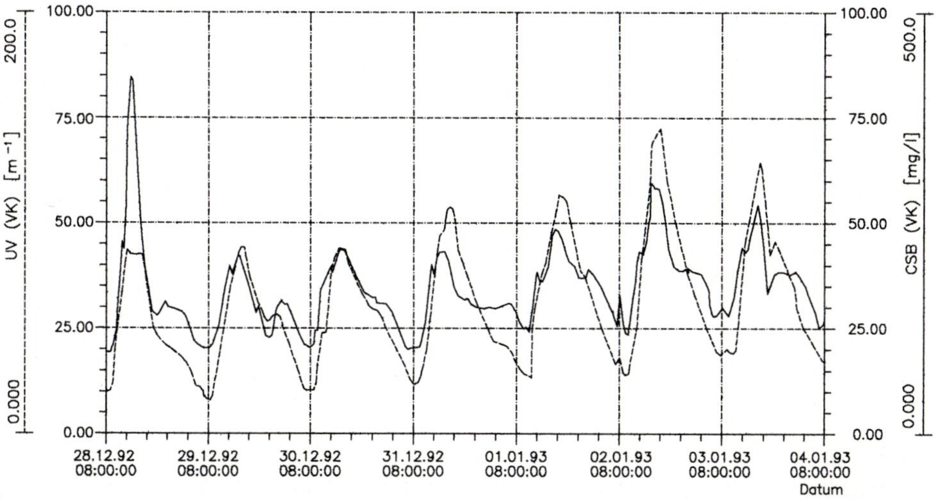

Abb. 3.9-10: Korrelation UV-Extinktion/CSB; Meßort ist der Auslauf der Vorklärung einer Kläranlage in NRW

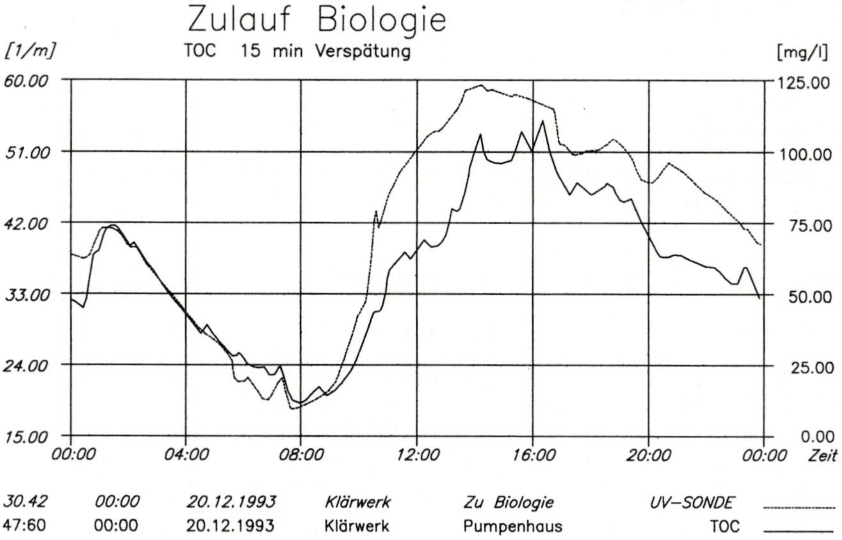

Abb. 3.9-11: Korrelationen UV-Extinktion/TOC; Meßort ist der Zulauf zur Biologie einer Kläranlage in Bayern

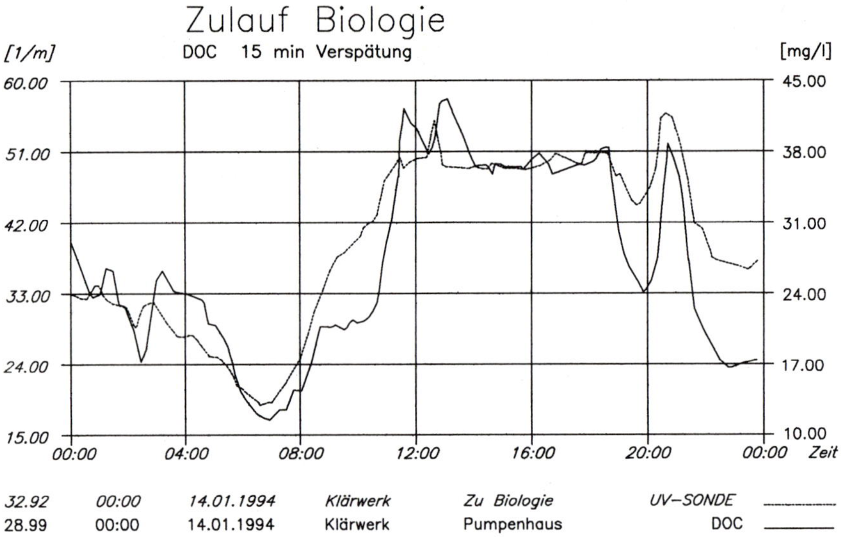

Abb. 3.9-12: Korrelationen UV-Extinktion/DOC; Meßort: Zulauf zur Biologie einer Kläranlage in Bayern

Ganglinien, die über einen längeren Zeitraum aufgenommen wurden, zeigen deutlich, daß die Belastungsstöße von beiden Parametern fast identisch wiedergegeben werden.

Minimale Schwankungen sind innerhalb der einzelnen Tage möglich, über lange Zeiträume ändern sich deren Verhältnisse aber nicht. Damit wird die Aussage von Lienig [3.9-28 bis 3.9-29] bestätigt, nach der sich die Korrelation zwischen CSB- und UV-Daten nicht ändert, solange die Zuläufe konstant bleiben.

3.9.5 Weitere Einsatzmöglichkeiten der UV-Extinktionsmessung

Die Messung der UV-Extinktion ist vielseitig einsetzbar:

- Durch den Einsatz der UV-Tauchsonde im Auslauf der Vorklärung und dem Gesamtkläranlagenauslauf ist es möglich, kontinuierlich die Leistung einer Kläranlage oder eines Bioreaktors und damit die Effizienz zu bestimmen.
- Einen weiteren interessanten Ansatz liefern Resultate von Kläranlage in Bayern und Norddeutschland: Dort werden der Nitratgehalt und die UV-Extinktion im Zulauf zur Nachklärung kontinuierlich gemessen (Abb. 3.9-13). Das Resultat zeigt, daß die UV-Extinktion maximal ist, wenn der Nitratgehalt minimal ist. Interpretiert man das UV-Signal als abbaubare Fracht, wird dieser Zusammenhang unmittelbar verständlich [3.9-30].

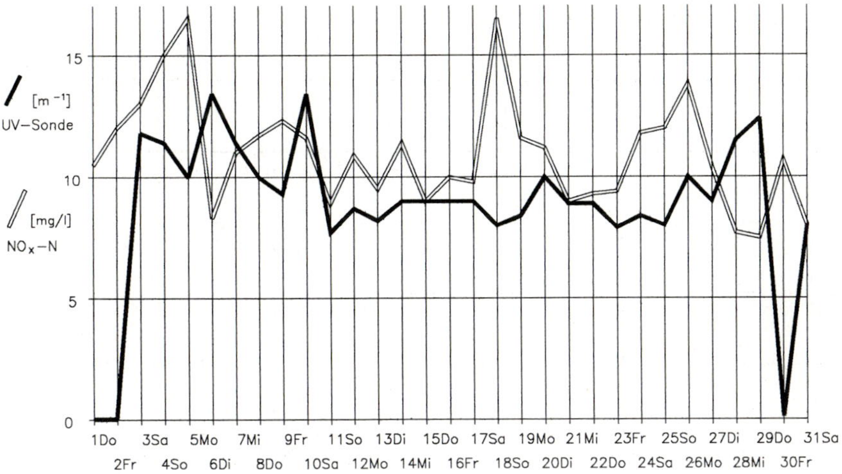

Abb. 3.9-13: Nitrat und UV-Wochenganglinien einer Kläranlage in Bayern; Meßort ist der Zulauf zur Nachklärung, Das UV-Signal ist als organische Fracht zu interpretieren

Auf Grund der bereits angesprochenen schnellen Meßmethodik sind die Daten unmittelbar verfügbar. Somit ist eine echte Bilanzierung der Fracht, Aufenthaltszeiten eingerechnet, möglich. Auch der Einsatz über die Kläranlage hinaus ist somit sinnvoll, z. B. als Instrument

- zur Einleiterüberwachung,
- zur Identifizierung von schwach belastetem Regenwassers,
- zur Differenzierung der Abwässer im Kanalnetz.

Die Überwachung des Kanalnetzes vor Einleiten in die Kläranlage trägt dazu bei, die Effizienz von Kläranlagen zu steigern: Durch Ausnutzung von Speicherkapazitä-

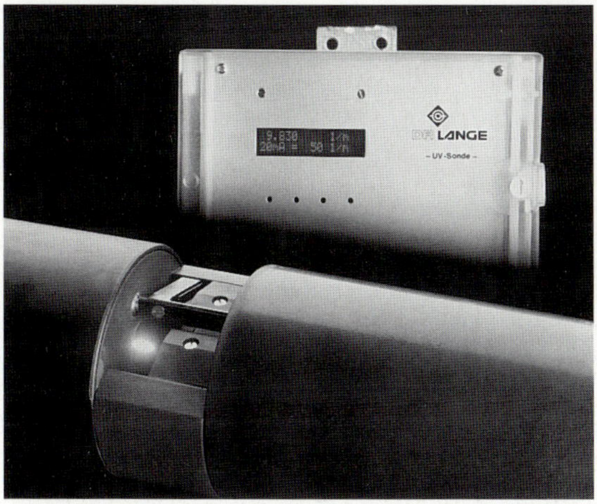

Abb. 3.9-14: Die UV-Prozeß-Sonde

ten können stark und schwach belastete Abwässer identifiziert und daher getrennt voneinander gesammelt werden. Somit wäre die Herstellung einer Art „Normabwasser“ möglich, die die Prozeßstabilität der Kläranlage extrem erhöht und somit Überdimensionierungen vorbeugt.

In vielen Bereichen der (chemischen) Industrie ist es üblich, den SAK auch bei anderen Wellenlängen zur Kontrolle von unterschiedlichsten Prozessen einzusetzen [3.9-31].

Umweltfreundlichkeit, schnelle Verfügbarkeit im kontinuierlichen Betrieb, unkomplizierte Handhabung, Flexibilität, Verzicht auf Probenvorbereitung und damit verbundene Vermeidung von Fehlern und Kosten sind Vorteile, die für die UV-Prozeß-Sonde (Abb. 3.9-14) sprechen.

Literatur

[3.9-1] Ewald, M., FH Niederrhein, Krefeld: unveröffentlichte Ergebnisse, 1991.

[3.9-2] Krauth, Kh., Baumann, P., *ATV-Fortbildungskurs G2, 10,29/10/91*, Fulda und Magdeburg, 1991.

[3.9-3] Nowack, G., Dissertation, Düsseldorf 1991.

[3.9-4] Becker, H.G.O., *Einführung in die Photochemie*, Stuttgart, New York: Thieme Verlag, 2.Auflage 1983.

[3.9-5] Deutsche Einheitsverfahren zur Wasser-, Abwasser- und Schlamm-Untersuchung, DIN 38404 Teil 1-3, C1 – C3, Weinheim: VCH.

[3.9-6] Lange, B., Vejdelek, Z.J., *Photometrische Analyse*, Weinheim: Verlag Chemie, 1987.

[3.9-7] Ueberbach, O., Nowack, G., *Wasserwirtschaft-Wassertechnik* **1993**, *8*, 32.

[3.9-8] Ueberbach, O., Nowack, G., Die kontinuierliche UV-Extinktions-messung als Ersatzparameter für den CSB?, Symposium „Erfahrungen mit Analysen-und Prozeßmeßgeräten in Abwasserreinigungsanlagen, Technische Akademie Esslingen, 12/1993.

[3.9-9] Ueberbach, O., Nowack, G., *Wasser – Qualität – Sicherheit – durch Prozeß-Photometer*, Düsseldorf: Eigen-Verlag, 1994.

[3.9-10] Sontheimer, H., Rohmann U., Spindler S., Wasserchemie für Ingenieure, DVGW-Forschungsstelle am Engeler-Bunte-Institut der Universität Karlsruhe, 186, 1985.

[3.9-11] Sontheimer, H., Fuchs, F., Kühn, W., *Vom Wasser* **1978**, *51*, 1-10.

[3.9-12] Sontheimer, H., Wagner I., *Wasser- und Abwasserforschung* **1977**, *10*, 77-82.

[3.9-13] Mrkva, M., *Wasserwirtschaft – Wassertechnik* **1971**, *21 (8)*, 280-284.

[3.9-14] Mrkva, M., *Wasserwirtschaft – Wassertechnik* **1971**, *21(9)*, 320-323.

[3.9-15] Mrkva, M., *Water Research* **1975**, *9*, 587-589.

[3.9-16] Mrkva, M., *Water Research* **1983**, *17*, 231-235.

[3.9-17] Mrkva, M., *Water Pollution Control Federation* **1969**, *41 (11)*, 1923-1931.

[3.9-18] Matsche, N., Ruider, E., *Wasser – Abwasser – Gewässer* **1982**, *49*, 239.

[3.9-19] Rahmen-Abwasserverwaltungsvorschrift nach 7a WHG, Anhang 1

[3.9-20] Sekoulov, I., Gulyas, H., Holst, H.-J., Weitergehende Abwasserreinigung als Beitrag zum Schutz der Nord- und Ostsee, Beiträge zur Fachtagung, Lübeck-Travemünde, 5.11.92.

[3.9-21] Manka, J., Rebhun, M., Mandelbaum, A., Bortinger, A., *Env. Sci. Technol.* **1974**, *8*, 1017 –1020.

[3.9-22] Rebhun, M., Manka, J., *Env. Sci. Technol.* **1971**, *5*, 606-69.

[3.9-23] Beyer, H., Walter, W., Lehrbuch der Organischen Chemie, Stuttgart: Hirzel Verlag, 22. Auflage 1991.

[3.9-24] Krückels, W., Weyl, R., Bucholz, H., Untersuchung der Adsorption organischer Reststoffe an Aktivkohle unter den Bedingungen der weitergehenden Abwasserreinigung, Stuttgarter Berichte zur Siedlungswasserwirtschaft, Band 58, 35-57.

[3.9-25] Hinkamp, S., Dissertation, TU Clausthal, 1991.

[3.9-26] Janicke, W., *WaBoLu-Berichte* **1983**, *1*, 7-111.
[3.9-27] Achterath, J., Diplomarbeit, FH Düsseldorf 1993.
[3.9-28] Liening, D.; Schmidt, A., *Acta hydrochim.* **1978**, *6 (5)*, 383-386.
[3.9-29] Lienig, D., UV-Absorption, Photometrische Messungen in Ausgewählte Methoden der Wasseruntersuchung, Jena: Gustav Fischer Verlag, 1988.
[3.9-30] Sekoulov, I., Oldenburg, R., TU Hamburg-Harburg: persönliche Mitteilung.
[3.9-31] Philipp, R., OPTEK-DANULAT, persönliche Mitteilung, 1993.

Weiterführende Literatur

Baumann, P., Schmitz, S., *Entsorgungspraxis* **1994**, *1/2*, 60.
Baumann, P., Einsatz von on line-Meßgeräten bei der Dosierung von Kohlenstoffverbindungen zur Verbesserung der Denitrifikation auf kommunalen Kläranlagen, Symposium Erfahrungen mit Analysen- und Prozeßmeßgeräten in Abwasserreinigungsanlagen, Technische Akademie Esslingen, 12/1993.
Baumann, P, Krauth, Kh., *Korrespondenz Abwasser* **1993**, *11*, 1792-1799.
Bourdon, F., Jestin, J. M., Leblanc, F., Control of Reagent Addition in Physical-Chemical Treatment of Wastewater, Recycling in Chemical Water and Wastewater Treatment, 1986, 315-321.
Briggs, R., Schofield, J. W., Gorton, P. A., *Water Pollution Control* **1976**, 47-57.
Bischofsberger, W., Hegemann, W., *Lexikon der Abwassertechnik*, Essen: Vulkan-Verlag, 4. Auflage 1990.
Bunch, R. L., Barth, E. F., Ettinger, M. B, *Water Pollution Control Federation* **1961**, *33*, 122-126.
Clark, L.B., Rosen, R.T., Hartmann, T.G., Alaimo, L.H., Louis, J.B., Hertz, C., Ho C.-T., Rosen, J.D., *Water Pollution Control Federation* **1991**, *63*, 104 –113.
Dobbs, R. A., Wise, R. H., Dean, R. B., *Water Research* **1972**, *6*, 1173-1180.
Edzwald, J. K., Becker W.C., Wattier, K. L., *American Water Works Association* **1985**, *77 (4)*, 122-133.
Foster, P., Morris, A.W., *Water Research* **1971**, *5*, 19-27.
Götz, R., *Chemie-Ing.-Technik* **1977**, *10*, 823-824.
Hahn, J., Meßinstrumentarien im Bereich wasserrechtlicher Regelungen, UTA **1992**, *1*, 30.
Hahn, J., Meßinstrumentarium zum Wasserhaushaltsgesetz (WHG) und Abwasserabgabengesetz (Abw.AG), Grundlagen und Konzept, GDCh-Fortbildungsprogramm Chemie, Normung in der Wasseranalytik – Hilfe und Hürde, Frankfurt am Main, 15-16.12.92.
Hütter, L., *Wasser und Wasseruntersuchung*, Frankfurt/Main: Salle und Sauerländer, 4. Auflage 1990.
Koppe, P., Stozek, A., *Kommunales Abwasser*, Essen: Vulkan Verlag, 2. Aufl. 1990.
Mac Craith, B., Grattan, K.T.V,. Connolly, D., Briggs, R., Boyle, W.J.O., Avis, M., Cross Comparison of Techniques for the Monitoring of Total Organic Carbon (TOC) in Water Sources and Supplies, Proceedings of the 6th IAWQ Workshop on Instrumentation, Control and Automation of Water and Wastewater Treatment and Transport Systems, Hamilton, June, 17.-25.1993, S. 338-347.
Perkampus, H.H., *UV-VIS Spektroskopie und ihre Anwendungen*, Berlin, Heidelberg, New York, Tokyo: Springer-Verlag, 1986.
Rogalla, F., Roudon, G., Ravarini, P., Bourdon, F., Continous Follow-up of Aerated Granular Biofilters with On-Line Sensors, Proceedings des 5. IAWPRC Workshops „Instrumentation, Control and Automation of Water and Wastewater Treatment and Transport Systems“, Yokohama and Kyoto, 8/90, 89-96.
Handbook of Ultraviolet Spectra, Sadtler-Laboratories, London 1979.
Schirp, P., Diplomarbeit, FH Niederrhein, Krefeld 1992.
Scholzen, F., Diplomarbeit, FH Aachen, Jülich 1992.
Schöneborn, C., GDCh-Fortbildungsprogramm Chemie, Normung in der Wasseranalytik – Hilfe und Hürde, Franfurt am Main, 15-16.12.92.

3.10 On line DOC- und TOC-Analytik

Ali Montazem

Landesumweltamt NRW, Düsseldorf

Detlef Bruszies

Institut für Siedlungswasserwirtschaft
RWTH Aachen

Das seit 1974 verwendete aufwendige und umweltbelastende Verfahren zur Bestimmung des Parameters „Chemischer Sauerstoffbedarf (CSB)", wird im Rahmen der amtlichen Überwachung in NRW seit 1992 durch die Bestimmung des „organisch gebundenen Kohlenstoffs (TOC)" ersetzt. Demgegenüber wird im Rahmen der Eigenüberwachung durch die Kläranlagenbetreiber noch regelmäßig, häufig täglich, der CSB analysiert. Inzwischen gibt es am Markt eine Reihe von TOC-Prozeßanalysatoren, die für die Zu- und Ablaufüberwachung von Kläranlagen angeboten werden und geeignet erscheinen. Auf der Versuchsanlage des LUA werden deshalb Untersuchungen durchgeführt mit der Zielsetzung, diese on line-Geräte zu prüfen.

3.10.1 Grundlagen der on line TOC-Messung

Zur Messung des TOC (s. Abschn. 2.5) wird der, in unterschiedlichen Oxidationsstufen im Meßwasser vorhandene, organisch gebundene Kohlenstoff, in quantitativ meßbares CO_2 überführt. Dies geschieht bei den untersuchten Meßgeräten durch thermische Oxidation in Verbrennungsreaktoren. Zuvor muß der als Carbonat bzw. Hydrogencarbonat im Meßwasser vorhandene anorganisch gebundene Kohlenstoff durch Ansäuerung des Meßwassers mit Salzsäure und anschließendem Ausstrippen des entstehenden CO_2 entfernt werden.

$$HCO_3^- + H_3O^+ \rightleftharpoons CO_2 + 2\,H_2O$$

$$CO_3^{2-} + 2\,H_3O^+ \rightleftharpoons CO_2 + 3\,H_2O$$

Die Verbrennungsgase werden einem Gasanalysator zugeführt; dort wird die Konzentration des entstandenen CO_2 im Trägergasstrom quantitativ bestimmt und daraus der TOC-Gehalt des Probengutes ermittelt.

Die untersuchten Analysensysteme verwenden NDIR-Photometer (nicht-dispersive Infrarot-Photometer) zur Gasanalyse, wobei jedoch unterschiedliche Meßverfahren zur Anwendung kommen. Alle nutzen die Absorption des infraroten Lichts, um die Konzentration der Meßkomponenten zu ermitteln. Durch die Absorption von Licht des Infrarotbereichs werden hetero-atomige Moleküle zu Schwingung und Rotation angeregt. Dabei sind die Wellenzahlen, bei denen die Moleküle Licht absorbieren, für die einzelnen Verbindungen charakteristisch.

3.10.2 Überblick über on line TOC-Geräte

Es wurden vier on line TOC-Geräte untersucht:

- das Analysensystem GO-TOC P der Firma Gröger & Obst
- das Analysensystem TOCOR 2 mit Probenaufbereitungseinheit MPA 2 der Firma Maihak
- das Analysensystem TOC-5000 mit Probenaufbereitungseinheit CSM-5000 der Firma Shimadzu
- das Analysensystem TOCAS der Firma Hartmann & Braun/Mannesmann

Der in vielen chemischen Verbindungen enthalten Kohlenstoff ist für die Messung in eine „einheitliche", meßbare Substanz zu überführen. Dies geschieht bei den untersuchten Geräten durch thermische Oxidation der Verbindungen bei ca. 850 °C (bei dem Analysensystem TOC-5000 bei 680 °C) in einem Verbrennungsreaktor. Der enthaltene Kohlenstoff wird dabei in CO_2 überführt. Dieses CO_2 wird mit Hilfe eines Trägergasstromes einem Gasanalysator zugeführt, der die vorliegende Konzentration mißt. Diese ist das Maß für den Kohlenstoff-Gehalt der Probe.

GO-TOC P (Gröger & Obst)

Die filtrierte Originalprobe wird verdünnt und mit einer anorganischen Säure (1%ige Salzsäure) auf pH 2 angesäuert, um den anorganischen Kohlenstoff als CO_2 auszutreiben. Die so behandelte Probe wird kontinuierlich zum Reaktor gefördert und dort verdampft. Der Meßwasserdampf wird im Trägergasstrom über heiße Keramikkugeln geleitet, die im Mittelteil des Reaktors mit einem Katalysator beschichtet sind. Am Gasaustritt des Reaktors sind praktisch alle C-Anteile des Meßwassers zu CO_2 oxidiert (Abb. 3.10-1).

Aus dem Mantel des Oxidationsofens wird Luft gezogen, von CO_2 befreit und als Trägergas mit dem Probenwasser in den Oxidationsofen gebracht. Das entstandene Gasgemisch aus Wasserdampf, Kohlendioxid, Säure und Luft wird über Siphongefäße in den Gaskühler geführt, wo Wasserdampf und Säure auskondensieren. Säure-

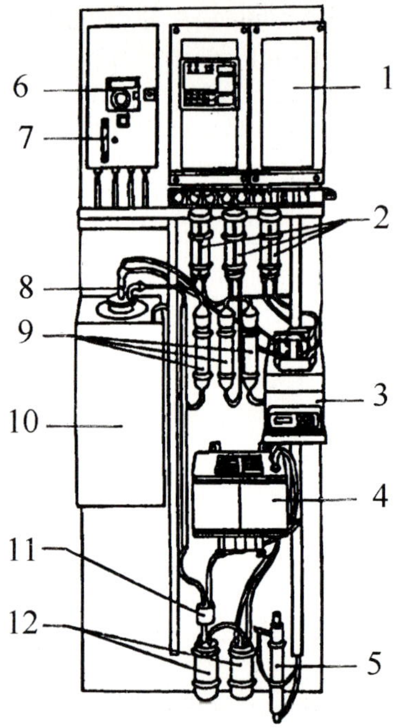

1 Gasanalysator ULTRAMAT 5 F
2 CO_2-Absorber-Patronen
3 Dosierpumpe
4 Gaskühler
5 Ausgasungsgefäß
6 Temperaturregler für den Ofen
7 Durchflußmesser
8 Eintropfrohr
9 Säurefilter Zink/Bronze
10 Oxidationsofen
11 Kondensatfalle
12 Siphongefäße

Abb. 3.10-1: Aufbau des GO-TOC P (Gröger & Obst): 1 Gasanalysator ULTRAMAT 5 F, 2 CO_2-Absorber-Patronen, 3 Dosierpumpe, 4 Gaskühler, 5 Ausgasungsgefäß, 6 Temperaturregler für den Ofen, 7 Durchflußmesser, 8 Eintropfrohr, 9 Säurefilter Zink/Bronze, 10 Oxidationsofen, 11 Kondensatfalle, 12 Siphongefäße

reste (Korrosionsgefahr) werden in Säurefiltern gebunden. Der Gasanalysator ULTRAMAT 5F arbeitet nach dem Infrarot-Zweistrahl-Gegentaktverfahren und mißt den Kohlenstoffgehalt im Probenwasser (Ausgabe in mg/L).

TOCOR 2 und MPA 2 (Maihak)

Das Analysensystem der Firma Maihak besteht aus zwei Geräten:

- Probenvorbereitung MPA 2
- Wasseranalysengerät TOCOR 2

In der Probenaufbereitungseinheit MPA 2 (Abb. 3.10-2) wird die Probe über eine Dosierpumpe angesaugt und in das Ausgasungsgefäß, das mit einer pH-Elektrode ausgestattet ist, eingeleitet. Dort wird der pH-Wert mittels 3%iger Salzsäure auf pH 2 eingestellt und die Probe ausgegast. Hierzu wird kohlenstofffreie Luft aus der Umgebung des Oxidationsofens (TOCOR 2) verwendet. Das Gas enthält nach

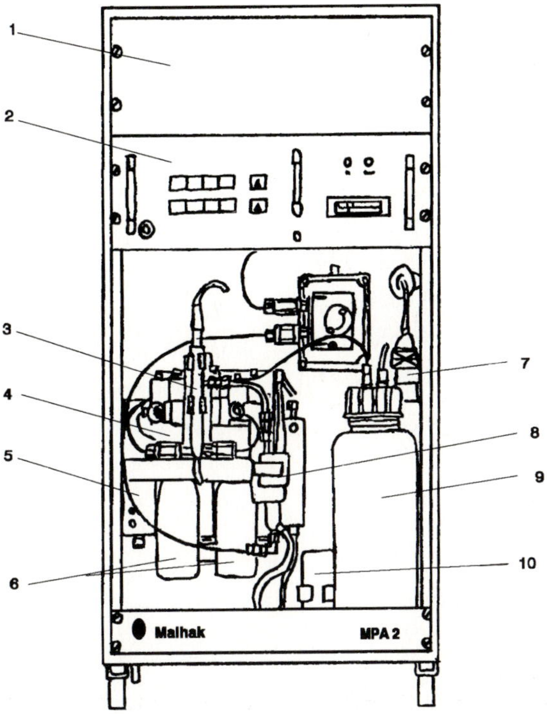

1 Einschubplatz für Zusatzgeräte
2 Steuerteil MST 5
3 Ausgasungsgefäß mit pH-Elektrode
4 Ventilblock
5 Gaskühler
6 Flaschen für Kalibrierflüssigkeiten
7 CO_2-Filter
8 Wasserabscheider
9 Säurebehälter
10 Gasverschluß

Abb. 3.10-2: Aufbau des MPA 2: 1 Einschubplatz für Zusatzgeräte, 2 Steuerteil MST 5, 3 Ausgasungsgefäß mit pH-Elektrode, 4 Ventilblock, 5 Gaskühler, 6 Flaschen für Kalibrierflüssigkeiten, 7 CO_2-Filter, 8 Wasserabscheider, 9 Säurebehälter, 10 Gasverschluß

Durchlaufen des Ausgasungsgefäßes CO_2 (Umwandlungsprodukte der anorganischen C-Verbindungen), und, sofern im Meßwasser vorhanden, leichtflüchtige organische Verbindungen (VOC-Anteil). Das CO_2 wird herausgefiltert, das Gas (VOC-Anteil) wird zusammen mit dem Meßwasser in den Ofen eingeleitet.

Der MPA 2 hat folgende Zusatzfunktionen:

- Umschalten von TOC- auf TC-Messung per Knopfdruck
- 2 Vorratsflaschen für Nullwasser und Kalibrierlösung, die dem Analysensystem per Knopfdruck anstelle des Meßwassers zugeführt werden können
- Option: Automatische Zufuhr der beiden Kalibrierflüssigkeiten in regelmäßigen Zeitabständen, zur Routinekontrolle der Kalibrierung
- Option: Externe Ansteuerbarkeit der Bedienungsfunktionen

Das Analysensystem TOCOR 2 (Abb. 3.10-3) verwendet einen baugleichen Oxidationsofen wie er auch im Gerät der Firma Gröger & Obst enthalten ist. Das Meßverfahren des TOCOR 2 ist identisch mit dem des GO-TOC P. Der Gasanalysator DEFOR arbeitet nach dem Infrarot-Einstrahlverfahren und gibt den Gehalt an Kohlenstoff im Probenwasser in mg/L an.

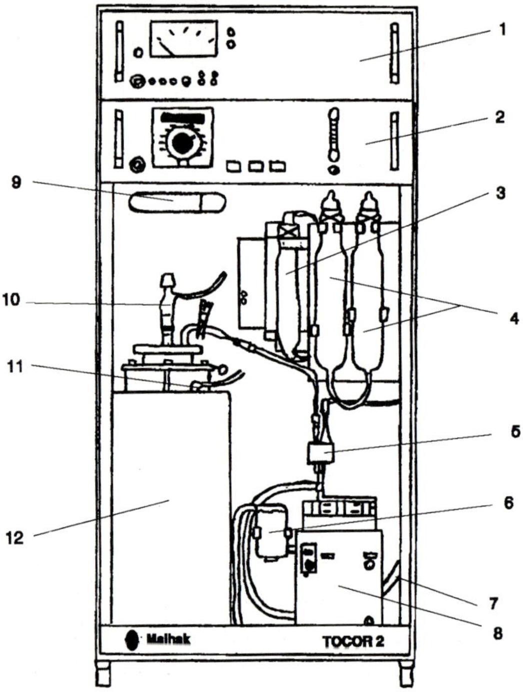

1 Gasanalysator
2 Steuerteil
3 Zink/Bronze-Filter
4 CO_2-Absorber
5 Vorabscheider
6 Gasverschluß
7 U-Gasverschluß
8 Dosierpumpe
9 Leuchte
10 Tropfrohr
11 Trägergasansaugrohr
12 Reaktor

Abb. 3.10-3: Aufbau des TOCOR 2: 1 Gasanalysator, 2 Steuerteil, 3 Zink/Bronze-Filter, 4 CO_2-Absorber, 5 Vorabscheider, 6 Gasverschluß, 7 U-Gasverschluß, 8 Dosierpumpe, 9 Leuchte, 10 Tropfrohr, 11 Trägergasansaugrohr, 12 Reaktor

TOC-5000 (Shimadzu)

Das Gerät der Firma Shimadzu ist ebenfalls in zwei Baugruppen gegliedert:

- Probenvorbereitung CSM-5000
- Wasseranalysengerät TOC-5000

Die programmierbare Steuerung des Analysensystems TOC-5000 ermöglicht eine optimale Anpassung an die jeweilige Aufgabenstellung. Die TOC-Messung kann anhand der Differenzmethode (TOC = TC − IC) oder der Ausgasungsmethode (NPOC: nicht ausblasbarer organischer Kohlenstoff) durchgeführt werden. Für die hier dargestellten Untersuchungen wurde der NPOC-Modus gewählt.

Im Gegensatz zu anderen untersuchten Geräten, arbeitet der TOC 5000 diskontinuierlich (Abb. 3.10-4). Der CSM-5000 entnimmt in einstellbaren Zeitintervallen (hier etwa 6 Minuten) aus dem Gesamtprobenstrom eine Wasserprobe von ca. 10 mL. Diese Probe wird mit Salzsäure (5%ig) angesäuert und im Sammelgefäß über einen vorher bestimmten Zeitraum (z. B. 5 Minuten) ausgegast. Mit Hilfe einer Microliter-Spritze wird ein definiertes Probenvolumen aus dem Ausgasungsgefäß in den

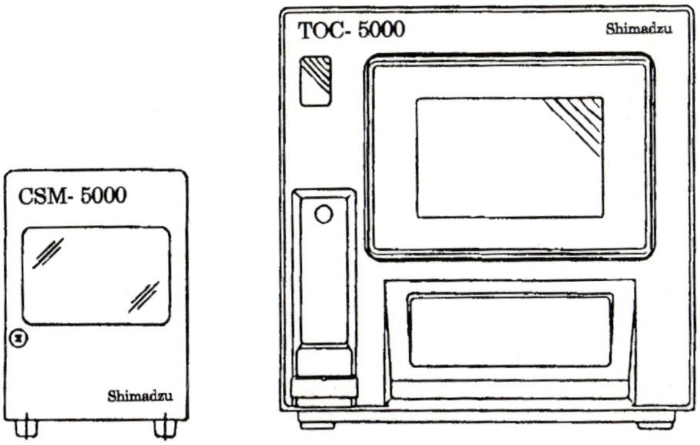

Abb. 3.10-4: Aufbau CSM 5000 (Shimadzu): 1 Schreiber, 2 Gasanalysator URAS, 3 Durchflußmesser, 4 Säurefilter, 5 Kühler, 6 Schlauchpumpe, 7 Tauchung, 8 Kalibrier- und Standardlösung, 9 Säure, 10 CO_2-Absorber, 11 Phasentrenner, 12 Dosierpumpe, 13 Tropfrohr, 14 Oxidationsreaktor

Oxidationsofen injiziert. Dort verbrennt die Probe bei 680 °C zu CO_2 und wird mit hochreiner Luft als Trägergas durch den Gaskühler geleitet und schließlich im NDIR-Gasanalysator (Zweistrahl-Gasfilter-Korrelationsverfahren) gemessen. Das NDIR-Signal wird in einen Peakausschlag umgewandelt, dessen Fläche errechnet wird. Der Flächeninhalt ist dem Gehalt der Probe an organischen Bestandteilen proportional.

TOCAS (Hartmann & Braun)

Die Probe wird zusammen mit Verdünnungswasser auf einen pH-Wert von 1,3 eingestellt, anorganischer Kohlenstoff wird innerhalb einer Stripstrecke als CO_2 entfernt (Abb. 3.10-5). Im darauffolgenden Phasentrenner werden Gasphase und flüssige Phase getrennt; die flüssige Probe wird in den Verbrennungsofen eindosiert, die gasförmige Phase wird über den Gaskühler in den Gasanalysator geführt. Hier wird sie als Vergleichsgas durch die Meßküvetten geführt und anschließend als Verbrennungsluft in den Oxidationsreaktor geleitet. Die bei der Verbrennung bei 780 °C entstandenen Gase werden durch den Gaskühler sowie durch Säurefänger in den Gasanalysator geleitet. Dort wird anschließend die Konzentration des CO_2 Trägergasstromes ermittelt. Der Analysator gibt den TOC in mg/L an.

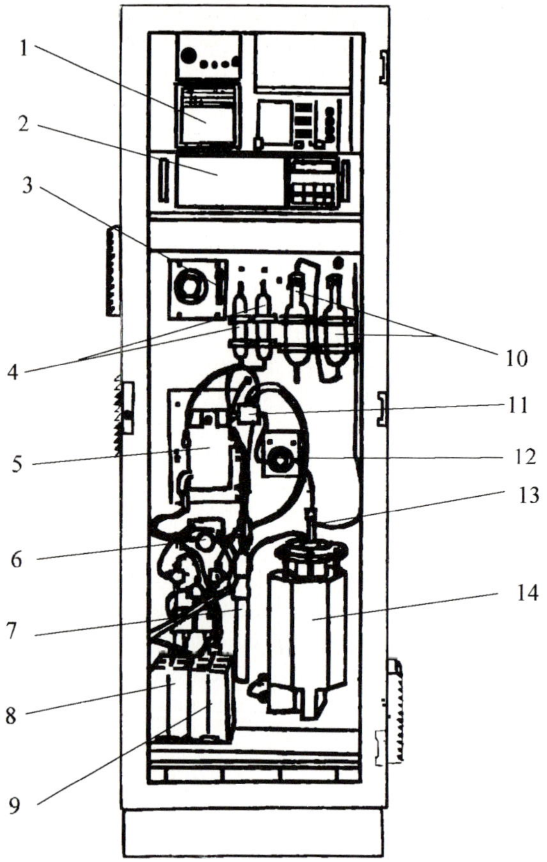

1 Schreiber
2 Gasanalysator URAS
3 Durchflußmesser
4 Säurefilter
5 Kühler
6 Schlauchpumpe
7 Tauchung
8 Kalibrier- und Standardlösung
9 Säure
10 CO_2-Absorber
11 Phasentrenner
12 Dosierpumpe
13 Tropfrohr
14 Oxidationsreaktor

Abb. 3.10-5: TOCAS

3.10.3 Bestimmung der Korrelationen zwischen CSB und TOC

Der Einfachheit halber wird im folgenden immer von TOC gesprochen, auch wenn eigentlich nur ein Anteil des organischen Kohlenstoffs eines Wassers beschrieben wird. Dies geschieht z. B., wenn der organische Kohlenstoff der gelösten oder der ungelösten Stoffe angesprochen wird. Diese Korrelationen wurden einzeln für die gelösten, die ungelösten und die unfiltrierten Abwässer sowie für die, mit unterschiedlichen Probenaufbereitungssystemen vorbehandelten Abwässer des Zulaufes bestimmt. Für den Ablauf der Versuchsanlage wurden die Korrelationen bei den gelösten und den ungelösten Stoffen sowie bei den unfiltrierten Ablaufwässern bestimmt. Im Zulauf wurden dazu für die gelösten Stoffe vereinfacht die Werte des ultrafiltrierten Abwassers verwendet. Die TOC- bzw. CSB-Gehalte der ungelösten Stoffe wurden im Zulauf durch Subtraktion der Konzentrationen der ultrafiltrierten Proben von der der unfiltrierten Proben errechnet. Dabei ist zu beachten, daß diese Vorgehensweise eine Vereinfachung darstellt. Die Stoffe, die mit der Ultrafiltration aus dem Wasser entfernt werden, sind nicht mit der Gesamtheit der ungelösten Stoffe in diesem Wasser identisch.

Im Ablauf wurden, zur Ermittlung der Korrelationen bei den gelösten Stoffen, die Proben über ein gewaschenes Glasfaserfilter gefiltert und die Daten des Filtrates verwendet. Dabei wurden die TOC-Konzentrationen nicht nach DIN bestimmt, sondern mit dem Gerät GO-TOC P. Für die ungelösten Stoffe in den Ablaufwässern wurden die Werte, wie oben für die Zulaufwässer beschrieben, errechnet.

Zur Abschätzung der Bedeutung der ungelösten Stoffe für die TOC- bzw. CSB-Messung wurden die mittleren Verhältnisse

$$\frac{CSB_{ungelöst}}{CSB_{gelöst}} \quad \text{und} \quad \frac{TOC_{ungelöst}}{TOC_{gelöst}}$$

im Zulauf sowie im Ablauf bestimmt. Als Verhältnisse für den Zulauf wurden hier errechnet:

- $\frac{CSB_{ungelöst}}{CSB_{gelöst}} = 4{,}8$
- $\frac{TOC_{ungelöst}}{TOC_{gelöst}} = 3{,}8$

Es überwiegt also hier erheblich der Anteil der ungelösten Stoffe. Im Ablauf der Nachklärung wurden hingegen folgende Verhältnisse errechnet:

- $\frac{CSB_{ungelöst}}{CSB_{gelöst}} = 0{,}4$
- $\frac{TOC_{ungelöst}}{TOC_{gelöst}} = 0{,}1$

Hier spielen die ungelösten Stoffe offenbar quantitativ nur eine geringe Rolle.

Kläranlagenzulauf

Im Zulauf der Kläranlage wurden folgende Korrelationskoeffizienten und Regressionsgeraden ermittelt (Tab. 3.10-1).

Tab. 3.10-1: Korrelation TOC und CSB im Zulauf der Kläranlage [3.10-1]

	Korrelationskoeffizient r	Regressionsgerade
Gelöste Stoffe	0,95	TOC = 0,33 CSB + (4,0 mg/L)
Ungelöste Stoffe	0,87	TOC = 0,32 CSB – (27,8 mg/L)
Unfiltriertes Zulaufwasser	0,89	TOC = 0,30 CSB – (24,3 mg/L)
Filtriertes Wasser (20 µm-Trommelfilter)	0,94	TOC = 0,30 CSB – (19,8 mg/L)
Filtriertes Wasser (50 µm-Trommelfilter)	0,92	TOC = 0,33 CSB – (24,8 mg/L)
Filtriertes Wasser (100 µm-Trommelfilter)	0,93	TOC = 0,32 CSB – (38,9 mg/L)

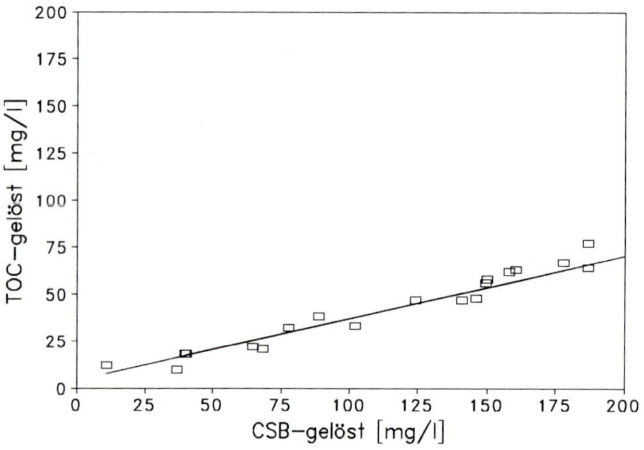

Abb. 3.10-6: Korrelation $TOC_{gelöst}/CSB_{gelöst}$ (Zulauf der Kläranlage) [3.10-1]

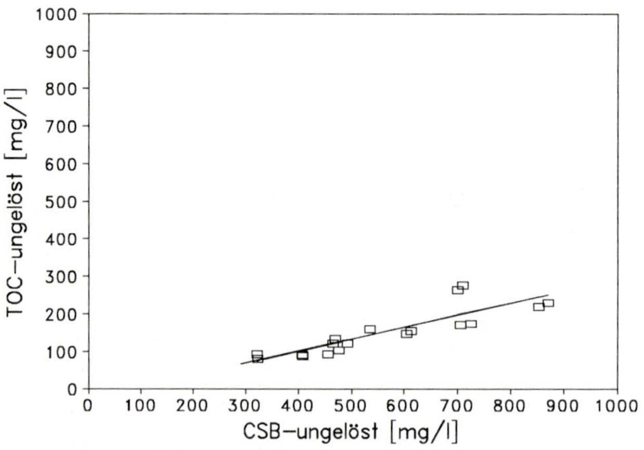

Abb. 3.10-7: Korrelation $TOC_{ungelöst}/CSB_{ungelöst}$ (Zulauf der Kläranlage) [3.10-1]

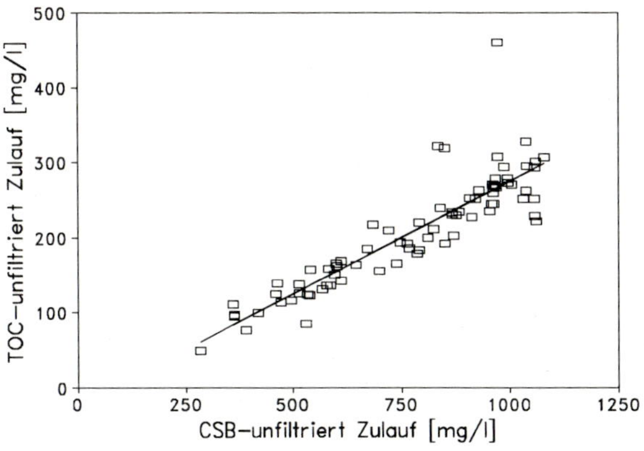

Abb. 3.10-8: Korrelation $TOC_{unfiltriert}/CSB_{unfiltriert}$ (Zulauf der Kläranlage) [3.10-1]

Für die ungelösten Stoffe ist der Korrelationskoeffizient niedriger, als für die gelösten Stoffen. Somit scheinen die ungelösten Stoffe in ihrer Zusammensetzung insgesamt uneinheitlicher als die gelösten Stoffe. Die Regressionsgeraden unterscheiden sich im Koeffizienten kaum, was vermuten läßt, daß sich der durchschnittliche Oxidationsgrad des Kohlenstoffs bei ungelösten und gelösten Stoffen nicht stark unterscheidet. Sie unterscheiden sich allerdings deutlich in ihren additiven Konstanten.

In den Abb. 3.10-6 bis 3.10-8 ist die Abhängigkeit des TOC vom CSB jeweils für die gelösten und die ungelösten Stoffe sowie für das unfiltrierte Rohabwasser nochmals grafisch dargestellt.

Kläranlagenablauf

Für den Ablauf der Nachklärung wurden folgende Korrelationskoeffizienten und Regressionsgeraden ermittelt (Tab. 3.10-2).

Der Zusammenhang zwischen TOC und CSB ist hier ein völlig anderer als im Zulauf der Kläranlage, wie auch schon aus den Gleichungen der Regressionsgeraden erkennbar ist.

In den Abb. 3.10-9 bis 3.10-11 sind die Korrelationen von TOC und CSB im Ablauf der Kläranlage im einzelnen aufgezeigt.

Tab. 3.10-2: Korrelation TOC und CSB im Ablauf der Kläranlage [3.10-1]

	Korrelationskoeffizient *r*	Regressionsgerade
Gelöste Stoffe	0,93	TOC = 0,19 CSB + (7,4 mg/L)
Ungelöste Stoffe	0,78	TOC = 0,17 CSB – (0,6 mg/L)
Unfiltriertes Ablaufwasser	0,93	TOC = 0,12 CSB + (9,8 mg/L)

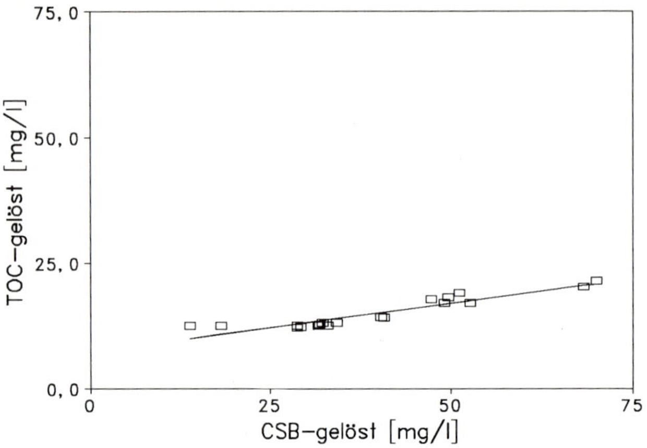

Abb. 3.10-9: Korrelation $TOC_{gelöst}/CSB_{gelöst}$ (Ablauf der Kläranlage) [3.10-1]

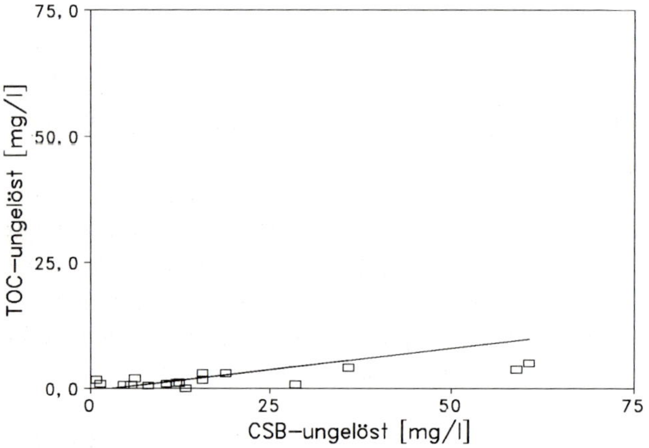

Abb. 3.10-10: Korrelation $TOC_{ungelöst}/CSB_{ungelöst}$ (Ablauf der Kläranlage) [3.10-1]

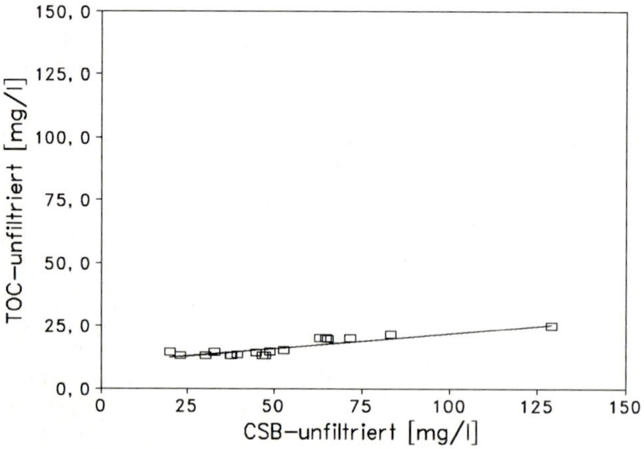

Abb. 3.10-11: Korrelation $TOC_{unfiltriert}/CSB_{filtriert}$ (KA-Ablauf) [3.10-1]

Diskussion der Ergebnisse

Die lineare Korrelation des TOC mit dem CSB ist für das untersuchte Zulaufabwasser eindeutig nachgewiesen. Die Steigung der ermittelten Regressionsgerade betrug für unfiltrierte Proben des Zulaufs 0,30. Wird der x-Achsenabschnitt der Regressionsgeraden außer Acht gelassen, entspricht dies einem mittleren Verhältnis CSB/TOC von $(0{,}30)^{-1} = 3{,}33$. Richterich [3.10-2] hatte für unfiltrierte Stichproben des Zulaufs ein mittleres CSB zu TOC- Verhältnis von 3,35 angegeben. In Untersuchungen an Ruhrverbandskläranlagen wurde für das mittlere Verhältnis von CSB/TOC ein Wert von 3,1 ermittelt [3.10-3].

Die hier dargestellten Ergebnisse stimmen gut mit den Literaturwerten überein. Bei gesonderter Betrachtung der gelösten Stoffe und der ungelösten Stoffe konnten keine signifikanten Unterschiede im Verhältnis CSB/TOC festgestellt werden. Der Oxidationsgrad des Kohlenstoffs unterscheidet sich offenbar bei den gelösten und den ungelösten nicht signifikant. Ein deutlicher Unterschied zwischen den gelösten Stoffen einerseits, und den ungelösten Stoffen sowie den unfiltrierten bzw. stark partikelhaltigen Proben anderseits, ist aber bei den additiven Konstanten der Regressionsgeraden zu erkennnen. Die Regressionsgeraden verlaufen bei den ungelösten Stoffen deutlich nicht durch den Nullpunkt des Koordinatensystems. Auch in Abb. 3.10-8, hier wird die Korrelation zwischen dem TOC und dem CSB des unfiltrierten Rohabwasser dargestellt, verläuft die Regressionsgerade nicht durch den Nullpunkt. Unter diesen Versuchsbedingungen erfaßt die CSB-Messung anscheinend einen Anteil der Inhaltsstoffe des Wassers, den die TOC-Messung nicht erfaßt. Dabei handelt es sich unabhängig vom CSB- oder TOC-Gehalt der Probe um einen relativ konstanten Betrag. Wenn man den x-Achsenabschnitt der Regressionsgerade berechnet, so liegt dieser bei den unfiltrierten Abwässern bei CSB = 81 mg/L, bei den ungelösten Stoffen bei CSB = 87 mg/L.

Dies gilt auch für stark partikelhaltige Abwässer. Der x-Achsenabschnitt liegt hier jeweils in ähnlicher Größenordnung, wie beim unfiltrierten Rohabwasser (CSB = 66 mg/L beim 20 µm-Trommelfilter, CSB = 75 mg/L beim 50 µm-Trommelfilter und CSB = 122 mg/L beim 100 µm-Trommelfilter).

Bei Betrachtung der gelösten Stoffen, korrekter – beim Ultrafiltrat, verläuft die Regressionsgerade hingegen nahezu durch den Nullpunkt des Koordinatensystems.

Für diesen Sachverhalt sind verschiedene Ursachen denkbar:

- Bei dem gefundenen CSB-Anteil eines Bereiches zwischen 70–100 mg/L handelt es sich um anorganische Substanzen, die durch den CSB erfaßt werden und nicht dem TOC angehören, oder um organische Substanzen die durch das Meßverfahren der CSB-Messung erfaßt werden, nicht aber durch das Meßverfahren der TOC-Messung.
- Durch die Probenbehandlung (Einfrieren, Auftauen, Ausstrippen des TIC als CO_2) wird ein relativ konstanter Betrag des TOC bei den einzelnen Proben vor der Messung entfernt.

Welche dieser Ursachen inwieweit der Grund für den oben erwähnten Sachverhalt ist, verbleibt zu klären. Dies hat zur Folge, daß für die Umrechnung des TOC in den abwasserrechtlich relevanten CSB beim Rohabwasser, die Verwendung des Verhältniswertes CSB/TOC als eine grobe Vereinfachung anzusehen ist. Um den bei der TOC-Messung nicht erfaßten Anteil zu berücksichtigen, kann zur Umrechnung die ermittelte Regressionsgerade verwendet werden.

Die Korrelation des TOC mit dem CSB im Kläranlagenablauf hängt einerseits von der Zusammensetzung des Abwassers ab und andererseits von der Prozeßführung der Anlage. Sie unterscheidet sich daher deutlich von der Korrelation im Zulauf. Die Steigung der Regressionsgeraden liegt, je nachdem ob filtriertes oder unfiltriertes Wasser oder die ungelösten Stoffe betrachtet werden, im Bereich von 0,12 bis 0,19 und verläuft damit wesentlich flacher als die Steigung der Regressionsgeraden im Zulauf. Die Korrelationen des Ablaufs sind nicht vergleichbar mit denen, die durch Richterich zwei Jahre zuvor auf der Versuchsanlage des LUA ermittelt wurden [3.10-2]. Die ermittelte Steigung der Regressionsgeraden für unfiltriertes Wasser des Ablaufs betrug 0,264 und unterscheidet sich damit deutlich von der hier gefundenen Steigung von 0,12 für unfiltriertes Wasser des Ablaufs. Da sich die Korrelation von TOC und CSB im Zulauf nicht verändert hat, wird hier der Einfluß, den die veränderte Prozeßführung der Versuchsanlage auf die Korrelation im Ablauf hat, deutlich.

3.10.4 Vergleich der Gerätemeßwerte mit DIN-Vergleichsmessungen

Für die Messung des TOC-Gehaltes im Zulauf ist für alle getesteten Geräte die ultrafiltrierte Probe unproblematisch. Die mittleren absoluten Abweichungen der Gerätemeßwerte von den DIN-Bestimmungen liegen im Mittel bei 5 mg/L TOC. Bezogen auf den jeweiligen DIN-Meßwert liegen die mittleren Abweichungen zwischen 10 und 25% und damit innerhalb der Grenzen, die die Selbstüberwachungsverordnung für den CSB vorgibt.

Wird zur Probenaufbereitung ein Trommelfilter verwendet (Gehalte von abfiltrierbaren Stoffen von 100–500 mg/L), liegen die Werte der Geräte TOCAS und GO-TOC P im allgemeinen unter den Werten der DIN-Analysen. Die beiden anderen Geräte liegen hier näher an den Ergebnissen der DIN-Analysen. Die mittleren Abweichungen bezogen auf den jeweiligen DIN-Meßwert liegen je nach Gerät und Meßreihe im Bereich zwischen 10–30%.

Bei der Bestimmung des TOC im Ablauf liegen die Abweichungen der Gerätemeßwerte von den DIN-Meßwerten im Bereich von 15–45%. Dies entspricht mittleren absoluten Abweichungen im Bereich von 2,5–7,5 mg/L. Da die untersuchten Konzentrationen des TOC im Vergleich zum Meßbereich der eingesetzten Geräte sehr klein waren, wurden hier derartig hohe Abweichungen im Bezug auf den jeweiligen DIN-Meßwert ermittelt. Bei der Verwendung anderer Meßbereiche wären hier wahrscheinlich bessere Ergebnisse erzielt worden.

3.10.5 Zusammenfassung

Untersuchungen auf der halbtechnischen Versuchsanlage des Landesumweltamtes NRW (LUA) ergaben eine eindeutige Korrelation zwischen dem DIN-CSB und dem DIN-TOC sowohl im Kläranlagenzulauf als auch im -ablauf. Es kann in der Regel für jede Abwasserbehandlungsanlage ein anlagen- und probenahmestellenspezifisches CSB/TOC-Verhältnis ermittelt werden, das seine Gültigkeit zunächst über den gesamten relevanten Konzentrationsbereich behält. Größere Veränderungen in der Abwasserzusammensetzung können jedoch zu einer Veränderung dieses CSB/TOC-Verhältnisses führen.

Ein Ersatz der DIN-CSB Messung im Labor durch on line TOC-Messungen vor Ort ist zumindest im Rahmen der Selbstüberwachung prinzipiell möglich. Alle im Rahmen dieser Untersuchung verwendeten on line TOC-Geräte (Maihak, Shimadzu, Gröger & Obst, Hartmann + Braun) sind in der Lage eine zuverlässige on line-Überwachung zu gewährleisten. Ihre während der Versuche erbrachten Meßergebnisse mit realem Abwasser waren qualitativ den Labor-DIN-Analysen ebenbürtig. Da jedoch zumindest die untersuchten on line TOC-Geräte größere Partikel in der Probe nicht tolerieren, sind die Abwässer zuvor durch eine Filtration aufzubereiten. Zu diesem Zweck kamen bei den durchgeführten Untersuchungen sowohl Ultrafiltrationsmodule als auch Papier-Bandfilter und Trommelsiebe zum Einsatz. Hierbei zeigt sich allerdings die Problematik der on line TOC Bestimmung; durch den zwingend erforderlichen Einsatz einer Probenaufbereitung wird ein Teil der organischen Belastung zurückgehalten, so daß die on line TOC-Messung zu Minderbefunden führt. Ein Vergleich der Ergebnisse aus filtrierten und unfiltrierten Proben zur DIN-CSB, DIN-TOC und on line TOC Bestimmung zeigt allerdings, das ein anlagenspezifisches Verhältnis zwischen filtrierten und unfiltrierten Proben besteht und es somit möglich ist, die mit Probenfiltrat gemessenen on line TOC-Werte unter Berücksichtigung der Meßstelle (Zulauf oder Ablauf) und der Gerätestreuung auf entsprechende unfiltrierte CSB- bzw. TOC-Werte umzurechnen.

Literatur

[3.10-1] Löhr, M., Diplomarbeit an der Fachhochschule Aachen, 1994.
[3.10-2] Richterich, T., Diplomarbeit an der Fachhochschule Aachen, 1992.
[3.10-3] Koppe, P., Stozek, A., *Kommunales Abwasser*, Essen: Vulkan Verlag, Essen, 1990.

3.11 On line N- und P-Analytik

Ali Montazem

Landesumweltamt NRW, Düsseldorf

Detlef Bruszies

Institut für Siedlungswasserwirtschaft, RWTH Aachen

Die kontinuierliche Einhaltung von Überwachungswerten, umfangreiche Dokumentation der Betriebsdaten und nicht zuletzt ein möglichst geringer Energiebezug, – dies sind heute die Anforderungen an den Betrieb von Kläranlagen, die sowohl vom Betreiber, als auch vom Gesetzgeber gestellt werden. Einen entscheidenden Beitrag zur Erfüllung dieser Anforderungen kann hier die analytische Überwachung und Optimierung des Klärprozesses anhand des Einsatzes modernster on line-Meßtechnik leisten.

Grundanforderungen an die eingesetzten on line-Prozeßmeßgeräte sind die Repräsentativität, Zuverlässigkeit, Vollständigkeit, Genauigkeit und die sofortige Verfügbarkeit der erhaltenen Meßdaten. Darüber hinaus können weitere Anforderungen an die Daten von Interesse sein, die zur weiteren Verarbeitung, zur Steuerung oder auch zur Fernübertragung erforderlich sind.

Zu den wichtigsten Parametern für die Überwachung, Steuerung und Regelung einer Abwasserreinigungsanlage gehören die Ammonium-, die Nitrat- und die Phosphatkonzentration. Der Kläranlagenbetreiber kann hier inzwischen aus einer Vielzahl von unterschiedlichen on line-Prozeßanalysatoren wählen. Da die Meßgenauigkeit und die Betriebssicherheit dieser Geräte entscheidenden Einfluß auf den sicheren und stabilen Betrieb einer Kläranlage haben kann, werden auf der halbtechnischen Versuchskläranlage (HTK) des Landesumweltamtes NRW (LUA) in Zusammenarbeit von LUA und RWTH Aachen seit einiger Zeit on line-Prozeßanalysatoren auf ihre Praxistauglichkeit hin untersucht. Aufgrund des schnellen technischen Fortschrittes und der großen Anzahl der Anbieter soll hier jedoch kein Anspruch erhoben werden, alle derzeit erhältlichen Geräte testen zu können. Die untersuchten Meßgeräte wurden kostenlos von den Herstellerfirmen zur Verfügung gestellt, wobei die Auswahl und Spezifikationen den jeweiligen Firmen überlassen war.

3.11.1 Überblick über on line-Prozeßanalysatoren

Die auf der HTK untersuchten on line-Prozeßanalysatoren zur Bestimmung der anorganischen abwasserrelevanten Parameter (NH_4-N, NO_3-N, PO_4-P) arbeiteten entweder nach dem **photometrischen Verfahren** oder nach dem **potentiometrischen Verfahren.**

Tabelle 3.11-1 gibt eine Übersicht der untersuchten Geräte wieder, unterschieden wurde hier zusätzlich nach permanenter (kontinuierlicher) und nicht permanenter (diskontinuierlicher) Probenahme. Ferner wurden die Geräte, die zur Probenaufbereitung eine Ultrafiltration benötigen, gesondert gekennzeichnet.

Tab. 3.11-1: Übersicht der untersuchten Geräte [3.11-1, 3.11-2]

Gerätebezeichnung	Hersteller	Probenahme:	Takt	Ultrafiltration
Photometrische Nitrat on line Analysatoren				
Nitrax	Dr. Lange	kontinuierlich		ja
App 5003	ME Instrument	diskontinuierlich	22 min	ja
Potentiometrische Nitrat on line Analysatoren				
Nitrate Analyzer	Contronic	diskontinuierlich	15 min	nein
Photometrische Phosphat on line Analysatoren				
Phosphax	Dr. Lange	kontinuierlich		ja
App 5003	ME Instrument	diskontinuierlich	8 min	ja
Photometrische Ammonium on line Analysatoren				
Amtax	Dr. Lange	kontinuierlich		ja
Amtax Inter	Dr. Lange	diskontinuierlich	5 min	ja
Adi 2015	Deutsche Metrohm	diskontinuierlich	11 min	ja
App 5003	ME Instrument	diskontinuierlich	17 min	ja
Potentiometrische Ammonium on line Analysatoren				
Genion NH	Stip	kontinuierlich		nein
Analyser A100	WTW	kontinuierlich		ja
8810 Analyser	Zellweger	diskontinuierlich	8 min	nein
ADI 2013	Deutsche Metrohm	diskontinuierlich	10 min	ja
Ammonia Analyzer	Contronic	diskontinuierlich	10 min	ja

3.11.2 Meßverfahren

Photometrische Analyse

Bei der photometrische Analysen erfolgt die Bestimmung der Konzentration farbiger oder im UV/VIS-Bereich absorbierender Lösungen durch Messung der Extinktion bei feststehenden Wellenlängen mittels photoelektrischen Detektoren (s. Abschn. 3.7). Der auf der Photozelle auftreffende Lichtstrahl erzeugt einen Strom, dessen Stromstärke proportional der Lichtintensität ist und mit einem Amperometer gemessen werden kann.

Sind in einer Lösung Ionen oder Moleküle enthalten, die im UV/VIS-Bereich kein Absorptionspektrum haben, sind diese Substanzen durch chemische Reaktionen in Substanzen mit Absorptionspektrum zu überführen, um sie für die Photometrie meßbar zu machen.

- **Ammonium:** Nach Alkalisierung auf pH 13 reagiert Ammoniak mit Hypochlorit zu Monochloramin, das in einer katalysierten Zweistufenreaktion mit Thymol ein blaues Indophenol bildet.
- **Nitrat:** Nitrat wird im alkalischen mit Hydrazin in Gegenwart des Katalysators Kupfersulfat zu Nitrit reduziert. Nitrit wird unter Verwendung von Salzsäure bestimmt. Nitritionen diazotieren dabei durch Sulfanilamid in saurer Lösung. Zusammen mit N-(1-Naphtyl)-ethylendiamin bildet das Diazoniumsalz einen pinkfarbenen Farbstoff dessen Konzentration photometrisch erfaßt wird.

Der photometrischen Messung des Dr. Lange Nitrax liegt keine chemische Reaktion zugrunde, vielmehr wird hier die UV-Absorption der Probe bei zwei Wellenlängen oberhalb von 200 nm gemessen.

- **Phosphat:** Orthophosphat-Ionen reagieren in stark saurem Bereich mit Vanadat zu Ammoniumphosphorvanadat.

Potentiometrische Analyse

Zur potentiometrischen Erfassung von Ammonium und Nitrat werden gassensitive Elektroden eingesetzt. Darunter werden potentiometrische Meßketten verstanden, deren elektrische Spannung das Maß für eine Gaskonzentration ist.

Freie Gase enthalten bei Zimmertemperatur keine Ionen. Sie sind deshalb mit potentiometrischen Methoden nur meßbar, wenn sie mit Wasser Ionen-Gleichgewichte bilden. So wird zur Messung der Ammoniumkonzentration im Wasser das Ionen-Gleichgewicht des Ammoniaks verwendet, wobei das Ammonium in meßbares Ammoniak überführt wird.

3.11.3 Untersuchungen

Die Meßwerte der on line-Geräte wurden regelmäßig durch stichprobenartige Vergleichsmessungen überprüft. Die Proben wurden dazu jeweils direkt dem Zulauf der Geräte entnommen. Die Ablesung der zugehörigen Meßdaten erfolgte anschließend um die einzelnen Ansprech- bzw. Reaktionszeiten zeitversetzt.

Zusätzlich zu den Messungen im on line-Betrieb mit Abwassermatrix wurden alle Meßgeräte mit Standardlösungen überprüft. Die Konzentrationen der hierbei verwendeten Standardlösungen lagen zwischen 5–90 mg NH_4-N/L, 2–40 mg NO_3-N/L und 1–15 mg PO_4-P/L. Die vergleichenden Bestimmungen der Stickstoff- und Phosphor-Parameter wurden teilweise mittels Küvettenschnelltests vorgenommen. Eine Überprüfung der Schnelltestmethoden mittels genormter Verfahren erbrachte eine weitgehende Übereinstimmung von Schnelltest- und Normverfahren.

Meßgenauigkeit

Hinsichtlich der Meßgenauigkeit von on line-Meßgeräten sind die Anforderungen an die Meßgenauigkeit in Abhängigkeit vom Einsatzbereich und den dort zu erwartenden Konzentrationen sowie dem Einsatzzweck zu definieren. Es ist hierbei zwischen einer Überwachungs- und/oder Steuer-/Regelfunktion zu unterscheiden. Bei einem Einsatz als Meßglied in einer Steuerung/Regelung sind Anforderungen an die Genauigkeit in der Regel nicht so hoch anzusetzen wie bei einer Verwendung als Überwachungsgerät.

Im allgemeinen werden Meßergebnisse durch zufällige und/oder sytematische Abweichungen verfälscht, d. h. die Überprüfung der on line-Geräte durch ein gleichfalls mit Fehlern behaftetes Meßverfahren erbringt nur eine relative Aussage zur Genauigkeit. Bei Betrachtung der Daten in Tab. 3.11-2 sollte diese Tatsache berücksichtigt werden. Angegeben sind hier jeweils der mittlere absolute Meßfehler in mg/L und der mittlere relative Meßfehler bezogen auf den jeweiligen Meßbereichsendwert.

Alle untersuchten Geräte zeigen eine gute bis sehr gute Meßgenauigkeit, die in der Regel sowohl für die Überwachung einer Kläranlage, als auch für die Steuerung und Regelung durchaus ausreichend sind.

Die bisher getroffenen Aussagen bezogen sich auf den Vergleich von Einzelwerten innerhalb eines recht kurzen Zeitraumes. Für die Genauigkeit von Meßsystemen ist jedoch in gleicher Weise zu fordern, daß dieses Kriterium auch über einen langen Zeitraum erfüllt wird. Inwieweit dies tatsächlich der Fall ist, konnte anhand der Vergleichsuntersuchungen nicht durchgängig beantwortet werden.

Tab. 3.11-2: Mittlere Meßfehler der untersuchten on line-Prozeßanalysatoren [3.11-1, 3.11-2]

Gerätebezeichnung	Hersteller	mittl. Meßfehler* [%]	mittl. Meßfehler** [mg/L]
Photometrische Nitratmessung			
Nitrax	Dr. Lange	2,4	0,6
App 5003	ME Instrument	2,5	0,5
Potentiometrische Nitratmessung			
Nitrate Analyzer	Contronic	4,5	1,8
Photometrische Phosphatmessung			
Phosphax	Dr. Lange	2,9	0,4
App 5003	ME Instrument	2,5	0,3
Photometrische Ammoniummessung			
Amtax	Dr. Lange	1,5	0,6
Amtax Inter	Dr. Lange	2,1	0,4
Adi 2015	Deutsche Metrohm	1,4	1,4
App 5003	ME Instrument	5,7	1,1
Potentiometrische Ammoniummessung			
Genion NH	Stip	1,2	0,6
Analyser A100	WTW	1,4	1,0
8810 Analyser	Zellweger	2,1	2,1
ADI 2013	Deutsche Metrohm	8,3	6,6
Ammonia Analyzer	Contronic	6,8	6,8

* bezogen auf den Meßbereichsendwert
** absolute Abweichung (Vorzeichenneutral)

Reaktionszeiten

Jedes kontinuierlich arbeitende Meßsystem besitzt eine entsprechende Reaktionszeit, die geräte- und meßprinzipspezifisch ist. Das heißt für on line-Prozeßanalysatoren, daß Konzentrationsänderungen erst mit einem Zeitversatz registriert werden können. Dabei ist in Summe diese Zeitverzögerung von mehreren Faktoren abhängig, nämlich von der Zuleitungslänge, von der Probenaufbereitung sowie schließlich von dem jeweiligen Gerätetyp. Die Prozeßanalysesysteme sollten möglichst nahe bei der Meßstelle eingesetzt werden, um lange Zuleitungen zu vermeiden und die daraus resultierende Reaktionszeit zu minimieren bzw. auch mögliche unerwünschte chemische/biochemische Umsetzungen zu verhindern.

In der Regel wird für den Betrieb von on line-Prozeßanalysensystemen in Kläranlagen der Einsatz von vorgeschalteten Probenaufbereitungseinheiten vorausgesetzt. Einige der hier untersuchten Geräte kommen jedoch ohne Probenaufbereitung aus.

Für die Gesamtreaktionszeit des Systems Probenaufbereitung-on line-Gerät kann die Reaktionszeit der Probenaufbereitung von entscheidender Bedeutung sein. Da die jeweils erforderliche Probenaufbereitung auf den Einsatzzweck auszulegen ist, werden in Tab. 3.11-3 nur die reinen Gerätereaktionszeiten angegeben. Zur Ermittlung der Gesamtreaktionszeit ist im Einzelfall die entsprechende Reaktionszeit der evtl. erforderlichen Probenaufbereitung zu addieren.

Tab. 3.11-3: Mittlere Reaktionszeiten und t_{90}-Zeiten der untersuchten on line-Prozeßanalysatoren [3.11-1, 3.11-2]

Gerätebezeichnung	Hersteller	mittl. Reaktionszeit [min]	mittl. t_{90}-Zeit [min]
Photometrische Nitratmessung			
Nitrax	Dr. Lange	3	6
App 5003	ME Instrument*	22	44
Potentiometrische Nitratmessung			
Nitrate Analyzer	Contronic*	15	30
Photometrische Phosphatmessung			
Phosphax	Dr. Lange	10	16
App 5003	ME Instrument*	8	16
Photometrische Ammoniummessung			
Amtax	Dr. Lange	14	22
Amtax Inter	Dr. Lange*	5	5
Adi 2015	Deutsche Metrohm*	11	22
App 5003	ME Instrument*	17	34
Potentiometrische Ammoniummessung			
Genion NH	Stip	7	25
Analyser A100	WTW	4	6
8810 Analyser	Zellweger*	8	8
ADI 2013	Deutsche Metrohm*	8	16
Ammonia Analyzer	Contronic*	10	19

* diskontinuierliche Messung, daher Totzeit = 1 Taktzeit

Eine Bewertung dieser Gerätereaktionszeit ist abhängig vom Einsatzort und Einsatzzweck. Dabei ist entweder eine reine Überwachungsfunktion des Gerätes in Betracht zu ziehen oder aber ein Einsatz als Meßwertgeber in Steuer-/Regelkreisen zu berücksichtigen. Für den ersten Einsatzbereich ist maßgebend, daß Konzentrationsschwankungen lediglich registriert werden und keine weitere Reaktion auslösen, folglich die Reaktionszeit eine untergeordnete Rolle spielt. Im Gegensatz dazu sind die Meßgeräte zu sehen, über die die Verfahrenstechnik gesteuert/geregelt wird, denn hierzu werden generell relativ kurze Ansprechzeiten benötigt. Andererseits gilt es auch hier, in Abhängigkeit von der Verfahrenskonfiguration ein geeignetes, dem System und dem Steuer/Regelalgorithmus angepaßtes sowie hinreichend „schnelles“ Meßsystem auszuwählen. Bei der Erstellung von Steuerungs-/Regelungsstrategien ist deshalb zu berücksichtigen, daß keine Echtzeitsysteme gegeben sind.

Es wurden sowohl die Reaktionszeiten bis zur ersten Anzeige einer Konzentrationsänderung als auch die t_{90}-Zeiten ermittelt, wobei die t_{90}-Zeit die Zeitdauer bis zur Anzeige von 90% der Endkonzentration einer sprunghaften Konzentrationsänderung umfaßt.

3.11.4 Verfügbarkeit

Neben der Meßgenauigkeit und der Reaktionszeit ist die Verfügbarkeit der Meßsysteme von entscheidender Bedeutung. Eine genaue und schnelle Messung ist von geringem Nutzen, wenn das zugehörige Gerät durch ständige Betriebsausfälle glänzt.

Im Vergleich zu einem normalen Betrieb in einer Kläranlage mit definierten Randbedingungen waren die Geräte im Versuchsbetrieb mit wechselndem Einsatzort und unterschiedlichen Beanspruchungen härteren Anforderungen ausgesetzt. Im allgemeinen lag bei den Geräten aus der Serienproduktion eine hohe Verfügbarkeit mit über 90% vor. Bei einigen Geräten waren über einen Zeitraum von mehr als einem halben Jahr keine Ausfälle zu verzeichnen. Bedenkt man, daß gerade bei den naßchemisch arbeitenden Meßsystemen komplexe Reaktionen ablaufen, beweist dies, daß solche Geräte durchaus ausgereift sind und einen hohen technischen Standard verkörpern, mithin den Anforderungen der Praxis gerecht werden. Gegenüber den Geräten aus der Produktion wiesen die Vorseriengeräte bzw. Sonderausführungen einen deutlichen Abfall im Hinblick auf die Verfügbarkeit auf. Dennoch konnte mit solchen Meßgeräten zumindest über 80% des Untersuchungszeitraums kontinuierlich gemessen werden. Nahezu ohne Ausnahme traten sowohl bei den Serien- wie Vorseriengeräten die Störungen, die zu Betriebsunterbrechungen führten in längeren Zeitabständen auf und konnten relativ schnell behoben werden.

3.11.5 Betriebserfahrungen

Nitrax (Dr. Lange)

Das Verfahren benötigt eine Ultrafiltration. Durch den Druck der Ultrafiltration wird die Probe in die Küvette gefördert, eine Pumpe ist nicht erforderlich. Es besteht die Möglichkeit, Laborflüssigkeiten (z. B. Standard) manuell über die integrierte Dosierpumpe in die Meßküvette zu fördern; der Probenzufluß aus der Ultrafiltration wird in dieser Zeit automatisch unterbrochen. Die Kombination von Amtax, Phosphax und Nitrax ist generell möglich. Das Gerät Nitrax sollte in diesem Fall als letztes Gerät geschaltet sein, da bei der automatischen Reinigung die HCl-Lösung die Probe verändert und nachgeschaltete Geräte in ihrer Messung beeinträchtigt werden. Das Gerät ist praktisch wartungsfrei. Nur die Standard/Reinigungslösung (5%ige HCL) muß etwa alle 30 Tage aufgefüllt werden. Zu beachten ist ferner, daß das im Gerät liegende Trockenmittel bei Bedarf regeneriert wird, um ein Beschlagen der Meßküvette zu verhindern.

APP 5003 (ME Instrument)

Der Analysator APP 5003 der Firma ME Instrument GmbH ist ein diskontinuierlich arbeitender und vielseitig einsetzbarer Überwachungsautomat, der unter anderem NO_x (Nitrat und Nitrit), Phosphat und Ammonium bestimmt. Pro Gerät kann nur je einer der drei Parameter bestimmt werden. Der mechanische Aufbau der Geräte ist identisch, lediglich die Software und die Reagenzien sind den unterschiedlichen Parametern anzugleichen. Die hier dargestellten Betriebserfahrungen gelten für alle getesteten APP 503.

Bei kontinuierlichem Betrieb reicht der Reagenzienvorrat für 14 Tage. Die erforderlichen Reagenzien werden von der Firma ME fertig angesetzt und dem Betreiber zugeschickt; sie können jedoch auch selbst angesetzt werden.

Es wird eine Ultrafiltration benötigt. Das Permeat kann, aufgrund der diskontinuierlichen Messung und des daraus resultierenden großen Probenvolumens nicht direkt von der Ultrafiltration genommen werden. Es ist ein Vorratsgefäß erforderlich, um ausreichend Probe für die Messung bereitzustellen. Die Größe dieses Gefäßes ist von der Anzahl der an eine gemeinsame Ultrafiltration angeschlossenen Geräte abhängig, sie sollte jedoch nicht zu groß gewählt werden, da sie einen negativen Einfluß auf die Reaktionszeit hat. Die Geräte sind nicht Spritzwasser geschützt, müssen somit an einem trockenen Ort aufgestellt werden. Hierzu sei angemerkt, daß im Verlauf der Untersuchungen durch Spritzwasser die Displays des Ammonium- und des Nitratgerätes irreparabel beschädigt wurden. Inzwischen verwendet der Hersteller jedoch andere Displays. Die Geräte dürfen nicht direkt an die Ultrafiltration angeschlossen werden, da der hohe Unterdruck der Kolbenpumpen zur Zerstörung der Ultrafiltrationsmembran führt.

Nitrate Analyzer (Contronic)

Der Nitrate Analyzer der Firma Contronic arbeitet diskontinuierlich nach dem Prinzip der potentiometrischen Messung. Obwohl vom Hersteller nicht vorgesehen, sollte zur Messung von Rohabwasser eine Ultrafiltration zur Probenaufbereitung vorgesehen werden. Bei Messungen im Ablauf einer Kläranlage kann bei entsprechender Ablaufqualität auf eine Ultrafiltration verzichtet werden. Das Gerät ist in einem Kunststoffgehäuse montiert und sowohl recht klein als auch leicht. Es ist ausschließlich eine Wandmontage möglich. Unterhalb des Gerätes sind die Kanister mit Reagenz und Standard (10 L) zu plazieren.

Der Nitrate Analyzer ist einfach und robust aufgebaut. Die Handhabung ist im allgemeinen recht unproblematisch. Notwendige Reinigungsarbeiten am Gerät können leicht durchgeführt werden. Die Kalibrierung ist manuell anhand einer Zwei-Punkt-Kalibrierung durchzuführen. Die Überwachung dieses Vorganges ist vom Bediener vorzunehmen, da eine Fehlererkennung oder -anzeige bei falschen Kalibrierdaten nicht automatisch erfolgt. Dadurch ist die ständige Kontrolle des Kalibriervorganges durch den Bediener unbedingt erforderlich. Es zeigte sich im Verlauf der Untersuchungen, daß die Kalibrierung teilweise öfter wiederholt werden mußte, bis ein korrekter Wert erreicht werden konnte. Dies erforderte einen recht großen Zeitaufwand.

Phosphax (Dr. Lange)

Das Reagenz kann nur bei Dr. Lange bestellt werden, da die genaue chemische Zusammensetzung seitens der Firma nicht veröffentlicht wird. Geliefert wird die Chemikalie in einem 10 L Kanister, der gebrauchsfertig angesetzt ist und direkt in das Meßgerät gestellt werden kann.

Phosphax benötigt eine Ultrafiltration. Das Ultrafiltrat wird in ein Überlaufgefäß befördert und eine Schlauchpumpe versorgt das Gerät über einen Bypass mit Probe. Überschüssige Probe kann für nachgeschaltete Geräte verwendet werden.

Das Gerät besitzt eine hohe Betriebssicherheit. Gerätebedingte Ausfälle im Verlauf der Untersuchungen waren sehr selten.

Amtax 30/80 (Dr. Lange)

Der on line-Prozeßanalysator Amtax 30/80 arbeitet kontinuierlich und bestimmt Ammoniumstickstoff in Anlehnung an DIN 38405-E5-1. Amtax 30 und 80 sind baugleich und werden lediglich durch einen Epromwechsel auf die alternativen Meßbereichsendwerte 30 und 80 mg/L NH_4-N eingestellt.

Amtax benötigt eine Ultrafiltration. Das Ultrafiltrat gelangt in ein Überlaufgefäß, eine Schlauchpumpe versorgt das Gerät über einen Bypass mit Probe. Überschüssige Probe kann für nachgeschalteten Geräte verwendet werden.

Die Reagenzien können nur bei Dr.Lange bestellt werden, da die genaue chemische Zusammensetzung seitens der Firma nicht veröffentlicht wird. Geliefert werden diese in 5 L Kanistern, die nach Zugabe der Zusatzkomponenten gekühlt werden müssen und in dem dafür vorgesehenen, unter dem Gerät befindlichen Kühlschrank Platz finden. Die Reagenzien sind nach 23 Tagen verbraucht. Der Standard und die Nulllösung sind bei einer täglichen Kalibrierung für den einjährigen Betrieb ausgelegt.

Das Gerät hat eine hohe Betriebssicherheit. Ausfälle, die auf das Gerät zurückzuführen sind, waren selten und beschränkten sich auf verstopfte Schläuche und defekte Photometerlampen. Dosierschläuche sind alle drei Monate zu wechseln, was aufgrund der Steckverbindungen zu den einzelnen Elementen einfach durchzuführen ist. Häufiger traten Verstopfungen der Schläuche durch Rotalgenbildung auf, die durch den Lichteinfall der Photometerlampe auf den Probenschlauch begünstigt wurde. Durch Abdeckung mit einem lichtundurchlässigen Schlauch ließ sich diese Reaktion unterbinden.

Amtax Inter (Dr. Lange)

Amtax Inter arbeitet im Gegensatz zu Amtax 30/80 diskontinuierlich. Der Geräteaufbau ist dem Amtax 30/80 sehr ähnlich, so daß die Angaben hinsichtlich der Betriebserfahrungen auch für den Amtax Inter Gültigkeit haben. Im Vergleich zu Amtax 30/80 sind die Tot- und t_{90}-Zeiten des Amtax Inter wesentlich verkürzt. Ähnliches gilt auch für die Dauer der Kalibrierung. Ebenfalls wurde der Reagenzienverbrauch deutlich verringert, so daß ein Wechsel hier erst nach etwa 30 Tagen notwendig wird.

ADI 2015 (Deutsche Metrohm)

Der Analysator ADI 2015 der Firma Metrohm ist ein diskontinuierlich arbeitendes, vielseitig einsetzbares Prozeßanalysesystem. Alle erforderlichen Reagenzien und Flüssigkeiten werden über zeitgesteuerte Ventile pumpenlos dem Reaktionsgefäß zugeführt. Zusätzlich befinden sich Glasfaserlichtleiter, Temperaturfühler, Heizung und Rührer in dem 50 mL Reaktionsgefäß. Der Rechner ist im oberen Teil des spritzwassergeschützten Stahlschrankes mit Glastür, abgetrennt vom Naßteil, untergebracht. Das 60 kg schwere Gerät läßt sich an eine Wand anschrauben oder auf ein Gestell mit Rollen montieren. Die Reagenzien A, B, Standard und der Sammelbehälter für deionisiertes Wasser müssen sich über dem Reaktionsgefäß befinden, da die Flüssigkeiten lediglich über den hydrostatischen Druckunterschied gefördert werden.

Das Display hat 40 Zeichen, gibt Probenummer, momentane Analysenzeit und ca.1 Minute lang die zuletzt ermittelte Konzentration wieder. Die Tastatur ist mit 48 Tasten ausgestattet. Jedes der Elemente, wie Ventile, Rührer, Photometer u.s.w, kann einzeln angesteuert werden.

Das Verfahren benötigt eine Ultrafiltration. Der Permeatvolumenstrom der Ultrafiltration ist für die Strömungsgeschwindigkeiten in den Probeleitungen verantwortlich. Die Probeabmeßsysteme erlauben es, zwei Probeströme nacheinander zu untersuchen. Vor Zugabe der Reagenzien wird die Probe mit deionisiertem Wasser verdünnt. Bei kontinuierlichem Betrieb sind 2 L Reagenz für 7 Tage ausreichend. Reagenzien und Zusatzkomponenten können beim Hersteller bestellt oder selbst angesetzt werden. Temperaturen $>40\,°C$ wirken sich negativ auf die Haltbarkeit nach Zugabe der Salze aus, die sonst ca.14 Tage beträgt. Der Standard ist einmal im Monat zu erneuern. Nach Reinigung und Auffüllen der Behälter ist darauf zu achten, daß die Reagenzienschläuche gefüllt sind, da sonst die Heberwirkung ausbleibt. Desweiteren ist das mit einer Klammer befestigte Reaktionsgefäß alle 14 Tage zu säubern. Gleichzeitig müssen Heizung, Temperaturfühler, Spiegel und Lichtquelle mit einen geeigneten Reinigungsmittel gereinigt werden. Die freie Programmierung gestattet es, das Gerät auf Probleme „maßzuschneidern".

Genion NH (STIP)

Das on line-Prozeßanalysensystem Genion NH der Firma Stip arbeitet kontinuierlich und bestimmt die Ammoniumstickstoffkonzentration anhand einer potentiometrischen Messung. Das Gerät ist in einem Metallschrank untergebracht, wobei Rechner und Naßteil voneinander getrennt sind. Lauge und Standard sind innerhalb des Gerätegehäuses untergebracht. Das Gerät benötigt eine Frischwasserzufuhr für Spülzwecke. Eine Wandmontage ist nicht möglich, da die Geräte-rückwand für Anschlüsse und Wartungsarbeiten frei zugänglich bleiben muß.

Eine seperate Probenaufbereitung mittels Ultrafiltration ist für den Betrieb dieses Gerätes nicht erforderlich. Ein Rundsieb mit einer Porenweite von 0,1 mm ist in das Gerät integriert, durch welches ein Abwasserstrom von ca. 3 m^3/h mittels einer Tauchpumpe zu fördern ist.

Die zwei übereinander angeordneten Zellen, Verdünnungs- und Meßzelle, sind über einen Tellerrührer, dessen Bohrung (Rotationspalt) etwas größer ist als der Durchmesser des Tellerrührers, verbunden. Durch Fettablagerungen auf der Innenwand der Verdünnungszelle kann sich die Reibung des Rührers soweit vergrößern, daß er zum Stillstand kommt und somit keine Probe in die Meßzelle gelangen kann. Dieser Fehler ließ sich im Verlauf der Untersuchungen kontinuierlich alle 4–5 Tage beobachten. Die Firma STIP vergrößerte daraufhin den Spalt zwischen der Auflagefläche des Rührers und der Verdünnungszelle, indem der Rührer auf eine Spitze gesetzt wurde und dadurch einer geringeren Reibung unterlag. Allerdings konnte das Problem durch den Rührertausch nicht behoben, sondern die fehlerfreie Laufzeit des Gerätes lediglich auf 7 Tage verlängert werden. Dieses Problem sollte allerdings nur bei stark fetthaltigen Abwässern auftreten, wie sie aufgrund des stark überlasteten Fettfangs der Großanlage im Zulauf der Versuchsanlage vorlagen.

Zum Betrieb des Gerätes ist eine Frischwasserleitung anzuschließen. Kommt es hier zu starken Druckschwankungen, kann die Membrane der ionenselektiven Elektrode beschädigt werden. Der Ablauf der Abwasserprobe hat drucklos zu erfolgen, da überschüssiges Probenwasser nach dem Prinzip der Wasserstrahlpumpe aus der Verdünnungszelle entfernt wird. Ist ein druckloser Abfluß nicht gewährleistet, baut sich ein Überdruck in der Verdünnungszelle auf, der verhindert, daß neue Probe zudosiert werden kann.

Analyser A100 (WTW)

Der Analysator Analyser A100 der Firma WTW arbeitet kontinuierlich. Bei dem auf der HTK untersuchten Gerät handelte es sich um ein Vorserienmodell, trotzdem konnte eine hohe Betriebssicherheit festgestellt werden. Das Gerät ist in ein Metallgehäuse eingebaut. Rechner und Display sind vom Naßteil getrennt. Unter dem Gerät stehen drei 10 L Kanister, gefüllt mit Standard A, B und Lauge/EDTA in einer Auffangwanne.

Das Display gibt die Konzentration in mg/L NH_4-N an. Mit Hilfe von verschiedenen Tastenkombinationen lassen sich verschiedene Parameter einstellen und Servicefunktionen auslösen.

Das Gerät der Firma WTW benötigt eine Ultrafiltration und arbeitet mit einem nach oben offenem Überlaufgefäß. Über einen Bypass wird von einer Schlauchpumpe Probe in den Reaktionsblock befördert.

Die Meßzelle hat ein Volumen von 1 mL und ist leicht geneigt. In die Meßzelle ist die Elektrode eingelassen und luftdicht verschlossen. Treten im Probenstrom Luftblasen auf, so können sie an der Kante zwischen Membran und Elektrodenkappe hängenbleiben und zu Fehlmessungen führen.

8810 Analyser (Zellweger)

Der Analysator 8810 Analyser der Firma Zellweger arbeitet diskontinuierlich mit einer ionenselektiven Elektrode. Das Gerät ist in ein Kunststoffgehäuse eingebaut und steht auf einem Ständer. Drei Kanister mit 10 L Inhalt versorgen das Gerät mit Lauge, Standard und Salzsäure (chemische Reinigung), Display und Rechner sind im oberen Teil untergebracht. Frischwasser wird für Spülzwecke benötigt.

Eine Probenaufbereitung ist nicht erforderlich. Eine Ringleitung mit Bypass zum Reaktionsgefäß zieht permanent und direkt eine unveränderte Probe.

Die Kalibrierung ist manuell auszuführen, indem zwei Standardlösungen eingefüllt werden und denselben Prozeß durchlaufen wie die Probe. Das Programm sieht eine automatische Aufstockkalibrierung vor die allerdings nicht einwandfrei arbeitete. Die notwendige Zeit zur manuellen Kalibrierung beträgt ca. 15 min.

Das Gerät ist sehr robust verarbeitet. Der Kunststoff des Gehäuses ist resistent gegen die verwendete Natronlauge. Schlauchprobleme wie Verstopfung oder Leckagen traten bei diesem Gerät aufgrund der verwendeten großen Schlauchdurchmesser nicht auf. Lediglich die Ringleitung ist einmal wöchentlich mit Frischwasser gegenzuspülen.

ADI 2013 (Deutsche Metrohm)

Das Gerät der Deutschen Metrohm arbeitet diskontinuierlich mit einer ionenselektiven Elektrode. Der Aufbau ist sehr ähnlich dem ADI 2015. Es wird ebenfalls eine Ultrafiltration benötigt.

Positiv hervorzuheben ist, daß das Gerät außer den monatlich zu wechselnden Membranen keinerlei regelmäßig auszutauschenden Verschleißteile besitzt, was den erforderlichen Wartungsaufwand deutlich reduziert. Eine regelmäßige Reinigung des Gerätes sollte allerdings erfolgen.

Ammonia Analyzer (Contronic)

Der Ammonia Analyzer der Firma Contronic arbeitet diskontinuierlich nach dem Prinzip der potentiometrischen Messung. Obwohl von Hersteller nicht vorgesehen, sollte zur Messung von Rohabwasser eine Ultrafiltration zur Probenaufbereitung vorgesehen werden. Bei Messungen im Ablauf einer Kläranlage kann bei entsprechnder Ablaufqualität auf eine Ultrafiltration verzichtet werden.

Wie auch der Nitrate Analyzer ist dieses Gerät in einem kleinen Kunststoffgehäuse zur Wandmontage untergebracht, wobei die Kanister mit Reagenz und Standardlösung unter dem Gerät zu positionieren sind.

Das Gerät ist sehr robust aufgebaut, Störungen traten im Versuch nicht auf. Die Kalibrierung des Ammonia Analyzers ist analog zu der des Nitrate Analyzers durchzuführen und somit sehr zeitaufwendig.

3.11.6 Personaleinsatz und Wartungsaufwand

Grundlage für einen störungsfreien Betrieb und die damit verbundene hohe Verfügbarkeit ist eine sachgerechte Bedienung und Wartung der on line-Prozeßanalysatoren und der eventuell zugehörigen Probenaufbereitung. Dies erfordert einen entsprechenden Personaleinsatz.

Für die Bedienung und Wartung der getesteten Geräte bedurfte es neben durchschnittlichem handwerklichen Geschick und etwas technischem Sachverstand auch Kenntnisse und Erfahrungen zur Überprüfung der jeweils gemessenen Werte mittels Schnelltests oder anderer Methoden. Diese Kriterien dürften durch einen ausgebildeten Ver- und Entsorger erfüllt sein.

Die Anforderungen der jeweils notwendigen Wartungs- und Unterhaltungsarbeiten sind recht unterschiedlicher Natur. Der minimale Zeitaufwand für die Wartung ist abhängig von der Häufigkeit der Wartungsintervalle sowie dem Umfang der dabei zu erledigenden Arbeiten und umfaßt pro Jahr zwischen 15 und 120 Arbeitsstunden. Die Betreuung der ebenfalls erforderlichen Peripherie (Pumpen, Probenaufbereitung etc.), die Ergebnisauswertung oder die Qualitätssicherung sind hierbei nicht enthalten.

3.11.7 Zusammenfassung

Durch die ständig steigenden Anforderungen an die (Eigen-) Überwachung sowie die Notwendigkeit Steuer- und Regelungstechniken für einen optimierten Kläranlagenbetrieb einzusetzen, wird der Einsatz von on line-Prozeßanalysatoren in Abwasserbehandlungsanlagen in Zukunft an Bedeutung gewinnen. Der Markt hat auf die daraus resultierende starke Nachfrage reagiert, so daß inzwischen eine Vielzahl von Meßgeräten erhältlich ist. Die hier dargestellten Vergleichsuntersuchungen zur Praxisreife von on line-Prozeßanalysatoren Meßgeräte kann aufgrund der rasanten technischen Entwicklung der Menge der erhältlichen Geräte nur einen einen Ausschnitt des Angebot darstellen.

Alle untersuchten Geräte funktionierten technisch einwandfrei. Es traten lediglich kleinere, leicht zu behebende Störungen auf. Als problematischer erwies sich die eigentliche Messung, vor allem bei temperaturabhängigen chemischen Reaktionen oder bei Geräten die ohne Probenvorbereitung arbeiten. Eine automatische Kalibrierung mit Fehlererkennung ist zwingend erforderlich und sollte Standard sein. Die ermittelten Genauigkeiten waren im allgemeinen für die spezifischen Anwendungsfälle auch unter Berücksichtigung des Langzeitverhaltens tolerabel.

Literatur

[3.11-1] Wohlfeil, S., Diplomarbeit Fachhochschule Aachen 1994.

[3.11-2] Würdemann, O., Tränkler, J., *Untersuchungen zum Einsatz von on line-Geräten,* Abschlußbericht, Institut für Siedlungswasserwirtschaft, RWTH Aachen, 1992.

3.12 Beispiele aus dem Abwasser-Monitoring

Wolfgang Erlmann und Roland Braitmayer

STP Elektronische Systeme GmbH, Sindelfingen,
ein Unternehmen der IBM Deutschland GmbH

Mit dem Wasserhaushaltsgesetz (WHG) des Bundes wurde ein einheitlicher Rahmen für das Einleiten von Abwasser geschaffen. Von besonderer Bedeutung ist der § 7a WHG, der jede Einleitung von Abwasser mit gefährlichen Inhaltsstoffen von einer vorhergehenden Reinigung abhängig macht.

Durch die Verschärfung des WHG wurde das Anforderungsniveau von den „allgemeinen anerkannten Regeln der Technik" a.a.R.d.T. hin zum „Stand der Technik" gesetzlich verankert. Mit der Erarbeitung branchenspezifischer Rahmenabwasser-Verwaltungsvorschriften (VwV) wurden in den jeweiligen Anhängen spezifische Anforderungen festgelegt. Neben Abwassergrenzwerten, Frachten für Schadstoffe, Abwasserbehandlungstechniken u. a. sind Eigenkontrollvorschriften definiert, die auch analytische Aspekte vorgeben, wie Probenahme und Analysenverfahren. In den branchenspezifischen Anhängen sind im Anhang 40 der Rahmen-VwV die Anforderung für die Metallbearbeitung und Metallverarbeitung beschrieben, die sich wiederum in 12 Herkunftsbereiche unterteilen (Tab. 3.12-1)

Nicht nur durch behördliche Vorgaben, sondern auch durch betriebsinterne Qualitätsgrundsätze ist Abwasser zunehmend zu einem Produktionsfaktor geworden. Ein möglicher Weg der Abwasser – Qualitätssicherung ist das on line Monitoring (Abb. 3.12-1), das seit zwölf Jahren im Werk Sindelfingen der IBM praktiziert wird.

3.12.1 Chemische und verfahrenstechnische Aspekte der Abwasserbehandlung in einer Leiterplattenfertigung

Die Fertigung elektronischer Schaltkreise erfordert eine Vielzahl physikalischer und naßchemischer Prozeßschritte, die verschiedene Abwässer generieren. Die zu entsorgenden Stoffe sind verschiedene Schwermetalle, Komplexbildner wie Ethylendiamintetraacetat (EDTA), Citrat, Tartrat, organische Fotolacke, Tenside, Fluorid, Chromat, Cyanide, Chlorit, Permanganat, Suspensionen aus Aluminiumoxid, Siliciumdioxid u. a.

Tab. 3.12-1: Anforderungen an Abwasser aus verschiedenen Herkunftsbereichen nach a.a.R.d.T. und Stand der Technik (Abw.-Rahmen-VwV, Anhang 40)

Herkunftsbereiche 1.1..	.1	.2	.3	.4	.5	.6	.7	.8	.9	.10	.11	.12
	2 - Std. - Mischprobe oder qualifizierte Mischprobe in mg / L											
Aluminium	3	3	3	---	---	---	---	---	2	3	3	3
Ammonium-Stickstoff	100	30	---	30	30	50	50	50	20	30	---	---
Chemischer Sauerstoffbedarf CSB	400	100	100	200	200	400	600	200	100	400	400	300
Eisen	3	3	---	3	3	---	3	3	3	3	3	3
Fluorid	50	20	50	---	50	---	50	---	50	30	---	---
Stickstoff aus Nitrit	---	5	5	5	---	5	---	---	5	5	---	---
Kohlenwasserstoffe n. H 18	10	10	10	10	10	10	10	10	10	10	10	10
Phosphor	2	2	2	2	2	2	2	2	2	2	2	2
AOX	1	1	1	1	1	1	1	1	1	1	1	1
Arsen	0,1	---	---	---	---	---	0,1	0,1	---	---	---	---
Barium	---	---	---	---	---	2	---	---	---	---	---	---
Blei	0,5	---	---	---	0,5	---	0,5	0,5	0,5	0,5	---	0,5
Cadmium	0,2	---	---	---	0,1	---	---	0,2	0,2	0,1	---	0,2
Chlor frei	0,5	0,5	---	0,5	---	0,5	---	---	---	0,5	---	---
Chrom	0,5	0,5	0,5	0,5	---	---	0,5	---	0,5	0,5	0,5	0,5
Chrom VI	0,1	0,1	0,1	0,1	---	---	0,1	---	0,1	0,1	---	0,1
LHKW	0,1	0,1	0,1	0,1	0,1	0,1	0,1	0,1	0,1	0,1	0,1	0,1
Cobalt	---	---	1	---	---	---	---	---	1	---	---	---
Cyanid leicht freisetzbar	0,2	---	---	---	---	1	0,2	---	---	0,2	---	---
Fischgiftigkeit als Verdünnungsfaktor G_F	6	4	2	6	6	6	6	6	4	6	6	6
Kupfer	0,5	0,5	---	---	---	---	0,5	0,5	0,5	0,5	0,5	0,5
Nickel	0,5	0,5	---	0,5	---	---	0,5	0,5	0,5	0,5	0,5	0,5
Quecksilber	---	---	---	---	---	---	---	0,05	---	---	---	---
Selen	---	---	---	---	---	---	---	---	1	---	---	---
Silber	0,1	---	---	---	---	---	0,1	0,1	---	---	---	---
Sulfid	1	1	---	1	---	---	1	1	1	---	---	---
Zinn	2	---	2	---	2	---	2	---	---	---	---	---
Zink	2	2	2	---	2	---	---	2	2	2	2	2

Herkunftsbereiche:

1.1.1 Galvanik	1.1.7 Leiterplattenherstellung
1.1.2 Beizerei	1.1.8 Batterieherstellung
1.1.3 Anodisierbetrieb	1.1.9 Emailierbetrieb
1.1.4 Brüniererei	1.1.10 Mechanische Werkstätte
1.1.5 Feuerverzinkerei, Feuerverzinnerei	1.1.11 Gleitschleiferei
1.1.6 Härterei	1.1.12 Lackierbetrieb

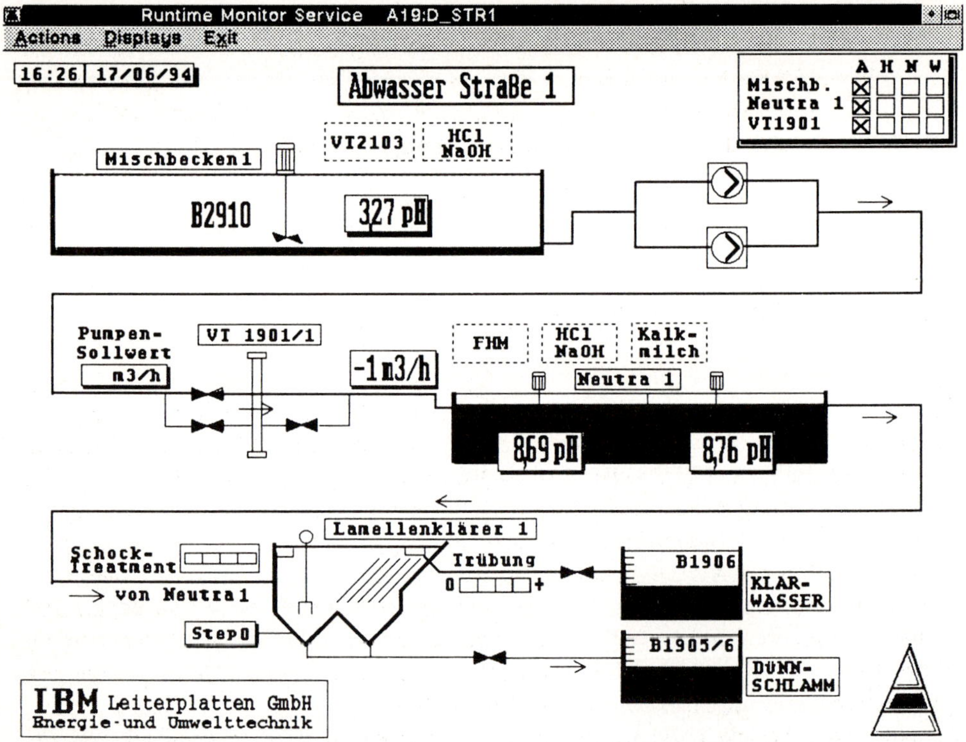

Abb. 3.12-1: Steuerung und Visualisierung der Behandlungsanlagen mit IBM Plantwork AAE 2.0

Trotz der Maßnahmen, die Wertstoffe Wasser und Chemikalien rückzugewinnen, fallen verschiedene Abwässer an, die gezielt entsorgt werden müssen.

- Prozeßbäder mit sehr hohen Schadstoffkonzentrationen werden in bis zu drei Kubikmeter großen Einzelchargen individuell behandelt und nach analytischen Untersuchungen separat freigegeben. Das durch seine komplexierenden Eigenschaften kritische EDTA Prozeßwasser wird dezentral mittels Ionenaustausch- und Eindampftechnik dem Abwasser ferngehalten. Bereits 1 kg EDTA reichen aus, um 435 Kubikmeter kupferhaltiges Abwasser so zu komplexieren, daß eine konventionelle Kupferbehandlung zur Einhaltung des Grenzwerts von 0,5 mg/L versagt.
- In der allgemeinen Abwasserbehandlung werden die bereits vorbehandelten Konzentratabwässer zusammen mit Spülwässern in Mischbecken vorneutralisiert. In einer Durchlaufneutralisationsanlage werden durch Natronlauge und Kalkmilch bei einem pH – Wert von 8 bis 9 die Schwermetalle als Hydroxide gefällt und mittels Lamellenklärer, Schlammeindicker und Filterpresse aus dem Abwasser entfernt. Zur weiteren Reinigung des Abwasserstroms lassen sich noch vorhandene Schwermetalle nach Kies-Kohlefiltration mittels Selektivionenaustauscher bis auf geringste Spuren, von beispielsweise Kupfer $<0{,}03$ mg/L, entfernen.

Ein Splitten des Geamtabwassers in drei ausgewählte Abwasserströme ermöglicht nicht nur optimale Verbräuche an Neutralisationschemikalien, sondern verhilft zu mehr Betriebssicherheit bei unkontrollierten Zuflüssen aus der Fertigung. Im Zusammenspiel mit der Abwassermonitorstation können solche Vorfälle bereits im Keim erstickt werden und das nachzubehandelnde Abwasservolumen relativ klein gehalten werden.

3.12.2 Automation der Abwasserbehandlung

Der Betreiber von Abwasserbehandlungsanlagen hat als Servicefunktion für die Fertigung die Pflicht, Abwasser gesetzeskonform zu behandeln und dies bei minimalen Kosten. Besonders bei komplexen Ver- und Entsorgungsanlagen, die oft rund um die Uhr zur Verfügung stehen müssen, ist ein computerunterstütztes System unumgänglich. Das STP Werk Sindelfingen löst diese vielfältigen Aufgaben mit Hilfe der hauseigenen Software AAE 2.0 (Application Automation Edition), auch Plantwork genannt. Der Betrieb ist dabei unabhängig von den eingesetzten Steuerungen und externen Einheiten und kann über die gängigen Schnittstellen angebunden werden. Abb. 3.12-1 zeigt die Anwendung des AAE 2.0 zur Steuerung und Visualisierung der Abwasserbehandlungsanlagen im Werk Sindelfingen.

Neben der Fähigkeit, ein komplexes System zu steuern, werden vor allem folgende praktische Bedingungen erfüllt:

- anwenderfreundliche Parametrierung,
- übersichtliche Darstellung der Verfahrensabläufe,
- Visualisierung entsprechender Anlagenkomponenten,
- einfache Änderung, Ergänzung von Parametern durch den Anwender,
- automatische Aufzeichnung und Auswertung von Umwelt- und Prozeßdaten,
- Trenderkennung und Alarmierung.

3.12.3 Analytik mittels on line Monitoren

Unter on line Monitoren sind Analysenautomaten zu verstehen, die kontinuierlich, quasikontinuierlich oder zeitgetaktet Analysen vollautomatisch verrichten und in der Regel Signale oder Meßwerte sofort weiterleiten. Für die Betriebsführung von Abwasserbehandlungsanlagen können diese Monitore zur Steuerung und Regelung der Anlagen eingesetzt werden, was je nach Anwendungsfall unterschiedlich schnelle Regelzeiten und Analysengenauigkeiten erfordern kann.

Mit steigenden Ansprüchen auf dem Gebiet der Abwasserqualität und Betriebssicherheit sind von den on line Monitoren bestimmte Voraussetzungen zu erfüllen, damit das Ergebnis nicht nur schnell, sondern auch mit einem möglichst hohen Wahrheitsgehalt erzielt wird.

Durch die Applikation der in den Deutschen Einheitsverfahren (DEV) beschriebenen Analysenverfahren in ein on line System werden zwar die chemisch analytischen Voraussetzungen erfüllt, jedoch erst durch das gerätetechnische Knowhow sind hochwertige Analysen im Dauerbetrieb zu erzielen. Mit den in Tab. 3.12-2 aufgeführten Parametern und zugehörigen Kenngrößen konnte im STP Werk Sindelfingen eine mehr als zwölfjährige Erfahrung beim 24 Stunden Betrieb von Analysenmonitoren gesammelt werden.

Tab. 3.12-2: On line Monitore und wesentliche Kenngrößen

Parameter	Prinzip	Takt in Min	NWG in mg/L	Meßbereich in mg/L	Recalibrier-frequenz in h
16 Metalle	Optische	2–4			4
Zn, Mn, Fe, Ba, Cd	Emissionsspektr.		0,01	0–20	
Cu, Ni, Cr, Mo, Co, Ag	ICP-OES		0,02	0–20	
As, Pb, Hg, Sn, Al	simultan		0,1	0–20	
Chromat als Cr VI	Photometer	7–12	0,01	0–0,20	12
Chlor, frei wirksam	Photometer	7–12	0,5	0–5	12
Cyanid, frei/gesamt	Photometer	15	0,001	0–0,20	12
Fluorid	Ionenselektive Elektrode	7–12	0,5	0–100	entfällt
Ammonium	Ionenselektive Elektrode	7–12	0,5	0–100	entfällt
TOC	Thermische/UV Oxidation	7–12	1	0–100	12

Optische Emissionsspektroskopie (ICP – OES)

Es handelt sich um ein Verfahren aus der Atomspektroskopie, bei dem die in einer flüssigen Probe gelösten Elemente durch die Anregungsquelle eines induktiv gekoppelten Plasmas (inductive coupled plasma = ICP) atomisiert und ionisiert werden und dadurch charakteristische Emissionslinien ausgesandt werden. Das Plasma ist ein hochionisiertes Gas, meist Argon, in dessen heißester Zone Temperaturen bis zu 10.000 K herrschen. Im optischen Teil werden sämtliche Emissionslinien an einem Gitter gebeugt und in elementspezifische Linien zerlegt, deren Energieinhalt mittels Sekundärelektronenvervielfacher (SEV) verstärkt und in elektrische Signale umgeformt wird.

Mit dieser Technik lassen sich Elemente sequentiell, d. h. nacheinander, oder simultan, d. h. mehrere Elemente gleichzeitig, mit unterschiedlichen Nachweisempfindlichkeiten bestimmen. Beim sequentiellen Betrieb werden die Emissionslinien durch das schrittweise Bewegen des Gitters nacheinander elementspezifisch erfaßt. Beim Simultanbetrieb hingegen ist das Gitter fest fixiert, so daß die auftreffenden Emissionslinien gemäß ihrer Wellenlängen unterschiedlich gebeugt und reflektiert werden. Durch die exakte Anordnung der Empfänger SEV auf einem sog. Rowland Kreis werden die charakteristischen Linien gleichzeitig erfaßt.

Aufgrund der hohen Analysenfrequenz beim Abwasser – Monitoring, ist die Simultantechnik vorzuziehen, da hierbei keine mechanische Beanspruchung des optischen Systems auftritt. In Abb. 3.12-2 ist das Prinzip der simultanen Bestimmung dargestellt. Die wäßrige Probe wird mittels Argon und einer Sprühvorrichtung in ein Aerosol überführt und direkt ins Argonplasma geleitet.

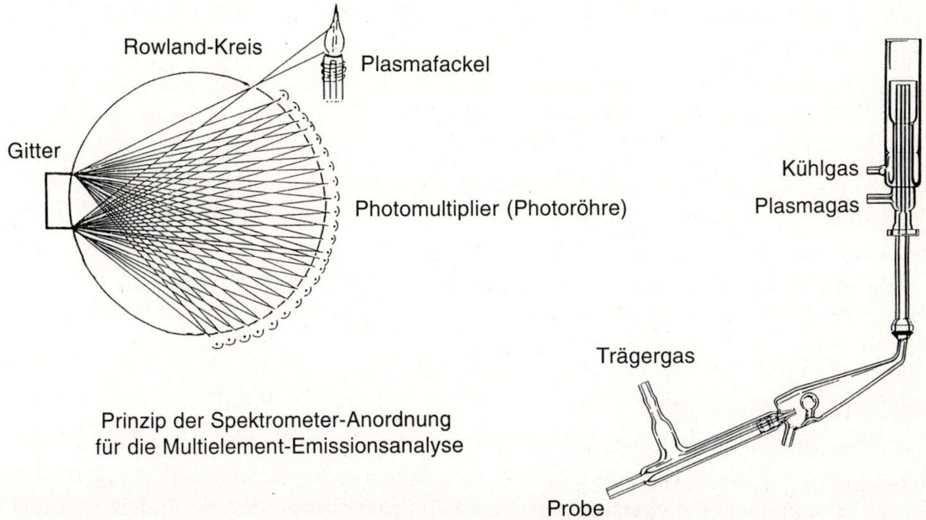

Abb. 3.12-2: Prinzip der simultanen Multielementanalyse mittels ICP-OES

Photometrie

Durch Reaktion bestimmter Reagenzien mit der Probe lassen sich neue Verbindungen bilden, die Licht einer charakteristischen Wellenlänge absorbieren. In entsprechender Verdünnung verhält sich die Extinktion linear zu der Konzentration des zu bestimmenden Ions (Lambert Beersches Gesetz). Als Signalempfänger dienen meist Photowiderstände oder Photoelemente, die Lichtintensitäten messen. Die Verwendung von Zweistrahlphotometern ist bei Abwassermessungen zwingend zu empfehlen, da sich Eigenfärbungen und Trübungen der Probe entsprechend abgleichen lassen. Für die Verbindungen Chromat, freies wirksames Chlor und Cyanid wurden die in den Deutschen Einheitsverfahren (DEV) beschriebenen Analysenprinzipien für die on line Analytik appliziert:

Chromationen reagieren im Sauren mit dem Reagenz Diphenylcarbazid (DPC) zu einem rotvioletten Farbkomplex, dessen Extinktion bei 545 nm gemessen wird.

Diese Reaktion verläuft sehr selektiv und wird von anderen Oxidationsmitteln kaum gestört. Quecksilberionen ergeben mit DPC eine instabile Blaufärbung, die das Meßsignal beeinflußt.

Chlor, das in Form von gelöstem elementarem Chlor, unterchloriger Säure oder Hypochloritionen in Wasser vorliegt, wird *freies wirksames Chlor* genannt. Es bildet in gepufferter Lösung (pH Wert 8,3) mit dem Reagenz Diäthyl-p-phenylendiamin einen roten Farbkomplex, dessen Extinktion bei 510 nm bestimmt wird. Aufgrund der bleichenden Wirkung des Chlors wird der sich bildende Farbkomplex zerstört, so daß sich ein limitierter Meßbereich ergibt. Störungen treten bei Anwesenheit von höherwertigen Manganoxiden, Kupferionen und Eisenionen in Konzentrationen über 5 mg/L bzw. 10 mg/L auf.

Cyanide können als Cyanidanion oder als Metallcyanide mit unterschiedlicher Komplexstabilität vorliegen. Als *leicht freisetzbares Cyanid* werden die Cyanide definiert, die sich innerhalb von 4 Stunden bei Raumtemperatur und pH Wert 4 als Blausäure austreiben lassen. *Gesamtcyanid* wird im stark Sauren nach 1 Stunde thermischem Aufschluß vollständig gespalten und ebenfalls als Blausäure ausgetrieben.

Für die photometrische Bestimmung wird die Blausäure in Natronlauge absorbiert und in einer naßchemische Reaktion mit Chloramin T, das aktives Chlor enthält, zum Chlorcyan umgesetzt. Dieses reagiert wiederum mit Pyridin und Barbitursäure unter Abspaltung von Salzsäure und Ammoncyan zu einem Polymethinfarbstoff, dessen Extinktion bei 578 nm bestimmt wird.

Durch Kombination von thermischem und ultraviolettem Aufschluß und optimierter Verfahrensanordnung ist es möglich, im Gegensatz zur DEV Methode, Cyanide innerhalb von 15 Minuten zu bestimmen.

Ionenselektive Elektroden

Das Potential ionenselektiver Elektroden ist vom Logarithmus der Aktivität der freien Ionen abhängig. Die gesetzmäßige Grundlage dieser Analysenmethode ist das Nernst'sche Gesetz. Bei einer dekadischen Konzentrationsänderung ändert sich das Elektrodenpotential bei 20 °C um ±59 mV für einwertige Ionen (Abb. 3.12-3).

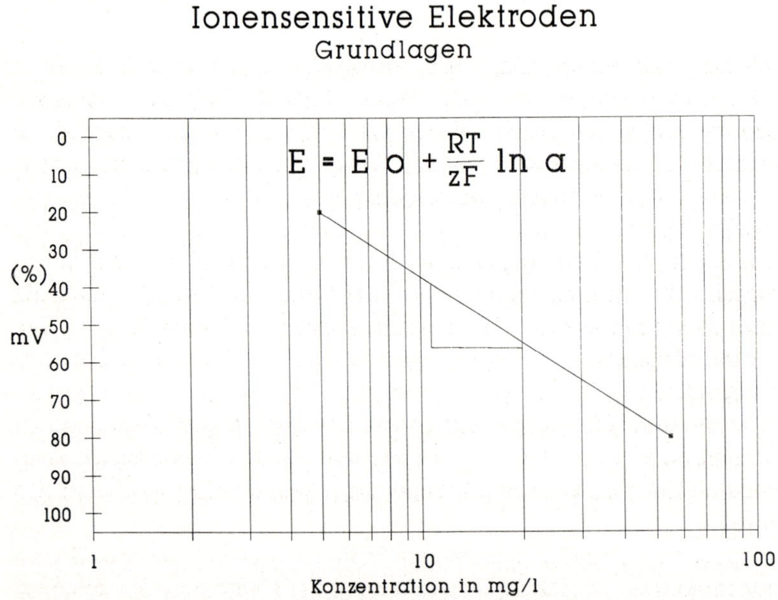

Abb. 3.12-3: Potentialänderung in Abhängigkeit zur Konzentration

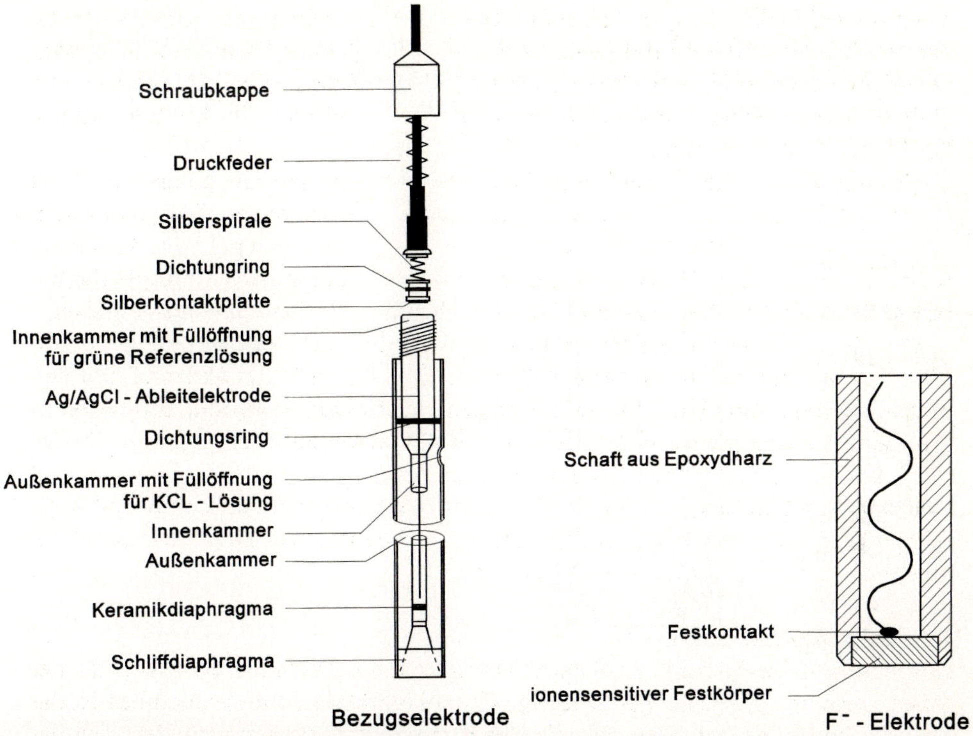

Abb. 3.12-4: Aufbau der Fluoridelektrode

Meßtechnisch kann auf regelmäßige Rekalibrierungen verzichtet werden, indem die Standardadditionstechnik angewendet wird. Mit dieser Technik lassen sich Matrixeinflüsse umgehen, die sich auf das Meßpotential störend auswirken. Mit jeder Analyse erfolgt eine Qualitätskontrolle durch die Angabe der Elektrodensteigung, Wiederfindungsrate und Präzision der Analyse.

Die *Fluorid*elektrode ist ein mit Europium dotierter Lanthanfluoridkristall mit einer sehr hohen Selektivität und Empfindlichkeit (Abb. 3.12-4). Sie erfaßt nur das dissoziiert vorliegende Fluoridion, d. h. komplex gebundene Fluoride und partikulär vorliegende Fluoridverbindungen werden nicht mitbestimmt. Durch Zugabe eines entsprechenden Komplexbildners zur Reagenzlösung wird ein Großteil des gebundenen Fluorids freigesetzt.

Hydroxylionen und unterschiedliche Ionenstärken beeinträchtigen die Meßgenauigkeit. Durch Zugabe einer konzentrierten, auf pH-Wert 5,8 acetatgepufferten Kochsalzlösung, genannt TISAB = total ionic strength adjustment buffer, wird diese Störung beseitigt.

Die *Ammonium*elektrode ist eine gasselektive Elektrode, d. h. das reaktive Spezies ist gasförmiger Ammoniak. In Abhängigkeit vom pH-Wert der Probe liegt Ammonium bzw. gasförmiger Ammoniak vor.

Die Ammoniumelektrode nutzt dieses Gleichgewicht, indem die Probe mittels Natronlauge auf pH-Wert 13 eingestellt wird. Der sich bildende Ammoniak diffundiert durch eine Membran und löst sich in der im Innern der Elektrode befindlichen Ammoniumchloridlösung, die dadurch ihren pH-Wert verändert. Die Ammoniumkonzentration ist proportional der sich bildenden Hydroxylionen, so daß die Bestimmung letztlich eine pH-Wertmessung ist (Abb. 3.12-5).

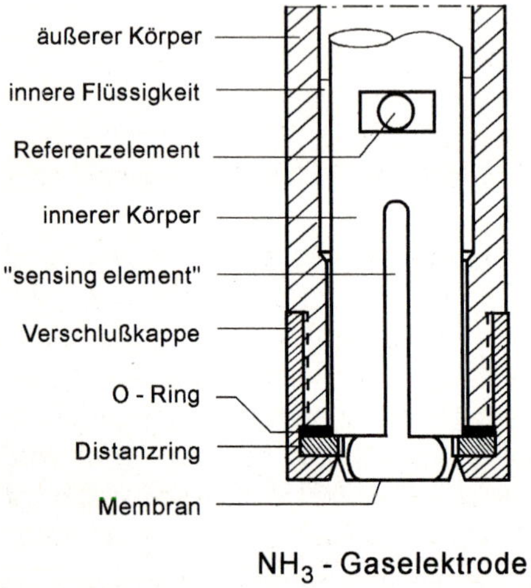

$$K = \frac{c_{NH4+} \cdot c_{OH-}}{c_{NH3}} \rightarrow K = \frac{c_{OH-}}{c_{NH3}}$$

$$c_{OH-} = \frac{K \cdot c_{NH3}}{c_{NH4+}} \rightarrow c_{OH-} = K \cdot c_{NH3}$$

Abb. 3.12-5: Prinzip und Aufbau der Ammoniumelektrode

Total Organic Carbon (TOC)

Der TOC wird ausführlich in Abschn. 3.10 diskutiert. Zu beachten ist grundsätzlich, daß in Abwässern und natürlichen Wässern neben organischem Kohlenstoff auch anorganischer Kohlenstoff (IC) in Form von Kohlensäure und deren Salzen vorliegt. Bei der selektiven Bestimmung des TOC bieten sich verschiedene methodenspezifische Verfahren an, den IC vom organischen Kohlenstoff abzutrennen; jedoch bergen alle die Gefahr in sich, daß durch die unterschiedlichen Meßverfahren für den gesamten Kohlenstoff TC und IC und bei ungünstigen Konzentrationsverhältnissen von TOC zu IC unbefriedigende Analysenergebnisse erzielt werden können. Unvollständiges Strippen der Kohlensäure bei gleichzeitigem Schäumen tensidhaltiger Wässer führt zu Über- oder Unterbefunden.

3.12.4 Probenzuführung, Probenaufbereitung und Störungsfrüherkennung

Mittels Druckluftmembranpumpen werden die verschiedenen Rohabwässer und der behandelte Endauslauf bis zu 300 m weit durch 12 mm starke Schlauchleitungen in die on line Meßstation gepumpt. Zur Vermeidung geringer Totzeiten, wird das Abwasser mit ca. 300 L/h über eine Ringleitung möglichst nahe an die Analysengeräte geführt. Durch hohe Strömungsgeschwindigkeiten von ca. 0,8 m/s kann eine allmählich einsetzende Verkeimung der Schlauchleitungen verzögert werden, so daß eine Reinigung des Leitungssystems nur sporadisch erfolgen muß. Den jeweiligen Analysengeräten wird die Abwasserprobe druckreduziert durch Überlaufsysteme oder durch separate Analysenpumpen zugeführt.

Den Abwasserendauslauf sollte man möglichst in seiner tatsächlich vorliegenden Form den Analysengeräten zur Messung zuführen. Auch wenn eine der Analyse vorgeschaltete Membranfiltration zur Vorbeugung von Verstopfungen am Analysengerät wünschenswert wäre, sollte dies nicht praktiziert werden, da dadurch oftmals ein geschöntes Analysenergebnis erzielt wird. Besonders schwerwiegend trifft dies bei der Emissionsspektroskopie zu, die nicht nur ionische sondern auch partikuläre Schwermetallverbindungen erfaßt. Eine zusätzliche Probenansäuerung ist nicht zwingend notwendig, aber empfehlenswert, da dadurch eine bessere Emissionsausbeute erfolgt und somit ein höherer Wahrheitsgehalt der Analyse gegeben ist.

Früherkennung von Störstoffen, zum Beispiel EDTA

Störende Abwasserinhaltsstoffe, wie beispielsweise EDTA, beeinträchtigen die Effizienz der Abwasserbehandlungsanlage bei der Eliminierung von Schwermetallen. Zur frühzeitigen Erkennung wird die Behandlung des Rohabwassers im Labormaßstab simuliert (Abb. 3.12-6). In diesem Fall ist besonderer Wert auf geringe Totzeiten zu legen, da eine rechtzeitige Separierung des Störstoffs aus ökologischen wie aus ökonomischen Gründen anzustreben ist.

Deshalb wurde ein hoher Probenvolumenstrom von 300 L/h gewählt, so daß das Rohabwasser in ca. 7 Minuten in die Meßstation gelangt. Die Behandlung in der automatisierten Labor-Abwasserbehandlungsanlage beinhaltet eine Neutralisationskammer, Schrägklärer, Klarwasserbehälter und Selektivaustauscher und dauert ca. 20 Minuten. Mit diesem Konzept ist die Früherkennung einer durch die Fertigung initiierten möglichen Abwasserstörung in nur ca. 30 Minuten zu erkennen.

Sollte EDTA ins Rohabwasser gelangen, so wird der sich bildende Schwermetall-EDTA-Komplex sowohl die Neutralisationsanlage als auch die Selektivaustauscher passieren. Wird mittels ICP-OES ein erhöhter Schwermetallgehalt gemessen, in der Leiterplattenbranche vorwiegend Kupfer, so ist dies ein Indiz für EDTA.

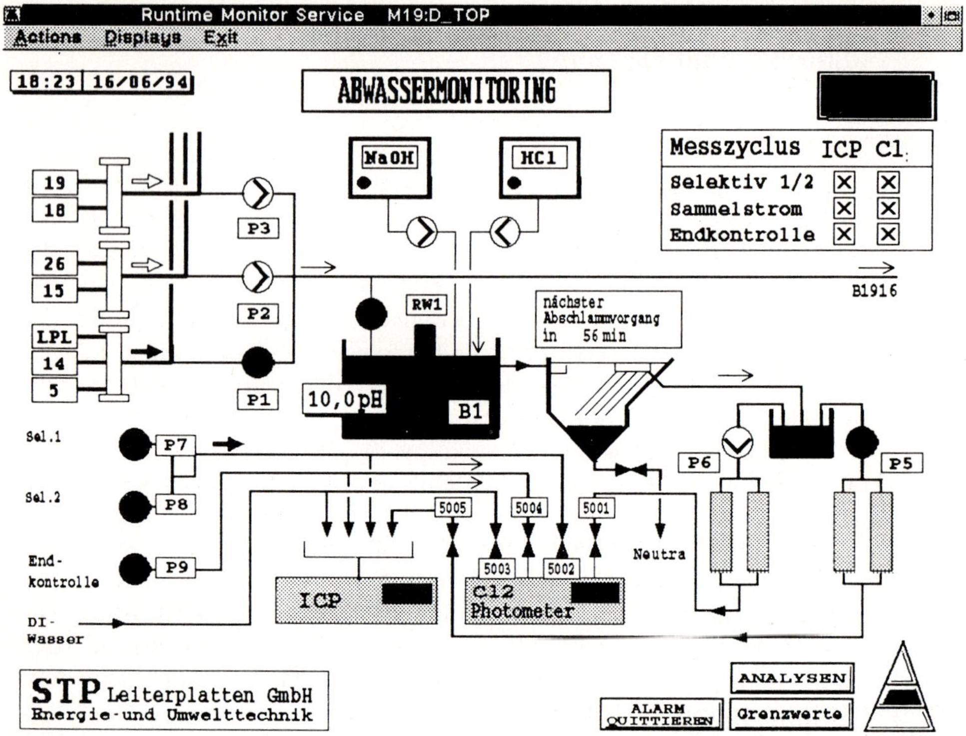

Abb. 3.12-6: Monitoringkonzept mit Früherkennung der STP Elektronische Systeme GmbH

3.12.5 Automation – Datentransfer – Alarmierung

Beim Abwasser-Monitoring sind zur Steuerung und Datenübertragung verschiedene Rechnersysteme notwendig, die über geeignete Schnittstellen miteinander kommunizieren (Abb. 3.12-7).

- Analysenrechner: Heutige Analysenmonitore sind mit eigenen Rechnern ausgestattet, die den Analysenablauf, die Meßwerterzeugung und -verarbeitung, Statuskontrollen u. ä. durchführen. Die Analysendaten können über eine serielle Schnittstelle, z. B. RS 232, weitergegeben werden.
- Speicherprogrammierbare Steuerung SPS: Mit der SPS werden Ventile für die Probenzuführung oder Probenwechsler angesteuert, Analysendaten mit Probenzuordnung übertragen und Grenzwertvergleiche durchgeführt. Daraufhin können notwendige Steuerungsvorgänge und Alarmierungen ausgelöst werden.
- AAE 2.0 (Plantwork): Die Bedienung, Visualisierung und Datenauswertung des gesamten Abwasser-Monitorings wird über dieses System durchgeführt. Durch die Einbindung in weitere im Werk vorhandene Plantworksysteme ist eine Bündelung umweltrelevanter Informationen möglich und on line abrufbar.

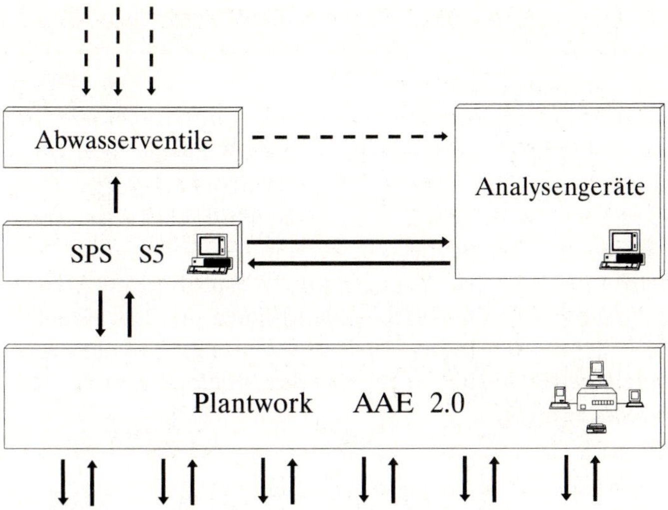

Abb. 3.12-7: Kommunikation verschiedener Rechnersysteme beim Abwassermonitoring

3.12.6 Erfahrungen

Nach 12jährigem Betrieb der Abwasser-Monitorstation lassen sich zusammenfassend folgende Erkenntnisse ableiten:

- Ergänzend zu laborinternen Abwasseruntersuchungen (Chargenfreigaben kritischer Abwässer) verhilft das Monitoring zu einer sehr guten Transparenz der Abwasserbeschaffenheit.
- Durch eine entsprechende Probenaufbereitung (z. B. Simulation der Abwasserbehandlung) lassen sich bereits die unbehandelten Rohabwässer auf mögliche Schadstoffe analysieren. Am Beispiel EDTA konnten derartige Vorfälle bereits im Ansatz erkannt werden; durch automatische Ventilschaltungen wurde das Abwasser separiert und anschließend sonderbehandelt. Die Einhaltung von Abwassergrenzwerten ist somit rund um die Uhr gewährleistet.
- Fehlmessungen der on line Monitore führen zur Separation des Abwassers und somit zu zusätzlichen Aktionen und Notrufen. Hinzu kommt, daß für den Abwasser-Anlagenbetreiber das Vertrauen in dieses „Hilfsmittel" genommen wird. Mögliche Ursachen für Fehlmessungen können einerseits aus dem Abwasser selbst resultieren, wie beispielsweise Partikel, Verkeimung der Probenleitungen oder Matrixschwankungen. Andererseits können auch die Analysenmonitore Störungen auslösen, etwa durch undichte Analysenventile, verbrauchte Dosierschläuche oder Verkrustungen innerhalb des Analysensystems.

3.12.7 Kosten

Der Aufbau dieser Abwasser-Monitorstation erforderte ein Investitionsvolumen von ca. 750000 DM, welche bei einer fünfjährigen linearen Abschreibung die Betriebskosten mit ca. 150.000 DM jährlich belastet. Aufgrund der komplexen Aufgabe, die analytische, verfahrenstechnische und Datenverarbeitungskenntnisse erfordert, sollte die Aufgabe durch einen geeigneten Techniker erfüllt werden. Der Aufwand für Wartung, Ansetzen von Reagenz- und Rekalibrierlösungen und Überprüfung der Meßgenauigkeit beträgt pro Analysenmonitor im Mittel ca. 45 Minuten pro Tag. Nachfolgende Aufstellung in Tab. 3.12-3 der jährlichen Betriebskosten zeigt, daß der personelle Anteil überwiegt. Durch die Anzahl der zu betreuenden Monitore wird der Mitarbeiteraufwand entscheidend beeinflußt.

Tab. 3.12-3: Jährliche Betriebskosten beim Betrieb der Abwasser-Monitorstation

Jährliche Betriebskosten für das on line-Abwassermonitoring	
AfA (20% der Invest.)	ca. 150000,- DM
1 Techniker (Vollkosten)	ca. 150000,- DM
Argonverbrauch für das ICP-OES	ca. 20000,- DM
Chemikalien, Energie	ca. 10000,- DM
Gesamtkosten	ca. 330000,- DM

3.13 Beispiele für die Darstellung und Auswertung von Meßwerten in zwei Kläranlagen

Winfried Geisel

Die Notwendigkeit, Betriebsdaten zu erfassen und zu dokumentieren, wird bestimmt durch nachfolgende Anforderungen:

- zur Betriebsführung (messen, steuern, regeln),
- zur Betriebsüberwachung
  - aufgrund von behördlichen Auflagen (Eigenkontrollverordnungen),
  - aufgrund von Eigenkontrollen,
- zur Optimierung der Reinigungswirkung,
- zur Minimierung der Betriebskosten,
- zur Beschaffung von Grundlagendaten für den Aus-, Um- oder Neubau von Kläranlagen.

Die lückenlose Dokumentation der wesentlichen Betriebsdaten schafft die Voraussetzung für weitergehende Auswertungen hinsichtlich der oben aufgezählten Anforderungen. Die statistische Auswertung sollte sich dabei nicht nur auf einzelne Parameter beschränken, sondern die Daten sollten im Zusammenhang mit anderen Betriebsdaten ausgewertet und überprüft werden.

Die Plausibilität und die Qualität der Daten sollte sichergestellt sein, bevor weitreichende Entscheidungen sowohl für die Planung als auch den Betrieb von Kläranlagen getroffen werden.

In zahlreichen Kläranlagen wird das Potential der Betriebs- und Untersuchungsdaten für anstehende Planungen und eine innerbetriebliche Optimierung nicht ausgeschöpft; es werden lediglich die behördlichen Vorgaben erfüllt. Hierbei läßt bisweilen auch die Qualität der Messungen zu wünschen übrig, so daß eine Auswertung nicht ratsam erscheint. Plausibilitätskontrollen einzelner Betriebsparameter können nicht nur durch Referenzbestimmungen, sondern auch durch den Vergleich mit anderen Parametern unter vergleichbaren Bedingungen erfolgen [3.13-1].

Die nachfolgenden Abbildungen zeigen beispielhaft Auswertungs- und Darstellungsmöglichkeiten von Daten, die in zwei Kläranlagen ermittelt wurden. Die Abb. 3.13-1 bis 3.13-11 stammen aus einer Kläranlage mit einer aktuellen BSB_5-Belastung von ca. 20.000 EW. Sie sind einer differenzierten on line-Untersuchung für die Ermittlung von Grundlagendaten entnommen worden [3.13-2]. Als zweites Beispiel sind die Untersuchungsergebnisse aus einer Kläranlage mit ca. 60.000 EW bei Mischwasserzufluß infolge besonderer Regenereignisse angeführt [3.13-3]. Besonderes Augenmerk gilt dem Erkennen von Stoßbelastungen und der Ermittlung eines Belastungsbildes einer Kläranlage.

Für die Klassifizierung einer Kläranlage ist es meist ausreichend ihre BSB_5-Belastung in Form der Einwohnergleichwerte zu bestimmen. Diese eine Zahl beschreibt aber nicht ausreichend das tatsächliche und sehr viel vielschichtigere Belastungsbild. Die nachfolgenden Abbildungen beschreiben wesentlich differenzierter und anschaulicher die Belastungsverhältnisse einer Kläranlage beispielhaft für eine 14-tägige Auswertung innerhalb einer ca. achtwöchigen Intensivuntersuchung.

Für Abb. 3.13-1 sind die 14 Tagesganglinien der on line-BSB-Untersuchung geordnet nach der Größe der Tagesmittelwerte dargestellt. Signifikant sind die morgendlichen Belastungsspitzen zwischen 8 und 9 Uhr. Die Konzentrationseinbrüche der ersten drei Ganglinien sind auf den Verdünnungseffekt bei Regenereignissen zurückzuführen. Die Überlagerung der Tagesganglinien ergibt dann die Darstellung der Abb. 3.13-2. Die gemessenen Werte sind hier durch die Eintragung der Ganglinie für eine 85-%ige Unterschreitungshäufigkeit ergänzt worden.

Bei Multiplikation der Konzentrationswerte mit den zugehörigen Durchflußwerten ergibt sich die Tagesfrachtganglinie der Abb. 3.13-3. Die jeweils ausgeprägten Schwachlast- und Spitzenlastzeiten (Tag/Nacht) werden verstärkt. Gut erkennbar sind auch die sich wiederholenden Belastungsbilder bei Trockenwetter.

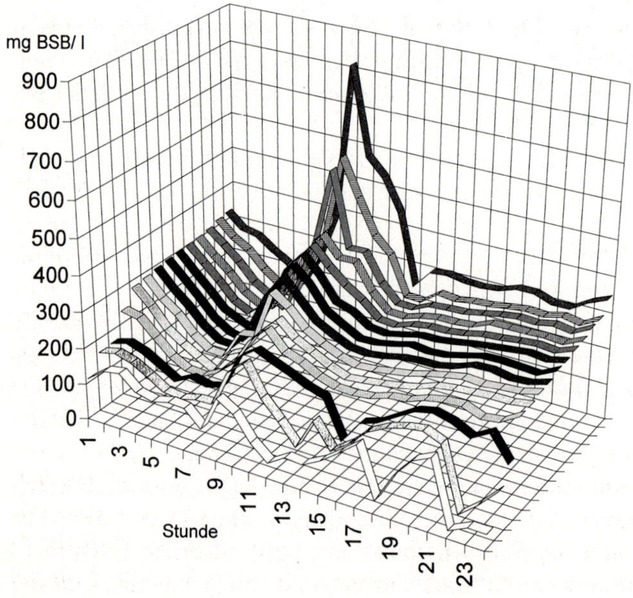

Abb. 3.13-1: Tagesganglinie der BSB (M3)-Konzentrationen nach Größe geordnet über 14 Tage (Stundenmittelwerte) einer Kläranlage (IS) mit ca. 20.000 EW Belastung [3.13-2]

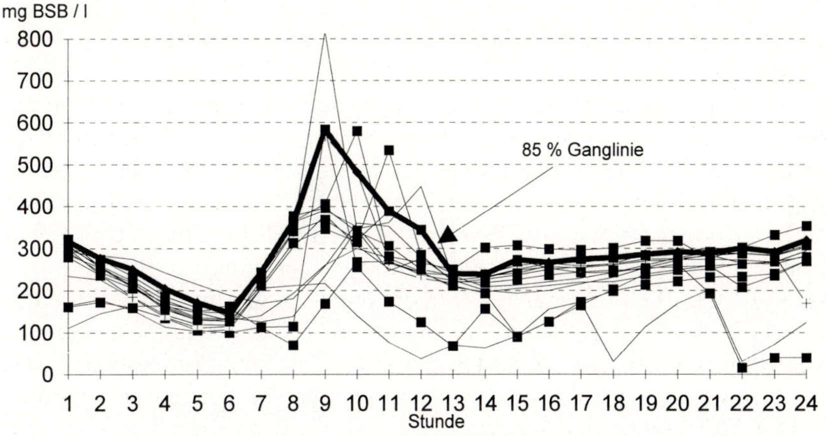

Abb. 3.13-2: Überlagerung der Tagesganglinie der BSB (M3)-Konzentrationen von 14 Tagen (Stundenmittelwerte) einer Kläranlage (IS) mit ca. 20.000 EW Belastung [3.13-2]

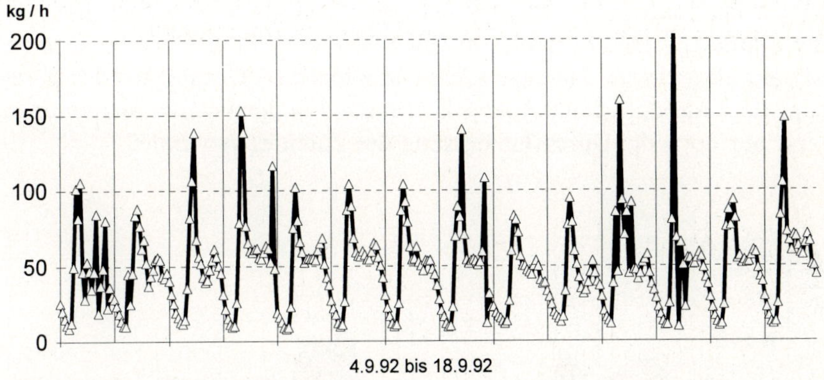

Abb. 3.13-3: Frachtganglinie der BSB (M3)-Stundenfrachten über 14 Tage einer Kläranlage (IS) mit ca. 20.000 EW Belastung [3.13-2]

Zur weiteren Verdeutlichung der Durchflußsituation während dieser 14-tägigen Auswertung ist in Abb. 3.13-4 die Ganglinie des Zuflusses dargestellt. Der Mischwasserzufluß wird auf ca. 220 L/s begrenzt. Dies entspricht in etwa dem dreifachen Trockenwetterspitzenzufluß (maximaler Stundenmittelwert) und dem zehnfachen des Nachtzuflusses. Gemäß den Auslegungsdaten müßte diese Klaranlage einen wesentlich größeren Trockenwetterdurchfluß besitzen (Q_m = ca. 2 Q_t). Bei zahlreichen Kläranlagen wird der Betrieb infolge dieser großen hydraulischen Belastungsbandbreite (Trockenwetterspitze/-nachtzufluß, Mischwasserzufluß) erheblich beeinträchtigt (Verlagerung von Biomasse in die Nachklärung bzw. auch Überlastung der Nachklärung, unzureichende Abstimmung von Sauerstoffversorgung und Pumpenleistung, unwirtschaftliche Betriebsweise, ect.).

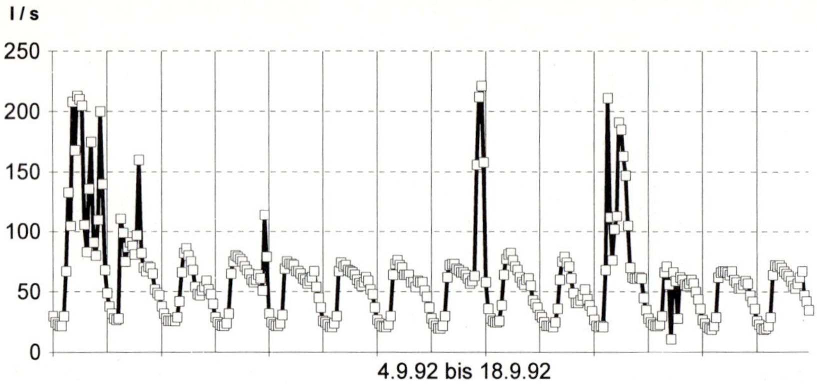

Abb. 3.13-4: Tagesganglinie der Zulaufwassermenge über 14 Tage (Stundenmittelwerte) einer Kläranlage (IS) mit ca. 20.000 EW Belastung [3.13-2]

Für Abb. 3.13-5 sind die Mittelwerte der Durchflußmessungen des Zu- und Ablaufes der Kläranlage für zwei Tage dargestellt worden. Die ergänzte Ganglinie der Differenzwassermenge verdeutlicht die zum Teil große Diskrepanz zwischen Input und Output der Kläranlage. Dies ist in diesem Fall, wie auch in zahlreichen anderen Fällen [3.13-4], auf die geringere Zuverlässigkeit und schlechtere Genauigkeit der Durchflußmessung (hier Auslaufmessung) zurückzuführen. Für die weiteren Auswertungen wurde somit nur noch die Durchflußmessung des Zulaufes verwendet.

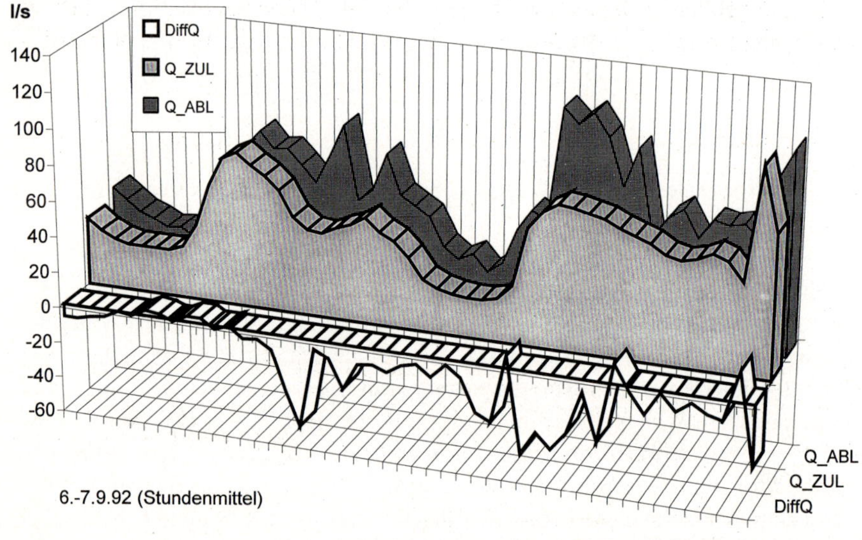

Abb. 3.13-5: Tagesganglinie der Zulauf-, Ablauf- und Differenzwassermenge (*Q*_ZUL, *Q*_ABL, DiffQ)) über 2 Tage (Stundenmittelwerte) einer Kläranlage (IS) mit ca. 20.000 EW Belastung [3.13-2]

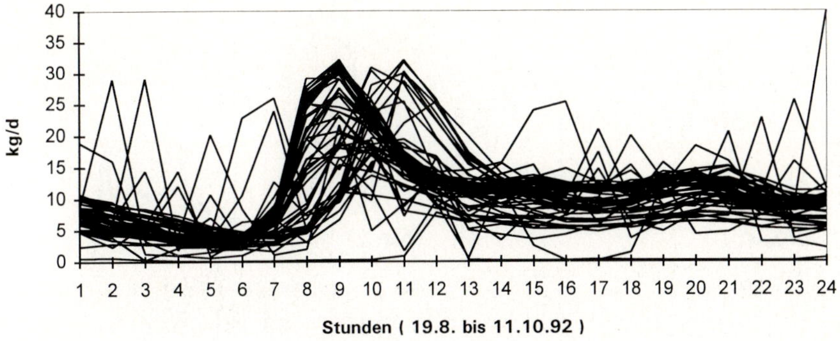

Abb. 3.13-6: Überlagerung der Tagesganglinie der Kjeldahl-Stickstoff (TKN)-Fracht (Stundenmittelwerte) einer Kläranlage (IS) mit ca. 20.000 EW Belastung [3.13-2]

Wesentliches Augenmerk bei Intensivuntersuchungen gilt der Feststellung der Stickstoffbelastung [3.13-5]. Die Tagesganglinien des Kjeldahl-Stickstoffes sind bei Abb. 3.13-6 überlagert worden. Grundlage für diese Frachtganglinien sind die Konzentrationsmessungen für den Ammonium-Stickstoff (on line-NH_4-N-Messung) und die Bestimmung der TKN zu NH_4-N-Verhältnisse (Faktorbildung) aus mehreren Tagesganglinien von 2-Stunden-Mischproben (Laborbestimmungen). Gut erkennbar ist die Verschiebung der Tagesspitze um ein bis zwei Stunden am Wochenende ("unbereinigtes" Datenmaterial).

Die Auswirkungen der unterschiedlichen Probenahme sollen die Abb. 3.13-7 und 3.13-8 veranschaulichen. Bei durchflußproportionaler Mittelwertbildung bzw. Mischprobenahme über verschiedene Zeiträume werden die für die Bemessung der Kläranlage maßgeblichen Belastungsspitzen der NH_4-N-Konzentration stark gedämpft bzw. nicht erfaßt. Die Konzentrationsspitzenbelastung für eine einstündige

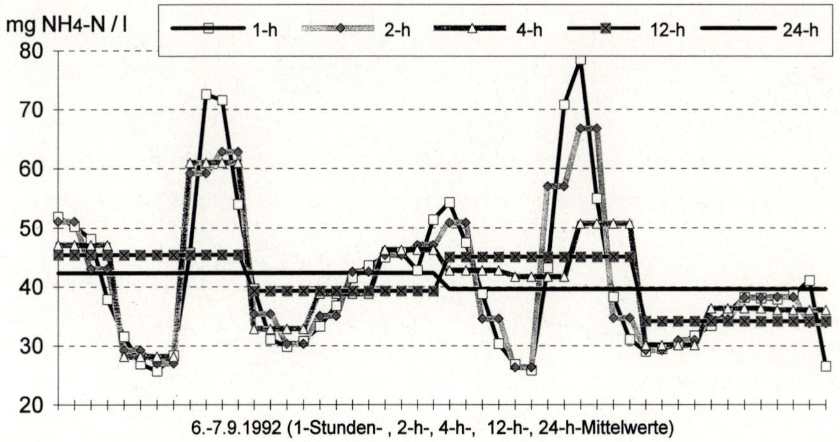

Abb. 3.13-7: Tagesganglinien der NH_4-N-Konzentrationen mit verschiedenen Mittelwertbildungen über 2 Tage einer Kläranlage (IS) mit ca. 20.000 EW Belastung [3.13-2]

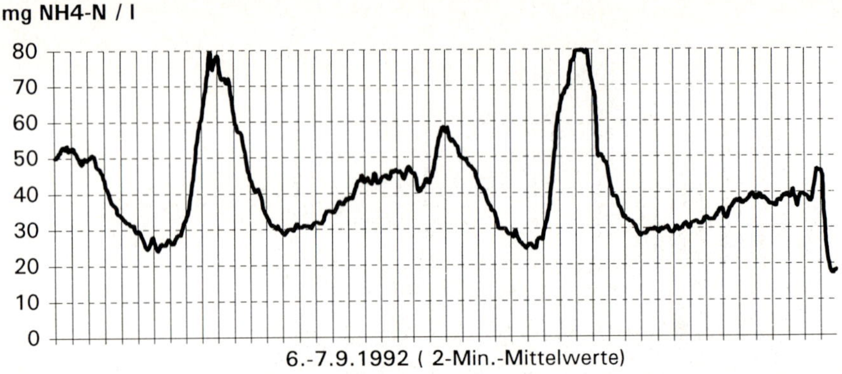

Abb. 3.13-8: Tagesganglinien der NH_4-N-Konzentrationen mit 2-Minuten-Mittelwertbildung über 2 Tage einer Kläranlage (IS) von ca. 20.000 EW Belastung [3.13-2]

Mittelwertbildung erreicht nahezu 80 mg/L, die der zweiminütigen Mittelwerte (Abb. 3.13-8) überschreitet bereits die obere Meßbereichsgrenze des Monitors (80 mg/L). Hingegen weisen die vielfach vorgenommenen 2-Stunden Mischproben nur noch ca. 67 mg/L auf und der 24-Stunden Wert liegt bei ca. 40 bzw. 42 mg/L.

Für die Auslegung der Belüftungseinrichtungen und die Größe der Nitrifikationszone ist die Darstellung der Dauerlinie der TKN-Frachten mit der Angabe der Unterschreitungshäufikeit von Nutzen (Abb. 3.13-9). Eine reine Auslegung auf den 85 %-Wert würde die in dem 14-tägigen Zeitraum auftretenden 2,3-fache Spitzenbelastung nicht berücksichtigen.

Für die weitgehende Stickstoffelimination ist ein günstiges Kohlenstoff zu Stickstoffverhältnis notwendig. Das Belastungsbild der Kläranlage (Abb. 3.13-10) läßt bereits erkennen, daß die Denitrifikation während einiger Nachtstunden wegen des kleinen BSB/TKN-Verhältnisses problematisch wird.

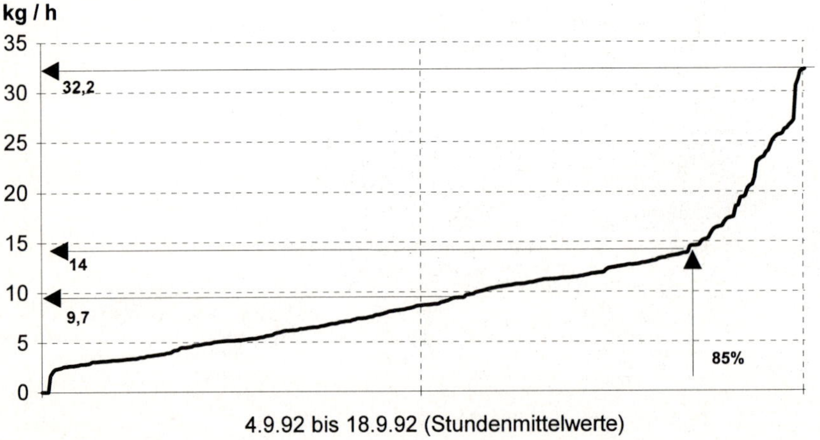

Abb. 3.13-9: Darstellung der Dauerlinie der TKN-Frachten (Stundenmittelwerte) als Unterschreitungshäufigkeit über 14 Tage einer Kläranlage (IS) von ca. 20.000 EW Belastung [3.13-2]

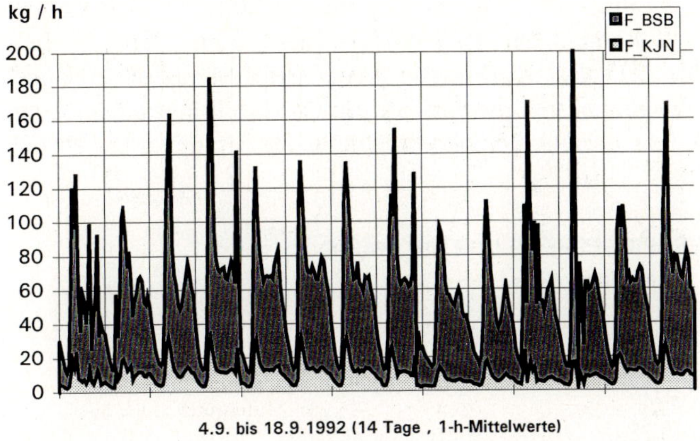

Abb. 3.13-10: Tagesganglinien der BSB (M3)- und der TKN-Frachten (Stundenmittelwerte) über 14 Tage einer Kläranlage (IS) von ca. 20.000 EW Belastung [3.13-2]

Die Tagesganglinien der BSB/N – Verhältnisse sind geordnet nach ihrer Größe für den 14-tägigen Auswertungszeitraum in Abb. 3.13-11 dargestellt. Die bereits ersichtlich ungünstigen Verhältnisse werden nicht selten auf einigen Kläranlagen durch die zusätzliche Belastung durch Prozeßwässer verschlechtert. In der Regel werden hierzu wegen des kleinen, aber hochkonzentrierten Zuflusses von Prozeßwasser keine on line-Messungen sondern Stichproben durchgeführt.

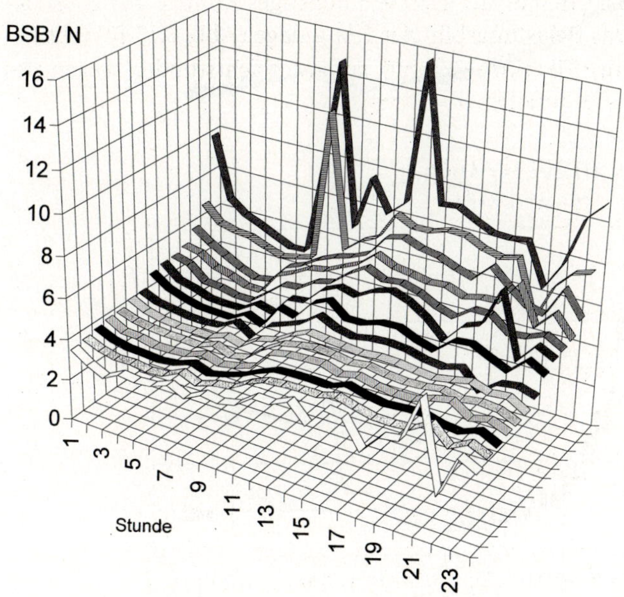

Abb. 3.13-11: Tagesganglinien der BSB (M3) zu TKN-Verhältnisse nach Größe geordnet über 14 Tage (Stundenmittelwerte) einer Kläranlage (IS) mit ca. 20.000 EW Belastung [3.13-2]

Das bereits für einige Parameter seit Jahren auf einer 60.000 EW Kläranlage erfaßte und herkömmlich dokumentierte Datenmaterial (Schreibstreifen, handgeschriebener Betriebsbericht, ...) wurde so ausgewertet, daß die Zusammenhänge und Abhängigkeiten nach der Zusammenstellung von 2-Minuten Mittelwertganglinien erkennbar wurden. Die Abb. 3.13-12 zeigt die drei Ganglinien der Parameter Durchfluß

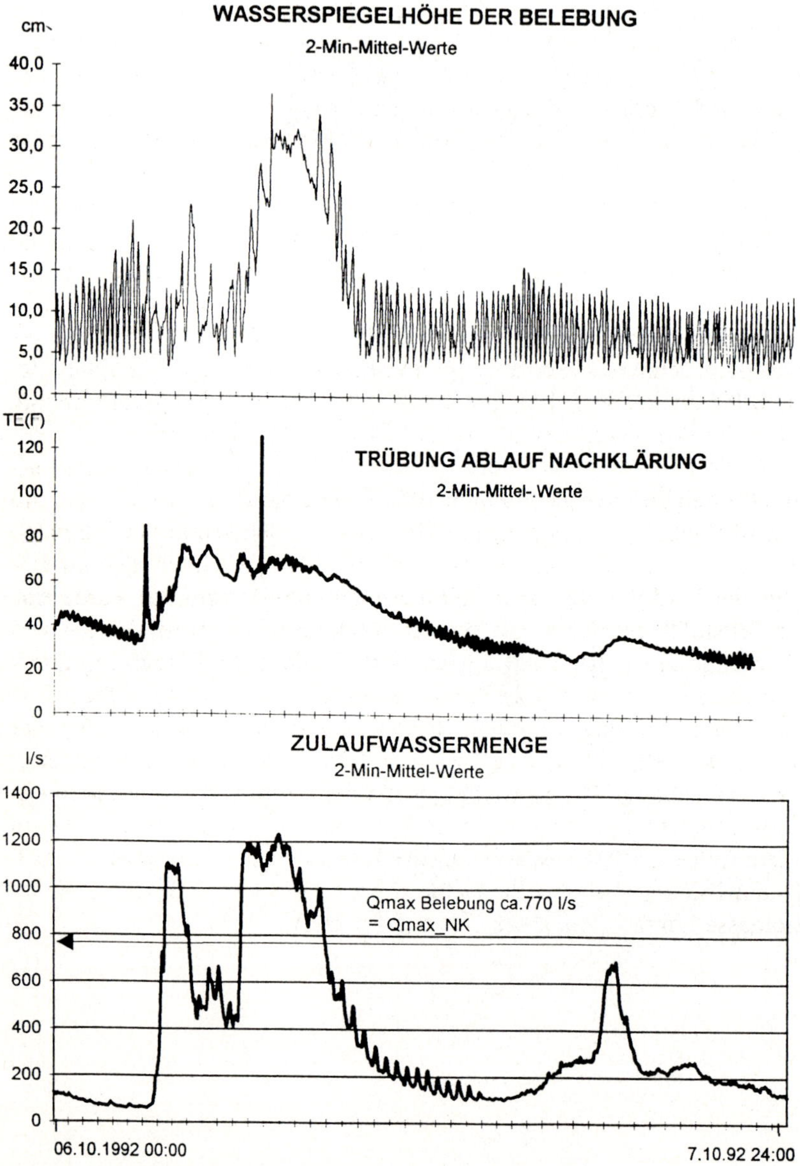

Abb. 3.13-12: Zweitägige Aufzeichnungen (2-Minuten-Mittelwertbildung) verschiedener Parameter bei Mischwasserbelastung auf einer Kläranlage (IS-B) mit ca. 60.000 EW [3.13-3]

(Zulauf Kläranlage), Trübung im Ablauf Nachklärung und Wasserspiegelhöhe im volldurchmischtem Belebungsbecken (Kreiselbelüfter) während eines größeren und mittleren Regenereignisses. Der Parameter Wasserspiegelhöhe ist nur für die Untersuchung auf der Kläranlage zusätzlich eingerichtet worden.

Das erste Regenereignis mit einem Durchfluß von ca. 1100 L/s im Zulauf und ca. 770 L/s im Belebungsbecken (Drosselung auf 2 Q_T durch Abschlag nach der Vorklärung) für ca. 2 h führte nur zu einem sehr kurzen Anstieg des Beckenvolumens bzw. der Wasserspiegelhöhe in der Belebung. Die Trübung erhöhte sich durch diesen Belastungsstoß, dem ein Zufluß von 500–650 L/s folgte, bevor der dann wieder stärker einsetzende Regen zu einer Erhöhung des Wasserspiegels im Belebungsbecken führte, die ein ca. 10% höheres Reaktionsvolumen zur Folge hatte. Dem dritten Regenereignis für ca. 2 h mit einem Zulauf von ca. 700 L/s kann weder hinsichtlich eines Anstieges der Wasserspiegelhöhe noch hinsichtlich eines wesentlichen Anstieges der Trübung besondere Bedeutung zugemessen werden [3.13-3]. Die hydraulische Überlastung der Kläranlage wirkt sich signifikant im Anstieg des Trübungsgehaltes im Ablauf der Nachklärung (Verschlechterung der Ablaufwerte!) und dem Einstau des Belebungsbeckens (keine direkten negativen Auswirkungen) aus. Die stark sprunghafte, aber bis zu einem Zufluß von ca. 650 L/s um ein konstantes Niveau oszillierende Wasserspiegelmessung ist auf den Wellenschlag der Oberflächenbelüfter zurückzuführen. Bei der gewählten Aufzeichnungsweise von 2-Minuten Mittelwerten ist die sehr kurze Reaktionszeit des Ultraschallsensors hervorzuheben.

Ein Blick auf die Feststoffgehaltsmessungen des Belebungs- und des Rücklaufschlammes, die für den gleichen Zeitraum in Abb. 3.13-13 dargestellt sind, zeigt, daß der mittlere Feststoffgehalt der Belebung merklich zwischen 14:00 und 19:00 (6.10.92) absinkt, einmal infolge der Verlagerung von Biomasse in die Nachklärung und desweiteren infolge der Verdünnung durch Volumenzunahme. Demzufolge wurde eine Erhöhung der Feststoffkonzentrationen für den Rücklaufschlamm infolge des vergrößerten Schlammanfalls in der Nachklärung und der stärkeren Eindickung durch die größere Einstauhöhe im Nachklärbecken beobachtet. Die meisten Regenereignisse bewirken zwar eine Verlagerung von Belebtschlamm in die Nachklärung, der mehr oder weniger schnell zurückgeführt werden kann, haben aber nur selten eine, wie am 6.10.92 beobachtete, Volumenvergrößerung des Belebungsbeckens zur Folge. Bereits bei Trockenwetter kann vormittags eine Verringerung des Feststoffgehaltes im Belebungsbecken (ohne Anstieg des Belebungsbeckenvolumens!) festgestellt werden. Dies bedeutet, daß die Tagesbelastungsspitze (s. Abb. 3.13-1 bis 3.13-11) mit einer verminderten Biomasse kurzzeitig abgearbeitet werden muß.

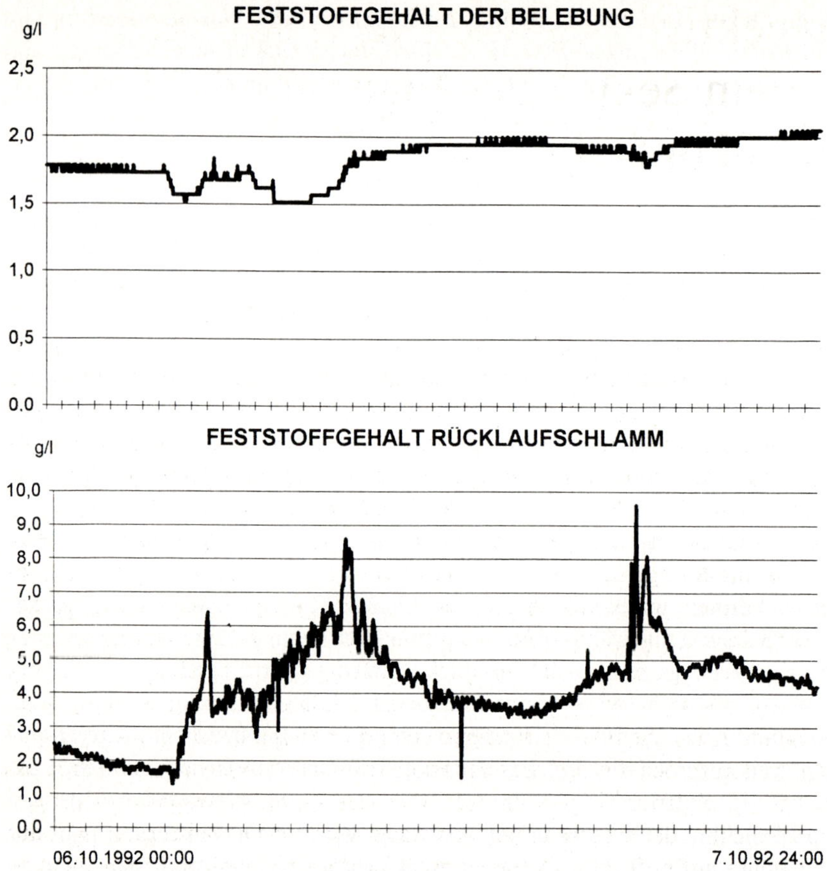

Abb. 3.13-13: Zweitägige Aufzeichnungen (2-Minuten-Mittelwertbildung) der Feststoffgehalte bei Mischwasserbelastung auf einer Kläranlage (IS-B) mit ca. 60.000 EW [3.13-3]

Literatur

[3.13-1] Geisel,W., Grundlagendatenermittlungen mit on line-Meßgeräten zur Einbindung in die Planung oder zur Optimierung des Betriebes, Dr.Lange Seminar Köln, 23. 9. 1993.

[3.13-2] Geisel, W., Intensivuntersuchungen mit on line-Meßverfahren auf Kläranlagen, Vortrag anläßlich einer Fortbildungsveranstaltung der BWK Bezirksgruppe Hagen, StAWA Hagen, 15. 12. 1992.

[3.13-3] Geisel, W., Betriebserfahrungen mit Standardmeßgeräten bei der Betriebsüberwachung und -regelung und zu Grundlagenermittlungen bei Um-/Neubauplanungen, Beitrag zum 1. Symposium „Erfahrungen mit Analysen- und Prozeßmeßgeräten in Abwasserreinigungsanlagen", Technische Akademie Esslingen, 2.-4. 12. 92.

[3.13-4] Hassinger, R., *Wasser-Abwasser-Abfall* **1992**, *8*, 107-112.

[3.13-5] Böhnke, B., *Korrespondenz Abwasser* **1989**, *36*, 1046-1061.

4 Perspektiven für die Entwicklungen auf dem Sektor der Eigen- und Prozeßkontrolle

Die Anwendung von Prozeßdatenverarbeitungsanlagen in Kläranlagen hat lange Zeit eher zu einer Distanz zum Prozeß und zur Verlagerung der Verantwortlichkeiten geführt. Nachdem aber nun bereits kleine Container-Kläranlagen mit Prozeßsteuerungen ausgerüstet werden (zum Beispiel KLA-Klärtechnik, Neubrandenburg mit Workbench-System von ZIEGLER-INSTRUMENTS, Mönchengladbach), die eine Überwachung der Anlagenfunktion von zentraler Stelle aus ermöglichen, und nachdem die neueren on line-Meßgeräte vielfach ohne Probenfiltration über längere Zeit betrieben werden können, wächst in Verbindung mit dem flächendeckenden Einzug der PCs in die Arbeitswelt das Verständnis und das Vertrauen in diese Technik.

Bedauerlicherweise ist aber gleichzeitig zu beobachten, daß vielfach das Feeling für die Prozesse dadurch verlorengeht und beinahe offenkundige, mit dem Auge wahrzunehmende Anzeichen von Veränderungen im Prozeß nicht mehr wahrgenommen werden, weil nur noch das gilt, was der Protokoll-Drucker schwarz auf weiß ausgibt. Hier muß der Software-Ingenieur nun Wege der Visualisierung über den Bildschirm finden, die ihm der erfahrene Ingenieur oder Klärmeister weist, damit aus der Vielzahl der heute auflaufenden Daten sinnvoll kombiniert wird und man nicht in der Datenflut erstickt. Die Einrichtung verbesserter Protokollierungssysteme mit sinnvoller Datenreduktion und eine verbesserte grafische Umsetzung auf dem Bildschirm, um die Transparenz der Prozeßabläufe zu erhöhen, bzw. auf Papier, um den Erfolg (oder Mißerfolg) des eigenen Handelns (eines Eingriffes in das Prozeßgeschehen) zu dokumentieren, ist sicherlich auf der Seite der Automatisierungstechnik die Aufgabe der nächsten Zeit. Die manuelle Bedienung wird sich in der nächsten Zeit vollständig auf eine Rechner-gesteuerte Prozeßführung umorganisieren (s. Thema Fernüberwachung, -bedienung).

Mit Sicherheit werden in Zukunft für die Prozeßsteuerung noch mehr als bisher „Beobachter“ eingesetzt werden, die zwar nur einen Ausschnitt aus dem gesamten Geschehen wiedergeben, dafür aber einfach, schnell und zuverlässig erfaßbar sind. Zum Beispiel ist es gelungen, die Steuerung der Kreislaufwasserströme im Bereich der gezielten Denitrifikation über das Prinzip der Redox-Messung von ihrem unbefriedigenden Zustand der Spezifikation des Einzugsgebietes und der dadurch jeweils veränderten Korrelation zum Nitratgehalt des gereinigten Abwassers zu befreien, indem die Differenz zweier Redox-Spannungen (nämlich der von Zu- und Ablauf) als charakteristische Größe für das Nitrifikationsergebnis eines Systems herangezogen wird. Durch die Differenzbildung (vgl. optische Meßverfahren) werden die abwasserspezifischen Einflußgrößen voneinander subtrahiert und damit aus der Meßgröße eliminiert [4.0-1, 4.0-2].

Ähnliche Entwicklungen dürfen auch im Bereich der Ersatzparameter (beispielsweise unter Anwendung des UV, eventuell auch der IR-Methoden) erwartet werden. Die on line-Erfassung von zum Beispiel pflanzlichen und tierischen Fetten im Abwasser ist über die UV-Absorption in Verbindung mit einer Trübungsmessung ohne weiteres quantitativ machbar [4.0-3].

Hinsichtlich der Implementation der Steuer- und Regelprozesse zur Einhaltung von Grenzwerten bzgl. Phosphor und Stickstoff spielen die Elektronen-Donatoren eine wichtige Rolle. Hier laufen Untersuchungen, ob mit dem on line-CSB, mit dem TOC/DOC oder auch dem BSB-Verfahren eine Korrelation zum Denitrifikations- und P-Rücklösepotential gegeben ist. In verschiedenen Beiträgen in diesem Buch (s. Abschn. 3.8 und 3.10) wird darauf eingegangen. Eigene Untersuchungen haben gezeigt, daß es repräsentativer ist, die organischen Säuren (s. Abschn. 2.5) on line zu erfassen, wie es mit dem von der Konzeption her gleichen, in Abschn. 3.11 beschriebenen Titrationsgerät der Firma METHROM zur Phosphat-Analytik möglich ist. Gerade im Bereich der eutrophierenden Stoffe zeigt sich, daß die Gerätetechnik immer ausgefeilter wird (man kann hier bereits von einem automatisierten Laboranalysenschritt sprechen) und trotzdem sehr hohe Verfügbarkeiten realisierbar sind.

Auch in der Laboranalytik ist einiges in Bewegung gekommen. Auch hier beginnt in größeren Klärwerken die Laborautomation einzusetzen und vorwiegend über Fließ-Injektions-Analyse-Systeme (FIA-Systeme) die Probensammlung, -aufbereitung (beispielsweise über Mikrowellen) und -detektion ablaufen zu lassen. Die Abb. 4.0-1 und 4.0-2 zeigen schematisch das FIA-Prinzip und eine Anwendung aus

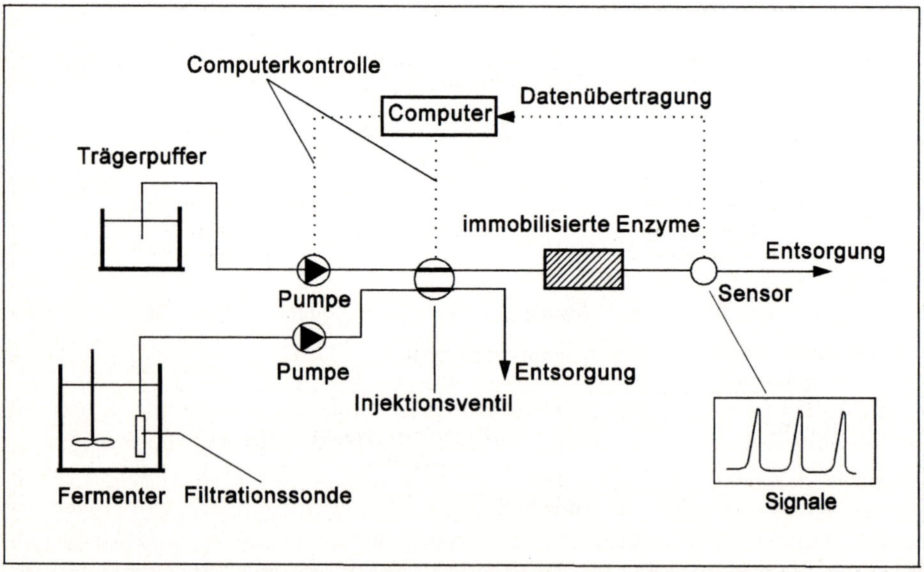

Abb. 4.0-1: Schematischer Aufbau eines FIA-Systems [4.0-4, 4.0-5]

der Fermentationstechnik, bei der bereits die in Abschn. 2.13 angesprochenen enzymatischen Systeme eingesetzt werden.

Schwedt [4.0-6] berichtete in den vergangenen Jahren im Rahmen der TAE-Symposien von den Weiterentwicklungen im Bereich der HPLC, die sogar im Abwasserbereich die Voraussetzungen für den Einsatz von HPLC-Systemen zur Probenvorbereitung im Rahmen der amperometrischen oder UV-spektrometrischen Prozeßanalytik besitzen.

In diesem Zusammenhang sind auch die Möglichkeiten der Schwermetallanalytik zu sehen, die beispielsweise nach dem Prinzip der OES (Optische Emissions Spektralanalyse) über einen entsprechenden Detektor (THERMO-INSTRUMENT-SYSTEMS, Dortmund) ermöglicht, simultan in einer realen Probenmatrix mehrere Metalle quantitativ zu bestimmen.

Abschließend sollte trotz der interessanten Perspektiven nicht der Blick für das verloren gehen, was den Betreiber vor Ort am meisten interessiert: Inwieweit sind die an den verschiedenen Stellen in diesem Buch aufgeführten Anforderungen bereits erfüllt?

1. Robustes Meßprinzip.
2. Unempfindliche Sensorik.
3. Einfache Bedienbarkeit (Einbau, Wartung, Austausch).
4. Lange Standzeiten (Unempfindlichkeit, Reinigungssystem).
5. Integrierte Fehlerüberwachung.
6. Angemessenes Preis-Leistungs-Verhältnis.
7. Sichere Datenübertragung.
8. Integrierte Auswertetechnik.

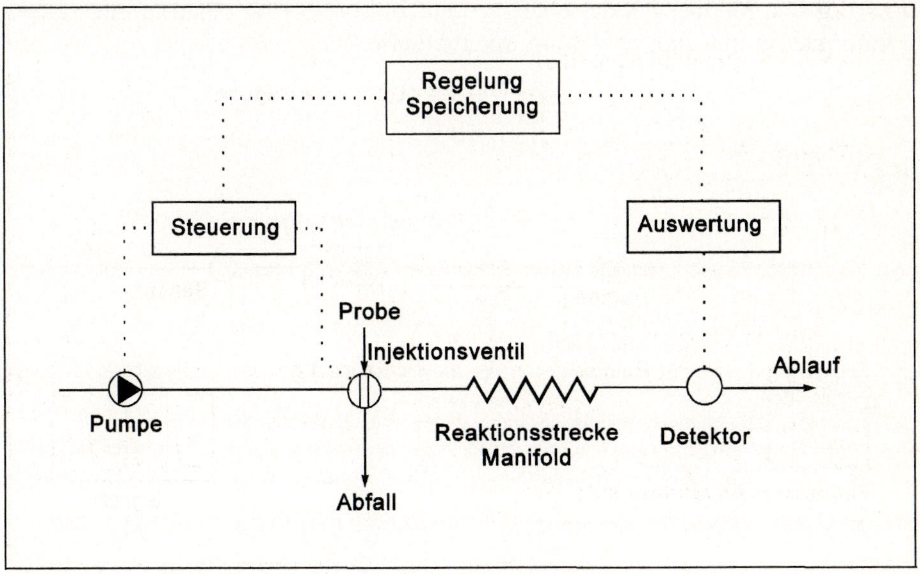

Abb. 4.0-2: FIA-System mit Biosensor am fermentationsprozeß [4.0-5]

In unterschiedlichem Maße sind sie erfüllt, es läßt sich aber insgesamt noch eine ganze Menge diesbezüglich verbessern.

Im Zuge verschärfter Reinigungsanforderungen an kommunale wie industrielle Abwässer steht in vielen Fällen die Erweiterung, Umgestaltung oder Umfunktionierung (Teilstrombehandlung) einer bestehenden Kläranlage an. In manchen Fällen kommt aus ökonomischen Gesichtspunkten eine Neukonzeption in Betracht. Wie in früheren Arbeiten [4.0-7] gezeigt wurde, besteht in der Abwassertechnik ein nicht unerhebliches Optimierungspotential. So ist häufig – ausgelöst durch die Verschärfung der wasserrechtlichen Genehmigungen oder durch Veränderungen der industriellen Zuflüsse im Einzugsgebiet der Kläranlage – eine Änderung der Prozeßführung angezeigt. Aber auch aus ökonomischen Gründen ist die Überprüfung der konventionellen Techniken angeraten. Ohne eine Prozeßsteuerung wird man i. a. nur noch in den selbstregulierenden Abwasserteichen bzw. der Abwasserlandbehandlung auskommen.

Wenn man Meßtechnik integrieren muß, um die Prozesse zu steuern, dann muß der Meß- und Regelungstechniker von vorneherein in den Planungsprozeß einbezogen werden. Jedes Verfahren hat ähnlich wie die Meßwert-Erfassungssysteme nur ein begrenztes Fenster und in diesem Fenster muß das Verfahren gesteuert bzw. geregelt werden.

Nicht vergessen werden darf, daß im Kläranlagenbereich extreme Anforderungen herrschen, so daß die jeweiligen Geräteeigenschaften auf Herz und Nieren für den Einsatzfall vorgeprüft sein müssen. Es klingt trivial, die Erfahrung zeigt aber, daß der Hinweis nicht unberechtigt ist, daß jedes Glied in der Meßkette sowohl im Labor als auch im Prozeß am Anfang getestet und im Verlauf des Einsatzes immer wieder überprüft werden muß.

Was nützt die schönste Automatisierungsanlage, wenn bei einem Meßgerät mit umschaltbarem Meßbereich der obere gewählt ist und das Automatisierungssystem die Information hat, daß es sich im unteren befindet?

Literatur

[4.0-1] Kunz, P.M., Prozeßstabilität in kleinen Kläranlagen. ATZ-EVUS-Seminar, Sulzbach-Rosenheim, 1994.

[4.0-2] Falter, R., Müller, G., *Heidelberger Geowissenschaftliche Abhandlungen* **1994**, *76*, 30–40.

[4.0-3] Philipp, E., persönliche Mitteilungen 1994.

[4.0-4] Schügerl, K., *Analytische Methoden in der Biotechnologie,* Wiesbaden-Braunschweig: Vieweg-Verlag, 1991.

[4.0-5] Scheper, T., *Bioanalytik,* Wiesbaden-Braunschweig: Vieweg-Verlag, 1991.

[4.0-6] Schwedt, G.: Neuere Entwicklungen in der Methodik der Abwasseranalytik. Symposien Erfahrungen mit Analysen- und Prozeßmeßgeräten in Abwasserreinigungsanlagen, Technische Akademie Esslingen, 1992 und 1993.

[4.0-7] Kunz, P.M., *Umwelt-Bio-Verfahrenstechnik*, Wiesbaden-Braunschweig: Vieweg-Verlag, 1992.

5 Firmenübersicht – Angebotsspektrum

Peter M. Kunz

Institut für Biologische Verfahrenstechnik
Fachhochschule für Technik, Mannheim

SACHGEBIET : *Analysengerät*

AOX

AIH Auerbacher Ingenieur- und Handels GmbH	Postfach 5 09392 Auerbach	03721-481 F-22240
Haberkorn + Braun GmbH	Gollierstr. 70 80339 München	089-502-7461 F-9458
UMKAT AQUACONTROL GmbH	Hauptstr. 2 66459 Kirkel-Limbach	06841-81011 F-89358

Biolumineszenz

LABORATORIUM Prof.Dr.Berthold GmbH & Co.	Calmbacherstr. 22 75323 Bad Wildbad	07081-177-109 F-166

BSB

AIH Auerbacher Ingenieur- und Handels GmbH	Postfach 5 09392 Auerbach	03721-481 F-22240
AUCOTEAM GmbH Berlin	Storkowerstr. 115a 10407 Berlin	030-42188402 F-4232707
Behr Labor-Technik GmbH	Spangerstr. 8 40599 Düsseldorf	0211-748-4732 F-9772
M&C Products Analysentechnik GmbH	Postfach 10 15 37 40835 Ratingen	02102-935-127 F-111
ORI-Abwassertechnik GmbH & Co.	Eickhorsterstr. 3-5 32479 Hille	05703-884 F-2364

Chlorid

Endress + Hauser Meßtechnik GmbH & Co.	Colmarerstr. 6 79576 Weil am Rhein	07621-975-570 F-383

Chrom

AIH Auerbacher Ingenieur- und Handels GmbH	Postfach 5 09392 Auerbach	03721-481 F-22240

CSB

AIH Auerbacher Ingenieur- und Handels GmbH	Postfach 5 09392 Auerbach	03721-481 F-22240
Behr Labor-Technik GmbH	Spangerstr. 8 40599 Düsseldorf	0211-748-4732 F-9772

Elektroden

METROHM AG Elektronische Meßgeräte	Obersdorfstr. 68 9101 Herisau	

EOX

AIH Auerbacher Ingenieur- und Handels GmbH	Postfach 5 09392 Auerbach	03721-481 F-22240
Haberkorn + Braun GmbH	Gollierstr. 70 80339 München	089-502-7461 F-9458
UMKAT AQUACONTROL GmbH	Hauptstr. 2 66459 Kirkel-Limbach	06841-81011 F-89358

SACHGEBIET : *Analysengerät*

Feststoff

Gronert GmbH & Co. KG - ULTRA X	Bielefelderstr. 275 32791 Lage	05232-71016 F-78755

Feuchte

Gronert GmbH & Co. KG - ULTRA X	Bielefelderstr. 275 32791 Lage	05232-71016 F-78755
Mettler Toledo GmbH	Ockerweg 3 35396 Gießen	0641-507-126 F-128

FT-IR-Spektrometer

Polytec GmbH	Polytec Platz 5-7 76333 Waldbronn	07243-604152 F-69944

Glührückstand

Gronert GmbH & Co. KG - ULTRA X	Bielefelderstr. 275 32791 Lage	05232-71016 F-78755

Kohlenstoff-TC

UMKAT AQUACONTROL GmbH	Hauptstr. 2 66459 Kirkel-Limbach	06841-81011 F-89358

Kohlenstoff-TIC

UMKAT AQUACONTROL GmbH	Hauptstr. 2 66459 Kirkel-Limbach	06841-81011 F-89358

Kohlenstoff-TOC

BTG Anlagentechnik GmbH	Postfach 10 20 68 44720 Bochum	0234-54706-0 F-534576
UMKAT AQUACONTROL GmbH	Hauptstr. 2 66459 Kirkel-Limbach	06841-81011 F-89358

Kohlenstoff-TOC/TN

Gröger & Obst Meß- und Regeltechnik GmbH	Marienstr. 4 82335 Berg	08151-5100-3 F-5

Kohlenwasserstoffe

AIH Auerbacher Ingenieur- und Handels GmbH	Postfach 5 09392 Auerbach	03721-481 F-22240

Küvetten-Test

Dr. Bruno Lange GmbH Berlin	Willstätterstr. 11 40549 Düsseldorf	0211-5288-0/189 F-175

SACHGEBIET : *Analysengerät*

Leitfähigkeit

AIH Auerbacher Ingenieur- und Handels GmbH	Postfach 5 09392 Auerbach	03721-481 F-22240
Endress + Hauser Meßtechnik GmbH & Co.	Colmarerstr. 6 79576 Weil am Rhein	07621-975-570 F-383
HANNA instruments Deutschland GmbH	Königsbergerstr. 13 77694 Kehl	07851-71037 F-481432
Hoelzle & Chelius GmbH	Postfach 14 02 63234 Neu-Isenburg	06102-2901-0 F-73
HORIBA Europe GmbH	Industriestr. 8 61449 Steinbach	02150-63-47 F-39
TESTO GmbH u. Co.	Postfach 11 40 79849 Lenzkirch	07653-681-0 F-100

Öl

AIH Auerbacher Ingenieur- und Handels GmbH	Postfach 5 09392 Auerbach	03721-481 F-22240

Öl im Wasser

HORIBA Europe GmbH	Industriestr. 8 61449 Steinbach	02150-63-47 F-39

Partikelanzahl

Pacific Scientific GmbH	Mollenbachstr. 14 71206 Leonberg	07152-9042-66 F60

pH

AIH Auerbacher Ingenieur- und Handels GmbH	Postfach 5 09392 Auerbach	03721-481 F-22240
Endress + Hauser Meßtechnik GmbH & Co.	Colmarerstr. 6 79576 Weil am Rhein	07621-975-570 F-383
HANNA instruments Deutschland GmbH	Königsbergerstr. 13 77694 Kehl	07851-71037 F-481432
Hoelzle & Chelius GmbH	Postfach 14 02 63234 Neu-Isenburg	06102-2901-0 F-73
HORIBA Europe GmbH	Industriestr. 8 61449 Steinbach	02150-63-47 F-39
METROHM AG Elektronische Meßgeräte	Obersdorfstr. 68 9101 Herisau	
SCHOTT-Geräte GmbH	Im Langgewann 5 65719 Hofheim/Taunus	06192-2091-0 F-8086
TESTO GmbH u. Co.	Postfach 11 40 79849 Lenzkirch	07653-681-0 F-100

Phosphor

AIH Auerbacher Ingenieur- und Handels GmbH	Postfach 5 09392 Auerbach	03721-481 F-22240
BTG Anlagentechnik GmbH	Postfach 10 20 68 44720 Bochum	0234-54706-0 F-534576
Dr. Bruno Lange GmbH Berlin	Willstätterstr. 11 40549 Düsseldorf	0211-5288-0/189 F-175

Photometer-allgemein

Dr. Bruno Lange GmbH Berlin	Willstätterstr. 11 40549 Düsseldorf	0211-5288-0/189 F-175
E. Merck	Frankfurterstr. 250 64271 Darmstadt	06151-72-0 F-2000
MACHEREY-NAGEL GmbH & Co. KG	Postfach 10 13 52 52313 Düren	02421-6980 F-62054
Polytec GmbH	Polytec Platz 5-7 76333 Waldbronn	07243-604152 F-69944

SACHGEBIET : *Analysengerät*

TESTO GmbH u. Co.	Postfach 11 40 79849 Lenzkirch	07653-681-0 F-100

POX

AIH Auerbacher Ingenieur- und Handels GmbH	Postfach 5 09392 Auerbach	03721-481 F-22240
UMKAT AQUACONTROL GmbH	Hauptstr. 2 66459 Kirkel-Limbach	06841-81011 F-89358

Quecksilber

AIH Auerbacher Ingenieur- und Handels GmbH	Postfach 5 09392 Auerbach	03721-481 F-22240
Seefelder Meßtechnik GmbH & Co. KG	Postfach 12 17 82225 Seefeld (Obb.)	08152-7710 F-79972

Radioaktivität

LABORATORIUM Prof.Dr.Berthold GmbH & Co.	Calmbacherstr. 22 75323 Bad Wildbad	07081-177-109 F-166

Redox

Endress + Hauser Meßtechnik GmbH & Co.	Colmarerstr. 6 79576 Weil am Rhein	07621-975-570 F-383
TESTO GmbH u. Co.	Postfach 11 40 79849 Lenzkirch	07653-681-0 F-100

Salz

HORIBA Europe GmbH	Industriestr. 8 61449 Steinbach	02150-63-47 F-39

Sauerstoff

Endress + Hauser Meßtechnik GmbH & Co.	Colmarerstr. 6 79576 Weil am Rhein	07621-975-570 F-383
Grundig Electronic	Dieselstr. 19-21 70839 Gerlingen	07156-2009-0 F-37
Grundig Electronic	Würzburgerstr. 150 90706 Fürth	0911-7330-1 F-479
HORIBA Europe GmbH	Industriestr. 8 61449 Steinbach	02150-63-47 F-39
Syland Scientific	Tiergartenstr. 64646 Heppenheim	06252-72061

Schlammspiegel

Hoelzle & Chelius GmbH	Postfach 14 02 63234 Neu-Isenburg	06102-2901-0 F-73

Schwermetalle

AIH Auerbacher Ingenieur- und Handels GmbH	Postfach 5 09392 Auerbach	03721-481 F-22240

SACHGEBIET : *Analysengerät*

Sichttiefe

AIH Auerbacher Ingenieur- und Handels GmbH	Postfach 5 09392 Auerbach	03721-481 F-22240

Stickstoff

AIH Auerbacher Ingenieur- und Handels GmbH	Postfach 5 09392 Auerbach	03721-481 F-22240

Stickstoff-Ammonium

BTG Anlagentechnik GmbH	Postfach 10 20 68 44720 Bochum	0234-54706-0 F-534576
Dr. Bruno Lange GmbH Berlin	Willstätterstr. 11 40549 Düsseldorf	0211-5288-0/189 F-175
E. Merck	Frankfurterstr. 250 64271 Darmstadt	06151-72-0 F-2000
MACHEREY-NAGEL GmbH & Co. KG	Postfach 10 13 52 52313 Düren	02421-6980 F-62054

Stickstoff-Nitrat

BTG Anlagentechnik GmbH	Postfach 10 20 68 44720 Bochum	0234-54706-0 F-534576
Dr. Bruno Lange GmbH Berlin	Willstätterstr. 11 40549 Düsseldorf	0211-5288-0/189 F-175
E. Merck	Frankfurterstr. 250 64271 Darmstadt	06151-72-0 F-2000

Temperatur

HORIBA Europe GmbH	Industriestr. 8 61449 Steinbach	02150-63-47 F-39
TESTO GmbH u. Co.	Postfach 11 40 79849 Lenzkirch	07653-681-0 F-100

Toxizität

M&C Products Analysentechnik GmbH	Postfach 10 15 37 40835 Ratingen	02102-935-127 F-111

Trübung

Endress + Hauser Meßtechnik GmbH & Co.	Colmarerstr. 6 79576 Weil am Rhein	07621-975-570 F-383
HORIBA Europe GmbH	Industriestr. 8 61449 Steinbach	02150-63-47 F-39

UV-VIS-NIR

Polytec GmbH	Polytec Platz 5-7 76333 Waldbronn	07243-604152 F-69944

SACHGEBIET : *Prozeßmeßgerät*

Ammonium

ABB Industrietechnik AG	Rudolf Dieselstr. 18 40670 Meerbusch	02159-5206-0 F-02159-1503
DEUTSCHE METROHM GmbH & Co.	In den Birken 3 70794 Filderstadt	0711-77088-0/96/91/90 F-55
Dr. Bruno Lange GmbH Berlin	Willstätterstr. 11 40549 Düsseldorf	0211-5288-0/189 F-175
GIMAT GmbH Umweltmeßtechnik	Obermühlstr. 70 82398 Polling	0881-628-0 F-62815
H. Wösthoff Messetechnik GmbH	Max Grevestr. 30 44791 Bochum	0234-51814 F-583393
SKALAR analytik GmbH	Gewerbestr. Süd 63 41812 Erkelenz	02431-9619-0 F-70
STIP Siepmann und Teutscher GmbH	Siemensstr. 2 64818 Groß-Umstadt	06078-786-40 F-88

BSB

AUCOTEAM GmbH Berlin	Storkowerstr. 115a 10407 Berlin	030-42188402 F-4232707
M&C Products Analysentechnik GmbH	Postfach 10 15 37 40835 Ratingen	02102-935-127 F-111
STIP Siepmann und Teutscher GmbH	Siemensstr. 2 64818 Groß-Umstadt	06078-786-40 F-88

CH_4

Hartmann & Braun AG	Gräfstr. 97 60484 Frankfurt	069-799-3355 F-2426

Chlor

SKALAR analytik GmbH	Gewerbestr. Süd 63 41812 Erkelenz	02431-9619-0 F-70

Chlorid

Endress + Hauser Meßtechnik GmbH & Co.	Colmarerstr. 6 79576 Weil am Rhein	07621-975-570 F-383
ProMinent Dosiertechnik GmbH	Postfach 10 17 60 69007 Heidelberg	06221-842-0 F-617
SKALAR analytik GmbH	Gewerbestr. Süd 63 41812 Erkelenz	02431-9619-0 F-70

Chrom VI

SKALAR analytik GmbH	Gewerbestr. Süd 63 41812 Erkelenz	02431-9619-0 F-70

CO_2

Hartmann & Braun AG	Gräfstr. 97 60484 Frankfurt	069-799-3355 F-2426

CSB

DEUTSCHE METROHM GmbH & Co.	In den Birken 3 70794 Filderstadt	0711-77088-0/96/91/90 F-55

SACHGEBIET : *Prozeßmeßgerät*

GIMAT GmbH Umweltmeßtechnik	Obermühlstr. 70 82398 Polling	0881-628-0 F-62815
STIP Siepmann und Teutscher GmbH	Siemensstr. 2 64818 Groß-Umstadt	06078-786-40 F-88

Cyanid

SKALAR analytik GmbH	Gewerbestr. Süd 63 41812 Erkelenz	02431-9619-0 F-70

DOC

SKALAR analytik GmbH	Gewerbestr. Süd 63 41812 Erkelenz	02431-9619-0 F-70

Druck

Burster Präzisionsmeßtechnik GmbH	Talstr. 1-7 76593 Gernsbach	07224-645-0 F-64588
Honsberg & Co. KG	Tenter Weg 2-8 42857 Remscheid-Lennep	02191-60611-15 F-662749
Juchheim GmbH	Moltkestr. 13/31 36039 Fulda	0661-6003-0 F-500
LABOM Mess- und Regeltechnik GmbH	Postfach 12 62 27795 Hude	04408-804-37 F-85
VEGA Grieshaber KG	Am Hohenstein 113 77757 Schiltach	07836-50-227 F-190

Druck- und Differenz-Druck

ABB Industrietechnik AG	Rudolf Dieselstr. 18 40670 Meerbusch	02159-5206-0 F-02159-150

Durchfluß

Aquametro	Ringstr. 39 410 Therwill	061-730595
ASN GmbH	Von Staufenbergstr. 25 82008 Unterhaching	089-611-3026 F-1523
ASV Stübbe GmbH & Co. KG	Hollwieserstr. 5 32602 Vlotha	
Bestobell Mobrey GmbH	Nürnbergerstr. 12a 40599 Düsseldorf	0211-99808-10 F-7489979
Bopp & Reuther GmbH	Carl Reutherstr. 1 68305 Mannheim	0621-749-0 F-1604
Foxboro Deutschland GmbH	Heerdter Lohnweg 53-55 40549 Düsseldorf	0211-5966-0 F-167
Georg Fischer	Wiesbadenerstr. 89 55252 Mainz-Kastel	06134-22001 F-148468
GIMAT GmbH Umweltmeßtechnik	Obermühlstr. 70 82398 Polling	0881-628-0 F-62815
Heinrichs Messtechnik	Stolbergerstr. 393 50933 Köln	0221-49708-0 F-78
Honsberg & Co. KG	Tenter Weg 2-8 42857 Remscheid-Lennep	02191-60611-15 F-662749
INGRO Meßgeräte GmbH	Auf der Schanze 3a 61352 Bad Homburg	06172-41-018 F-466
Juchheim GmbH	Moltkestr. 13/31 36039 Fulda	0661-6003-0 F-500
Panametrics GmbH	Rudolf Dieselstr. 1 65719 Hofheim	
Tscherwitschke GmbH	Dieslestr. 21 70771 Leinfelden Echterdingen	0711-795061
VEGA Grieshaber KG	Am Hohenstein 113 77757 Schiltach	07836-50-227 F-190
Wasser-Abwasser-Systemtechnik GmbH	Am Hafen 22 38112 Braunschweig	0531-31-2831 F-3074
YOKOGAWA Deutschland GmbH	Berlinerstr. 101-103 40880 Ratingen	02102-4983-30

SACHGEBIET : *Prozeßmeßgerät*

Durchfluß für Klärschlamm

TURBO-WERK Messtechnik GmbH	Grembergerstr. 151 51105 Köln	0221-83-9000 F-6881

Durchfluß in teilgefüllten Rohren

TURBO-WERK Messtechnik GmbH	Grembergerstr. 151 51105 Köln	0221-83-9000 F-6881

Feststoffgehalt

BTG Anlagentechnik GmbH	Postfach 10 20 68 44720 Bochum	0234-54706-0 F-534576

Fluorid

SKALAR analytik GmbH	Gewerbestr. Süd 63 41812 Erkelenz	02431-9619-0 F-70

Füllstand

E.L.B. Füllstandsmeßgeräte Bundschuh GmbH	An der Hartbrücke 6 64625 Bensheim	06251-38051-2 F-64614
Honsberg & Co. KG	Tenter Weg 2-8 42857 Remscheid-Lennep	02191-60611-15 F-662749
IER Mess- und Regeltechnik	Fischertsr. 32 68199 Mannheim	0621-85-3037 F-9895
Pepperl und Fuchs GmbH	Königsberger Allee 85-87 68307 Mannheim-Schönau	0621-7505-0 F-785354
VEGA Grieshaber KG	Am Hohenstein 113 77757 Schiltach	07836-50-227 F-190

Geschwindigkeit

GIMAT GmbH Umweltmeßtechnik	Obermühlstr. 70 82398 Polling	0881-628-0 F-62815

Harnstoff

SKALAR analytik GmbH	Gewerbestr. Süd 63 41812 Erkelenz	02431-9619-0 F-70

hydroliserbares Phosphat

SKALAR analytik GmbH	Gewerbestr. Süd 63 41812 Erkelenz	02431-9619-0 F-70

Kohlenstoff-TC

UMKAT AQUACONTROL GmbH	Hauptstr. 2 66459 Kirkel-Limbach	06841-81011 F-89358

SACHGEBIET : *Prozeßmeßgerät*

Kohlenstoff-TIC

UMKAT AQUACONTROL GmbH	Hauptstr. 2 66459 Kirkel-Limbach	06841-81011 F-89358

Kohlenstoff-TOC

SKALAR analytik GmbH	Gewerbestr. Süd 63 41812 Erkelenz	02431-9619-0 F-70
STIP Siepmann und Teutscher GmbH	Siemensstr. 2 64818 Groß-Umstadt	06078-786-40 F-88
UMKAT AQUACONTROL GmbH	Hauptstr. 2 66459 Kirkel-Limbach	06841-81011 F-89358

Kohlenstoff-TOC/TN

Hartmann & Braun AG	Gräfstr. 97 60484 Frankfurt	069-799-3355 F-2426

Kohlenwasserstoffe

Hartmann & Braun AG	Gräfstr. 97 60484 Frankfurt	069-799-3355 F-2426

Kupfer

SKALAR analytik GmbH	Gewerbestr. Süd 63 41812 Erkelenz	02431-9619-0 F-70

Leitfähigkeit

ABB Industrietechnik AG	Rudolf Dieselstr. 18 40670 Meerbusch	02159-5206-0 F-02159-150
Endress + Hauser Meßtechnik GmbH & Co.	Colmarerstr. 6 79576 Weil am Rhein	07621-975-570 F-383
Foxboro Deutschland GmbH	Heerdter Lohnweg 53-55 40549 Düsseldorf	0211-5966-0 F-167
GIMAT GmbH Umweltmeßtechnik	Obermühlstr. 70 82398 Polling	0881-628-0 F-62815
Grundig Electronic	Dieselstr. 19-21 70839 Gerlingen	07156-2009-0 F-37
Grundig Electronic	Würzburgerstr. 150 90706 Fürth	0911-7330-1 F-479
Juchheim GmbH	Moltkestr. 13/31 36039 Fulda	0661-6003-0 F-500
Mehlitz & Partner Hard- u. Software GmbH	Dorfstr. 3 72119 Ammerbruch	07073-882
ProMinent Dosiertechnik GmbH	Postfach 10 17 60 69007 Heidelberg	06221-842-0 F-617
REMEMBER E.G.	Mariabrunnstr. 48 52054 Aachen	0241-40-3249 F-8461

N_2O

Hartmann & Braun AG	Gräfstr. 97 60484 Frankfurt	069-799-3355 F-2426

Nitrat

Dr. Bruno Lange GmbH Berlin	Willstätterstr. 11 40549 Düsseldorf	0211-5288-0/189 F-175

SACHGEBIET : *Prozeßmeßgerät*

Öl auf Wasser

BTG Anlagentechnik GmbH	Postfach 10 20 68 44720 Bochum	0234-54706-0 F-534576

Öl im Wasser

HORIBA Europe GmbH	Industriestr. 8 61449 Steinbach	02150-63-47 F-39

Organ. Säuren

DEUTSCHE METROHM GmbH & Co.	In den Birken 3 70794 Filderstadt	0711-77088-0/96/91/90 F-55

pH

ABB Industrietechnik AG	Rudolf Dieselstr. 18 40670 Meerbusch	02159-5206-0 F-02159-1503
Endress + Hauser Meßtechnik GmbH & Co.	Colmarerstr. 6 79576 Weil am Rhein	07621-975-570 F-383
Foxboro Deutschland GmbH	Heerdter Lohnweg 53-55 40549 Düsseldorf	0211-5966-0 F-167
Mettler Toledo GmbH	Ockerweg 3 35396 Gießen	0641-507-126 F-128
Mettler Toledo Prozeßanalytik GmbH	Siemensstr. 9 61449 Steinbach/Ts.	06171-7001-19 F-99
PASSAVANT WERKE AG	65322 Aarbergen	06120-282-161 F-418
ProMinent Dosiertechnik GmbH	Postfach 10 17 60 69007 Heidelberg	06221-842-0 F-617
REMEMBER E.G.	Mariabrunnstr. 48 52054 Aachen	0241-40-3249 F-8461

pH-/Redox

GIMAT GmbH Umweltmeßtechnik	Obermühlstr. 70 82398 Polling	0881-628-0 F-62815

Phenol-Index

SKALAR analytik GmbH	Gewerbestr. Süd 63 41812 Erkelenz	02431-9619-0 F-70

Phosphat

ABB Industrietechnik AG	Rudolf Dieselstr. 18 40670 Meerbusch	02159-5206-0 F-02159-1503
DEUTSCHE METROHM GmbH & Co.	In den Birken 3 70794 Filderstadt	0711-77088-0/96/91/90 F-55
Dr. Bruno Lange GmbH Berlin	Willstätterstr. 11 40549 Düsseldorf	0211-5288-0/189 F-175
GIMAT GmbH Umweltmeßtechnik	Obermühlstr. 70 82398 Polling	0881-628-0 F-62815
STIP Siepmann und Teutscher GmbH	Siemensstr. 2 64818 Groß-Umstadt	06078-786-40 F-88
STRUERS GMBH	Albert Einsteinstr. 5 40699 Erkrath	0211-2003-0 F-99

Phosphat-Gesamt

DEUTSCHE METROHM GmbH & Co.	In den Birken 3 70794 Filderstadt	0711-77088-0/96/91/90 F-55
SKALAR analytik GmbH	Gewerbestr. Süd 63 41812 Erkelenz	02431-9619-0 F-70

SACHGEBIET : *Prozeßmeßgerät*

Phosphat-ortho

DEUTSCHE METROHM GmbH & Co.	In den Birken 3 70794 Filderstadt	0711-77088-0/96/91/90 F-
SKALAR analytik GmbH	Gewerbestr. Süd 63 41812 Erkelenz	02431-9619-0 F-70

Photometer-allgemein

Dr. Bruno Lange GmbH Berlin	Willstätterstr. 11 40549 Düsseldorf	0211-5288-0/189 F-175

POX

H. Wösthoff Messetechnik GmbH	Max Grevestr. 30 44791 Bochum	0234-51814 F-583393

Quecksilber

Seefelder Meßtechnik GmbH & Co. KG	Postfach 12 17 82225 Seefeld (Obb.)	08152-7710 F-79972

Redox

Endress + Hauser Meßtechnik GmbH & Co.	Colmarerstr. 6 79576 Weil am Rhein	07621-975-570 F-383
PASSAVANT WERKE AG	65322 Aarbergen	06120-282-161 F-418
REMEMBER E.G.	Mariabrunnstr. 48 52054 Aachen	0241-40-3249 F-8461

Säurekapazität

DEUTSCHE METROHM GmbH & Co.	In den Birken 3 70794 Filderstadt	0711-77088-0/96/91/90 F-
STIP Siepmann und Teutscher GmbH	Siemensstr. 2 64818 Groß-Umstadt	06078-786-40 F-88

Sauerstoff

Dr. Bruno Lange GmbH Berlin	Willstätterstr. 11 40549 Düsseldorf	0211-5288-0/189 F-175
GIMAT GmbH Umweltmeßtechnik	Obermühlstr. 70 82398 Polling	0881-628-0 F-62815
PASSAVANT WERKE AG	65322 Aarbergen	06120-282-161 F-418
ABB Industrietechnik AG	Rudolf Dieselstr. 18 40670 Meerbusch	02159-5206-0 F-02159-15
Endress + Hauser Meßtechnik GmbH & Co.	Colmarerstr. 6 79576 Weil am Rhein	07621-975-570 F-383
GIMAT GmbH Umweltmeßtechnik	Obermühlstr. 70 82398 Polling	0881-628-0 F-62815
Hartmann & Braun AG	Gräfstr. 97 60484 Frankfurt	069-799-3355 F-2426
REMEMBER E.G.	Mariabrunnstr. 48 52054 Aachen	0241-40-3249 F-8461

Schlammgehalt

Dr. Bruno Lange GmbH Berlin	Willstätterstr. 11 40549 Düsseldorf	0211-5288-0/189 F-175

SACHGEBIET : *Prozeßmeßgerät*

Schlammspiegel

BTG Anlagentechnik GmbH	Postfach 10 20 68 44720 Bochum	0234-54706-0 F-534576

Schlammvolumen

BTG Anlagentechnik GmbH	Postfach 10 20 68 44720 Bochum	0234-54706-0 F-534576

Schwefelwasserstoff

H. Wösthoff Messetechnik GmbH	Max Grevestr. 30 44791 Bochum	0234-51814 F-583393

Stickstoff-Gesamt

SKALAR analytik GmbH	Gewerbestr. Süd 63 41812 Erkelenz	02431-9619-0 F-70

Stickstoff-Nitrat

ABB Industrietechnik AG	Rudolf Dieselstr. 18 40670 Meerbusch	02159-5206-0 F-02159-1503
DEUTSCHE METROHM GmbH & Co.	In den Birken 3 70794 Filderstadt	0711-77088-0/96/91/90 F-55
GIMAT GmbH Umweltmeßtechnik	Obermühlstr. 70 82398 Polling	0881-628-0 F-62815
SKALAR analytik GmbH	Gewerbestr. Süd 63 41812 Erkelenz	02431-9619-0 F-70
STIP Siepmann und Teutscher GmbH	Siemensstr. 2 64818 Groß-Umstadt	06078-786-40 F-88

Stickstoff-Nitrit

SKALAR analytik GmbH	Gewerbestr. Süd 63 41812 Erkelenz	02431-9619-0 F-70

Stickstoff-NO

Hartmann & Braun AG	Gräfstr. 97 60484 Frankfurt	069-799-3355 F-2426

Temperatur

GIMAT GmbH Umweltmeßtechnik	Obermühlstr. 70 82398 Polling	0881-628-0 F-62815
LABOM Mess- und Regeltechnik GmbH	Postfach 12 62 27795 Hude	04408-804-37 F-85
Mettler Toledo GmbH	Ockerweg 3 35396 Gießen	0641-507-126 F-128
Mettler Toledo Prozeßanalytik GmbH	Siemensstr. 9 61449 Steinbach/Ts.	06171-7001-19 F-99
PASSAVANT WERKE AG	65322 Aarbergen	06120-282-161 F-418
REMEMBER E.G.	Mariabrunnstr. 48 52054 Aachen	0241-40-3249 F-8461

SACHGEBIET : *Prozeßmeßgerät*

Toximeter

STIP Siepmann und Teutscher GmbH	Siemensstr. 2 64818 Groß-Umstadt	06078-786-40 F-88

Toxizität

M&C Products Analysentechnik GmbH	Postfach 10 15 37 40835 Ratingen	02102-935-127 F-111

Trübung

BTG Anlagentechnik GmbH	Postfach 10 20 68 44720 Bochum	0234-54706-0 F-534576
Dr. Bruno Lange GmbH Berlin	Willstätterstr. 11 40549 Düsseldorf	0211-5288-0/189 F-175
Endress + Hauser Meßtechnik GmbH & Co.	Colmarerstr. 6 79576 Weil am Rhein	07621-975-570 F-383
GIMAT GmbH Umweltmeßtechnik	Obermühlstr. 70 82398 Polling	0881-628-0 F-62815
REMEMBER E.G.	Mariabrunnstr. 48 52054 Aachen	0241-40-3249 F-8461
STRUERS GMBH	Albert Einsteinstr. 5 40699 Erkrath	0211-2003-0 F-99

UV-Prozeß-Sonde

Dr. Bruno Lange GmbH Berlin	Willstätterstr. 11 40549 Düsseldorf	0211-5288-0/189 F-175

UV-VIS-NIR

Polytec GmbH	Polytec Platz 5-7 76333 Waldbronn	07243-604152 F-69944

Zink

SKALAR analytik GmbH	Gewerbestr. Süd 63 41812 Erkelenz	02431-9619-0 F-70

SACHGEBIET : *Labor*

Analysengeräte

STRÖHLEIN GmbH & Co.	Postfach 10 14 60 41564 Kaarst	

Aufschlußsysteme

Berghof Laborprodukte GmbH	Harretstr. 1 72800 Eningen	07121-894-212
Hans Kürner	Postfach 10 04 37 83004 Rosenheim	08031-88088
Paar Physica Meßtechnik GmbH	Vor dem Lauch 6 70567 Stuttgart	0711-72091-0
Parr Instrument (Deutschland) GmbH	Roßkopfstr. 25 60439 Frankfurt/Main	069-571058

Laboreinrichtungen

Büchi Labortechnik GmbH	Postfach 10 02 12 78402 Konstanz	07531-6900-12 F13
Carl Roth GmbH & Co.	Postfach 21 11 62 76161 Karlsruhe	0721-56060
Düperthal GmbH	Frankenstr. 63791 Karlstein/Main	06188-781-0
Glasgerätebau Hirschmann	Hauptstr. 7-15 74246 Eberstadt	07134-511-0
Köttermann GmbH & Co.	Industriestr. 2-10 31311 Uetze	05147-9760
ORI-Abwassertechnik GmbH & Co.	Eickhorsterstr. 3-5 32479 Hille	05703-884 F-2364
Waldner GmbH & Co.	Haidösch 1 88239 Wangen im Allgäu	07522-986-0
Wesemann GmbH & Co.	Max Planckstr. 15-21 28857 Syke	04242-594-0

Laborkläranlage

Behr Labor-Technik GmbH	Spangerstr. 8 40599 Düsseldorf	0211-748-4732 F-9772

Mikrotestsysteme

Eppendorf-Netheler-Hinz GmbH	Barkhausenweg 1 22339 Hamburg	040-53801-0

Probenahmegeräte

Dr. Staiger, Mohilo + Co. GmbH	Baumwasenstr. 5 73614 Schorndorf	
Endress + Hauser Meßtechnik GmbH & Co.	Colmarerstr. 6 79576 Weil am Rhein	07621-975-570 F-383
Metallblock-Thermostate Gebr. Liebisch	Postfach 14 06 06 33626 Bielefeld	0521-45531-35

Titratoren

Colora Meßtechnik GmbH	Barbarossastr. 3 73547 Lorch/Württ.	07172-183-228 F-251
Mettler Toledo GmbH	Ockerweg 3 35396 Gießen	0641-507-126 F-128

Register